2.2.2 实例：制作酒杯模型

2.2.3 实例：制作罐子模型

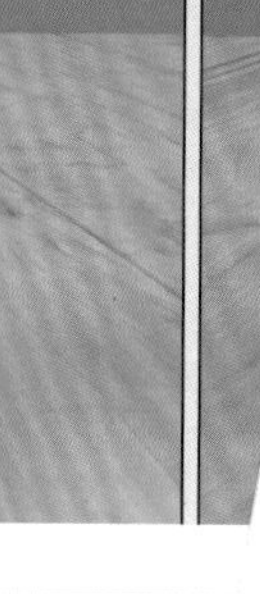

U0293277

2.3.2 实例：制作葫芦模型

2.3.3 实例：制作花瓶模型

3.2.2 实例：制作石膏模型

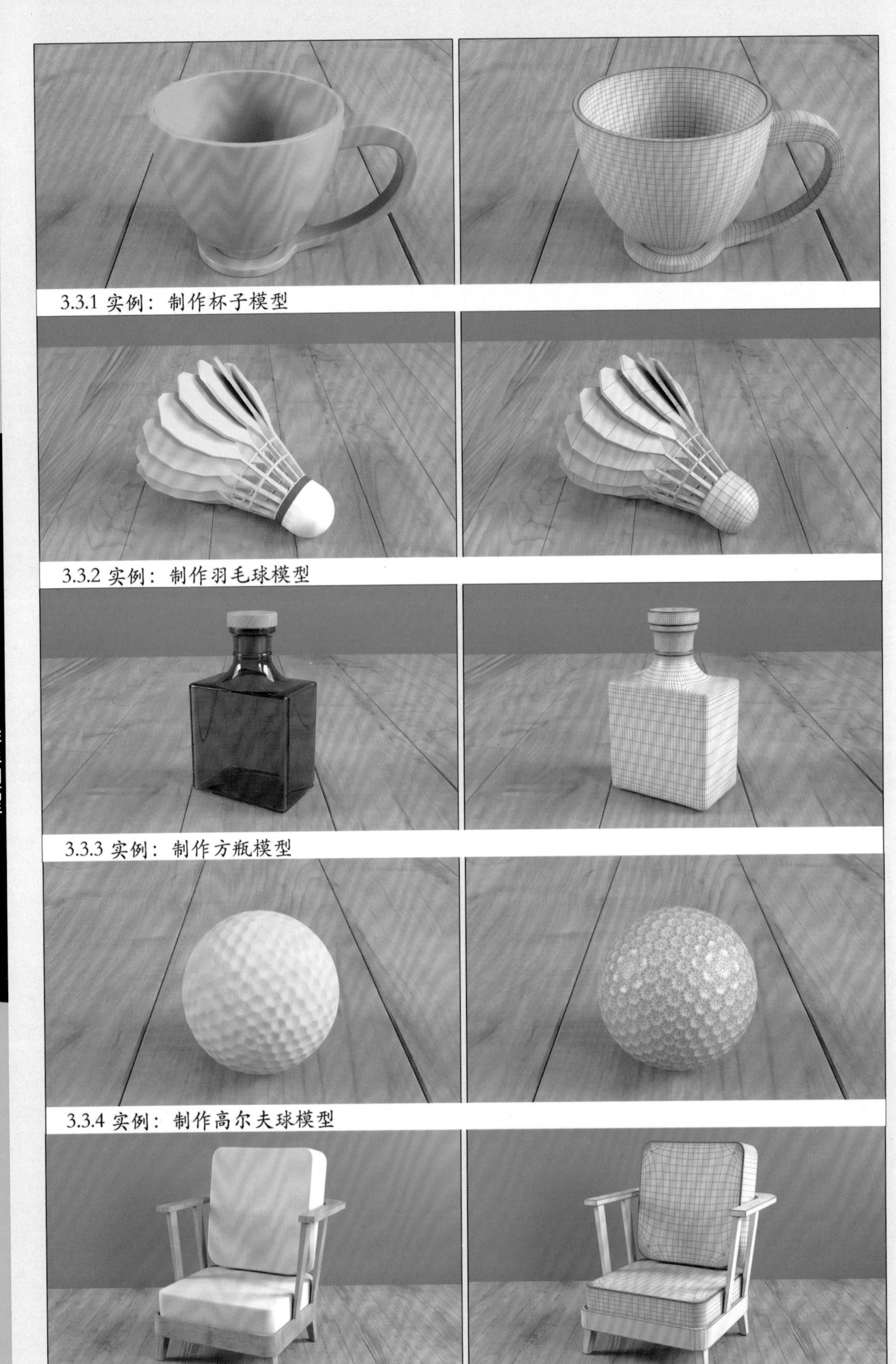
3.3.1 实例：制作杯子模型
3.3.2 实例：制作羽毛球模型
3.3.3 实例：制作方瓶模型
3.3.4 实例：制作高尔夫球模型
3.3.5 实例：制作沙发模型

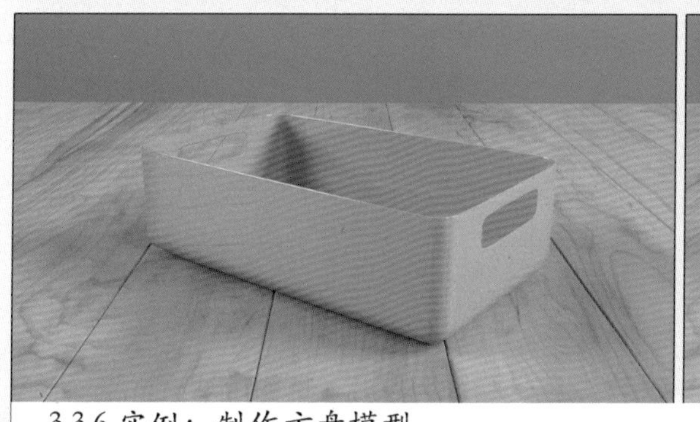

3.3.6 实例：制作方盘模型

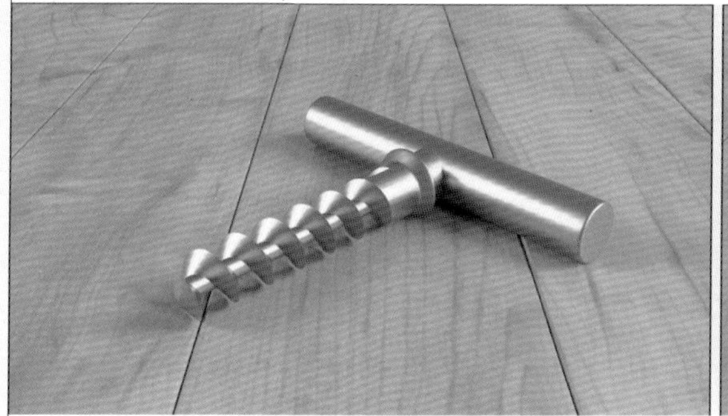

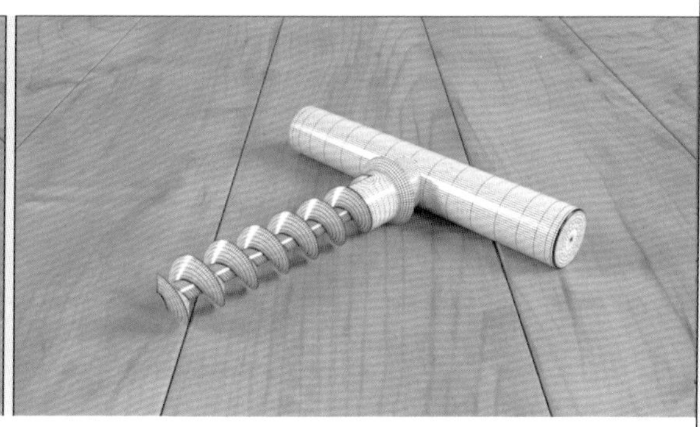

3.3.7 实例：制作开瓶器模型

4.3.2实例：制作静物灯光照明效果

4.3.3实例：制作室内天光照明效果

4.4.1实例：制作太空照明效果

4.4.2实例：制作室内阳光照明效果

5.2.2 实例：制作景深效果

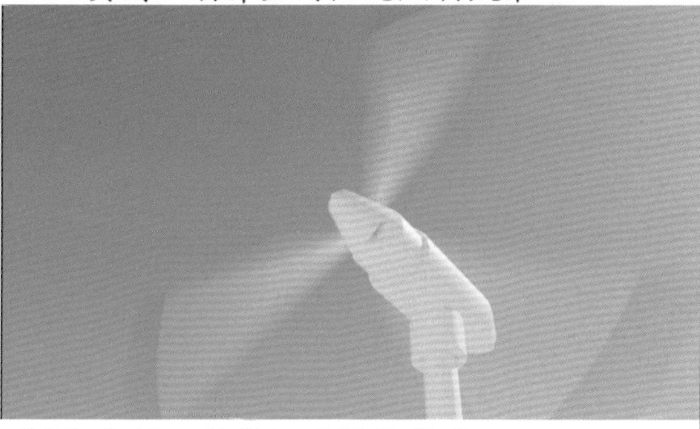

5.2.3 实例：制作运动模糊效果

6.3.2实例：制作玻璃材质

6.3.3实例：制作金属材质

6.3.4实例：制作玉石材质

6.4.1实例：制作线框材质

6.4.2实例：制作花盆材质

6.4.3实例：制作图书材质（一）

6.4.4实例：制作图书材质（二）

6.4.5实例：制作烟雾材质

6.4.6实例：制作积木材质

6.4.7实例：制作多彩材质

7.3 综合实例：卧室天光表现

7.4综合实例：别墅阳光表现

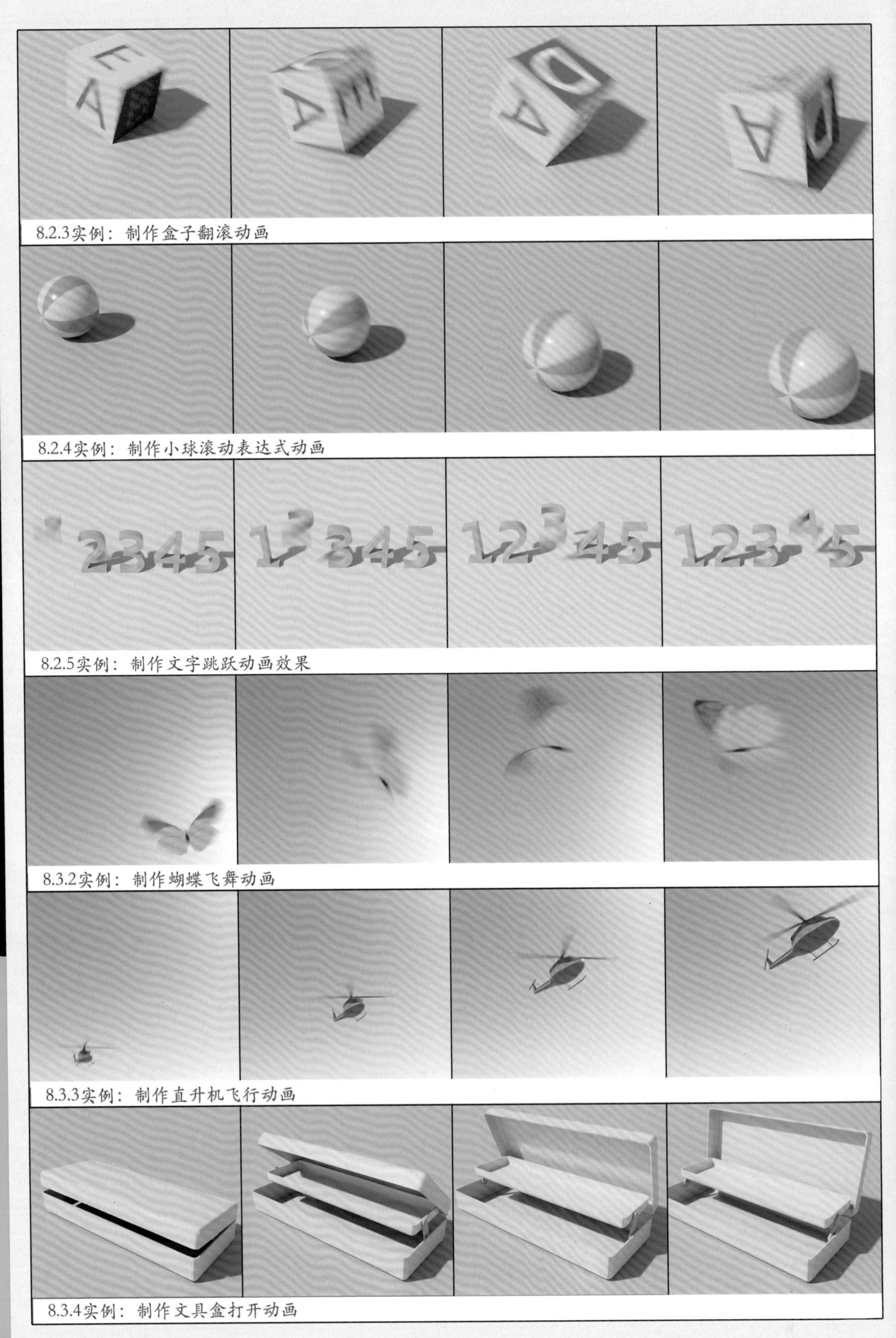
8.2.3实例：制作盒子翻滚动画
8.2.4实例：制作小球滚动表达式动画
12345
8.2.5实例：制作文字跳跃动画效果
8.3.2实例：制作蝴蝶飞舞动画
8.3.3实例：制作直升机飞行动画
8.3.4实例：制作文具盒打开动画

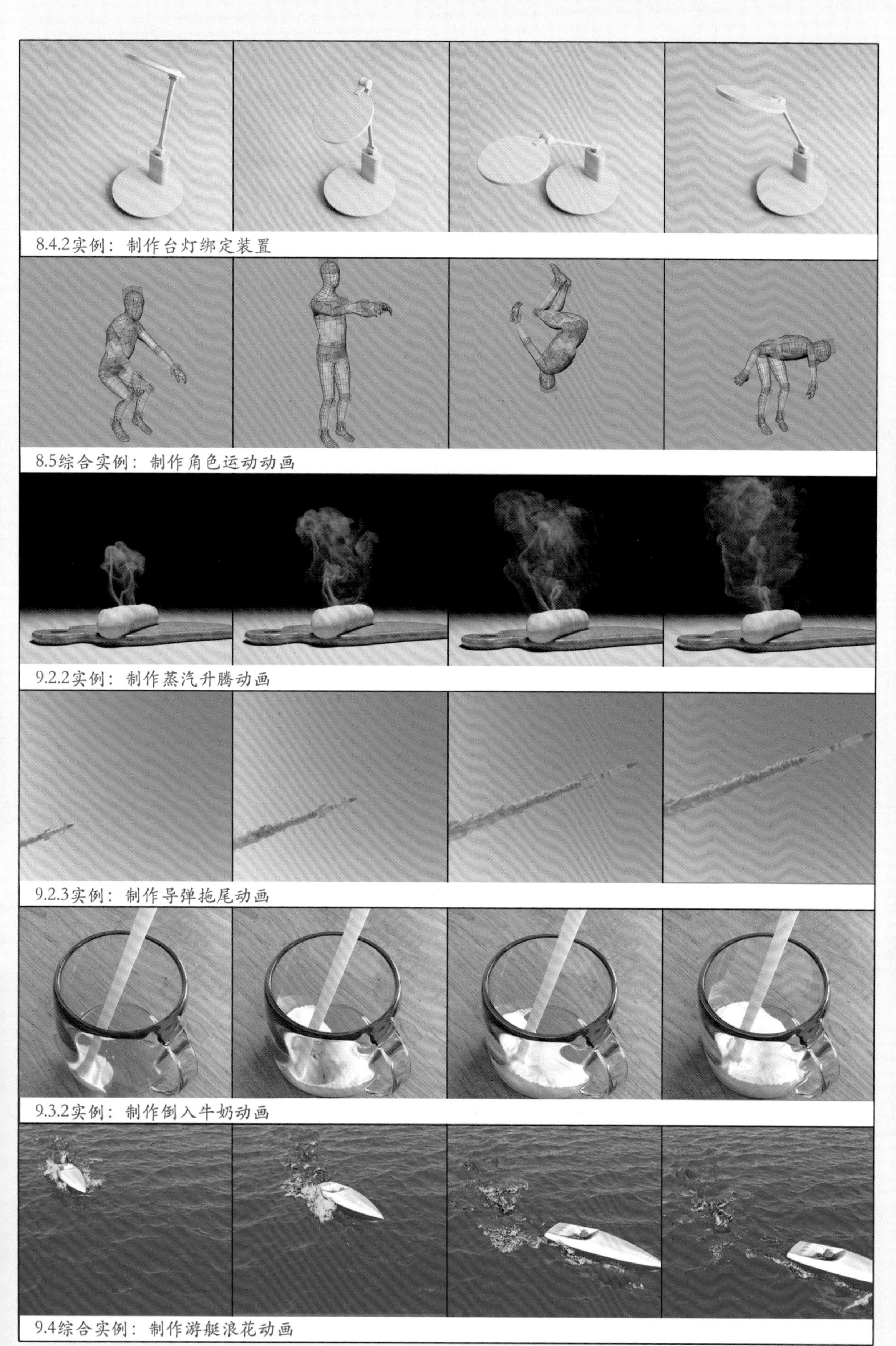
8.4.2实例：制作台灯绑定装置
8.5综合实例：制作角色运动动画
9.2.2实例：制作蒸汽升腾动画
9.2.3实例：制作导弹拖尾动画
9.3.2实例：制作倒入牛奶动画
9.4综合实例：制作游艇浪花动画

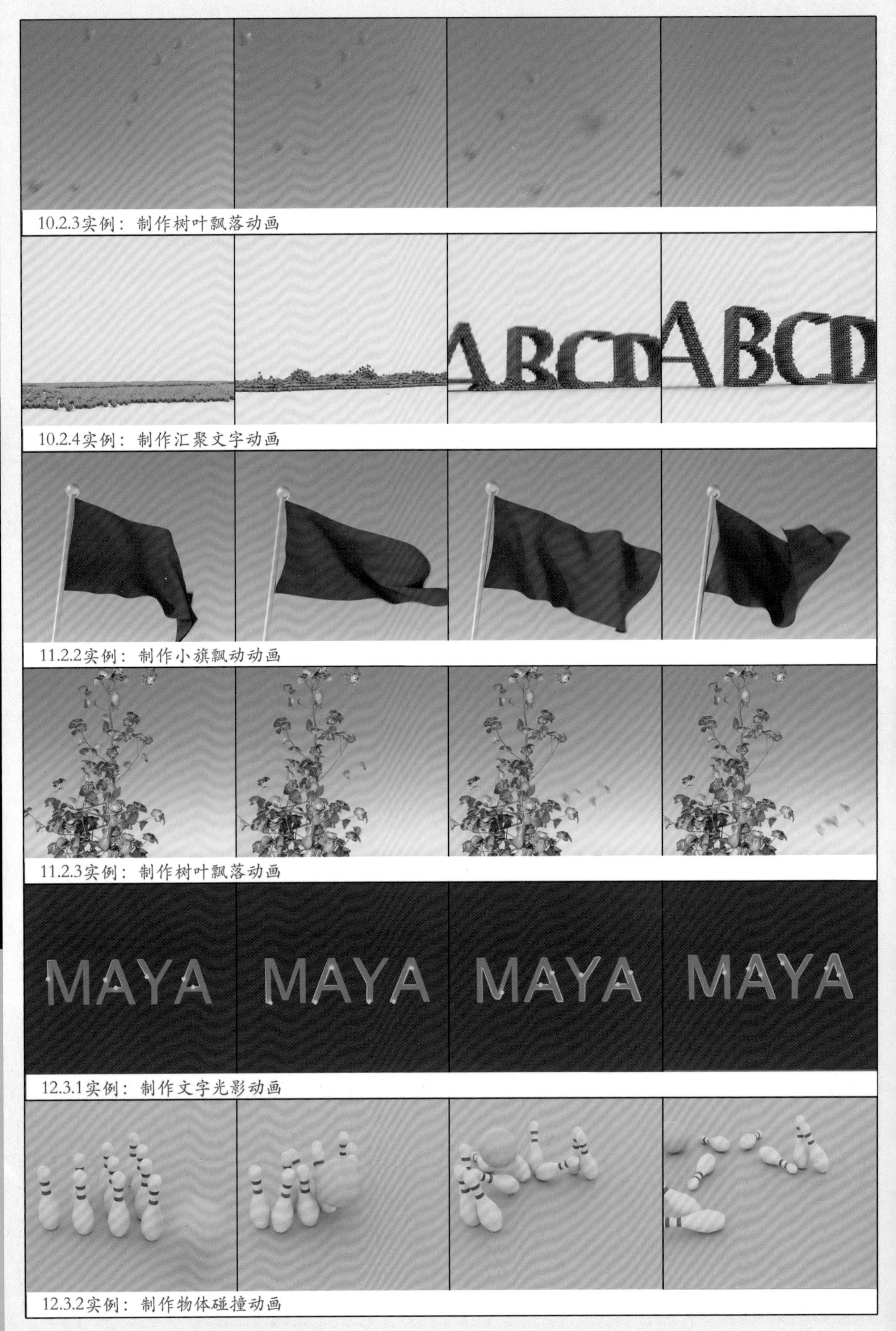

10.2.3实例：制作树叶飘落动画

10.2.4实例：制作汇聚文字动画

11.2.2实例：制作小旗飘动动画

11.2.3实例：制作树叶飘落动画

12.3.1实例：制作文字光影动画

12.3.2实例：制作物体碰撞动画

从新手到高手

来阳 / 编著

Maya 2024 从新手到高手

清華大学出版社
北京

内 容 简 介

本书主讲使用中文版Maya 2024进行三维动画制作，共12章，内容包含Maya软件的界面组成、模型制作、灯光技术、摄影机技术、材质贴图技术、渲染技术、粒子系统、流体特效等。本书结构清晰、内容全面、通俗易懂，第2～第12章提供了对应的实用案例，并详细阐述了制作原理及操作步骤，注重提升读者的软件实际操作能力。另外，本书附带的教学资源内容丰富，包括本书所有案例的工程文件、贴图文件和教学视频，便于读者学习。

本书适合作为高校和培训机构动画专业的相关课程培训教材，也可以作为广大三维动画爱好者的自学参考书。

本书封面贴有清华大学出版社防伪标签，无标签者不得销售。
版权所有，侵权必究。举报：010-62782989，beiqinquan@tup.tsinghua.edu.cn。

图书在版编目（CIP）数据

Maya 2024从新手到高手 / 来阳编著. — 北京 : 清华大学出版社, 2023.7

（从新手到高手）

ISBN 978-7-302-64253-4

Ⅰ. ①M… Ⅱ. ①来… Ⅲ. ①三维动画软件 Ⅳ. ①TP391.414

中国国家版本馆CIP数据核字(2023)第134016号

责任编辑：陈绿春
封面设计：潘国文
责任校对：胡伟民
责任印制：宋 林

出版发行：清华大学出版社
网 址：http://www.tup.com.cn， http://www.wqbook.com
地 址：北京清华大学学研大厦A座 **邮 编**：100084
社 总 机：010-83470000 **邮 购**：010-62786544
投稿与读者服务：010-62776969，c-service@tup.tsinghua.edu.cn
质量反馈：010-62772015，zhiliang@tup.tsinghua.edu.cn
印 装 者：小森印刷霸州有限公司
经 销：全国新华书店
开 本：188mm×260mm **印 张**：18.25 **插 页**：4 **字 数**：585千字
版 次：2023年9月第1版 **印 次**：2023年9月第1次印刷
定 价：99.90元

产品编号：102803-01

前 言

很多朋友问过我，为什么要学习 Maya ？ Maya 比 3ds Max 好在哪里？学生们也时常问我，Maya 与 3ds Max 相比，哪个软件更好？在这里说说我的看法。

首先，为什么要学习 Maya ？我在大学毕业后的确是一直使用 3ds Max 在公司里工作，3ds Max 的强大功能让我着迷，为此我花费了数年时间在工作中不断提高自己的软件使用技能并乐在其中。至于后来为什么会学习 Maya，很简单，答案是工作需要。随着数字技术的不断发展，以及三维软件的不断更新，越来越多的三维制作项目不再是只使用一款三维动画软件就能完成的了，有些动画镜头如果换一款软件来制作可能会更便捷。由于一些项目可能会在两个或者更多软件之间进行轮转操作，许多知名的动画公司对三维动画人才的招聘也不再满足于只会使用一款三维软件进行工作。所以，在工作之余，我开始慢慢接触 Maya。不得不承认，刚开始确实有些不太习惯，但仅在几天之后，我便开始觉得学习和使用 Maya 逐渐变得得心应手起来。

另一个问题，Maya 与 3ds Max 相比，哪个软件更好？这个问题对于初学者来说根本没必要纠结。这两款软件的功能同样强大，如果一定要对这两款软件进行技术比较，我觉得只有同时使用过这两款软件很长时间的资深用户，才能进行正确的比较。所以，大家完全没有必要去考虑哪一款软件更强大，还是先考虑自己肯花多少时间去钻研、学习比较好。Maya 是一款非常易于学习的高端三维动画软件，其功能在模型材质、灯光渲染、动画调试以及特效制作等各个方面都表现得非常优秀。从我个人的角度来讲，由于我有多年的 3ds Max 使用经验，使我在学习 Maya 的时候感觉非常亲切，完全没有感觉到自己在学习另一款三维软件。

本书共 12 章，分别从软件的基础操作到中高级技术操作进行了深入讲解，当然，有基础的读者可按照自己的喜好直接阅读感兴趣的章节进行快速学习。

写作是一件快乐的事情，但也会遇到很多困难。在本书的出版过程中，清华大学出版社的老师们为本书的出版做了很多工作，在此表示诚挚的感谢。由于我的技术水平有限，本书难免有些许不足之处，还请读者朋友们海涵雅正。

本书的配套素材和视频教学文件请扫描下面的二维码进行下载，如果在下载过程中碰到问题，请联系陈老师，邮箱：chenlch@tup.tsinghua.edu.cn。

由于作者水平有限，书中疏漏之处在所难免。如果有任何技术问题请扫描下面的二维码联系相关技术人员解决。

配套素材

视频教学

技术支持

编者

2023 年 8 月

目 录

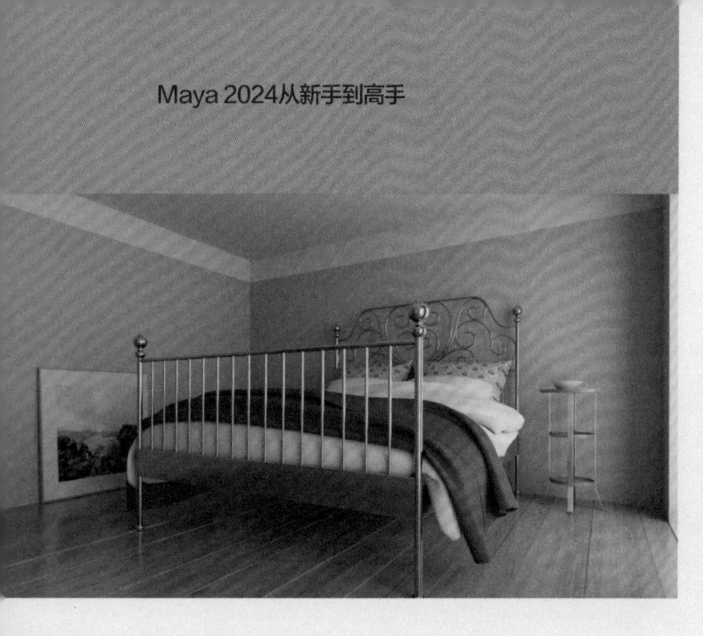

第9章 流体动画技术

第10章 粒子动画技术

第11章 布料动画技术

第12章 运动图形动画技术

第1章

熟悉中文版Maya 2024

1.1 中文版 Maya 2024 概述

随着科技的更新和技术的进步，计算机已经渗透至各行各业的发展中，它们无处不在，俨然已经成为人们工作和生活中无法取代的重要电子产品。多种多样的软件技术配合不断更新换代的计算机硬件，使越来越多的可视化数字媒体产品飞速融入人们的生活中。越来越多的与艺术相关的专业人员也开始使用数字技术进行工作，例如绘画、雕塑、摄影等传统艺术学科都开始与数字技术融会贯通，形成了一个全新的学科交叉创意工作环境。

Maya 是美国 Autodesk 公司旗下的著名三维建模和动画制作软件，也是国内应用广泛的专业三维动画软件之一，旨在为广大三维动画师提供功能丰富、强大的动画工具来制作优秀的动画作品。通过对该软件的多种动画工具组合使用，会使制作的场景看起来更生动，角色看起来更逼真，其内置的动力学技术模块则可以为场景中的对象进行逼真而细腻的动力学动画计算，从而为三维动画师节省大量的工作时间，同时极大地提高了动画的真实程度。Maya 在动画制作界声名显赫，是电影级的高端三维制作软件，其强大的动画制作功能和友好的工作方式，使其得到了广大公司及艺术家的青睐。如图 1-1 所示为 Maya 2024 的启动界面。

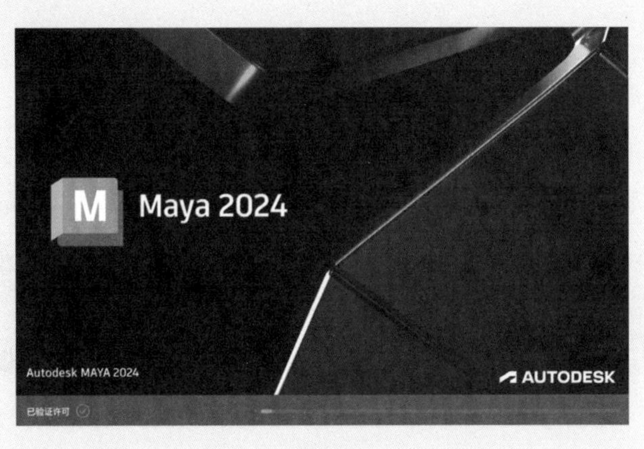

图1-1

1.2 中文版 Maya 2024 的应用范围

中文版 Maya 2024 可以为产品展示、建筑表现、园林景观设计、游戏、电影和运动图形的设计人员提供一套全面的 3D 建模、动画、渲染以及合成解决方案，应用领域非常广泛。如图 1-2 和图 1-3 所示为作者使用该软件制作的一些三维动画作品截图。

图1-2

图1-3

1.3 中文版 Maya 2024 的工作界面

学习使用中文版 Maya 2024 时，首先应熟悉软件的操作界面与布局，为以后的创作打下坚实的基础。图 1-4 为中文版 Maya 2024 的工作界面。

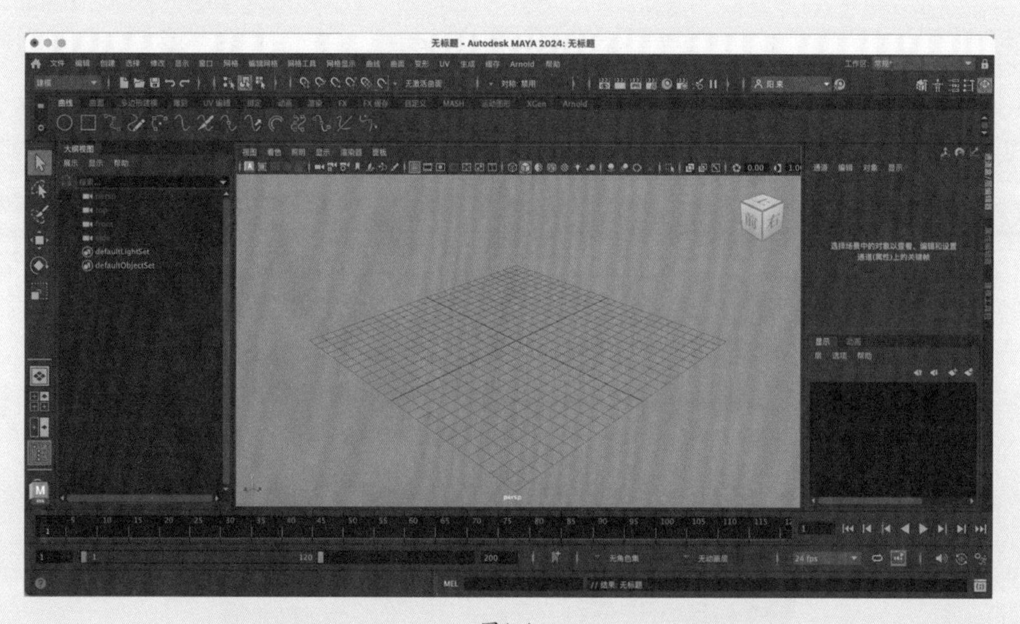

图1-4

1.3.1 欢迎窗口

当用户第一次启动 Maya 2024 时，系统会自动显示欢迎窗口，可以单击“新建”按钮、“新建场景”按钮或“转到 Maya”按钮来创建新场景，如图 1-5 所示。

AUTODESK®
MAYA® 2024
您还没有任何场景文件

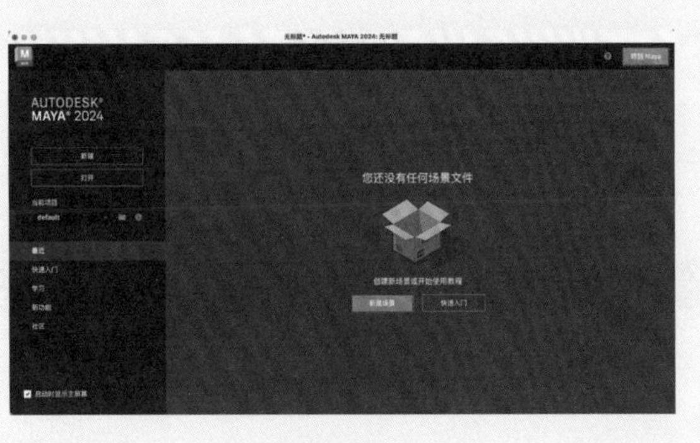

图1-5

1.3.2 菜单集与菜单

中文版 Maya 2024 与其他软件的一个不同之处在于，Maya 拥有多个不同的菜单栏，这些菜单栏通过“菜单集”来管理并供用户选择使用，主要分为“建模”“绑定”“动画”“FX”和“渲染”，如图 1–6~ 图 1–10 所示。这些菜单栏中提供的命令并非都不同，仔细观察，不难发现这些菜单栏的前 7 个命令和后 3 个命令是完全一样的。

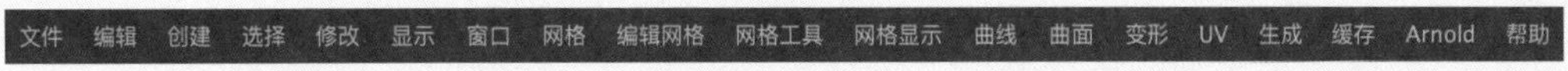

文件 编辑 创建 选择 修改 显示 窗口 网格 编辑网格 网格工具 网格显示 曲线 曲面 变形 UV 生成 缓存 Arnold 帮助

图1-6

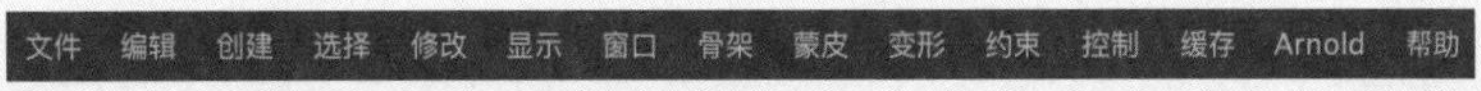

文件 编辑 创建 选择 修改 显示 窗口 骨架 蒙皮 变形 约束 控制 缓存 Arnold 帮助

图1-7

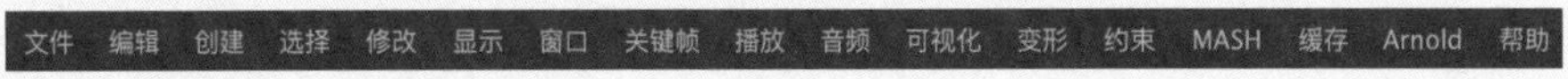

文件 编辑 创建 选择 修改 显示 窗口 关键帧 播放 音频 可视化 变形 约束 MASH 缓存 Arnold 帮助

图1-8

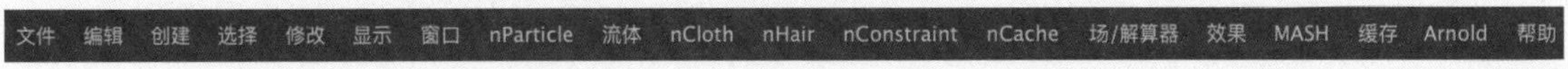

文件 编辑 创建 选择 修改 显示 窗口 nParticle 流体 nCloth nHair nConstraint nCache 场/解算器 效果 MASH 缓存 Arnold 帮助

图1-9

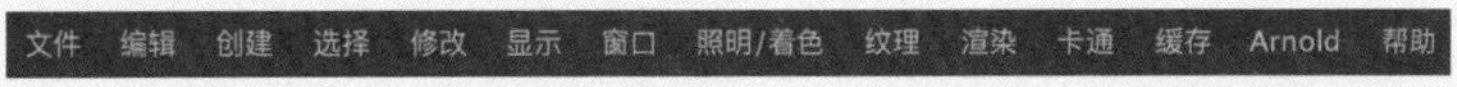

文件 编辑 创建 选择 修改 显示 窗口 照明/着色 纹理 渲染 卡通 缓存 Arnold 帮助

图1-10

用户还可以将“菜单集”设置为“自定义”选项，此时系统会自动弹出“菜单集编辑器”对话框，如图 1–11 所示，可以将自己常用的一些命令放置于该菜单中。

菜单集编辑器
公用
建模
绑定
动画
FX
渲染
照明/着色
纹理
渲染
卡通
新建菜单集
移除菜单集
关闭窗口

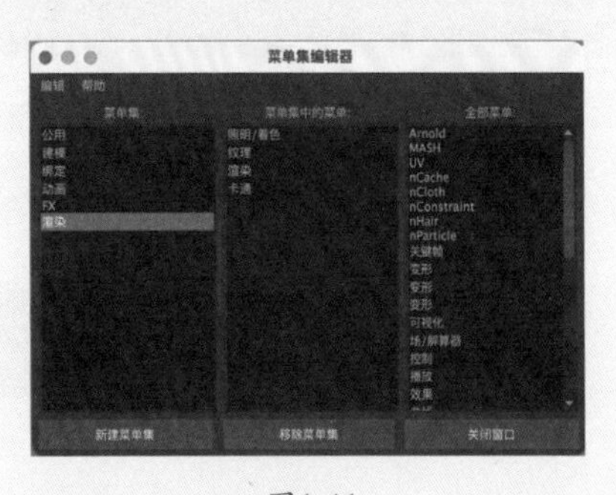

图1-11

1.3.3 状态行工具栏

状态行工具栏位于菜单栏下方，包含许多常用的常规命令按钮，这些按钮被多个垂直分隔线隔开，如图 1-12 所示，用户可以单击垂直分隔线来展开和收拢按钮组。

图1-12

1.3.4 工具架

中文版 Maya 2024 的工具架根据命令的类型及作用分为多个标签来进行显示，其中，每个标签里都包含了对应的常用命令按钮。

“曲线”工具架主要由可以创建曲线及修改曲线的相关工具按钮组成，如图 1-13 所示。

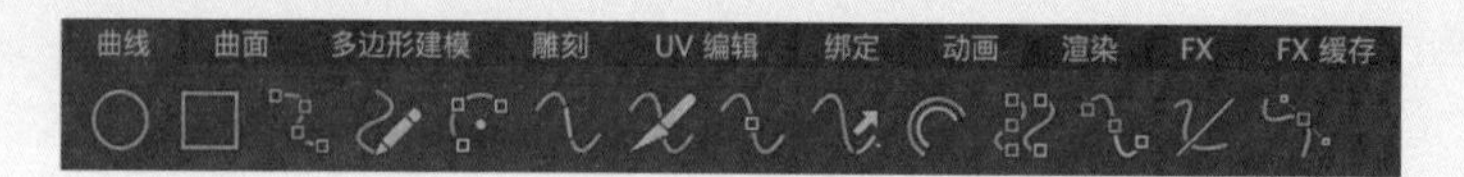

图1-13

“曲面”工具架主要由可以创建曲面及修改曲面的相关工具按钮组成，如图 1-14 所示。

图1-14

“多边形建模”工具架主要由可以创建多边形及修改多边形的相关工具按钮组成，如图 1-15 所示。

图1-15

“雕刻”工具架主要由可以对模型进行雕刻操作的相关工具按钮组成，如图 1-16 所示。

图1-16

“UV 编辑”工具架主要由可以设置多边形贴图坐标的相关工具按钮组成，如图 1-17 所示。

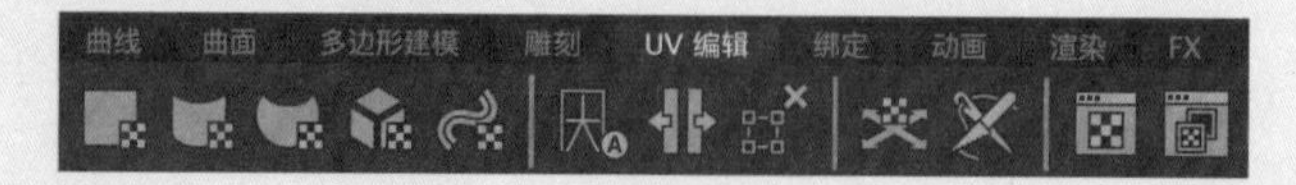

图1-17

"绑定"工具架主要由可以对角色进行骨骼绑定以及设置约束动画的相关工具按钮组成，如图 1-18 所示。

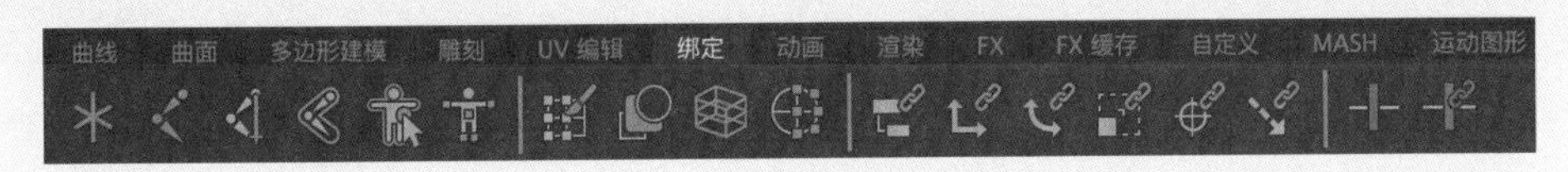

图1-18

"动画"工具架主要由可以制作动画及设置约束动画的相关工具按钮组成，如图 1-19 所示。

图1-19

"渲染"工具架主要由可以设置灯光、材质以及渲染的相关工具按钮组成，如图 1-20 所示。

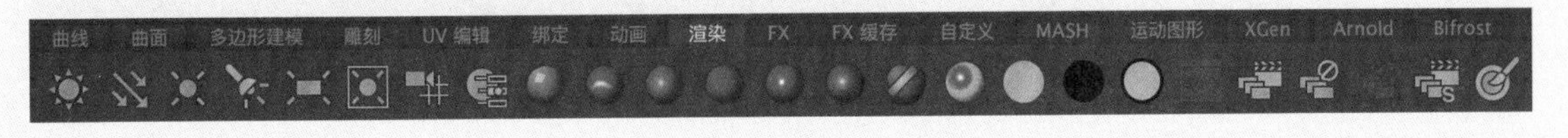

图1-20

FX 工具架主要由可以设置粒子、流体及布料动力学的相关工具按钮组成，如图 1-21 所示。

图1-21

"FX 缓存"工具架主要由可以设置动力学缓存动画的相关工具按钮组成，如图 1-22 所示。

图1-22

MASH 工具架主要由可以创建 MASH 网络对象的相关工具按钮组成，如图 1-23 所示。

图1-23

"运动图形"工具架主要由可以创建几何体、曲线、灯光、粒子的相关工具按钮组成，如图 1-24 所示。

图1-24

XGen 工具架主要由可以设置毛发的相关工具按钮组成，如图 1-25 所示。

图1-25

Arnold 工具架主要由可以设置真实的灯光及天空环境的相关工具按钮组成，如图 1-26 所示。

图1-26

Bifrost 工具架主要由可以设置流体动力学的相关工具按钮组成，如图 1-27 所示。

图1-27

1.3.5　工具箱

工具箱位于 Maya 2024 界面的左侧，主要为用户提供选择对象和控制对象变换属性的常用工具，如图 1-28 所示。

图1-28

工具解析

选择工具：可以选择场景和编辑器中的对象及组件。

套索工具：以绘制套索的方式来选择对象。

绘制选择工具：以笔刷绘制的方式来选择对象。

移动工具：通过拖动变换操纵器，移动场景中已选中的对象。

旋转工具：通过拖动变换操纵器，旋转场景中已选中的对象。

缩放工具：通过拖动变换操纵器，缩放场景中已选中的对象。

1.3.6　视图面板

Maya 2024 的“视图”面板允许用户自行选择从哪个方向观察场景，其上方的部分有一个工具栏，可以设置“视图”面板的模型显示方式及亮度，如图 1-29 所示。

工具解析

选择摄影机：在“视图”面板中选择当前摄影机。

锁定摄影机：锁定摄影机，避免意外更改摄影机的位置并更改动画。

摄影机属性：打开“摄影机属性编辑器”。

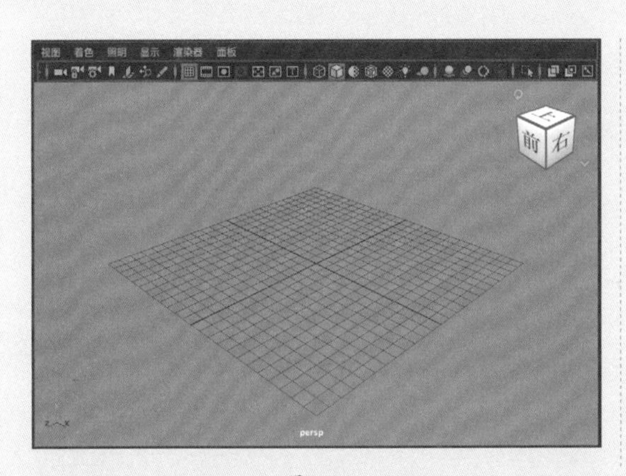
图1-29

书签：为当前视图添加书签。

图像平面：切换显示现有图像平面。如果场景不包含图像平面，则会提示用户导入图像。

二维平移 / 缩放：开启或关闭二维平移 / 缩放操作。

Blue Pencil：单击该按钮可以打开 Blue Pencil 工具栏，如图 1-30 所示。Blue Pencil 工具允许用户使用虚拟绘制工具，在屏幕上绘制图案，如图 1-31 所示。

图1-30

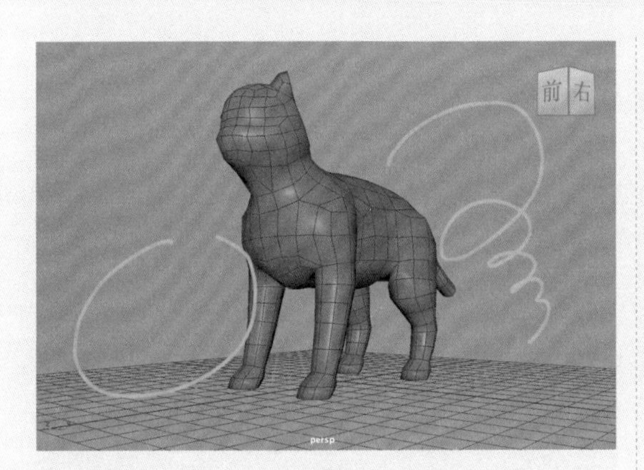
图1-31

栅格：在“视图”面板上切换显示栅格，如图 1-32 所示为在 Maya 视图中显示栅格前后的效果对比。

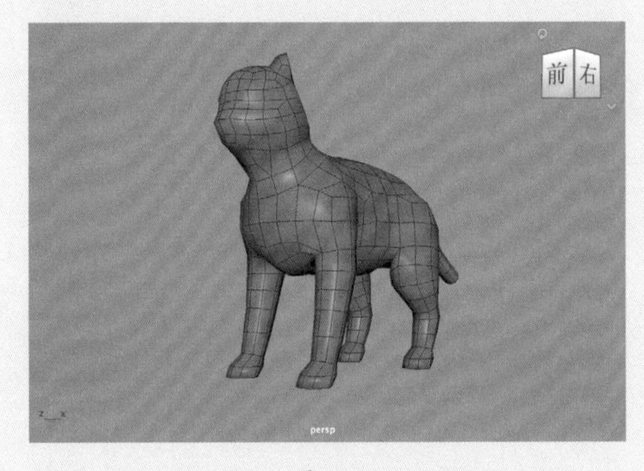
图1-32

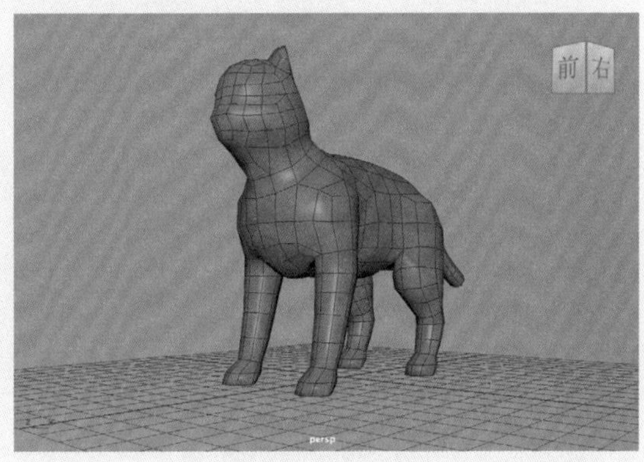
图1-32（续）

胶片门：切换胶片门边界的显示方式。

分辨率门：切换分辨率门边界的显示方式，如图 1-33 所示为单击激活该按钮前后的 Maya 视图显示结果对比。

门遮罩：切换门遮罩边界的显示方式，如图 1-34 所示为单击激活该按钮前后的 Maya 视图显示结果对比。

区域图：切换区域图边界的显示方式。

安全动作：切换安全动作边界的显示方式。

安全标题：切换安全标题边界的显示方式。

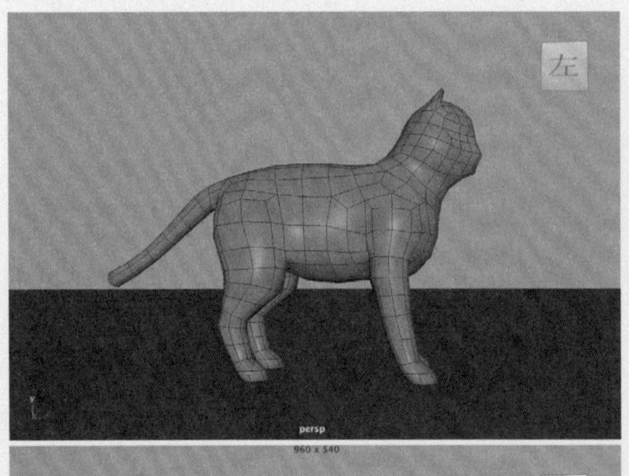

图1-33

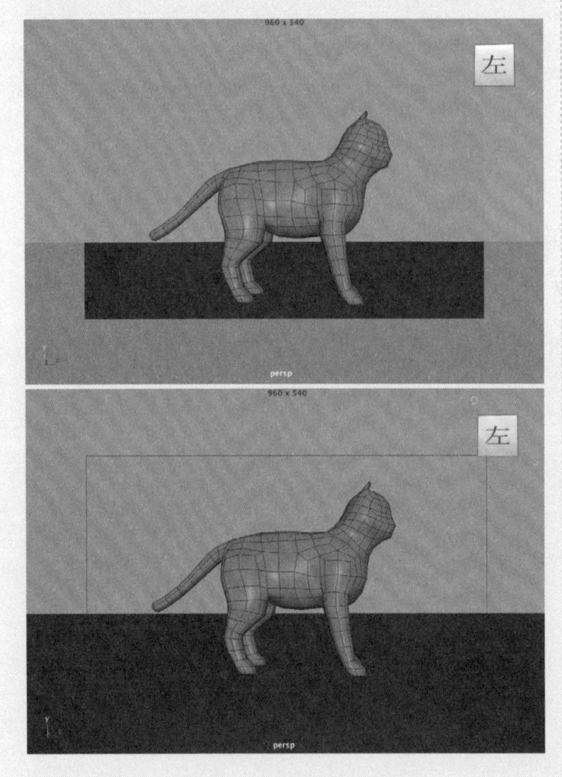

图1-34

线框：单击该按钮，Maya 视图中的模型呈线框显示效果如图 1-35 所示。

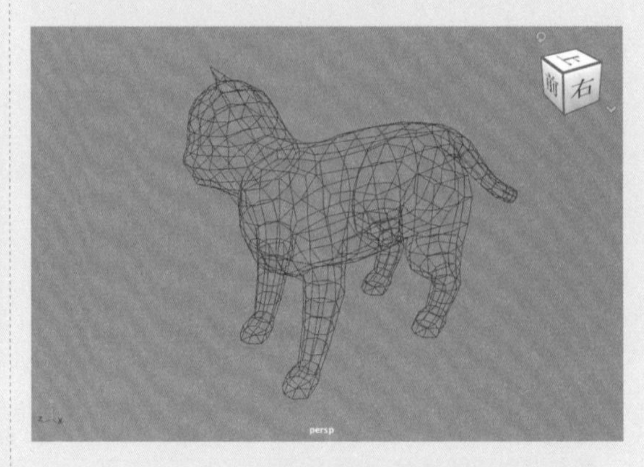

图1-35

对所有项目进行平滑着色处理：单击该按钮，Maya 视图中的模型呈平滑着色显示效果如图 1-36 所示。

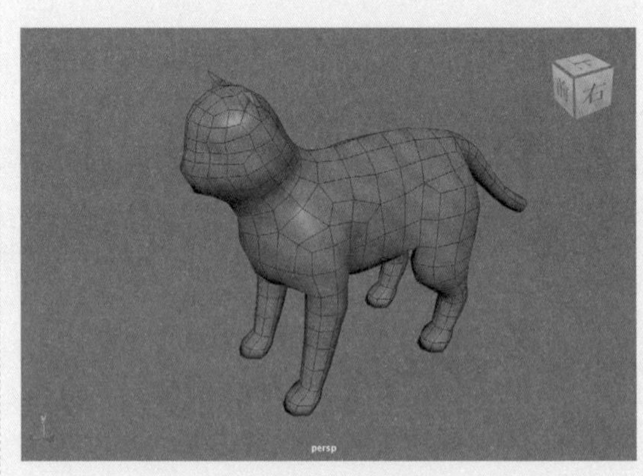

图1-36

使用默认材质：切换“使用默认材质”的显示方式。

着色对象上的线框：切换所有着色对象上的线框显示方式。

带纹理：切换“硬件纹理”的显示方式。

使用所有灯光：通过场景中的所有灯光，切换曲面的照明方式。

阴影：切换“使用所有灯光”处于启用状态时的硬件阴影贴图方式。

屏幕空间环境光遮挡：在开启和关闭“屏幕

空间环境光遮挡”之间进行切换。

运动模糊：在开启和关闭“运动模糊”之间进行切换。

多采样抗锯齿：在开启和关闭“多采样抗锯齿”之间进行切换。

景深：在开启和关闭“景深”之间进行切换。

隔离选择：限制“视图”面板的设置，以仅显示选定对象。

X 射线显示：视图中的模型呈半透明显示效果如图 1-37 所示。

图1-37

X 射线显示活动组件：在其他着色对象的顶部，切换活动组件的显示方式。

X 射线显示关节：在其他着色对象的顶部，切换骨架关节的显示方式。

1.3.7　工作区选择器

“工作区”可以理解为多种窗口、面板以及其他界面选项，根据不同的工作需要而形成的一种排列方式，中文版 Maya 2024 允许用户根据自己的喜好随意更改当前工作区，例如打开、关闭和移动窗口、面板和其他 UI 元素，以及停靠和取消停靠窗口和面板，这就创建了属于自己的自定义工作区。此外，该软件还为用户提供了多种工作区的显示模式，这些不同的工作区在三维艺术家进行不同种类的工作时非常有用，如图 1-38 所示。

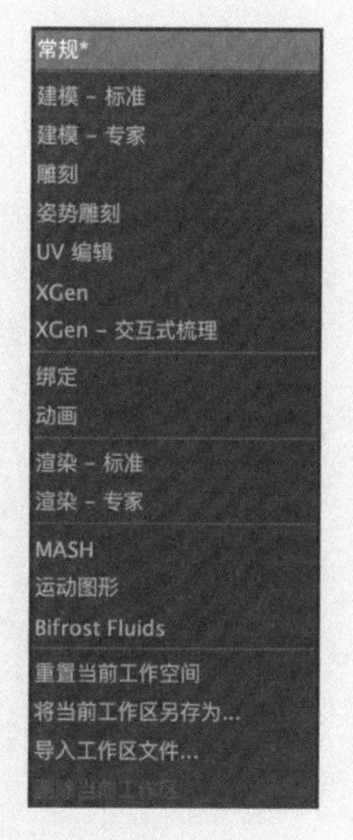

图1-38

1.3.8　通道盒

“通道盒”位于 Maya 2024 软件界面的右侧，与“建模工具包”和“属性编辑器”叠放在一起，是用于编辑对象属性的最快、最高效的主要工具。它允许用户快速更改属性值、在可设置关键帧的属性上设置关键帧、锁定或解除锁定属性，以及创建属性的表达式。当用户在场景中没有选中对象时，“通道盒”不会显示任何参数，如图 1-39 所示。

图1-39

1.3.9　建模工具包

“建模工具包”是 Maya 2024 为用户提供的

一个便于进行多边形建模的命令集合面板，通过该面板，用户可以很方便地进入多边形的顶点、边、面及UV中，对模型进行修改编辑，如图1-40所示。

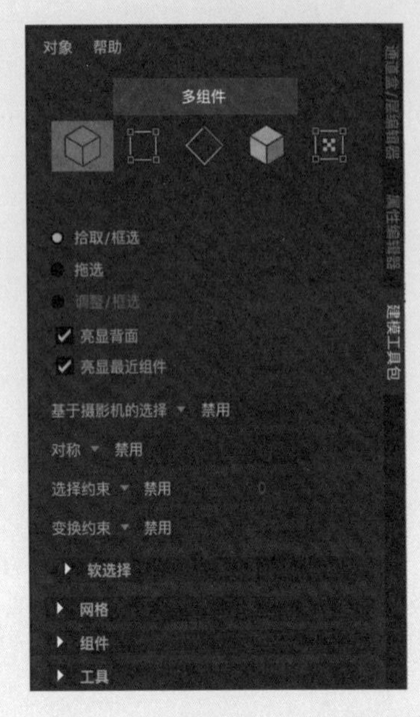

图1-40

1.3.10 属性编辑器

“属性编辑器”主要用来修改对象的自身属性，从功能上讲，与“通道盒”的作用非常类似，但是“属性编辑器”为用户提供了更加全面、完整的节点命令以及图形控件。如果用户没有选中任何对象，“属性编辑器”面板则不会显示任何参数，如图1-41所示。

图1-41

1.3.11 播放控件

“播放控件”是一组用于控制播放动画的按钮集合，如图1-42所示。

图1-42

工具解析

转至播放范围开头：单击该钮转到播放范围的起点。

后退一帧：单击该按钮后退一帧。

后退到前一关键帧：单击该按钮后退至前一个关键帧。

向后播放：单击该按钮可以反向播放场景中的动画。

向前播放：单击该按钮可以正向播放场景中的动画。

前进到下一关键帧：单击该按钮前进至下一个关键帧。

前进一帧：单击该按钮前进一帧。

转至播放范围末尾：单击该按钮转到播放范围的结尾。

1.3.12 帮助行和命令行

中文版Maya 2024软件界面的底部就是“帮助行”和“命令行”。其中，“帮助行”主要显示工具的简短描述，而“命令行”的左侧区域用于输入单个MEL命令，右侧区域用于提供反馈信息。如果用户熟悉Maya的MEL脚本语言，则可以使用这些区域和功能，如图1-43所示。

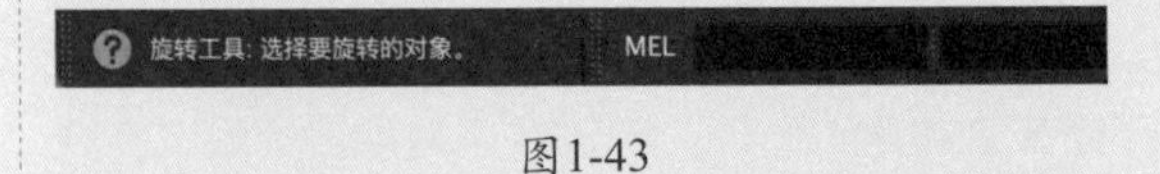

图1-43

1.4 软件基础操作

学习一款新的软件，首先应该熟悉该软件的基本操作方法。幸运的是，相同类型的软件其基本操作总是比较相似的。例如，用户如果拥有使用Photoshop的工作经验，那么在学习Illustrator时则会感觉得心应手；同样，如果之前接触过3ds Max的用户再学习Maya，也会感觉似曾相识。事实上，自从Autodesk公司将Maya收购后，便不断尝试将旗下的3ds Max与Maya进行一些操作上的更改，以确保习惯了一款软件的用户，在使用另一款软件时，能够迅速上手以适应项目制作。

在本节中，分别讲解中文版Maya 2024的对象选择、变换对象、复制对象及视图切换，这4个部分的基础操作内容。

1.4.1 对象选择

本例主要演示交互式创建、层次选择模式、对象选择模式、组件选择模式、大纲视图、对象成组、软选择的操作方法。

01 启动中文版Maya 2024，单击“多边形建模”工具架中的“多边形球体”按钮，如图1-44所示。

图1-44

02 在场景中任意位置创建3个任意大小的球体模型，如图1-45所示。

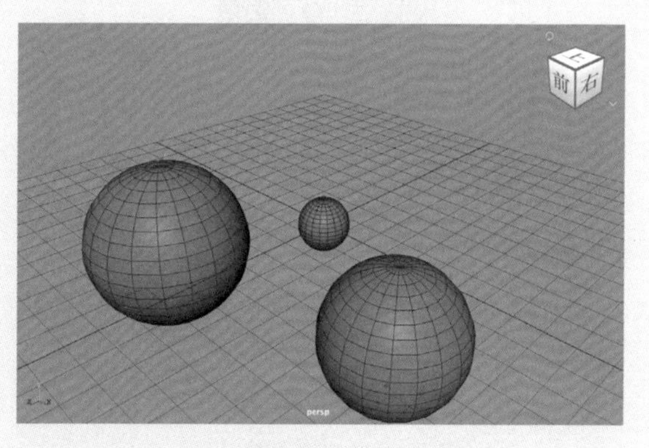

图1-45

03 选中这3个球体模型，执行“编辑”|“分组”命令，即可将选中的对象设置为一个组合，如图1-46所示。

技巧与提示

对选中的对象设置组合后，视图的左上角则会提示“项目分组成功”。

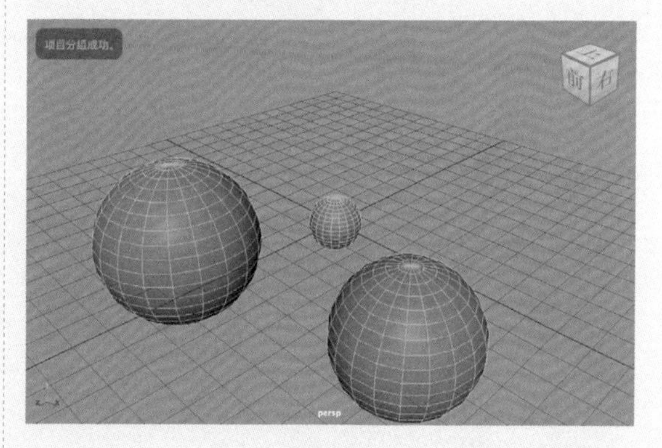

图1-46

04 在“大纲视图”面板中，可以看到组合后，场景中各对象的层级关系，如图1-47所示。

图1-47

05 依次单击“状态行”工具栏中的“按层次和组合选择”“按对象类型选择”和“按组件类型选择”按钮，如图1-48所示。观察场景中球体模型的选择状态，如图1-49~图1-51所示。

图1-48

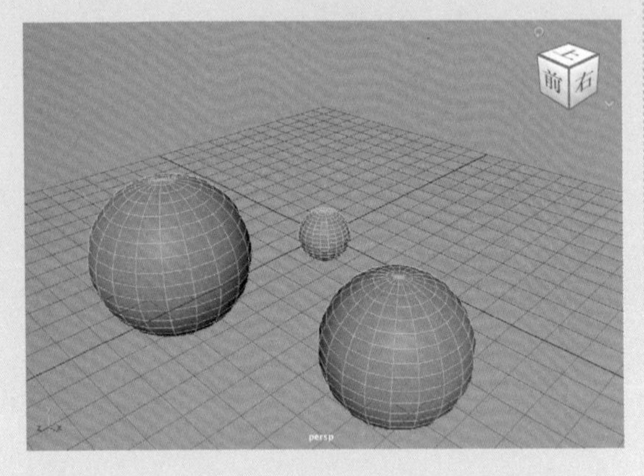

图1-49

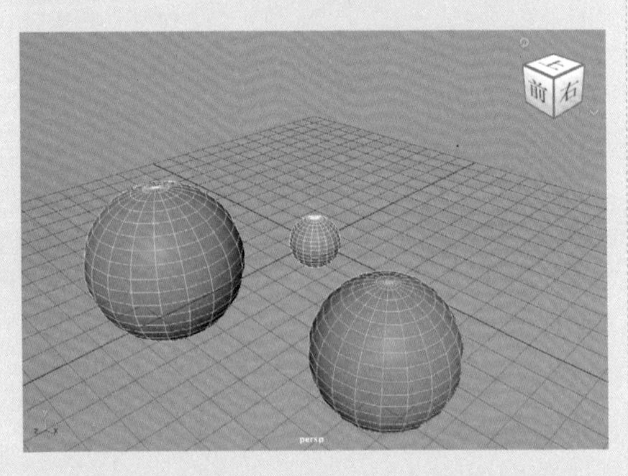

图1-50

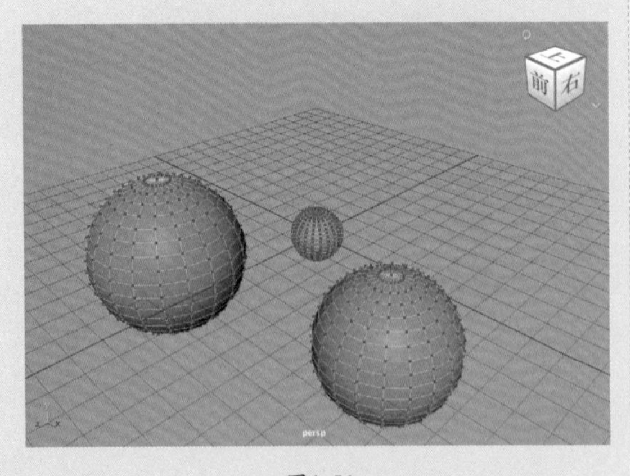

图1-51

06 按B键，开启“软选择”模式，再次查看球体模型上顶点的选择状态，如图1-52所示。

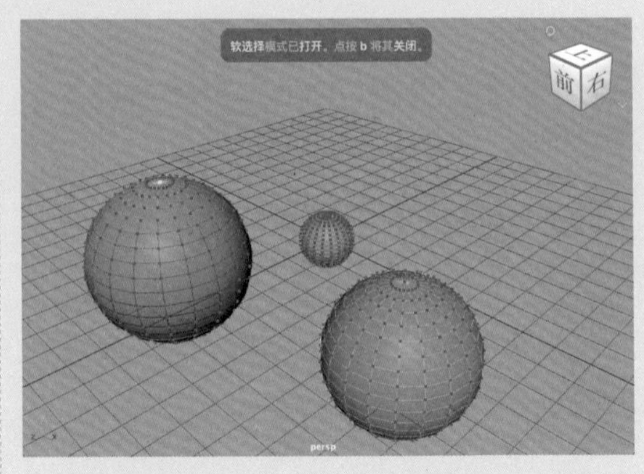

图1-52

技巧与提示

开启“软选择”后，视图的上方中间位置处则会提示“软选择模式已打开。点按b将其关闭。”

1.4.2 变换对象

本例主要演示移动工具、旋转工具、缩放工具的使用方法。

01 启动中文版Maya 2024，单击“多边形建模”工具架中的“多边形圆柱体”按钮，如图1-53所示。

图1-53

02 在场景中创建一个圆柱体模型，如图1-54所示。

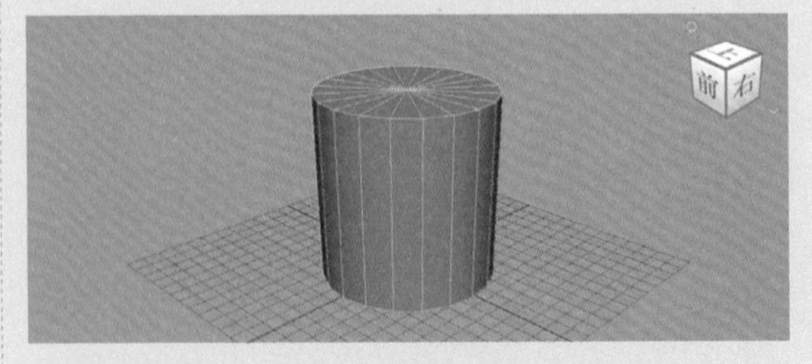

图1-54

03 按W键，使用“移动”工具更改圆柱体模型的位置，如图1-55所示。

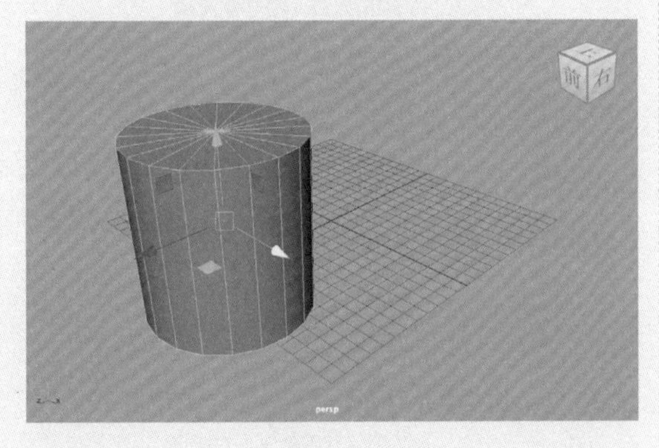

图1-55

04 按E键，使用“旋转”工具更改圆柱体模型的角度，如图1-56所示。

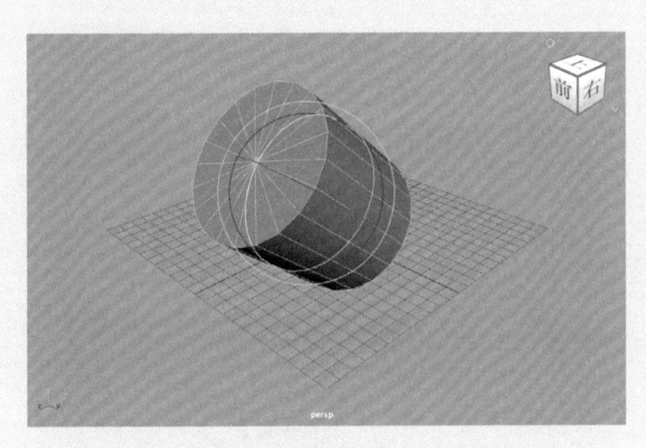

图1-56

05 按R键，使用“缩放”工具更改圆柱体模型的大小，如图1-57所示。

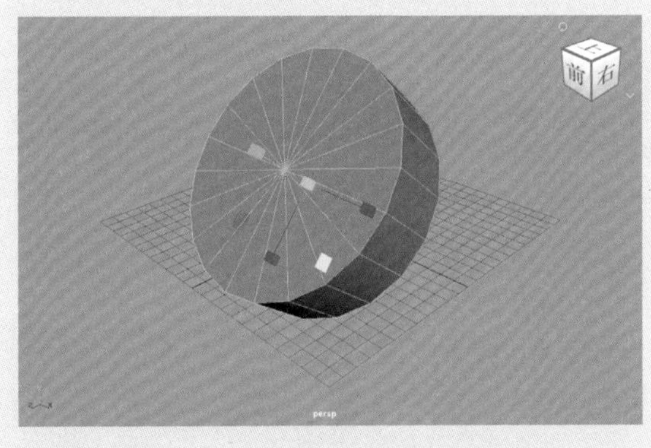

图1-57

1.4.3 复制对象

本例主要演示复制、特殊复制、复制并变换的操作方法。

01 启动中文版Maya 2024，单击“多边形建模”工具架中的“多边形圆柱体”按钮，如图1-58所示。

图1-58

02 在场景中创建一个圆柱体模型，如图1-59所示。

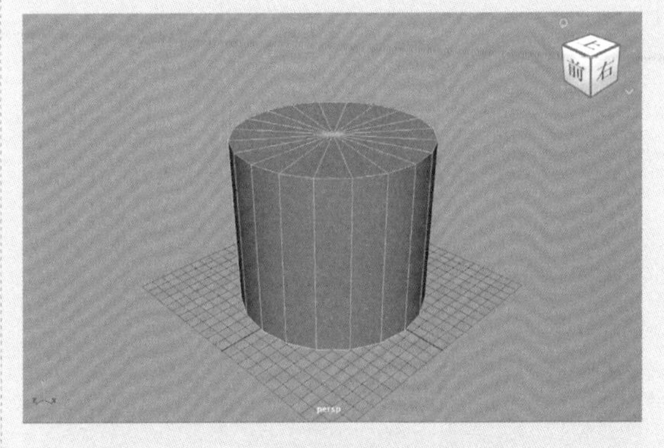

图1-59

03 按住Shift键，配合使用“移动”工具可以复制一个圆柱体模型，如图1-60所示。

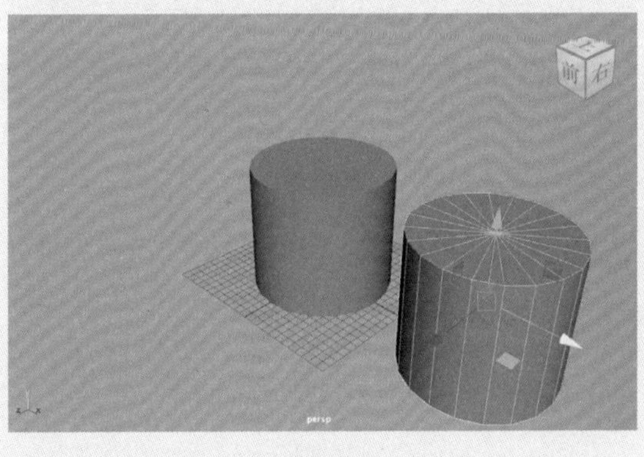

图1-60

04 多次按快捷键Shift+D，可以对物体进行“复制并变换”操作，可以看到Maya快速生成了一排间距相同的模型，如图1-61所示。

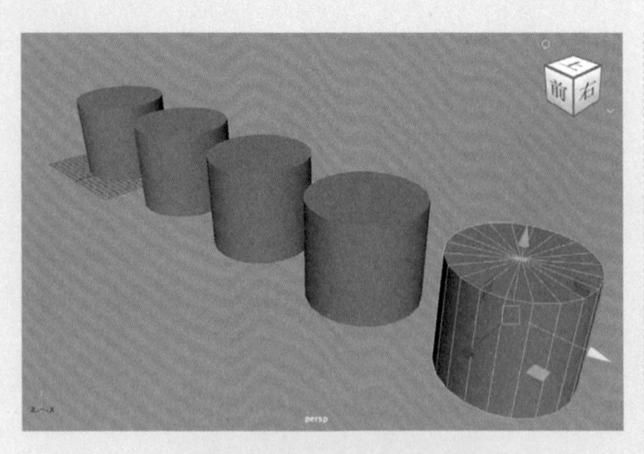

图1-61

05 单击“编辑”|“特殊复制”命令后面的方形图标，可以打开“特殊复制选项”对话框。将“几何体类型”设置为“实例”，如图1-62所示。这样复制出来的模型与原来的模型会共用相同的参数。

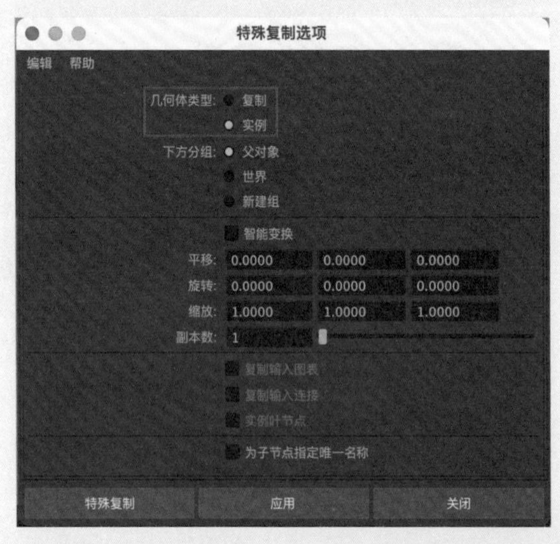

图1-62

1.4.4 视图切换

本例演示视图切换、显示模式的使用方法。

01 启动中文版Maya 2024，单击“多边形建模”工具架中的“多边形圆柱体”按钮，如图1-63所示。

图1-63

02 在场景中创建圆柱体模型，如图1-64所示。

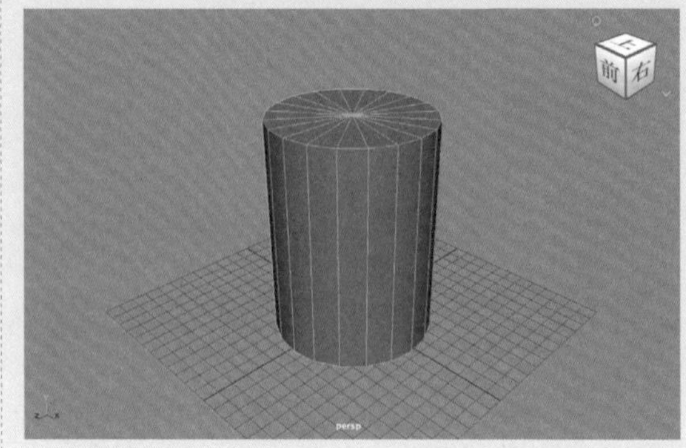

图1-64

03 按空格键，可以快速切换至四视图显示模式，如图1-65所示。

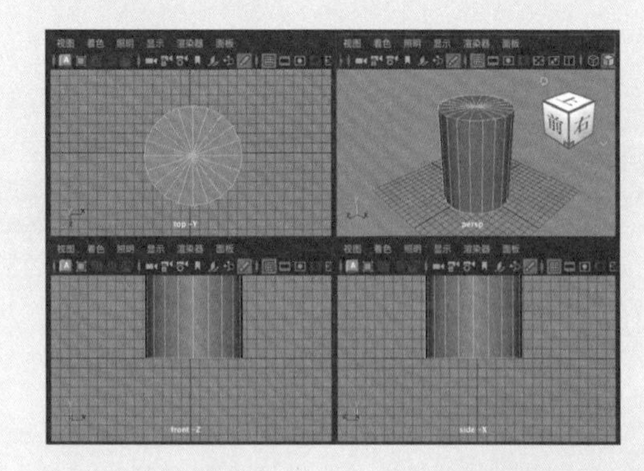

图1-65

04 可以将鼠标指针置于“顶视图”上，再次按空格键，使该视图最大化显示，如图1-66所示。

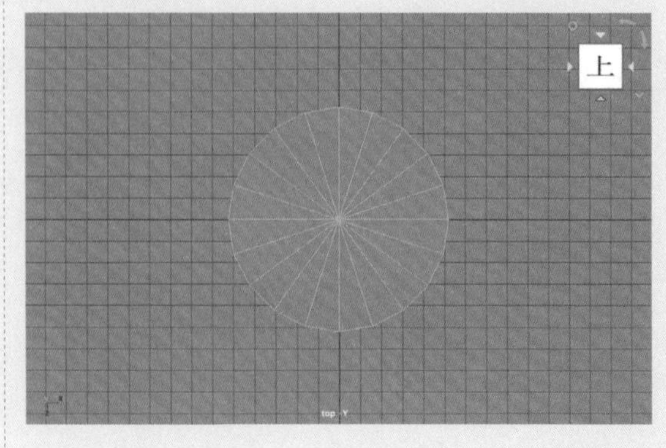

图1-66

05 执行“视图”菜单栏中的“面板”|“透视”|persp命令，如图1-67所示，即可将“前视图”更改为“透视视图”。

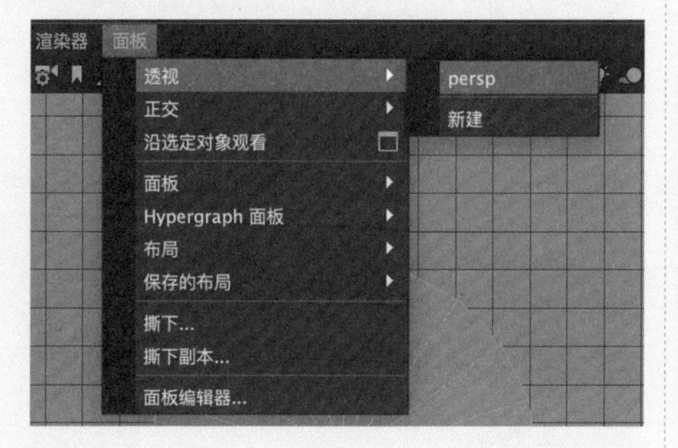

图1-67

06 按住空格键，再按住Maya按钮，可以在弹出的快捷菜单中选择其他视图显示方式，如图1-68所示。

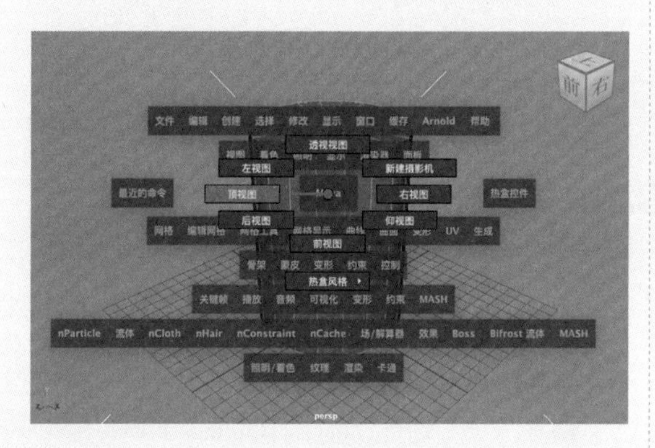

图1-68

07 按4键，将视图切换为“线框”显示模式，同时，视图上方会提示“线框显示现在已启用。按5可在着色模式下显示对象。”如图1-69所示。

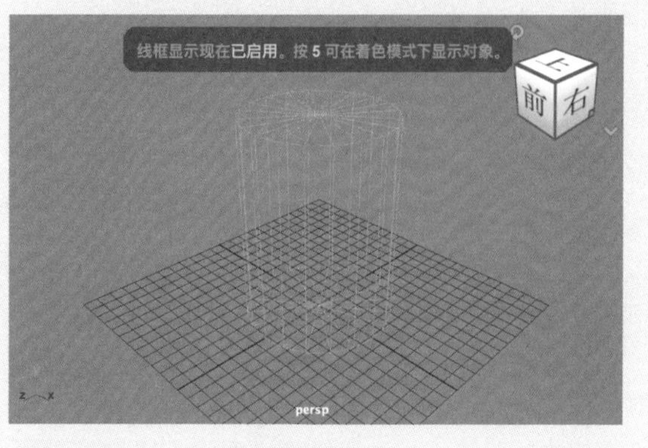

图1-69

08 按5键，可以将视图切换为“平滑着色”显示模式，同时，视图上方会提示“着色显示现在已启用。按4可在线框模式下显示对象。”如图1-70所示。

图1-70

第2章

曲面建模

2.1 曲面建模概述

曲面建模，也成为“NURBS 建模”。通过中文版 Maya 2024 中的“曲线”和“曲面”工具架中的工具，用户可以通过两种方式创建曲面模型。一种方式是通过创建曲线的方式构建曲面的基本轮廓，并利用相应的功能命令来生成模型；另一种方式是通过创建曲面基本体的方式来绘制简单的三维对象，然后使用相应的工具修改其形状，以获得想要的几何形体，如图 2-1 和图 2-2 所示。

图2-1

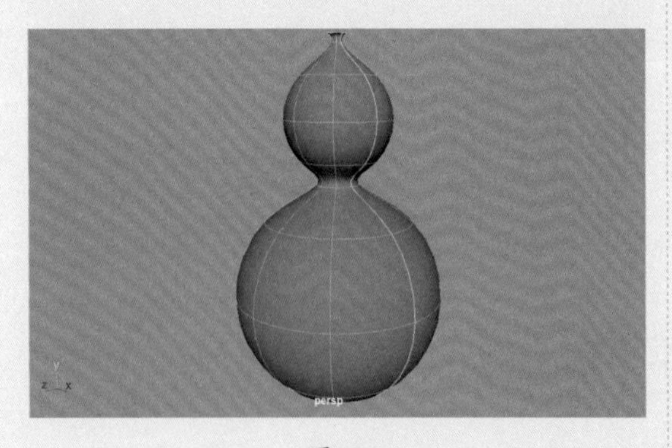

图2-2

如今，NURBS 曲面建模技术被广泛应用于动画、游戏、科学可视化和工业设计领域等。使用曲面建模可以制作出任何形状的、精度非常高的三维模型，同时，该建模方式也非常容易被用户学习及使用。

2.2 曲线工具

中文版 Maya 2024 提供了多种曲线工具，这些与曲线相关的工具可以在“曲线”工具架中找到，如图 2-3 所示。

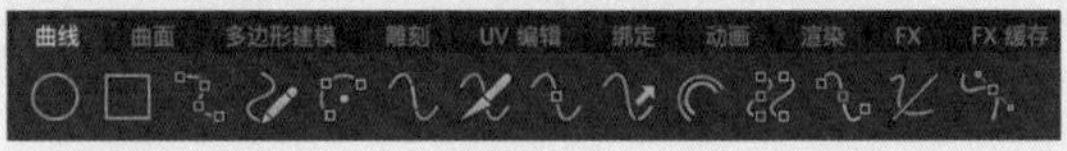

图2-3

工具解析

NURBS 圆形：创建 NURBS 圆形。

NURBS 方形：创建一个由 4 条线组成的 NURBS 方形组合。

EP 曲线工具：通过指定编辑点来创建曲线。

铅笔曲线工具：通过单击拖动鼠标指针来创建曲线。

三点圆弧：通过指定 3 个点来创建圆弧。

附加曲线：将选中的两条曲线附加在一起。

分离曲线：根据曲线参数点的位置，将曲线断开。

插入结：根据曲线参数点的位置插入编辑点。

延伸曲线：延伸选中的曲线。

偏移曲线：偏移选中的曲线。

重建曲线：重建选中的曲线。

添加点工具：通过添加指定点来延长选中的曲线。

曲线编辑工具：编辑选中的曲线。

Bezier 曲线工具：创建 Bezier 曲线。

技巧与提示

在中文版Maya 2023及早期的版本中，“曲线”工具架和“曲面”工具架为一个工具架，即“曲线/曲面”工具架。

2.2.1 创建及修改曲线

本例主要演示创建曲线、编辑曲线、为曲线添加顶点、退出编辑的操作方法。

01 启动中文版Maya 2024，单击“曲线”工具架中的“NURBS圆形”按钮，如图2-4所示。

图2-4

02 在场景中创建一条圆形曲线，如图2-5所示。

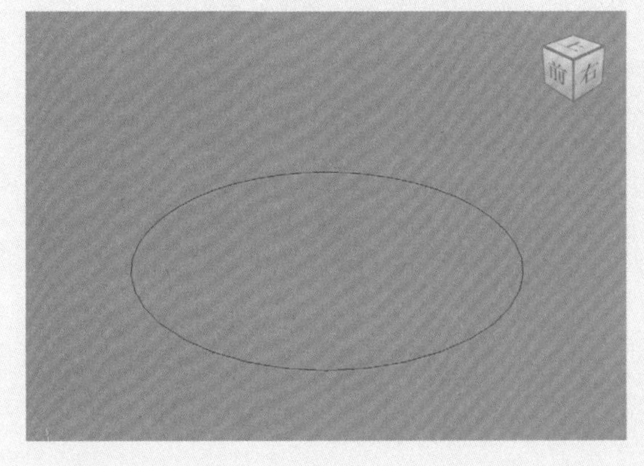

图2-5

03 选中圆形曲线，右击并在弹出的快捷菜单中选择“控制顶点”选项，如图2-6所示。

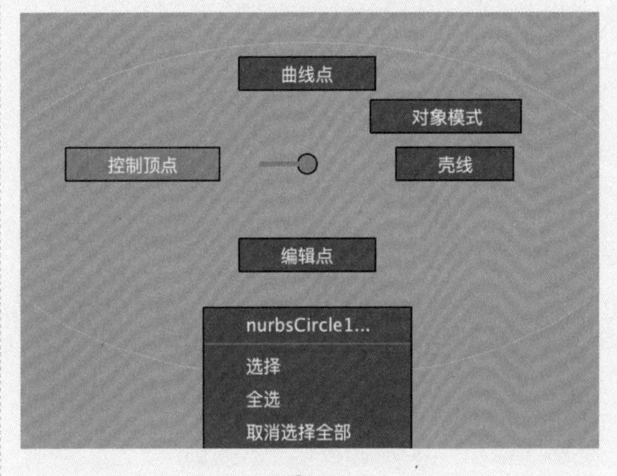

图2-6

04 选择如图2-7所示的顶点，使用“移动”工具调整曲线的形态，如图2-8所示。

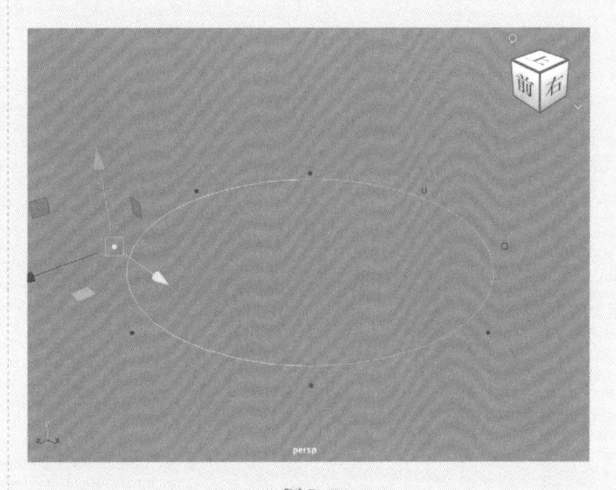

图2-7

图2-8

05 右击并在弹出的快捷菜单中选择“曲线点”选项，如图2-9所示。

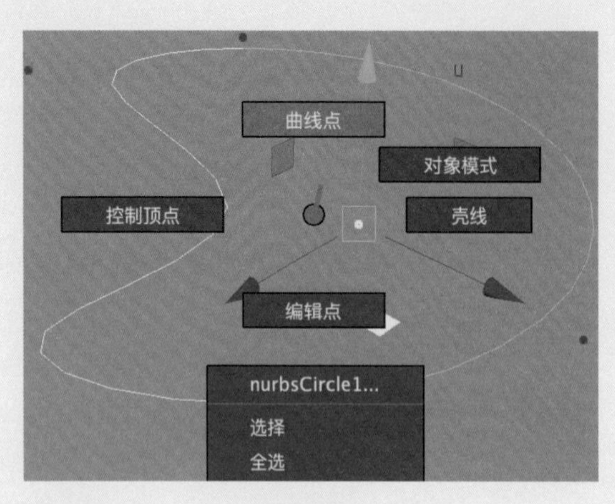

图2-9

06 按住Shift键，在如图2-10所示的位置添加4个顶点（黄色）。

图2-10

07 单击“曲线/曲面”工具架中的“插入结”按钮，如图2-11所示。这样可以在黄色顶点位置为曲线添加新的顶点。

图2-11

08 再次调整曲线的形态至如图2-12所示的状态。

09 调整完成后，退出曲线编辑状态，一条月亮形状的曲线就制作完成了，如图2-13所示。

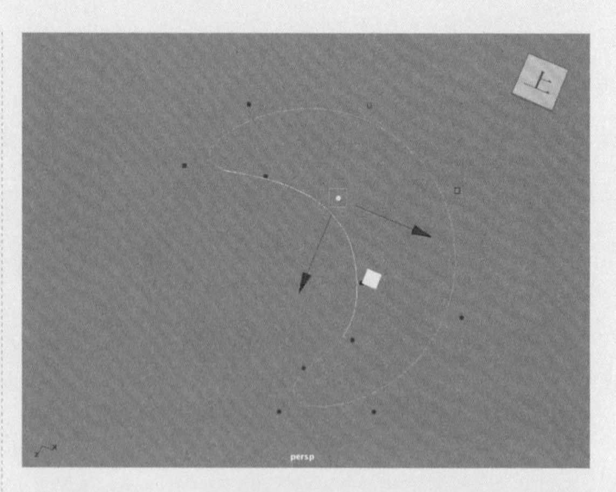

图2-12

图2-13

2.2.2 实例：制作酒杯模型

本例将使用“Bezier 曲线”工具制作一个酒杯模型，如图 2-14 所示为本例的最终完成效果。

图2-14

图2-14（续）

01 启动中文版Maya 2024，按住空格键，单击Maya按钮，在弹出的菜单中选择“右视图”选项，即可将当前视图切换至右视图，如图2-15所示。

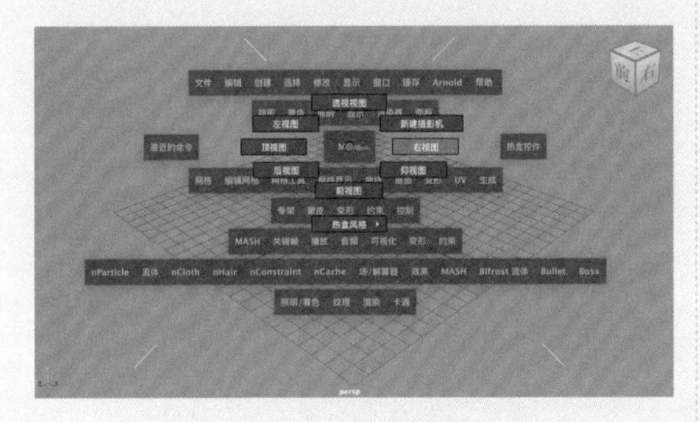

图2-15

02 在“曲线”工具架中单击“Bezier曲线”按钮，如图2-16所示。

图2-16

03 在右视图中绘制酒杯的侧面线条，如图2-17所示。

04 选择绘制完成的曲线，右击并在弹出的快捷菜单中选择“控制顶点”选项，进入Bezier曲线的“顶点”子层级，如图2-18所示。

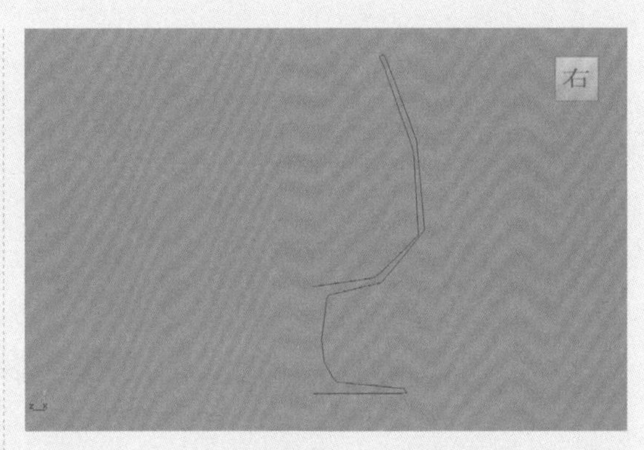

图2-17

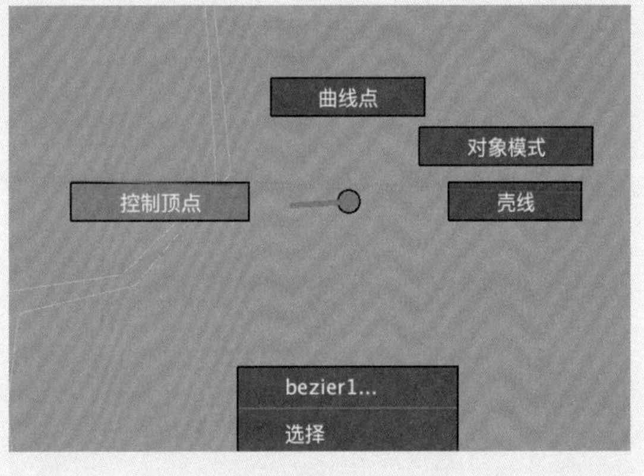

图2-18

05 框选曲线上的所有顶点，按住Shift键，右击并在弹出的快捷菜单中选择“Bezier角点”选项，如图2-19所示。

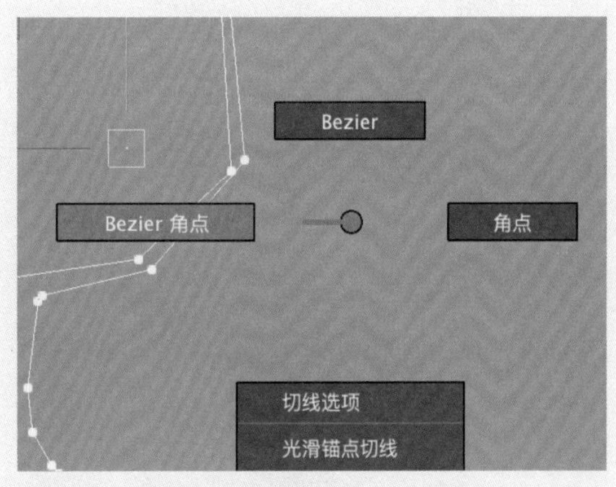

图2-19

06 将顶点模式更改为“Bezier角点”后，可以看到现在曲线上的每个顶点都出现了对应的手柄，如图2-20所示。

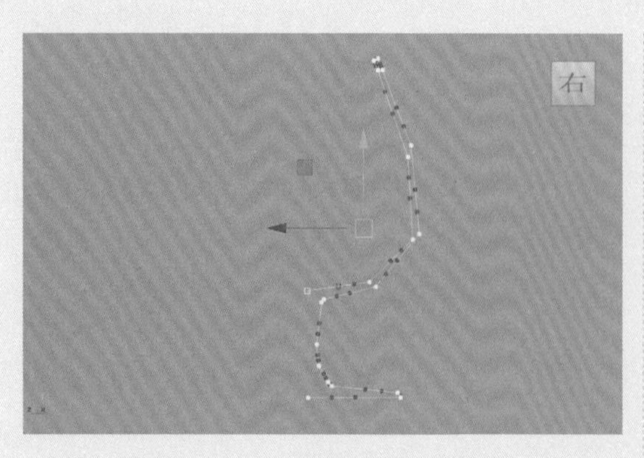

图2-20

07 通过调整手柄的位置，将曲线的形态调整至如图2-21所示的状态，制作出较平滑的曲线。

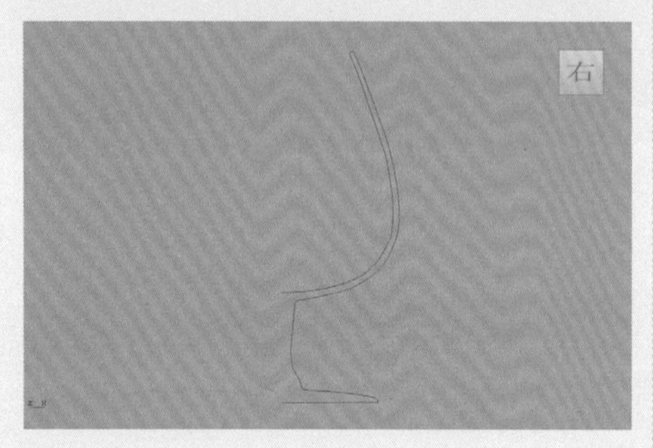

图2-21

08 选择场景中绘制完成的曲线，单击“曲面”工具架中的“旋转”按钮，如图2-22所示，可以将曲线转换为曲面模型，如图2-23所示。

图2-22

图2-23

09 在默认状态下，当前的曲面模型结果显示为黑色，可以通过执行“反转方向”命令，如图2-24所示，更改曲面模型的面方向，这样就得到了正确的曲面模型显示结果，如图2-25所示。

图2-24

图2-25

本例的最终模型效果如图 2-26 所示。

图2-26

2.2.3 实例：制作罐子模型

本例将使用“EP 曲线”工具制作一个罐子模型，如图 2-27 所示为本例的最终完成效果。

图2-27

01 启动Maya 2024，单击“曲线”工具架中的“EP曲线”按钮，如图2-28所示。

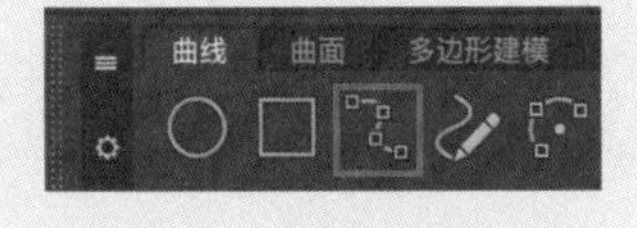

图2-28

02 在右视图中绘制罐子的侧面图形，在绘制的过程中，注意把握好罐子的形态。绘制曲线的转折处时，应多绘制几个点以便将来修改图形，如图2-29所示。使用“EP曲线”工具实际上很难一次绘制完成一个符合要求的曲线，虽然在初次绘制曲线时已经很小心了，但是曲线还是会出现一些问题，这就需要在接下来的步骤中修改曲线。

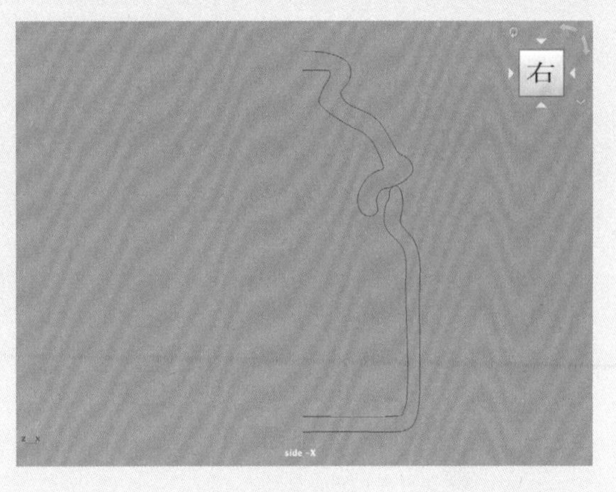

图2-29

03 右击并在弹出的快捷菜单中选择“控制顶点”选项，如图2-30所示。

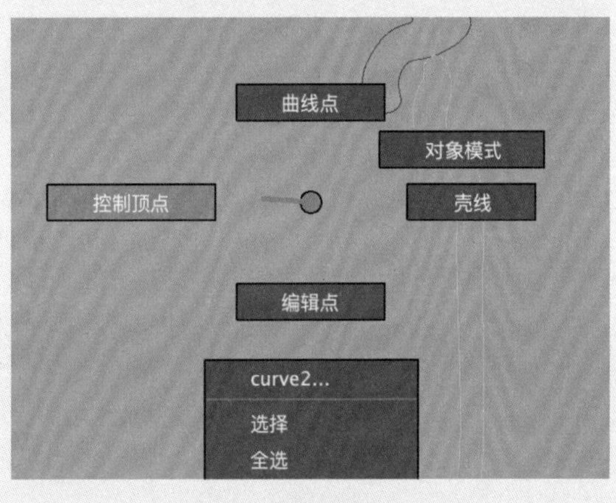

图2-30

04 通过调整曲线的顶点位置仔细修改罐子的剖面曲线，当选择了一个控制顶点时，该顶点所影响的边呈白色显示，如图2-31所示。

05 修改完成后，右击并在弹出的快捷菜单中选择“对象模式”选项，完成曲线的编辑，如图2-32所示。

图2-31

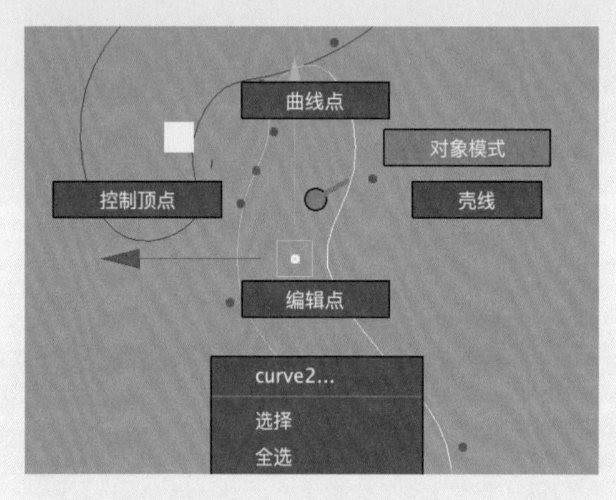

图2-32

06 将视图切换至透视视图，观察绘制完成的曲线形态，如图2-33所示。

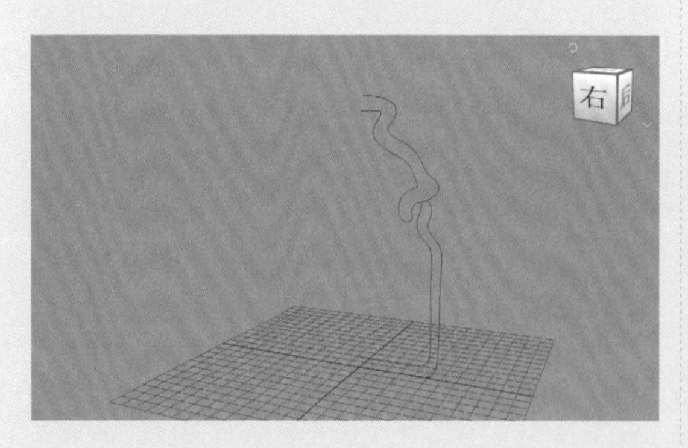

图2-33

07 选择场景中绘制完成的曲线，单击“曲面”工具架中的“旋转”按钮，如图2-34所示，即可在场景中看到曲线经过“旋转”处理后得到的曲面模型，如图2-35所示。

图2-34

图2-35

08 在默认状态下，当前的曲面模型显示为黑色，可以执行“反转方向”命令，更改曲面模型的面方向，如图2-36所示，即可得到正确的曲面模型显示结果。制作完成后的罐子模型的最终效果如图2-37所示。

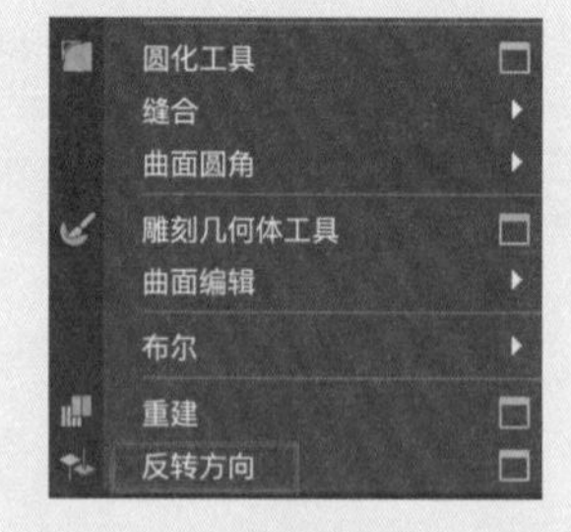

图2-36

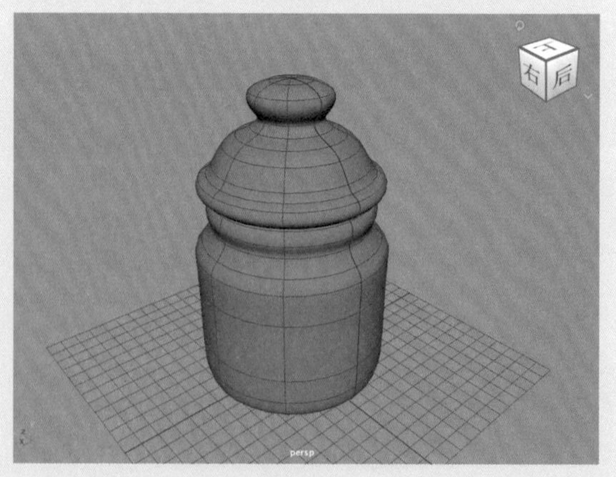

图2-37

2.3 曲面工具

中文版 Maya 2024 提供了多种基本几何形体的曲面工具，一些常用的与曲面相关的工具可以在“曲面”工具架中找到，如图 2-38 所示。

图2-38

工具解析

NURBS 球体：创建 NURBS 球体。

NURBS 立方体：创建一个由 6 个面组成的长方体组合。

NURBS 圆柱体：创建 NURBS 圆柱体。

NURBS 圆锥体：创建 NURBS 圆锥体。

NURBS 平面：创建 NURBS 平面。

NURBS 圆环：创建 NURBS 圆环。

旋转：以旋转的方式，根据选中的曲线生成曲面模型。

放样：以放样的方式，根据选中的曲线来生成曲面模型。

平面：根据选中的曲线，生成平面曲面模型。

挤出：以挤出的方式，根据选中的曲线来生成曲面模型。

双轨成形工具：根据两条轨道线和剖面曲线来创建曲面模型。

倒角 +：对曲面模型进行倒角处理。

在曲面上投影曲线：在曲面模型上投影曲线。

曲面相交：根据两个相交的曲面模型生成曲线。

修剪工具：根据曲面上的曲线，对曲面进行修剪。

取消修剪曲面：用于取消修剪曲面操作。

附加曲面：将两个曲面模型附加为一个曲面模型。

分离曲面：根据等参线的位置将曲面模型断开。

开放 / 闭合曲面：对选中的曲面模型进行开放 / 闭合操作。

插入等参线：对选中的曲面模型插入等参线。

延伸曲面：延伸选中的曲面模型。

重建曲面：重建选中的曲面模型。

雕刻几何体工具：使用雕刻的方式编辑曲面模型。

曲面编辑工具：使用操纵器编辑选中的曲面模型。

2.3.1 创建及修改曲面模型

本例主要演示创建曲面模型、父子关系、组、修改曲面模型的操作方法。

01 启动中文版Maya 2024，单击“曲面”工具架中的“NURBS立方体”按钮，如图2-39所示。

图2-39

02 在场景中创建一个长方体曲面模型，如图2-40所示。

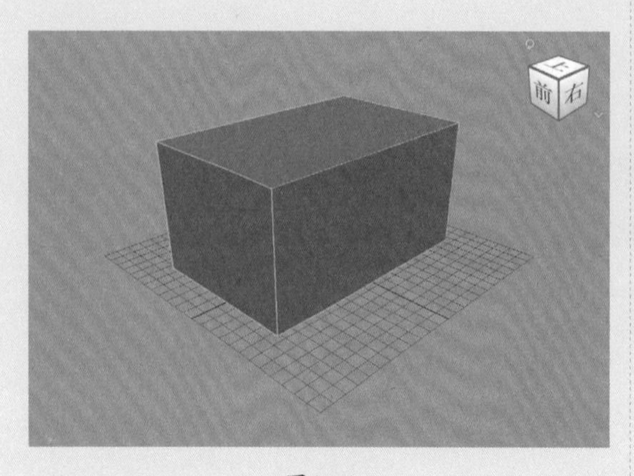

图2-40

03 在“大纲视图”面板中，观察场景中的对象名称，可以看到长方体曲面模型实际上是由6个曲面模型构成的组合，如图2-41所示。

图2-41

04 选中构成这个长方体模型的任何一个曲面，如图2-42所示。

05 在“属性编辑器”面板中，展开“立方体历史”卷展栏，可以通过更改“宽度”“长度比”和“高度比”值调整长方体曲面模型的大小，如图2-43所示。

06 单击“曲面”工具架中的“NURBS圆柱体”按钮，如图2-44所示。

07 在场景中创建一个圆柱体曲面模型，如图2-45所示。

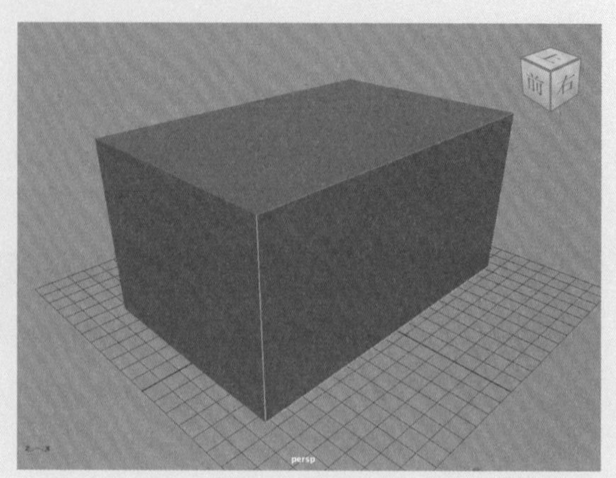

图2-42

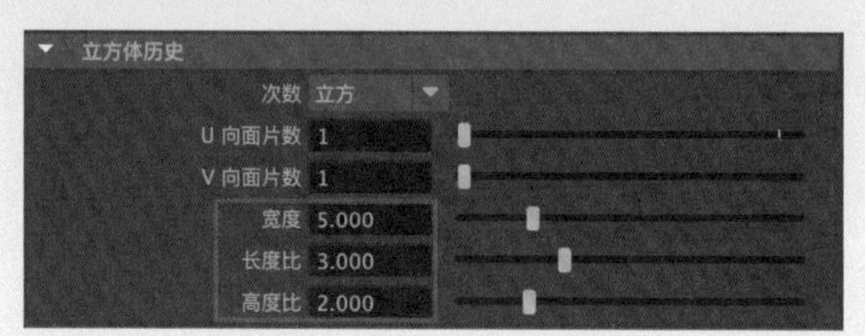

图2-43

图2-44

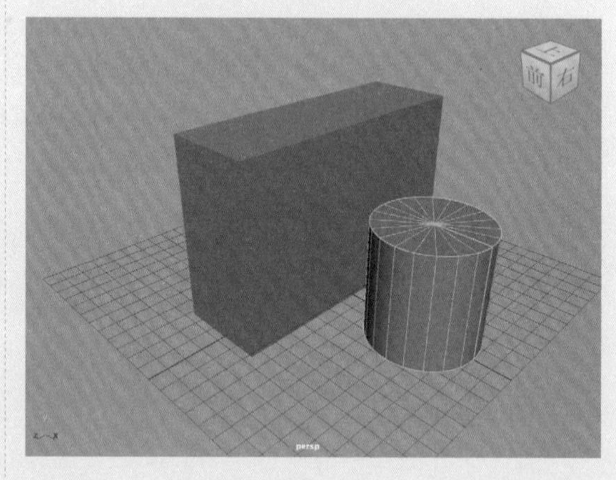

图2-45

08 在“大纲视图”面板中，观察场景中的对象名称，可以看到圆柱体曲面模型实际上是由3个曲面模型建立而成的父子关系，如图2-46所示。

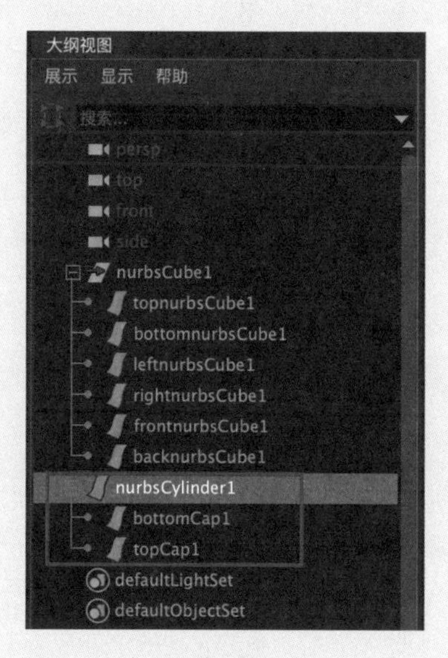

图2-46

09 选择构成这个圆柱体曲面模型的任何一个曲面，在“属性编辑器”面板中，展开“圆柱体历史”卷展栏，可以通过更改其中的参数值控制圆柱体曲面模型的大小及分段数，如图2-47所示。

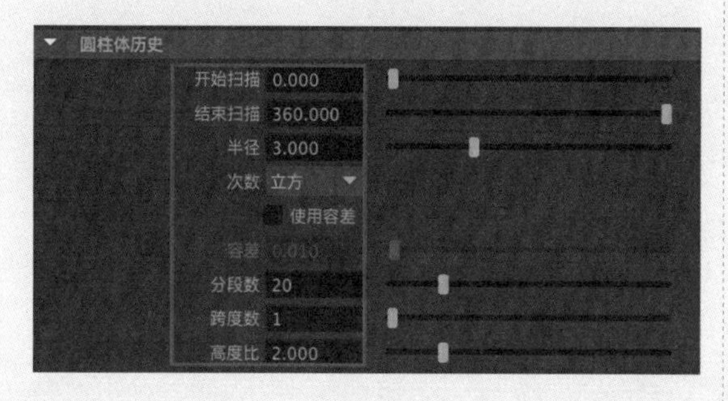

图2-47

2.3.2 实例：制作葫芦模型

本例中将使用“附加曲面”工具制作一个葫芦摆件的曲面模型，如图 2-48 所示为本例的最终完成效果。

01 启动Maya 2024软件，单击“曲面”工具架中的“NURBS球体”按钮，如图2-49所示。

02 在场景中创建出一个球体曲面模型，如图2-50所示。

图2-48

图2-49

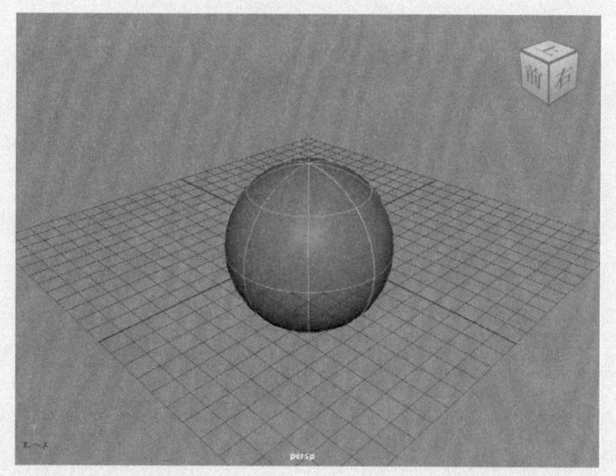

图2-50

03 选中球体模型，按快捷键Ctrl+D，原地复制一个新的球体模型，并调整其位置和大小至如图2-51所示的状态。

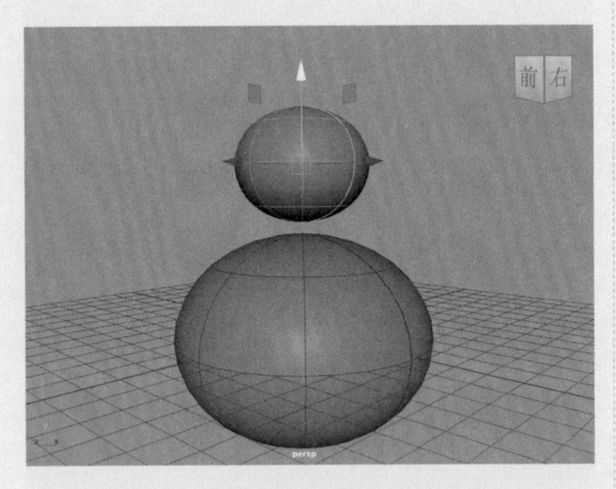

图2-51

04 单击“曲面”工具架中的“NURBS圆柱体”按钮，如图2-52所示。

图2-52

05 在场景中任意位置创建一个圆柱体曲面模型，如图2-53所示。

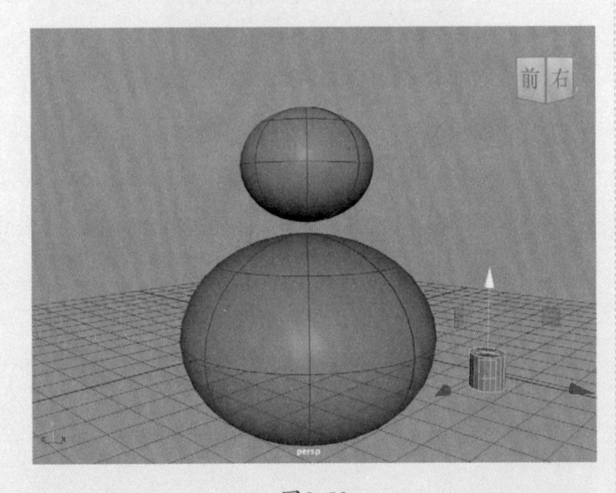

图2-53

06 选中圆柱体的模型，按住Shift键，加选场景中的球体模型，执行“修改/对齐工具”命令，如图2-54所示。

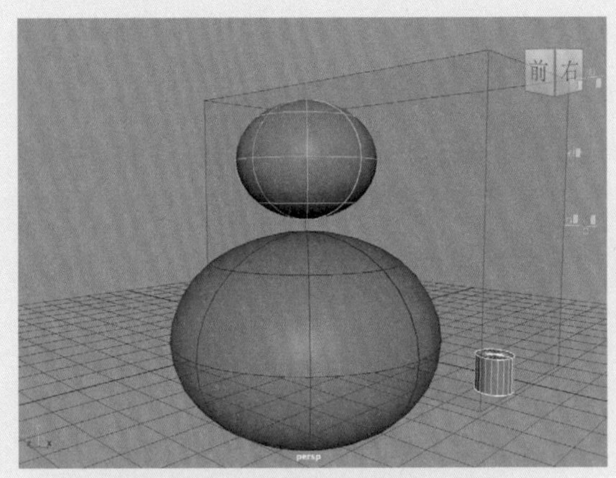

图2-54

07 对这两个模型的X轴和Z轴分别进行对齐后，再使用“移动”工具调整圆柱体模型Y轴的位置至如图2-55所示的状态。

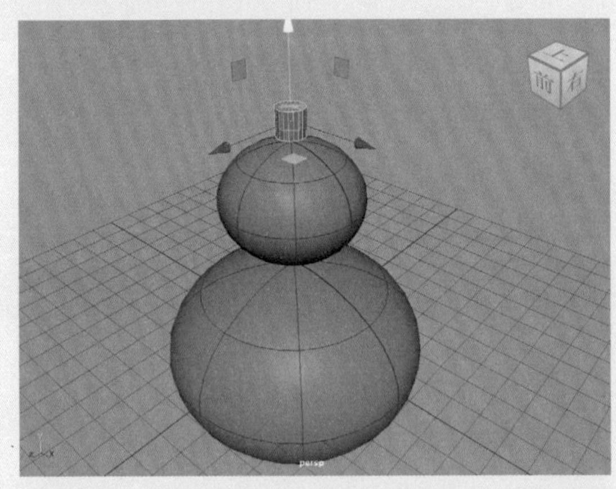

图2-55

08 在“属性编辑器”面板中，展开“圆柱体历史”卷展栏，调整“分段数”值为8，如图2-56所示，使圆柱体模型的布线结果与下方的球体模型一致，如图2-57所示。

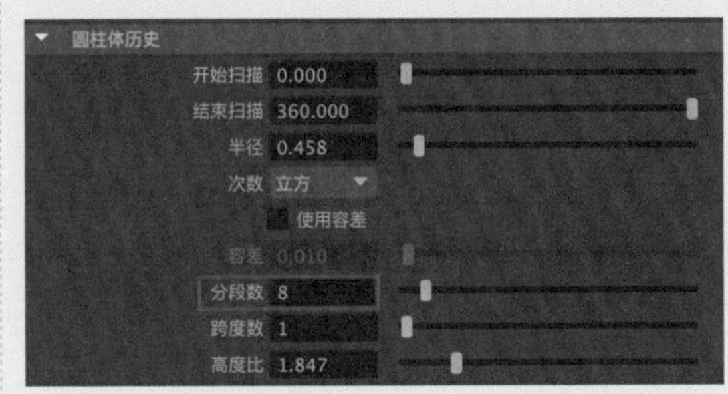

图2-56

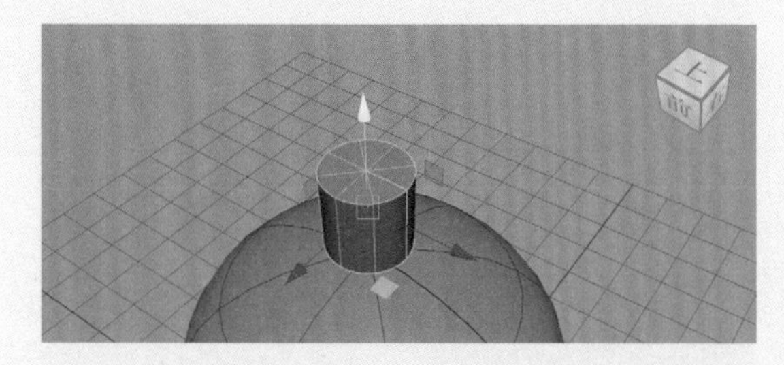

图2-57

09 选中场景中的两个球体模型，如图2-58所示。

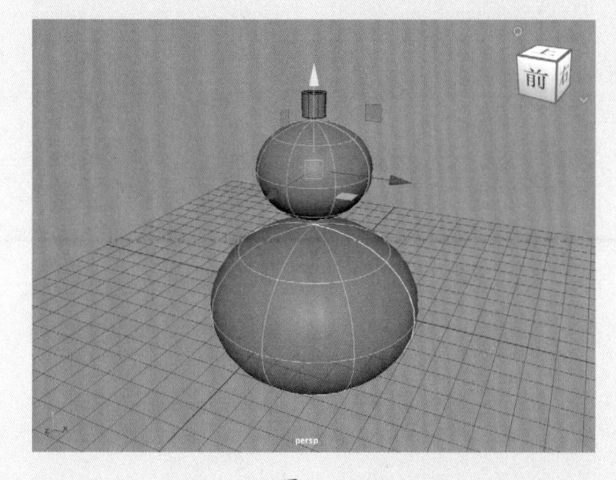

图2-58

10 单击“曲面”工具架中的“附加曲面”按钮，如图2-59所示，制作出葫芦的基本形体，如图2-60所示。

图2-59

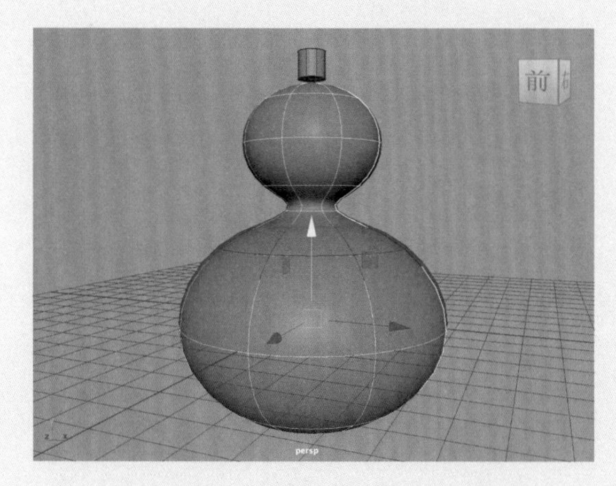

图2-60

11 选中圆柱体模型的顶面和葫芦模型的曲面，如图2-61所示。

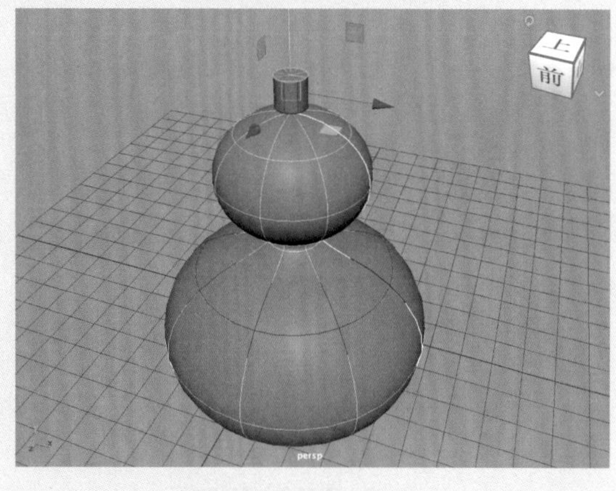

图2-61

12 再次单击“附加曲面”按钮，即可得到葫芦的完整模型，如图2-62所示。

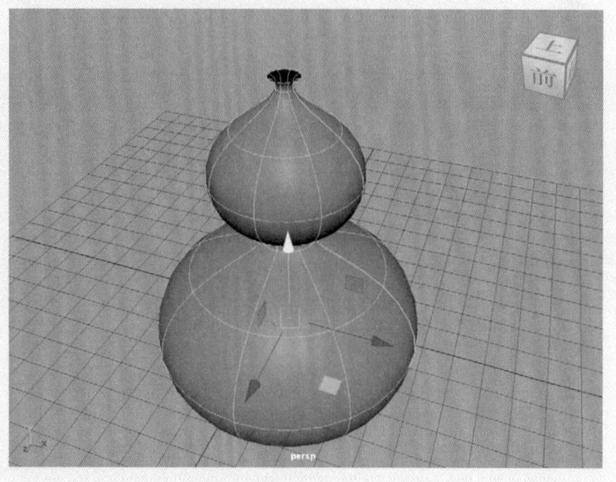

图2-62

13 选中葫芦模型，右击并在弹出的快捷菜单中选择“等参线”选项，如图2-63所示。

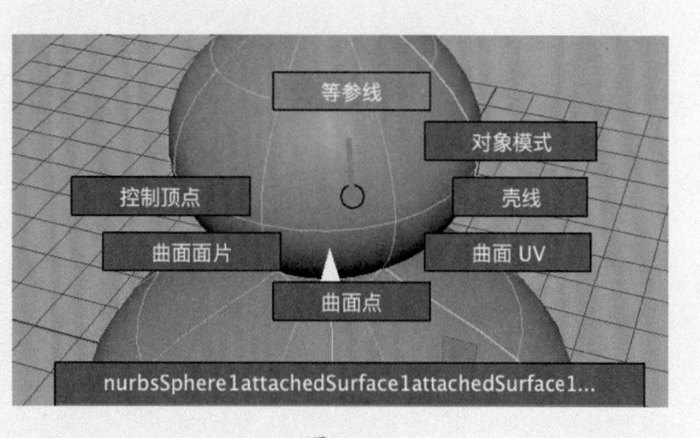

图2-63

14 选中如图2-64所示的边线，单击“曲面”工具架中的“平面”按钮，如图2-65所示，即可将葫芦模型封口，如图2-66所示。

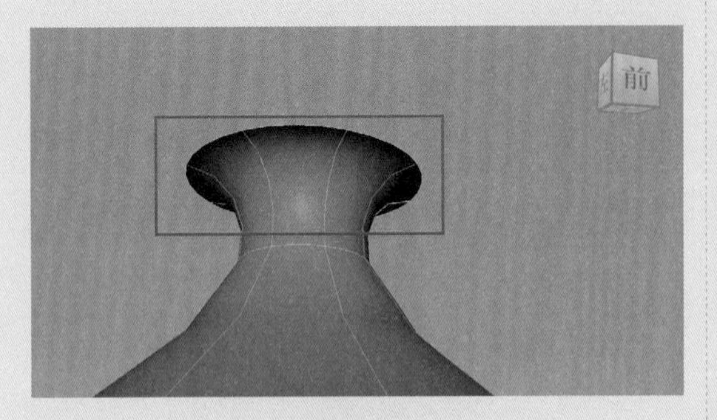

图2-64

图2-65

图2-66

本例的最终模型效果如图 2-67 所示。

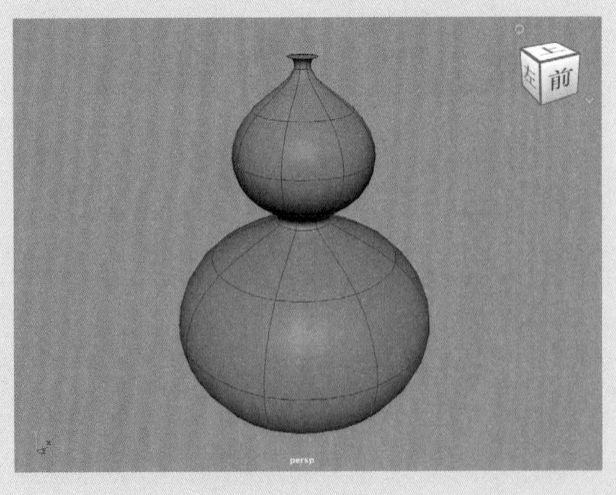

图2-67

2.3.3 实例：制作花瓶模型

本例将使用“放样”工具制作一个花瓶模型，如图 2-68 所示为本例的最终完成效果。

图2-68

01 启动中文版Maya 2024，单击“曲线”工具架中的“NURBS圆形”按钮，如图2-69所示。

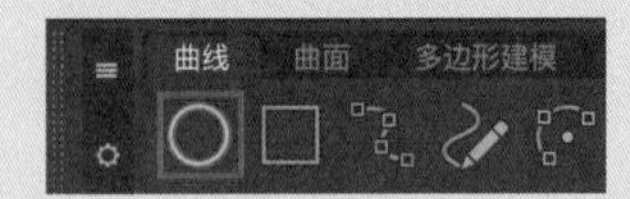

图2-69

02 在场景中创建一个圆形，如图2-70所示。

03 在“属性编辑器”面板中，展开“圆形历史”卷展栏，设置“半径”值为3.000，“分段数”值为16，如图2-71所示。

04 按快捷键Ctrl+D，复制一个圆形对象，调整好其位置并缩放大小至如图2-72所示的状态。

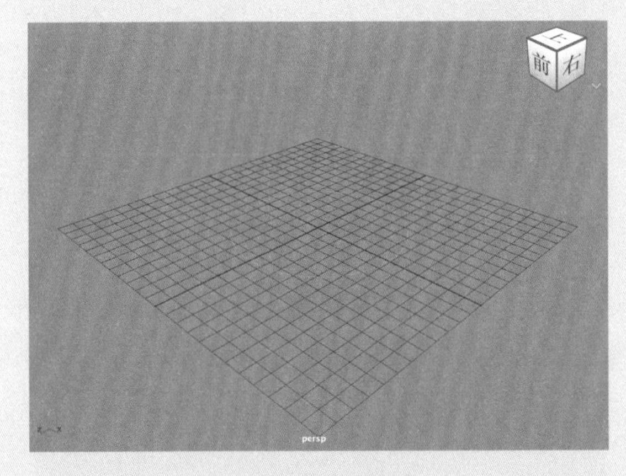

图2-70

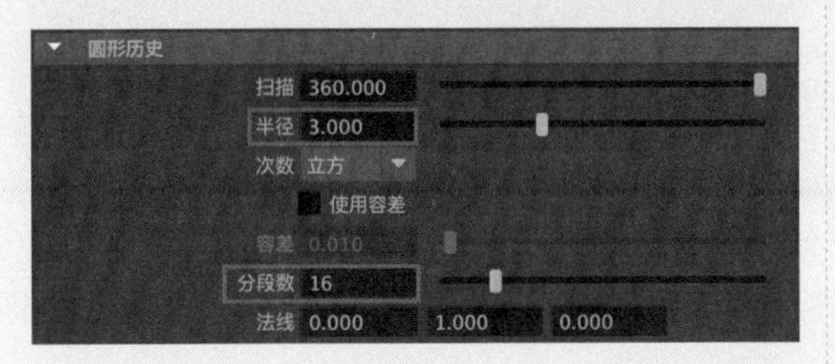

图2-71

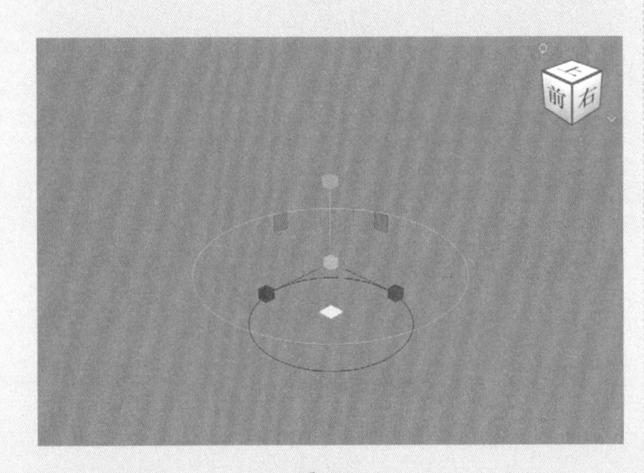

图2-72

05 使用相同的方法，制作一个花瓶的剖面结构，如图2-73所示。

06 选中如图2-74所示的圆形，右击并在弹出的快捷菜单中选择“控制顶点”选项。

07 选中如图2-75所示的顶点，对其进行缩放操作，得到如图2-76所示的曲线效果。

08 调整完成后，右击并在弹出的快捷菜单中选择“对象模式”选项，完成曲线形态的调整，如图2-77所示。

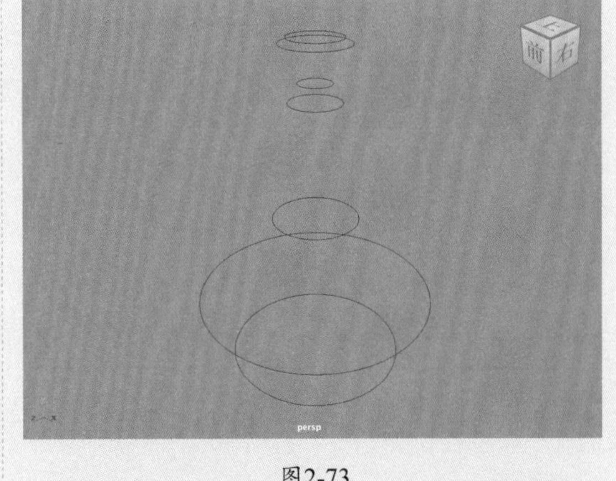

图2-73

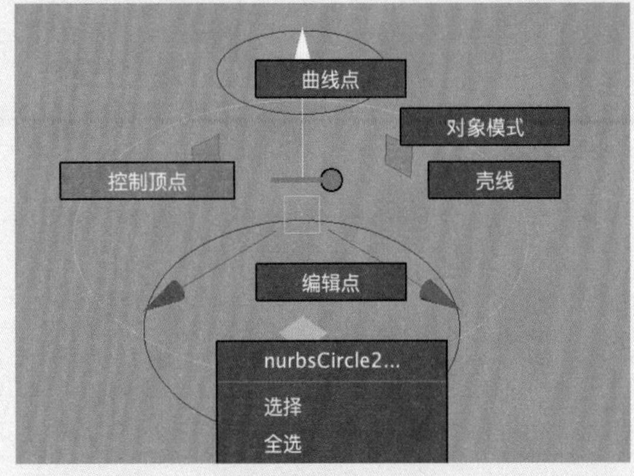

图2-74

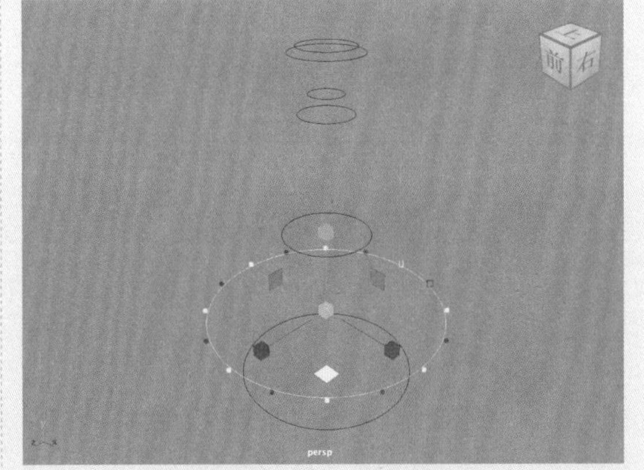

图2-75

09 在“大纲视图”面板中依次选中这些图形，单击“曲面”工具架中的“放样”按钮，如图2-78所示，即可得到一个花瓶的三维曲面模型，如图2-79所示。

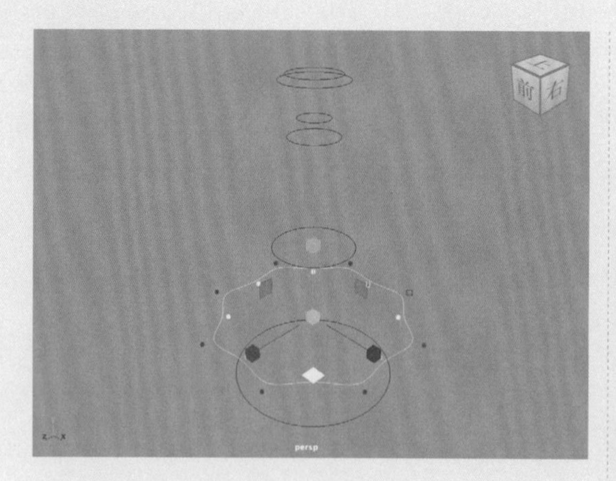

图2-76

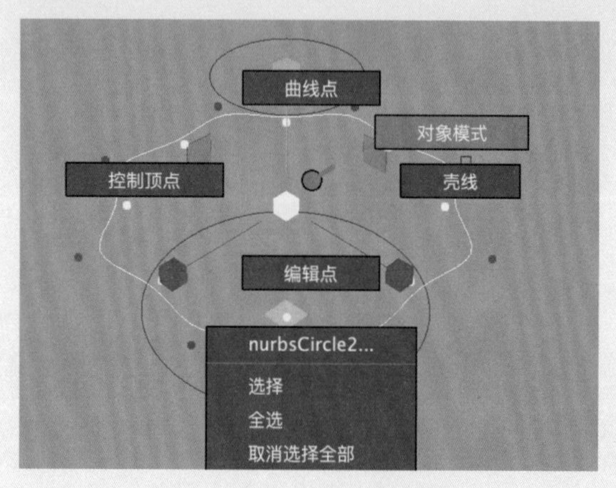

图2-77

图2-78

图2-79

10 创建的花瓶曲面模型，其形状仍然受之前创建的圆形位置所影响，所以需要通过调整这些圆形的大小及位置来改变花瓶的形状，如图2-80所示。

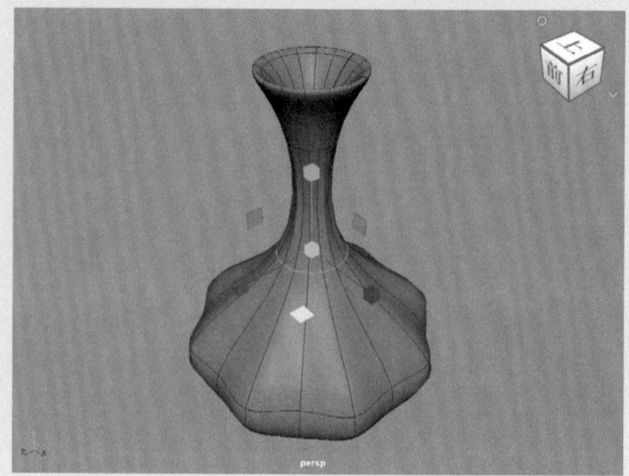

图2-80

本例的最终模型完成效果如图 2-81 所示。

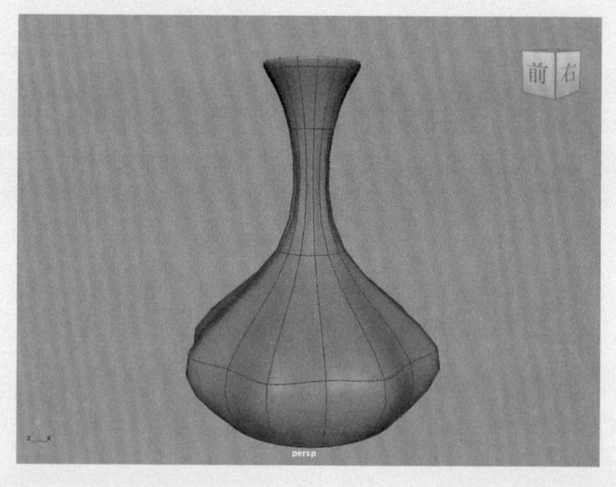

图2-81

第3章
多边形建模

3.1 多边形建模概述

多边形由顶点和连接它们的边来定义，多边形的内部区域称为“面”，编辑这些要素的命令就构成了多边形建模技术。多边形建模是当前非常流行的一种建模方式，可以通过对多边形的顶点、边及面进行编辑，得到精美的三维模型，这项技术被广泛用于电影、游戏、虚拟现实等模型的开发制作。如图 3-1~图 3-2 所示均为使用多边形建模技术制作完成的三维模型。

图3-1

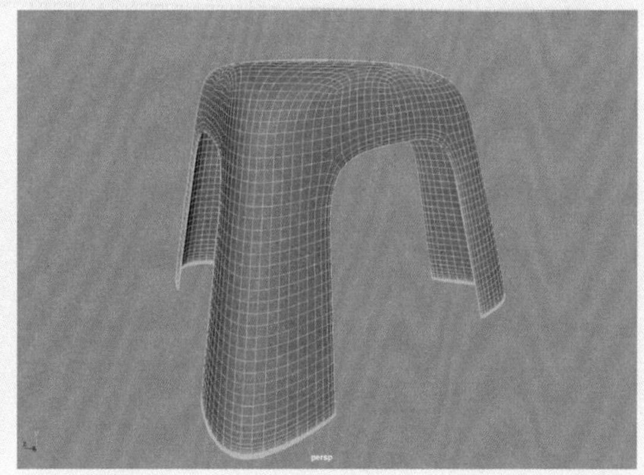

图3-2

多边形建模技术与曲面建模技术差异明显。曲面模型有严格的 UV 走向，编辑起来略微麻烦；而多边形模型由于是三维空间中的多个顶点相互连接而成的一种立体拓扑结构，所以编辑起来非常自由。中文版 Maya 2024 的多边形建模技术已经发展得相当成熟，通过使用“建模工具包”面板，可以非常方便地利用这些多边形编辑命令，快速完成模型的制作。

3.2 创建多边形对象

中文版 Maya 2024 提供了多种多边形基本几何体编辑工具，在“多边形建模”工具架中可以找到这些工具按钮，如图 3-3 所示。

图3-3

工具解析

多边形球体：用于创建多边形球体。

多边形立方体：用于创建多边形立方体。

多边形圆柱体：用于创建多边形圆柱体。

多边形圆锥体：用于创建多边形圆锥体。

多边形圆环：用于创建多边形圆环。

多边形平面：用于创建多边形平面。

多边形圆盘：用于创建多边形圆盘。

柏拉图多面体：用于创建柏拉图多面体。

超形状：用于创建多边形超形状。

扫描网格：用于基于曲线生成扫描网格形态。

多边形类型：用于创建多边形文字模型。

SVG：使用剪贴板中的可扩展向量图形或导入的 SVG 文件，创建多边形模型。

内容浏览器：打开“内容浏览器”面板。

中心枢轴：将选定对象的坐标轴重置到中心。

按类型删除历史：删除选中对象的构建历史。

冻结变换：将选中的对象的平移和旋转属性值归零。

差集（A-B）：使用第一个对象减去第二个对象。

结合：将选中的多个多边形对象组合到一个多边形网格中。

提取：从多边形网格中分离出所选的面。

镜像：沿对称轴镜像选中的多边形网格。

平滑：对多边形网格进行平滑处理。

减少：减少选中的多边形网格组件的数量。

重新划分网格：通过分割边重新定义网格的拓扑结构。

重新拓扑：保留选中的网格的曲面特征，并生成新的拓扑结构。

挤出：从选中的边 / 面挤出新的边 / 面结构。

桥接：在选中的成对边 / 面之间构建出多边形网格。

倒角：沿选中的边 / 面创建倒角形态。

合并：将选中的顶点 / 边合并为一个对象。

合并到中心：将选中的组件合并到中心点。

翻转三角形边：翻转两个三角形之间的边。

复制：将选中的面复制为新对象。

收拢：通过合并相邻的顶点，移除选定组件。

圆形圆角：将选中的顶点变形为与网格曲面对齐的圆。

多切割工具：在多边形网格上进行切割操作。

目标焊接工具：将两个边 / 顶点合并为一个对象。

四边形绘制工具：在激活对象上放置点，以创建新的面。

此外，还可以按住 Shift 键，右击并在弹出的快捷菜单中找到创建多边形对象的相关命令，如图 3-4 所示。

更多的有关创建多边形的命令，可以在“创建”|“多边形基本体”子菜单中找到，如图 3-5 所示。

技巧与提示

在中文版Maya 2023及早期的版本中，“多边形建模”工具架中还包括与调整UV坐标相关的工具按钮。在中文版Maya 2024中，这些与UV坐标相关的工具按钮则被集成在新的“UV编辑”工具架中。

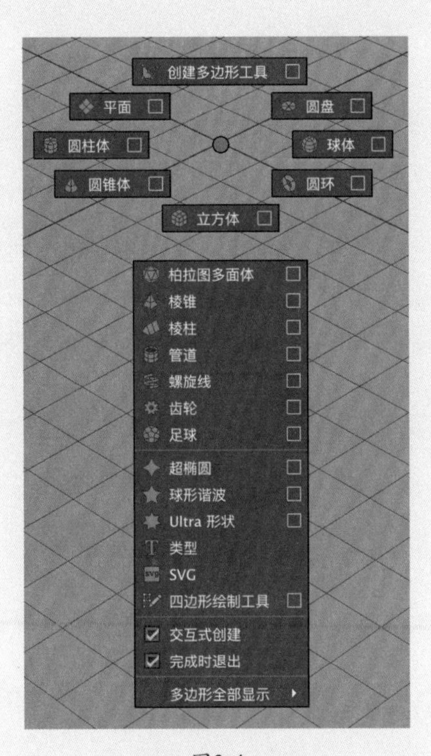

图3-4

图3-5

3.2.1 创建与修改多边形对象

本例主要演示创建多边形对象、修改多边形对象、删除历史的操作方法。

01 启动中文版Maya 2024，激活“创建”|“多边形基本体”|“交互式创建”命令，如图3-6所示。

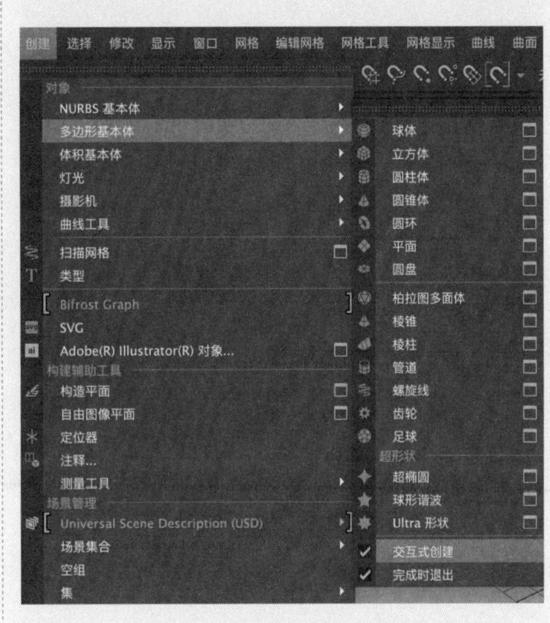

图3-6

02 单击“多边形建模”工具架中的“多边形球体”按钮，如图3-7所示。

图3-7

03 在场景中创建一个球体模型，如图3-8所示。

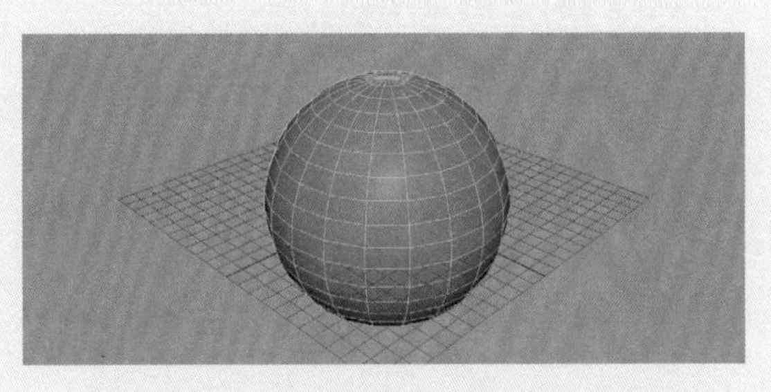

图3-8

04 在“属性编辑器”面板中，展开“多边形球体历史”卷展栏，更改“半径”值为9.000，“轴向细分数”值为12，“高度细分数”值为12，如图3-9所示。设置完成后，球体模型视图的显示结果如图3-10所示。

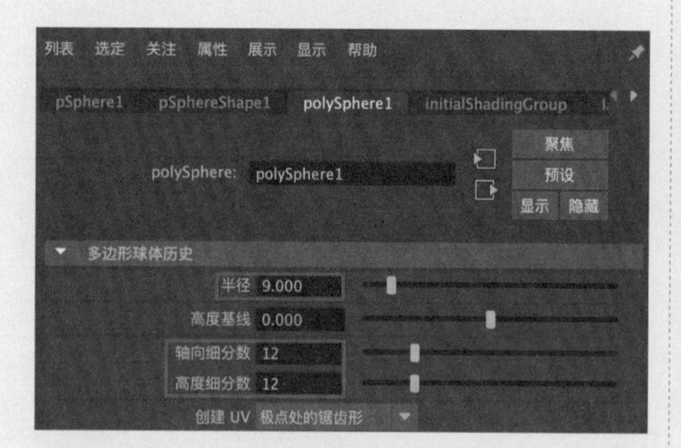

图3-9

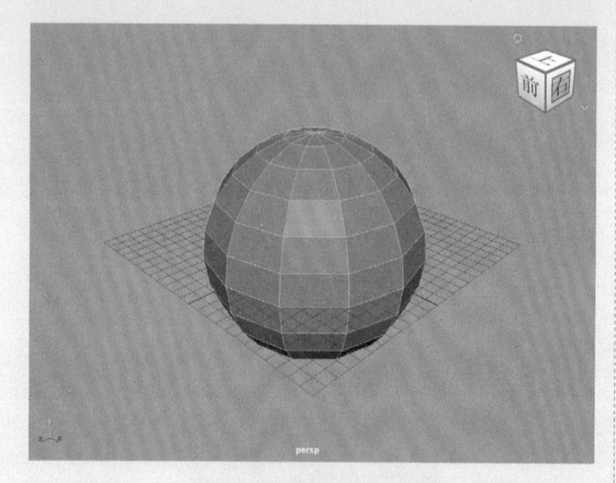

图3-10

05 右击并在弹出的快捷菜单中选择“面”选项，如图3-11所示。

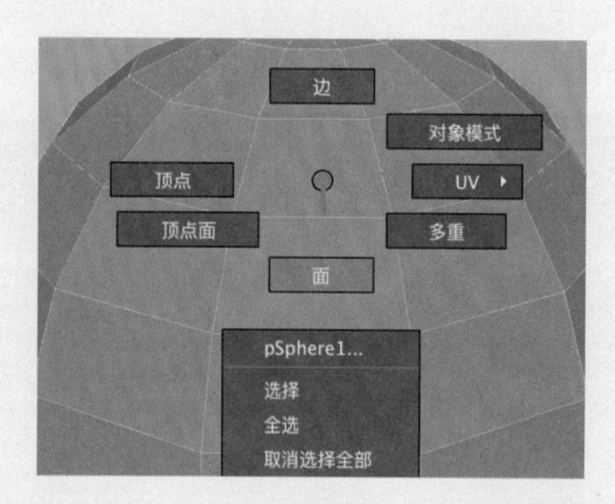

图3-11

06 选择如图3-12所示的面。

07 单击“多边形建模”工具架中的“挤出”按钮，如图3-13所示。对选中的面进行挤出操作，制作出如图3-14所示的模型。

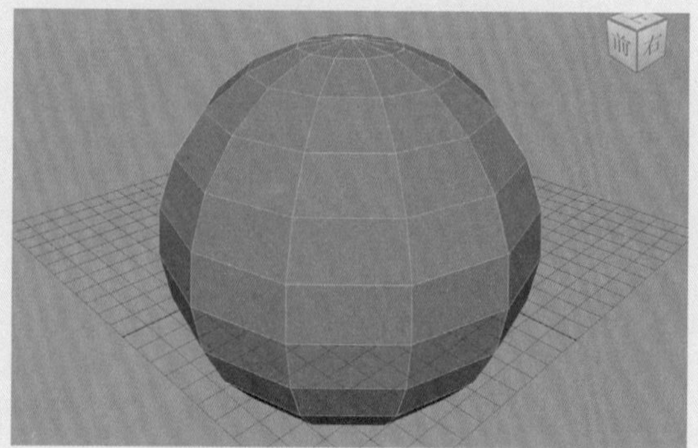

图3-12

图3-13

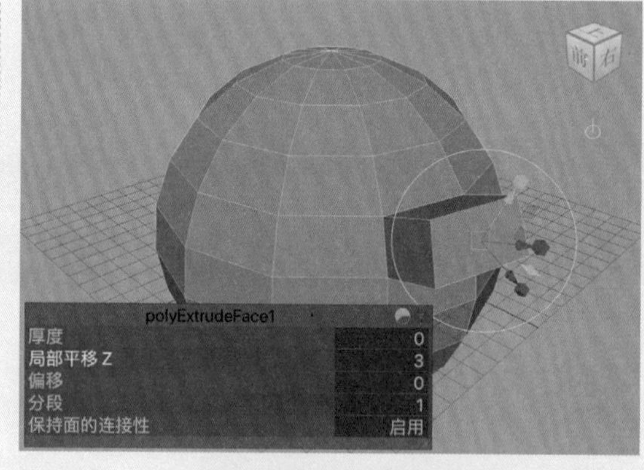

图3-14

08 右击并在弹出的快捷菜单中选择“对象模式”选项，如图3-15所示，退出模型的编辑状态。

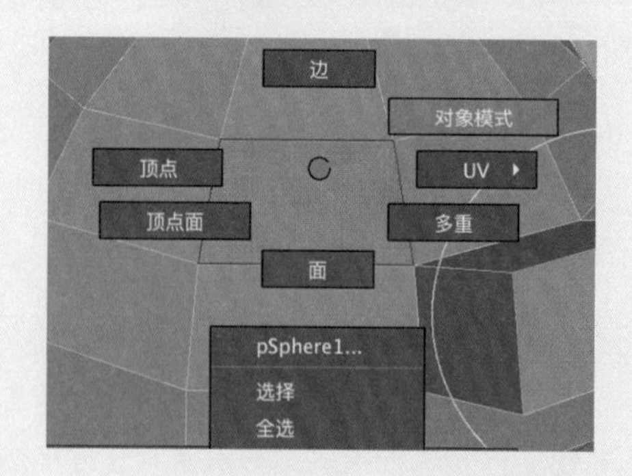

图3-15

09 在“通道盒/层编辑器”面板中的“输入”组内，可以查看为球体模型添加的操作命令，如图3-16所示。

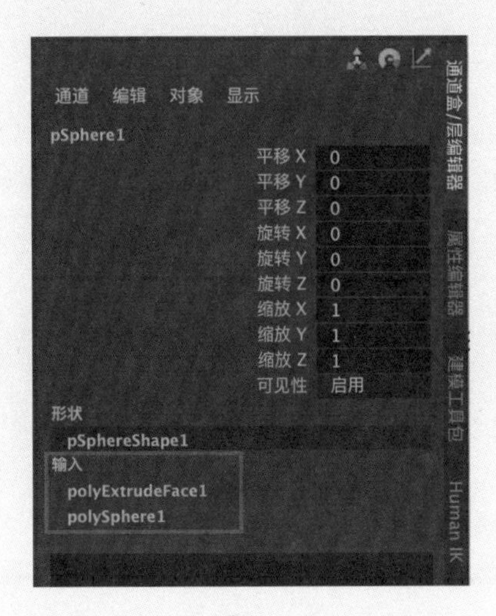

图3-16

10 单击“多边形建模”工具架中的“按类型删除：历史”按钮，如图3-17所示，可以删除模型的建模历史。

图3-17

11 再次观察“通道盒/层编辑器”面板，可以看到球体模型“输入”组内的数据被全部清空，如图3-18所示。

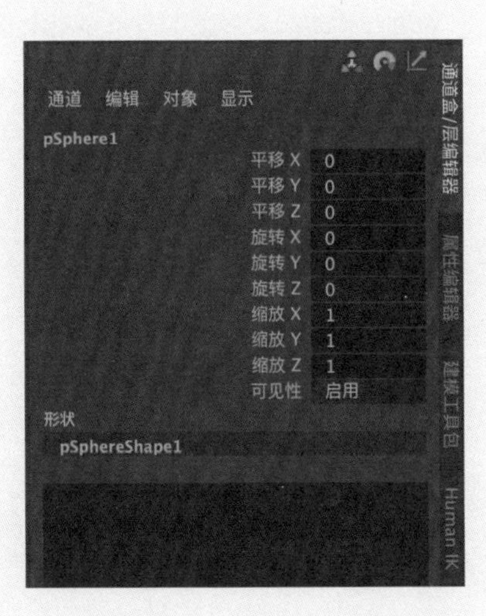

图3-18

3.2.2 实例：制作石膏模型

本例将使用“多边形建模”工具架中的工具制作一组石膏的模型，如图 3-19 所示为本例的最终完成效果。

图3-19

01 启动中文版Maya 2024，单击“多边形建模”工具架中的“多边形圆锥体”按钮，如图3-20所示。

图3-20

02 在场景中创建一个圆锥体模型，如图3-21所示。

03 在“属性编辑器”面板中，展开“多边形圆锥体历史”卷展栏，设置圆锥体模型的“半径”值为6.000，“高度”值为12.000，“轴向细分数”值为4，如图3-22所示。设置完成后，圆锥体模型的显示结果如图3-23所示。

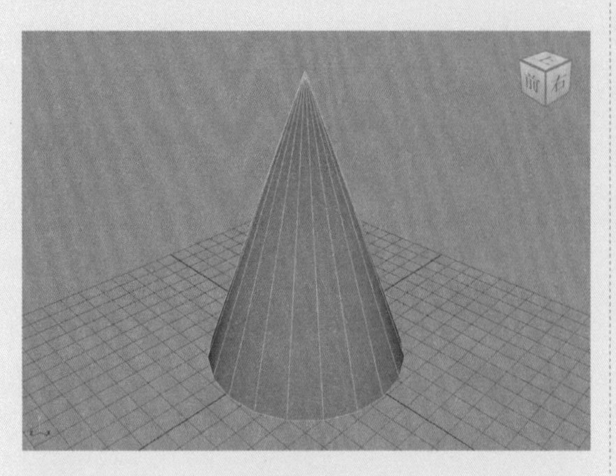

图3-21

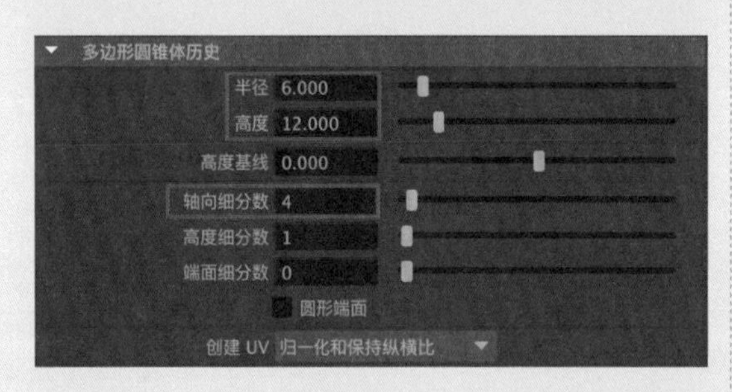

图3-22

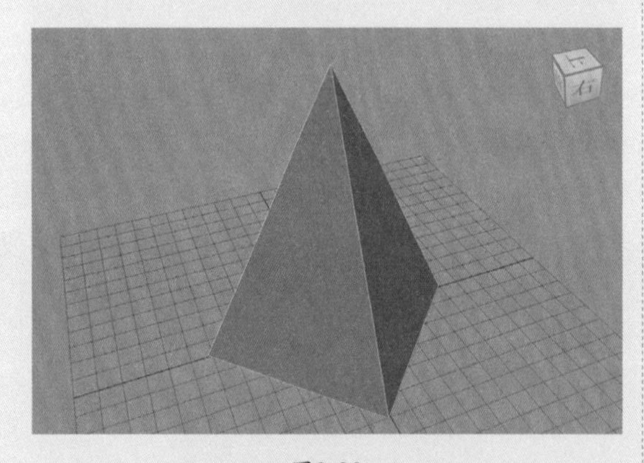

图3-23

04 在“多边形建模”工具架中单击“多边形圆柱体”按钮，如图3-24所示。

图3-24

05 在场景中创建一个圆柱体模型，如图3-25所示。

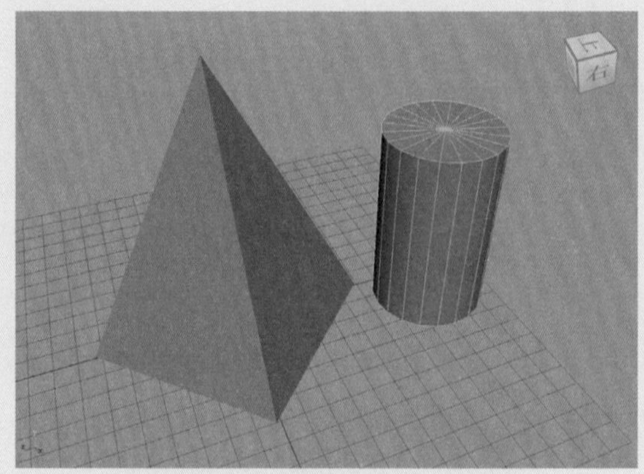

图3-25

06 在“属性编辑器”面板中，展开“多边形圆柱体历史”卷展栏，设置圆柱体模型的“半径”值为2.500，“高度”值为12.000，“轴向细分数”值为4，如图3-26所示。

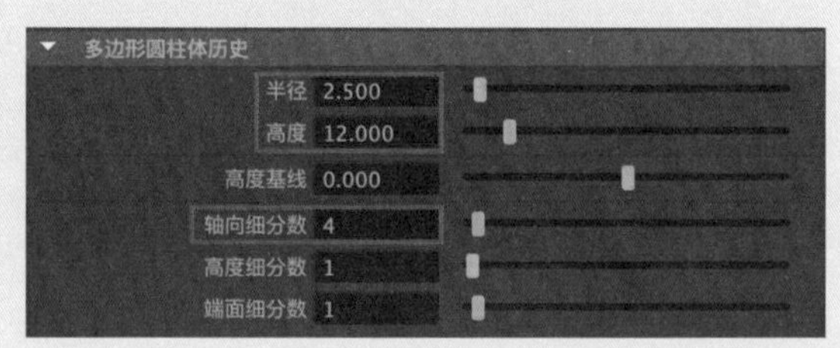

图3-26

07 设置完成后，对圆柱体进行旋转和位移操作，将圆柱体摆放在如图3-27所示的位置，制作出十字锥长方柱模型。

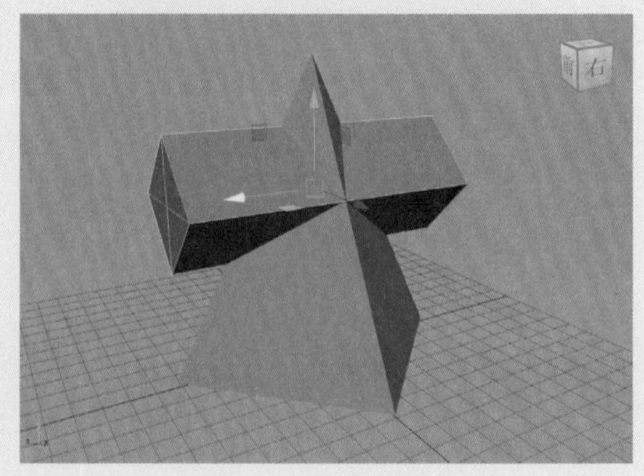

图3-27

08 在“多边形建模”工具架中单击“多边形圆柱体”按钮，在场景中再次创建一个圆柱体模型，如图3-28所示。

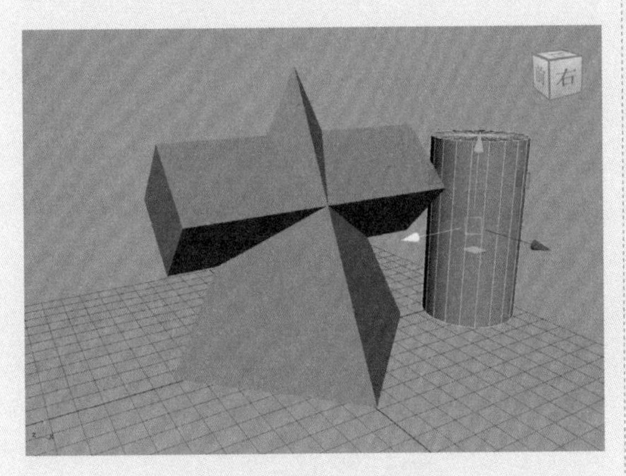

图3-28

09 在“属性编辑器”面板中，展开“多边形圆柱体历史”卷展栏，设置圆柱体模型的“半径”值为2.500，“高度”值为10.000，“轴向细分数”值为6，如图3-29所示。设置完成后，六面柱石膏模型就制作完成，如图3-30所示。

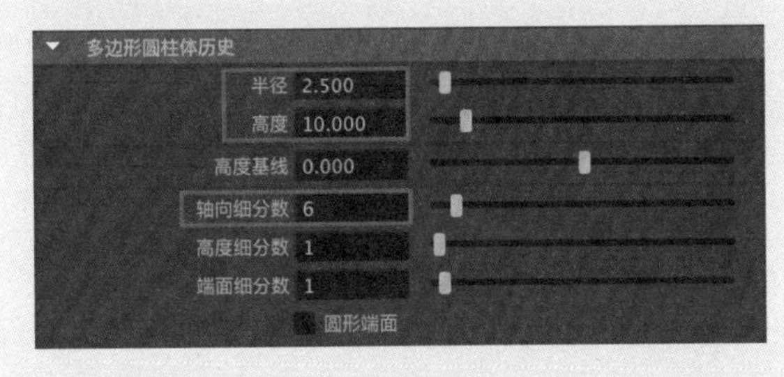

图3-29

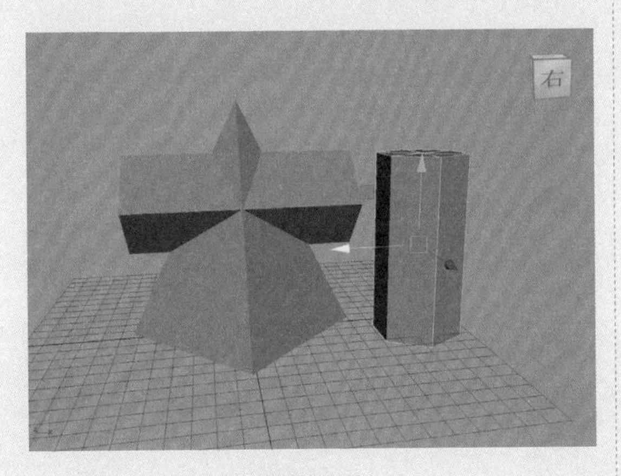

图3-30

10 对六面柱石膏模型进行旋转和位移操作，本例制作完成后的石膏模型效果如图3-31所示。

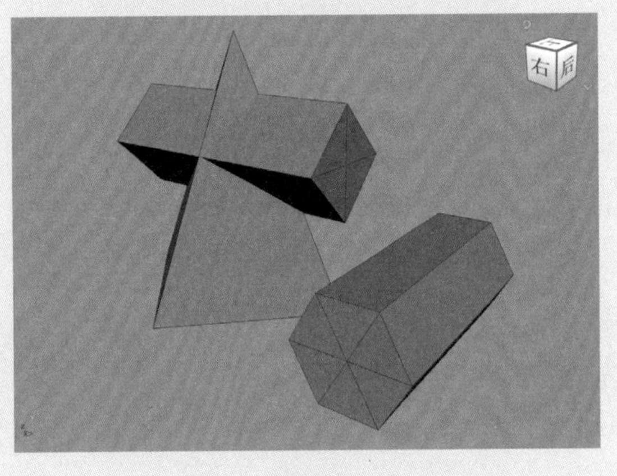

图3-31

3.3 建模工具包

“建模工具包”是Maya为模型师提供的一个用于快速查找建模命令的工具集合，通过单击“状态行”中的“显示或隐藏建模工具包”按钮，如图3-32所示，可以找到建模工具包面板，或者在Maya 2024工作区的右侧，通过单击“建模工具包”选项卡的名称，显示建模工具包面板，如图3-33所示。

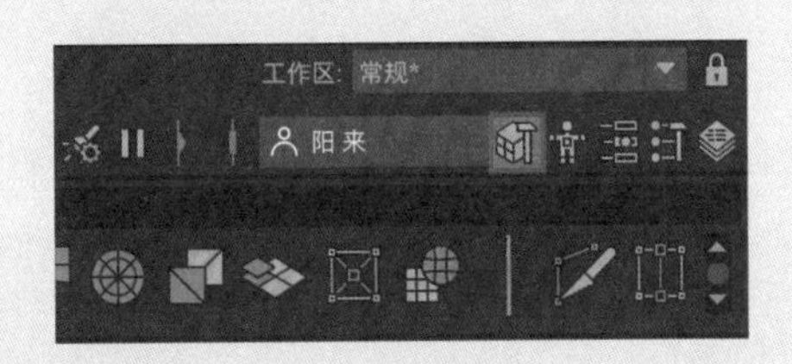

图3-32

工具解析

对象选择：选择场景中的模型。

顶点选择：选择模型的顶点。

边选择：选择模型的边。

面选择：选择模型的面。

UV选择：选择模型的UV。

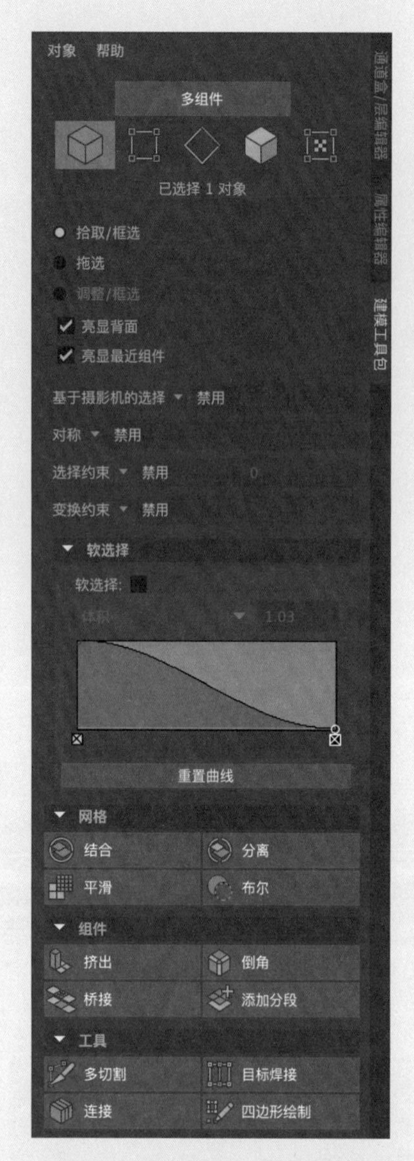

图3-33

拾取 / 框选：在要选择的组件上绘制一个矩形框来选择对象。

拖选：在多边形对象上通过单击并拖曳的方式进行选择。

调整 / 框选：可用于调整组件进行框选。

亮显背面：选中该复选框，背面组件将被预先高亮显示并可供选择。

亮显最近组件：选中该复选框，高亮显示距鼠标指针最近的组件，然后可以将其选中。

基于摄影机的选择：选择“启动”选项时，可以根据摄影机的角度选择对象组件。

对称：选择“启动”选项时，可以以“对象X/Y/Z”及“世界 X/Y/Z”的方式，对称选择对象组件。

1.“软选择”卷展栏

软选择：选中该复选框后，选择周围的衰减区域将获得基于衰减曲线的加权变换。如果选中该复选框，并且未选择任何内容，将鼠标指针移至多边形组件上会显示软选择预览，如图3-34所示。

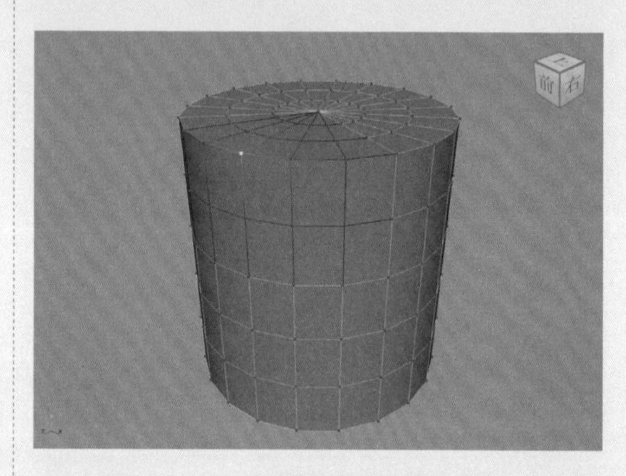

图3-34

“重置曲线”按钮：单击该按钮以重置软选择曲线。

2.“网格”卷展栏

“结合”按钮：将选中的多个多边形对象组合成单个多边形对象。

“分离”按钮：将多边形对象分离为单独的个体。

“平滑”按钮：通过为多边形对象添加分段，使其达到更平滑的效果，如图 3-35 所示。

“布尔”按钮：对选中的对象进行布尔运算，以得到模型相减或相加的效果，如图 3-36 所示。

3.“组件”卷展栏

“挤出”按钮：可以从现有面、边或顶点挤出新的多边形，如图 3-37 所示。

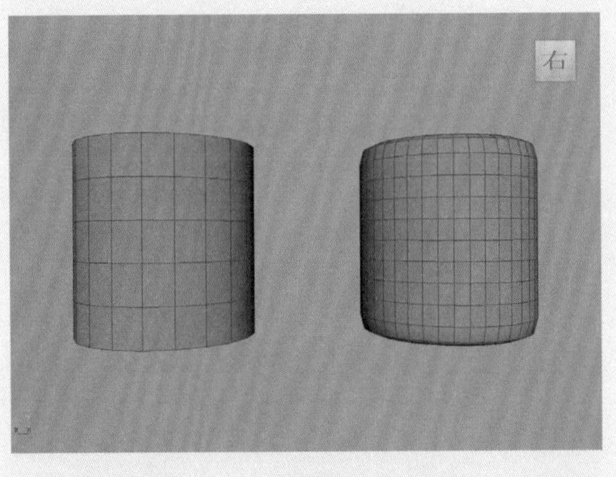

图3-35

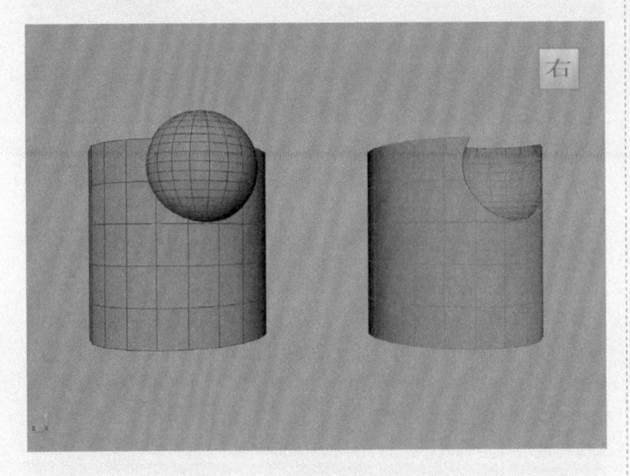

图3-36

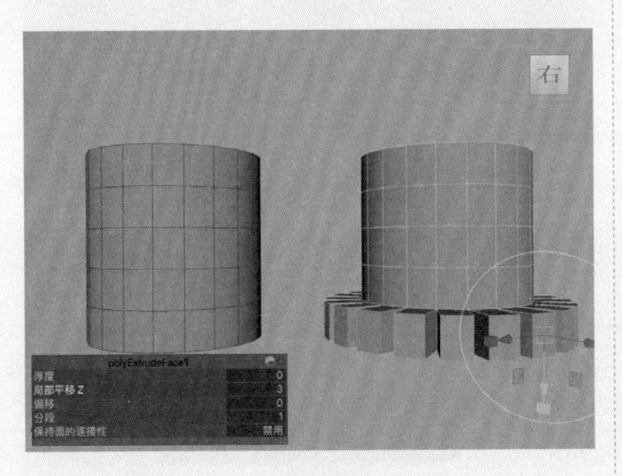

图3-37

“倒角”按钮：可以对多边形对象的顶点进行切角处理，以形成倒角效果，如图 3-38 所示。

“桥接”按钮：可以在现有多边形对象上的两组面或边之间创建桥接，如图 3-39 所示。

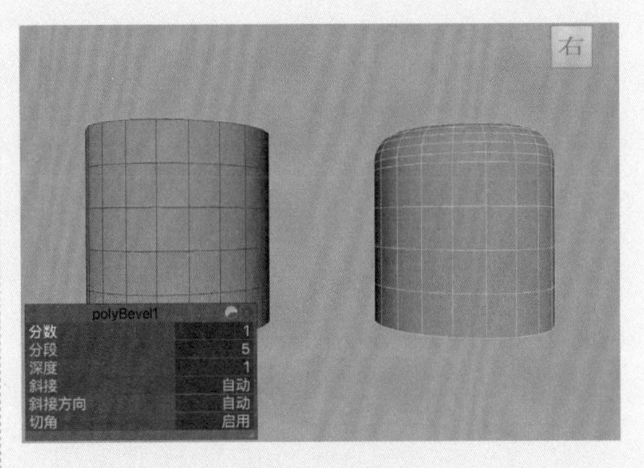

图3-38

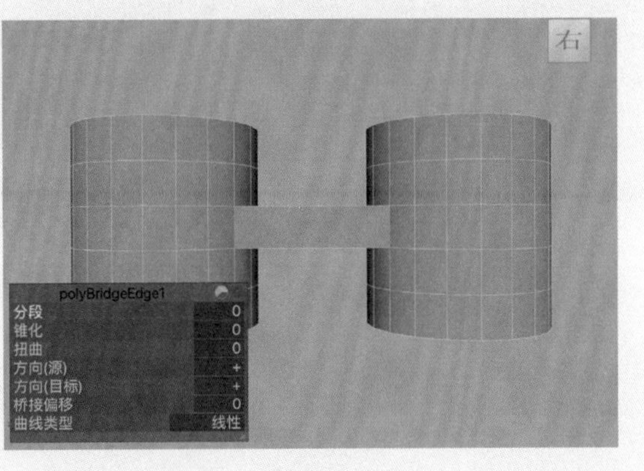

图3-39

“添加分段”按钮：对选中的面进行细化，如图 3-40 所示。

图3-40

4．“工具”卷展栏

“多切割”按钮：可以对面进行切割，如图 3-41 所示。

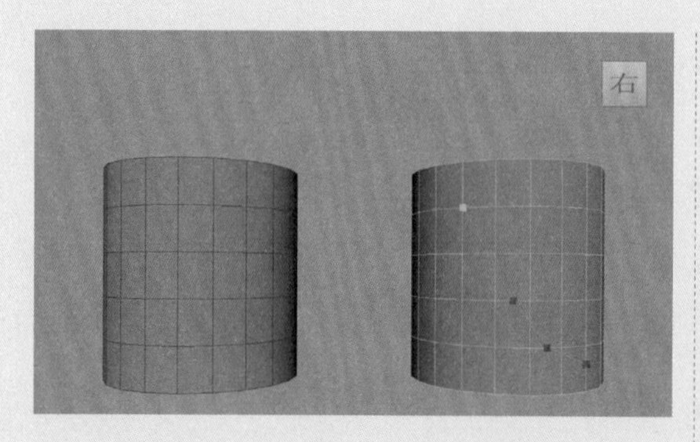

图3-41

“目标焊接”按钮：合并顶点或边，以在它们之间创建共享顶点或边，如图 3-42 所示。

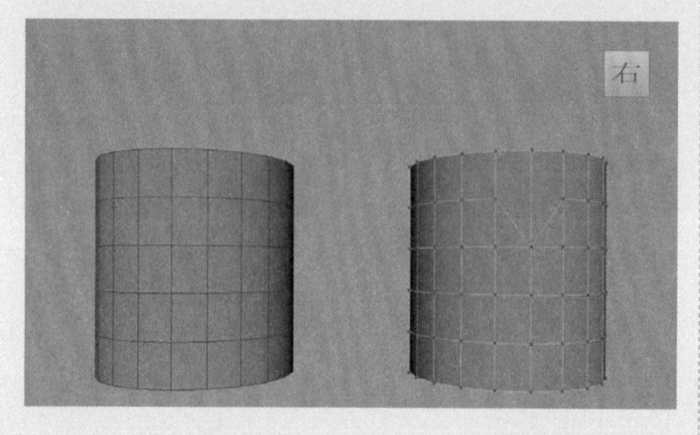

图3-42

“连接”按钮：在选中的边之间进行连线，如图 3-43 所示。

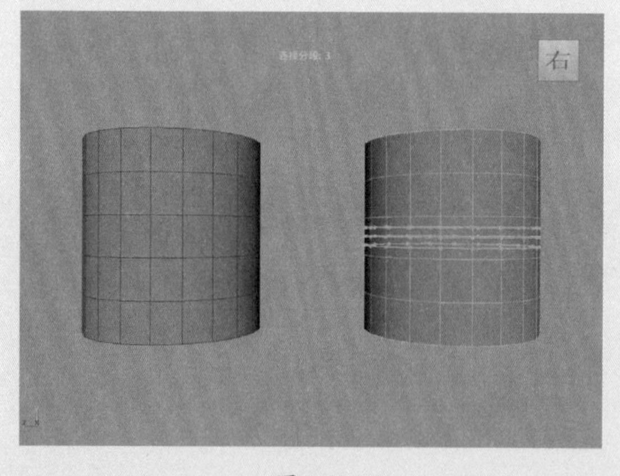

图3-43

“四边形绘制”按钮：可以对模型的组件位置进行更改，以改善模型结果。

3.3.1 实例：制作杯子模型

本例将使用“建模工具包”中的工具制作一个个性化咖啡杯的模型，如图 3-44 所示为本例最终完成的效果。

图3-44

01 启动中文版Maya 2024，单击“多边形建模”工具架中的“多边形圆柱体”按钮，如图3-45所示。

图3-45

02 在场景中创建一个圆柱体模型，如图3-46所示。

03 在“属性编辑器”面板中，展开“多边形圆柱体历史”卷展栏，设置“半径”值为

2.000，“高度”值为0.400，如图3-47所示。

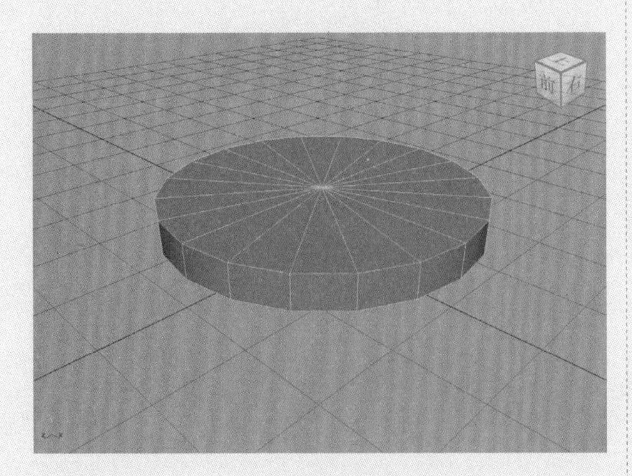

图3-46

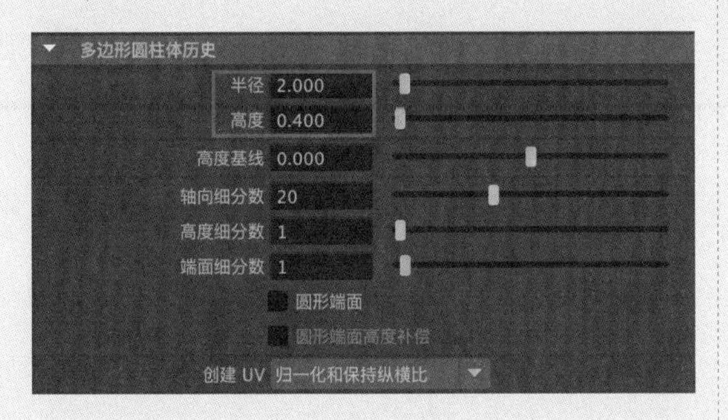

图3-47

04 按住Shift键，配合“移动”工具向上单击并拖曳复制一个圆柱体模型，如图3-48所示。

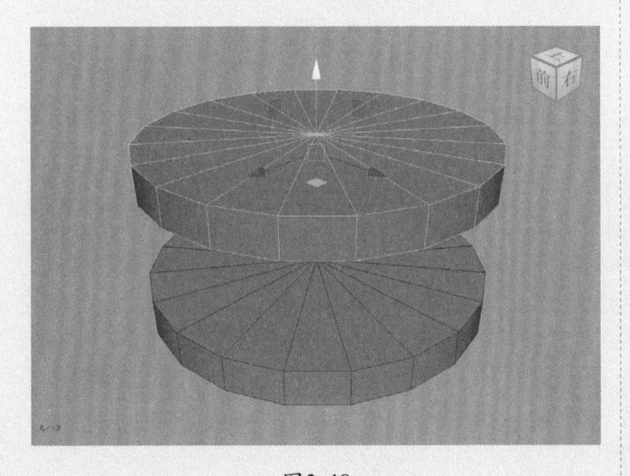

图3-48

05 在前视图中，选中如图3-49所示的顶点，使用“移动”工具和“缩放”工具调整其位置至如图3-50所示的状态。

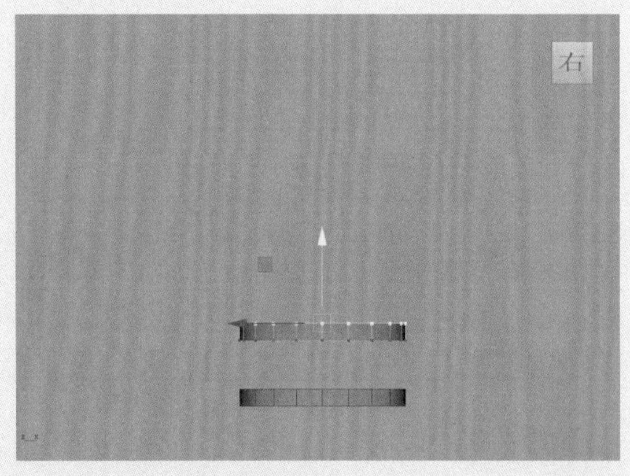

图3-49

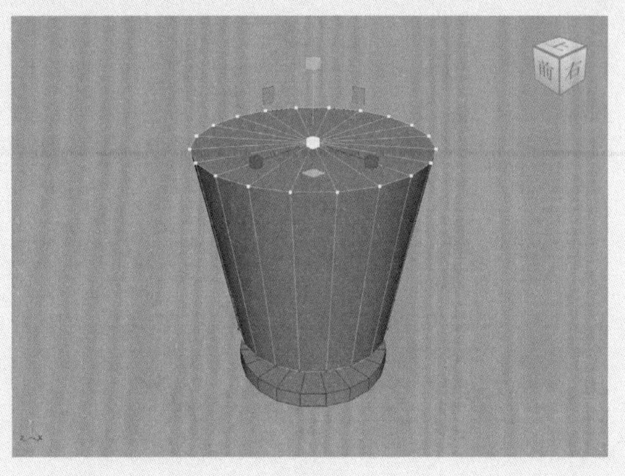

图3-50

06 选中如图3-51所示的边线，使用“建模工具包”面板中的“连接”工具，制作出如图3-52所示的模型。

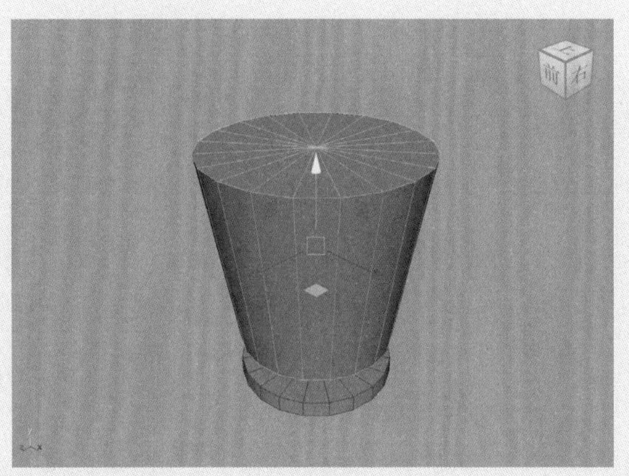

图3-51

07 使用“缩放”工具调整模型的顶点至如图3-53所示的状态，制作杯子的弧形结构。

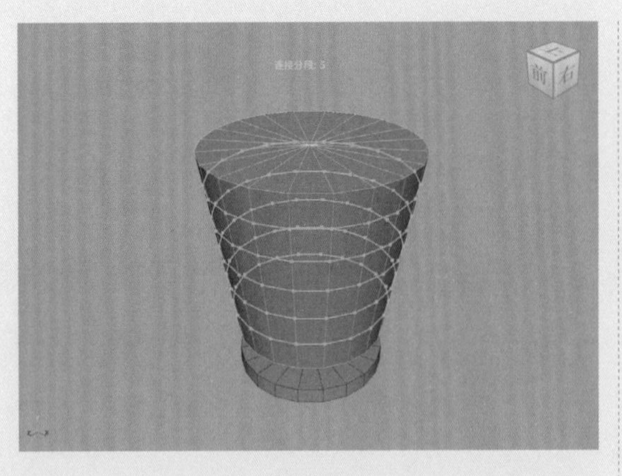

图3-52

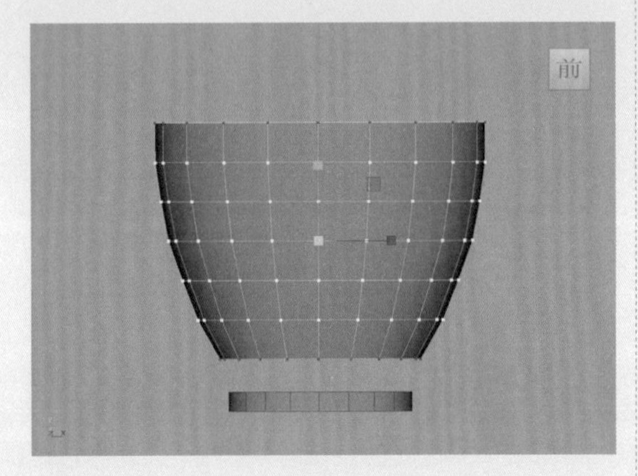

图3-53

08 选中如图3-54所示的面，并将其删除，得到如图3-55所示的模型结果。

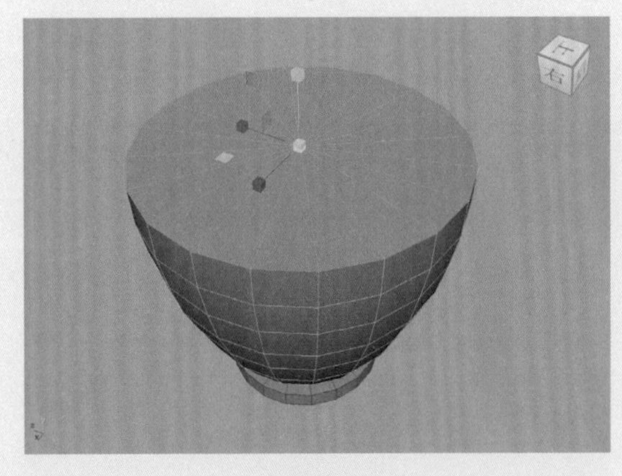

图3-54

09 选中如图3-56所示的面，使用“建模工具包”面板中的“挤出”工具，制作如图3-57所示的模型结果。

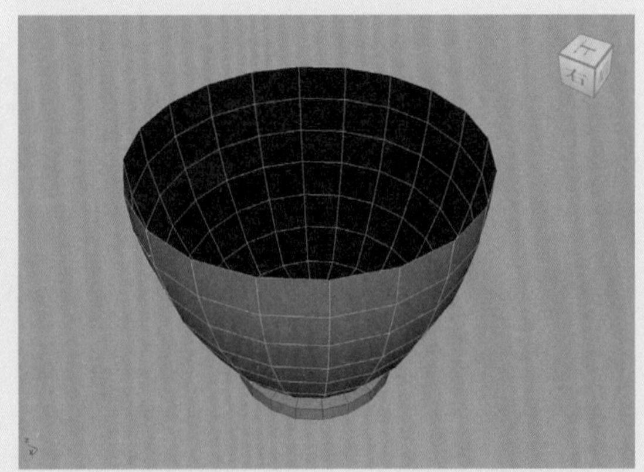

图3-55

图3-56

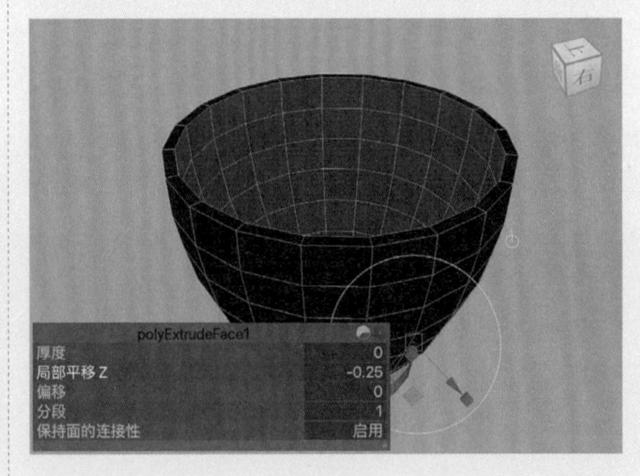

图3-57

10 执行“网格显示”|“反向”命令，如图3-58所示，得到正确的杯子模型显示结果，如图3-59所示。

11 将场景中的杯子模型和杯子底座模型同时选中，如图3-60所示。单击“建模工具包”面板中的“结合”按钮，使其成为一个多边形对象，如图3-61所示。

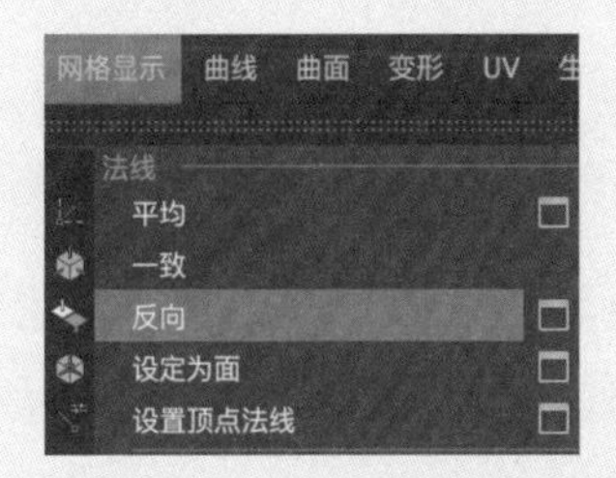

图3-58

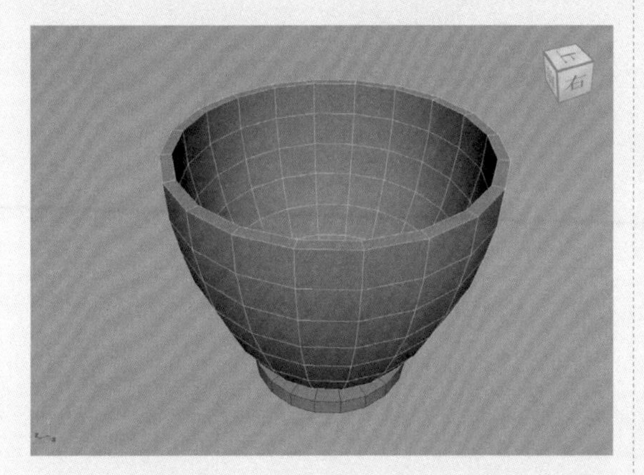

图3-59

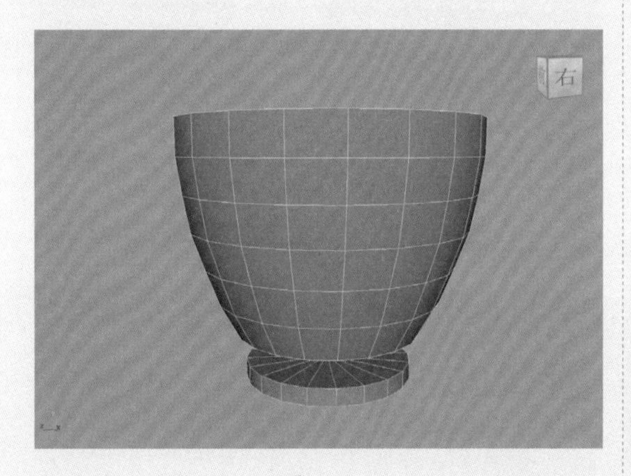

图3-60

12 选中如图3-62所示的边线，单击“建模工具包”面板中的“倒角”按钮，制作如图3-63所示的模型结果。

13 选中如图3-64所示的边线，以同样的操作步骤制作如图3-65所示的模型。

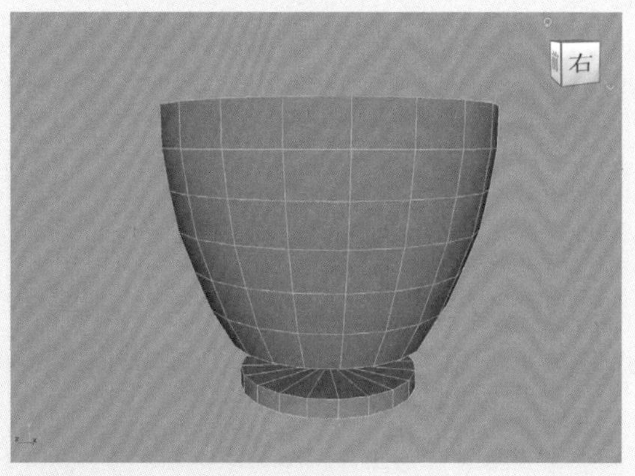

图3-61

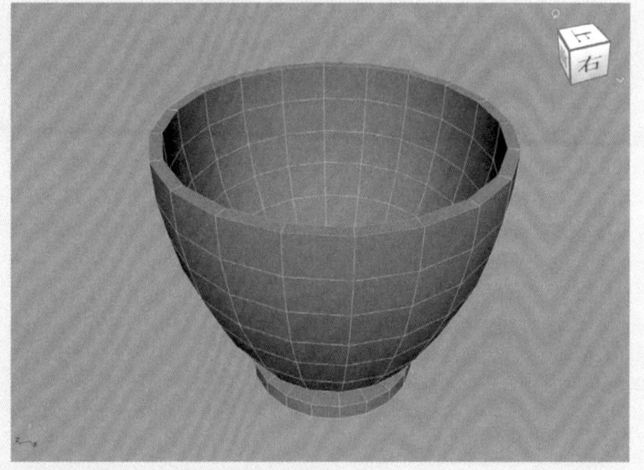

图3-62

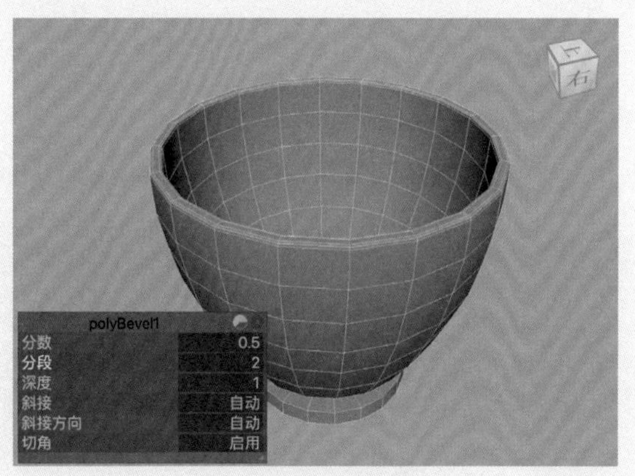

图3-63

14 选中如图3-66所示的边线，单击“建模工具包”面板中的“连接”按钮，制作如图3-67所示的模型。

15 选中如图3-68所示的面，多次单击“挤出”按钮，制作如图3-69所示的模型。

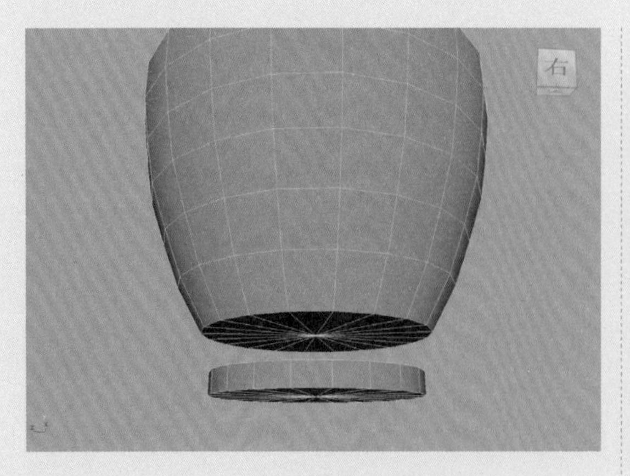

图3-64

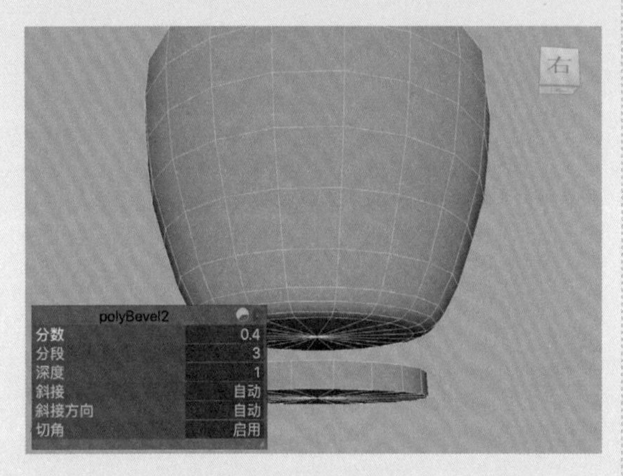

图3-65

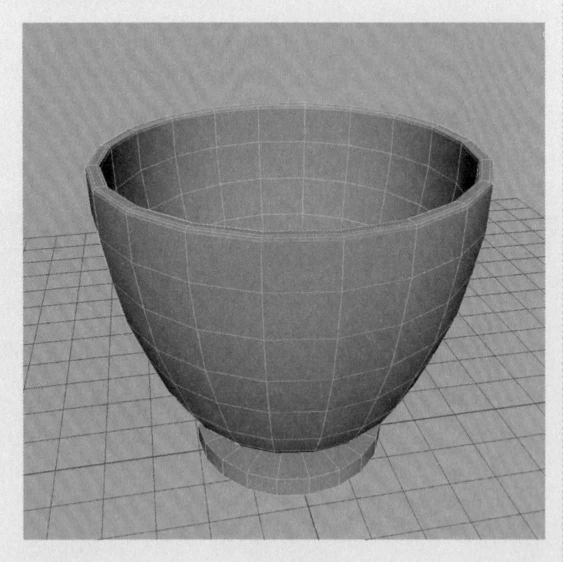

图3-66

16 在前视图中，调整杯子把手的顶点位置，制作出如图3-70所示的模型。

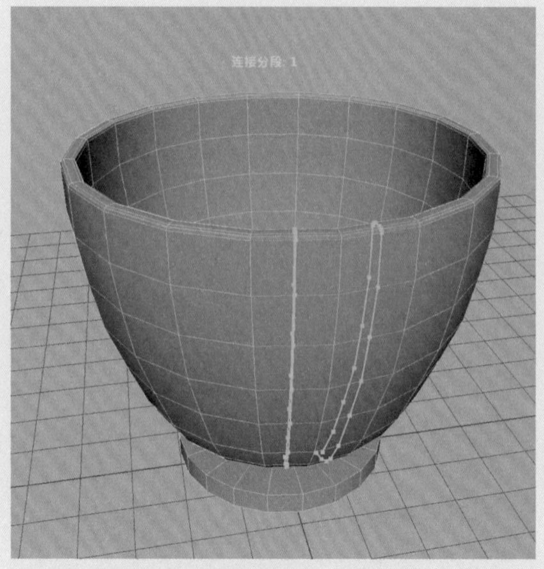

图3-67

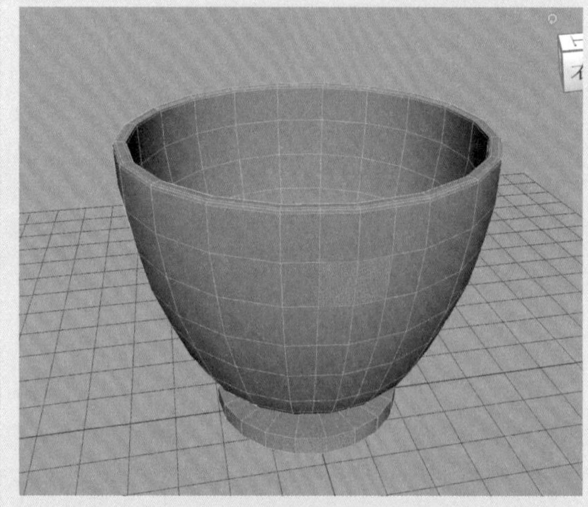

图3-68

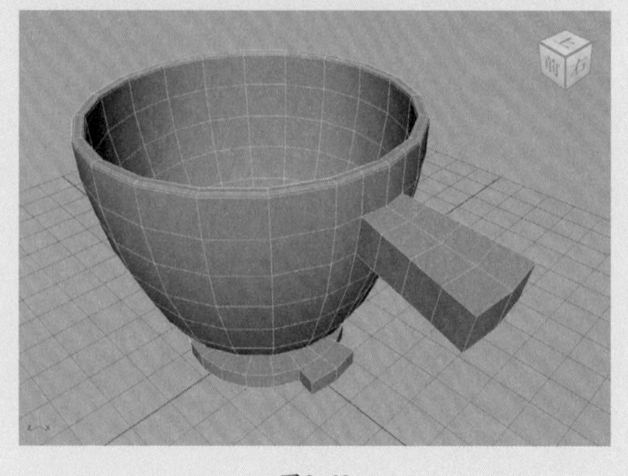

图3-69

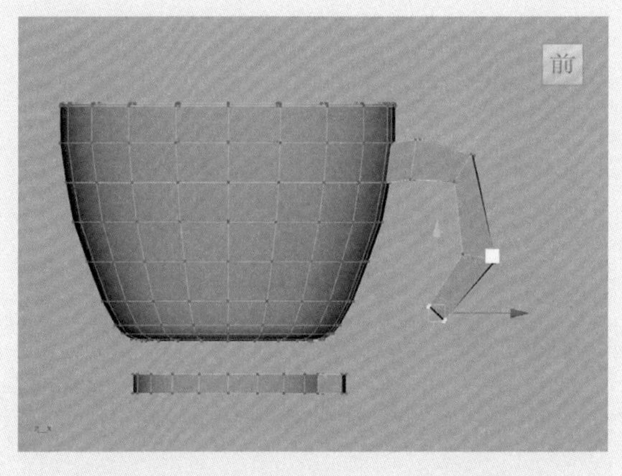

图3-70

17 选中如图3-71所示的面，单击“建模工具包”面板中的“桥接”按钮，制作如图3-72所示的模型。

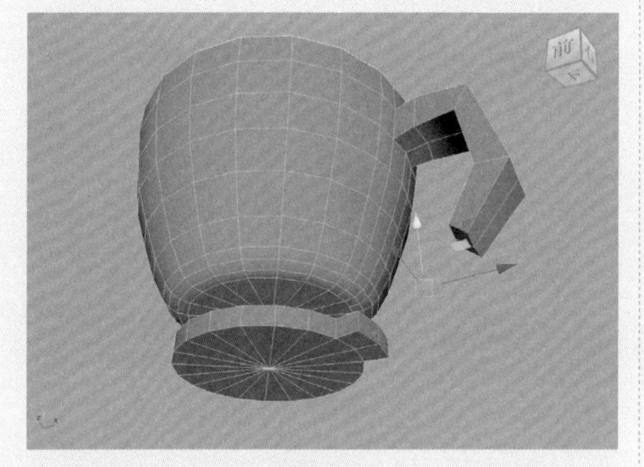

图3-71

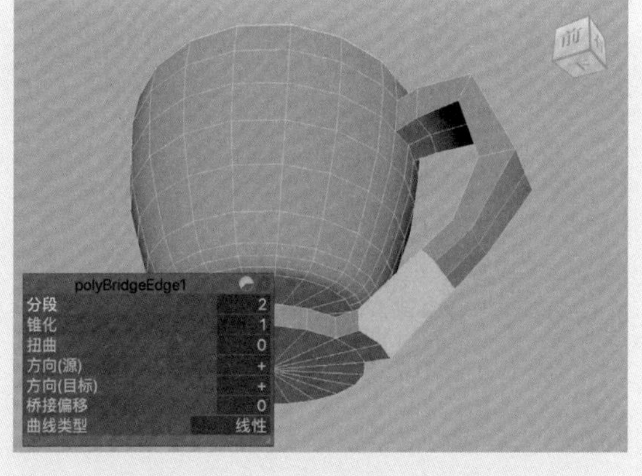

图3-72

18 在前视图中调整杯子把手部分的顶点位置，制作如图3-73所示的模型。

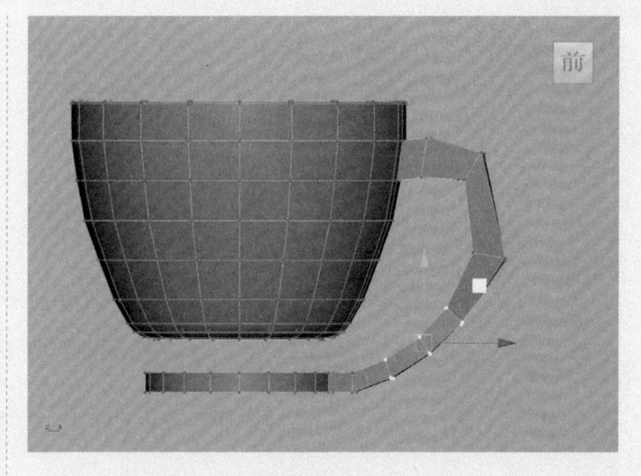

图3-73

19 选中如图3-74所示的边线，单击“建模工具包”面板中的“倒角”按钮，制作如图3-75所示的模型。

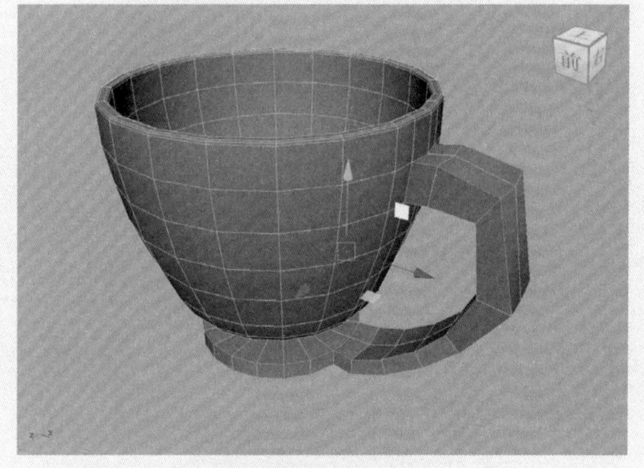

图3-74

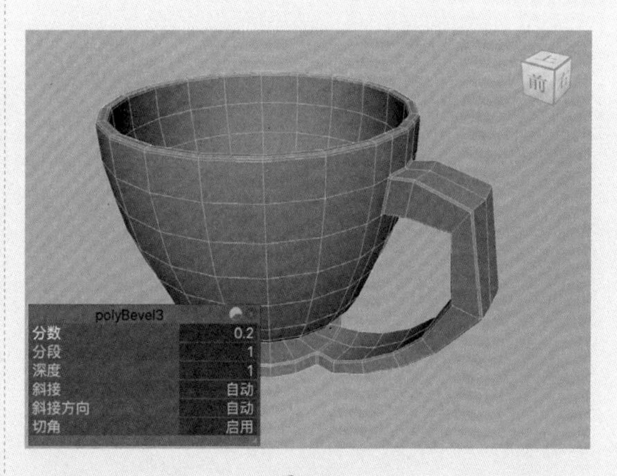

图3-75

20 以同样的操作步骤，制作杯子底座的细节，如图3-76所示。

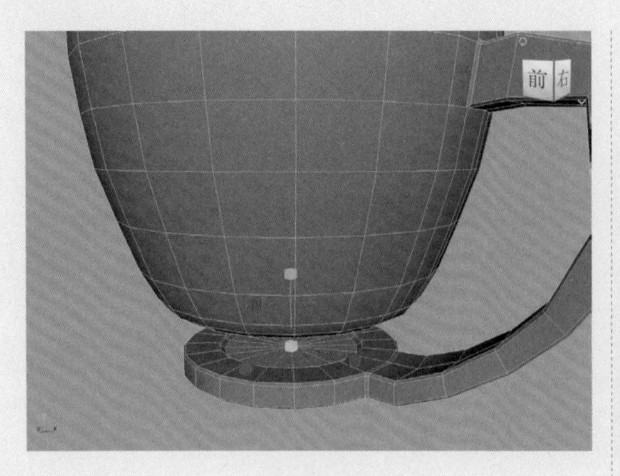

图3-76

21 在“建模工具包”面板中，单击“对象选择”按钮，如图3-77所示，退出模型编辑状态。

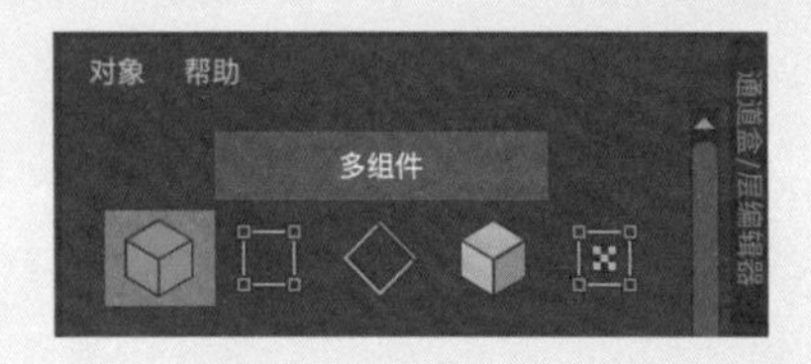

图3-77

22 模型调整完成后，单击“多边形建模”工具架中的“按类型删除：历史”按钮，如图3-78所示。

图3-78

23 按3键，对模型进行平滑效果显示，本例的最终模型完成效果如图3-79所示。

图3-79

3.3.2 实例：制作羽毛球模型

本例使用“建模工具包”中的工具制作一只羽毛球的模型，如图3-80所示为本例的最终完成效果。

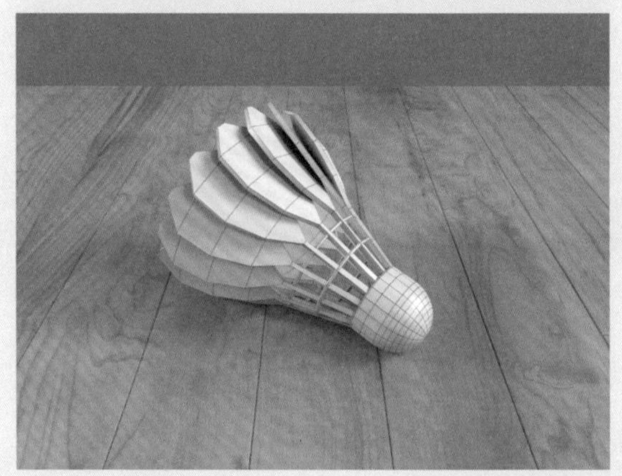

图3-80

01 启动中文版Maya 2024，单击“多边形建模”工具架中的“多边形立方体”按钮，如图3-81所示，在场景中创建一个长方体模型。

图3-81

02 在“属性编辑器”面板中，展开“多边形立方体历史”卷展栏，设置“宽度”值为8.000，“高度”值为20.000，“深度”值为0.500，“高度细分数”值为5，如图3-82所示。

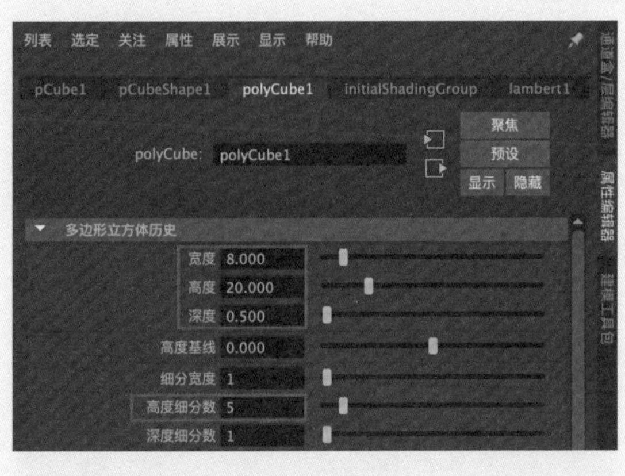

图3-82

03 在“建模工具包”面板中，单击“顶点选择”按钮，如图3-83所示。在前视图中调整顶点的位置至如图3-84所示的状态，制作出羽毛球上羽毛的形状。

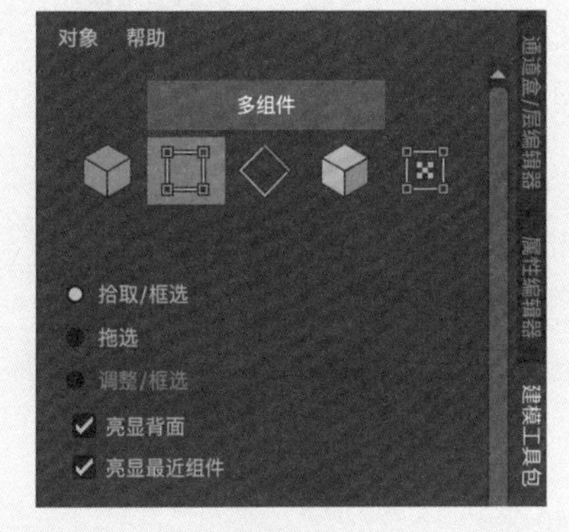

图3-83

图3-84

04 选择羽毛模型上所有的顶点，移动其位置并调整角度至如图3-85所示的状态。

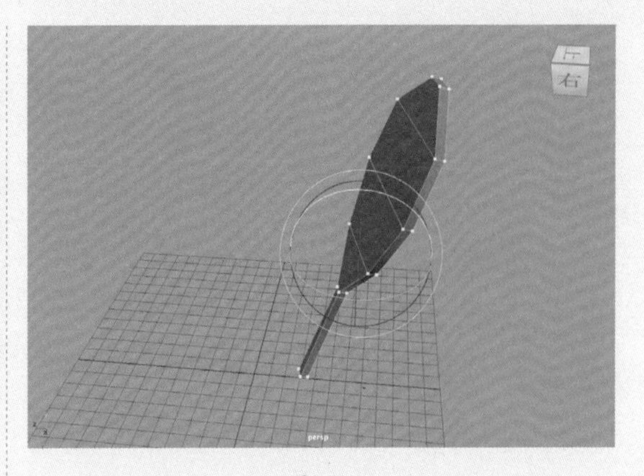

图3-85

05 在“建模工具包”面板中单击“对象选择”按钮，如图3-86所示，退出模型的编辑状态。在视图中观察羽毛模型的完成效果如图3-87所示。

图3-86

图3-87

06 选择羽毛模型，按快捷键Ctrl+D，复制羽毛模型，并绕Y轴旋转22.5°，如图3-88所示。

图3-88

07 多次按快捷键Shift+D，对羽毛模型进行多次复制，得到如图3-89所示的模型。

图3-89

08 单击“多边形建模”工具架中的“多边形圆环”按钮，如图3-90所示，在场景中创建一个圆环模型。

图3-90

09 在“多边形圆环历史”卷展栏中，设置圆环的参数值，如图3-91所示，并调整其位置至如图3-92所示的状态，制作羽毛之间的连线效果。

10 以同样的操作方法再次制作出一条连线，如图3-93所示。

11 单击“多边形建模”工具架中的“多边形球体”按钮，如图3-94所示，在场景中创建一个球体模型，如图3-95所示。

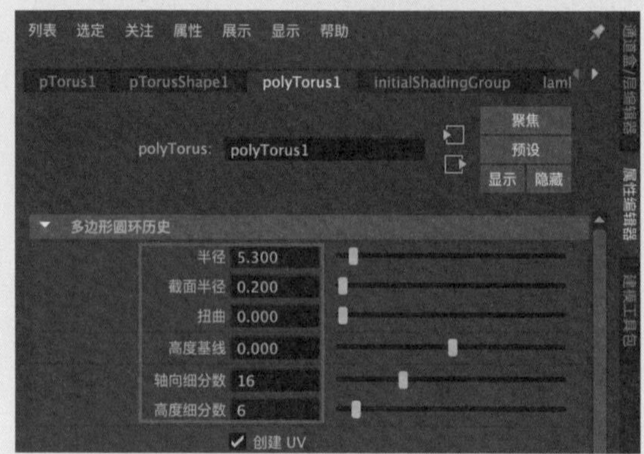

图3-91

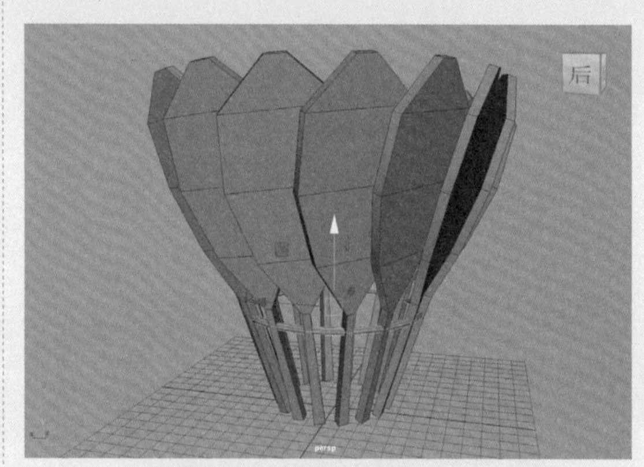

图3-92

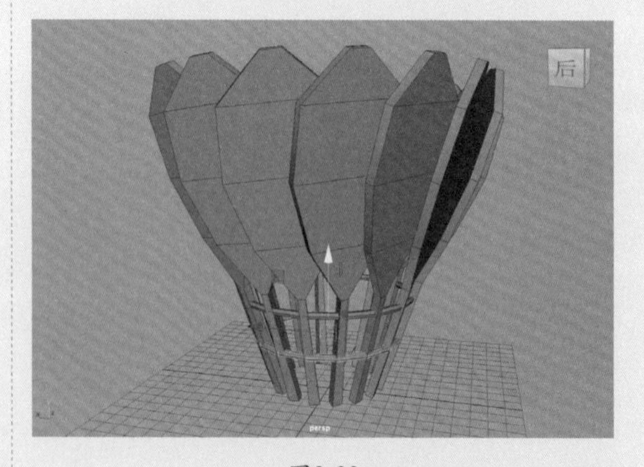

图3-93

图3-94

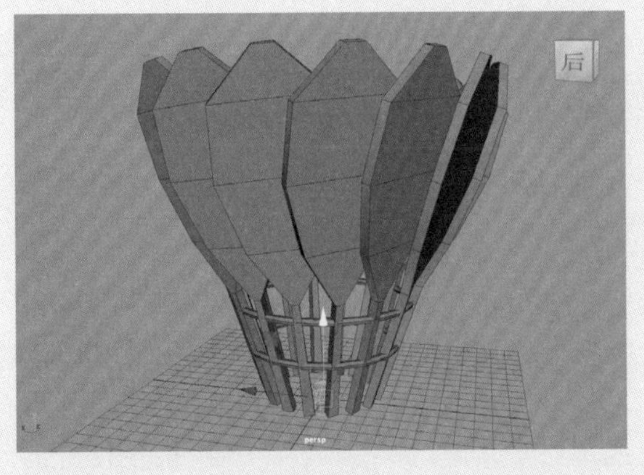

图3-95

12 在“多边形球体历史”卷展栏中，设置球体的“半径”值为3.600，如图3-96所示。设置完成后，球体模型的视图显示结果如图3-97所示。

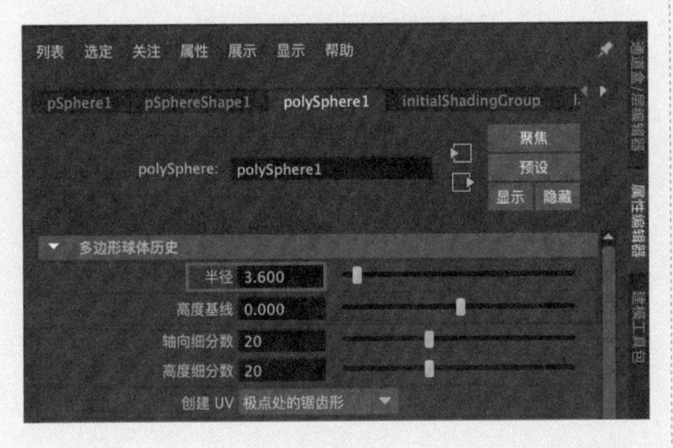

图3-96

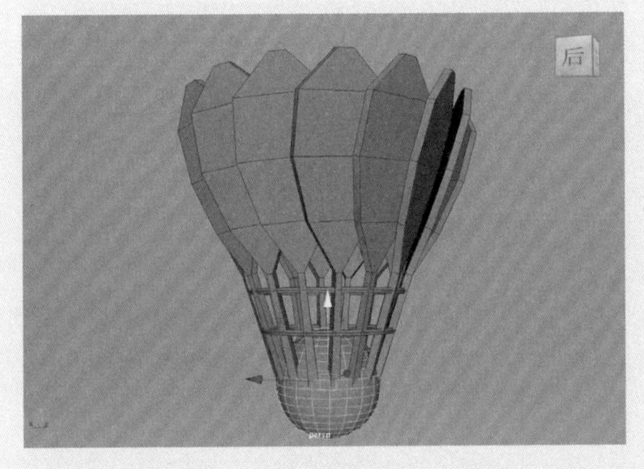

图3-97

13 在前视图中选中如图3-98所示的面并将其删除，得到如图3-99所示的模型结果。

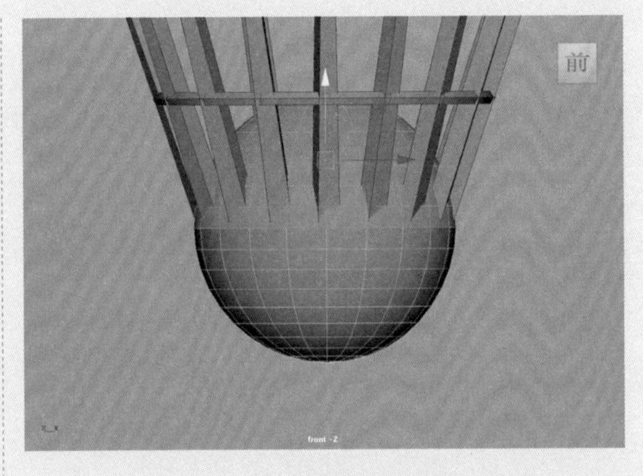

图3-98

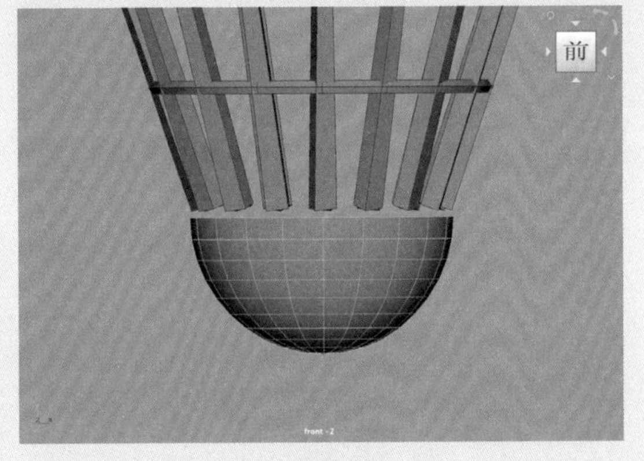

图3-99

14 选中如图3-100所示的边线，对其进行多次挤出操作，制作出如图3-101所示的模型。

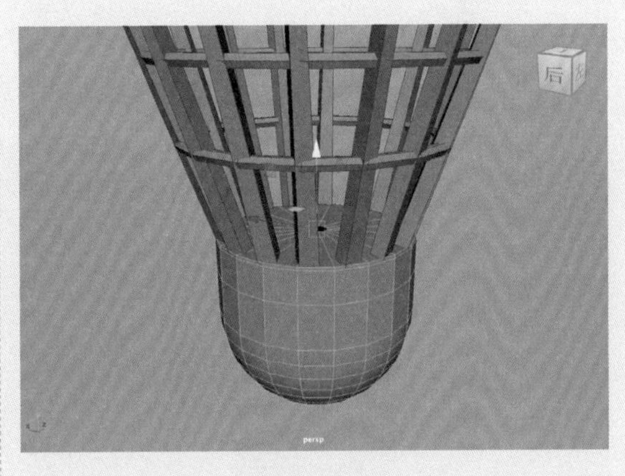

图3-100

15 执行“网格/填充洞”命令，制作如图3-101所示的模型。

图3-101

本例的最终模型结果如图 3-102 所示。

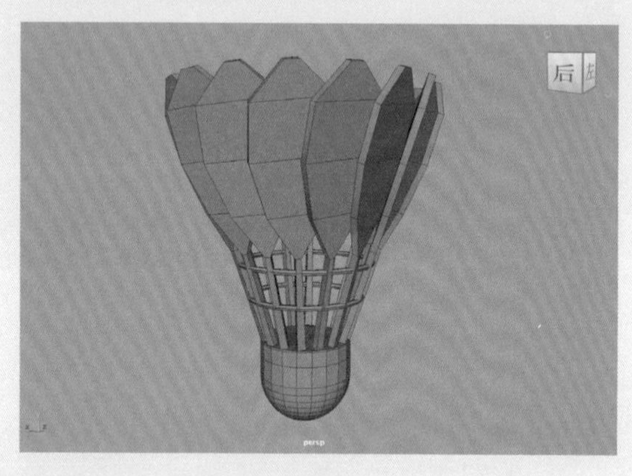

图3-102

3.3.3 实例：制作方瓶模型

本例将使用“建模工具包”中的工具制作一个方形瓶子的模型，如图 3-103 所示为本例的最终完成效果。

图3-103

图3-103（续）

01 启动中文版Maya 2024，单击“多边形建模”工具架中的“多边形立方体”按钮，如图3-104所示，在场景中创建一个长方体模型。

图3-104

02 在“属性编辑器”面板中，展开“多边形立方体历史”卷展栏，设置“宽度”值为9.000，“高度”值为9.000，“深度”值为6.000，“细分宽度”值为9，“高度细分数”值为5，“深度细分数”值为7，如图3-105所示。

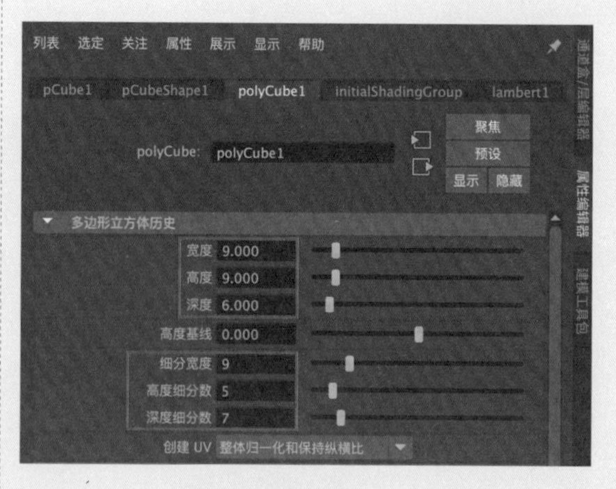

图3-105

03 设置完成后，长方体模型的显示结果如图3-106所示。

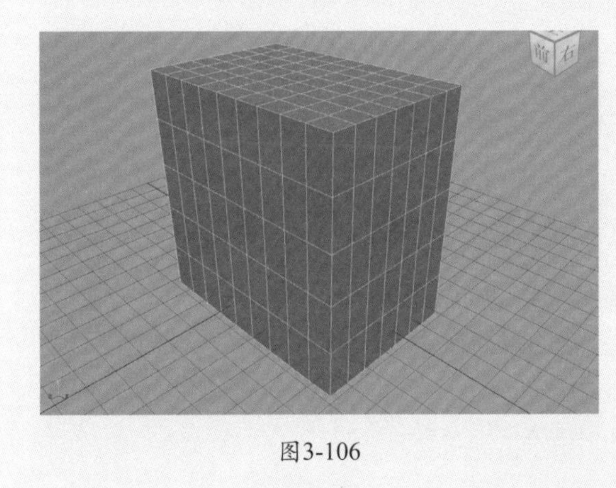

图3-106

04 选中如图3-107所示的面，单击“多边形建模”工具架中的“圆形圆角”按钮，如图3-108所示，得到如图3-109所示的模型效果。

图3-107

图3-108

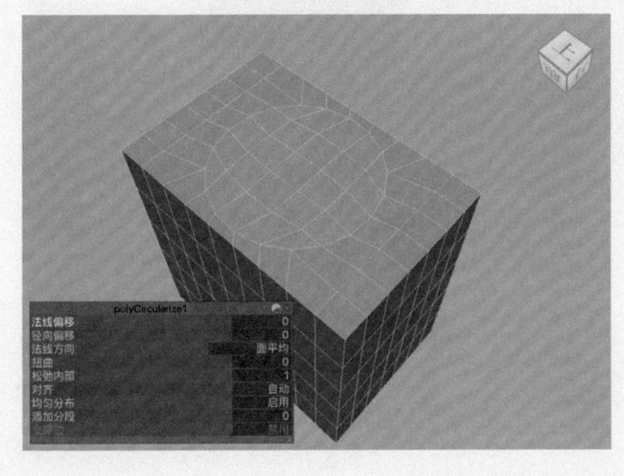

图3-109

05 单击“多边形建模”工具架中的“挤出”按钮，如图3-110所示。

图3-110

06 对选中的面进行多次挤出操作，制作出如图3-111所示的模型。

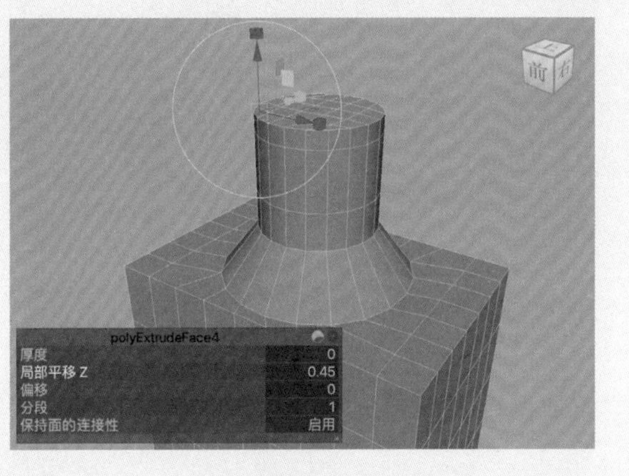

图3-111

07 按Delete键，将瓶口处的面删除，得到如图3-112所示的模型结果。

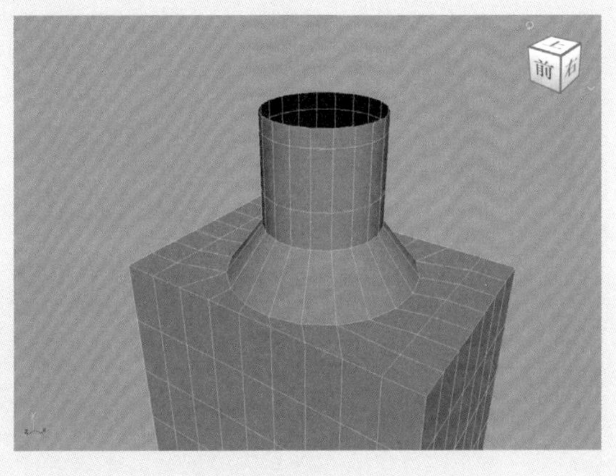

图3-112

08 选择瓶底位置的面，如图3-113所示，再次使用“圆形圆角”工具制作出如图3-114所示的模型。

09 使用“移动”工具和“缩放”工具对选中的面进行细微调整，制作出如图3-115所示的模型。

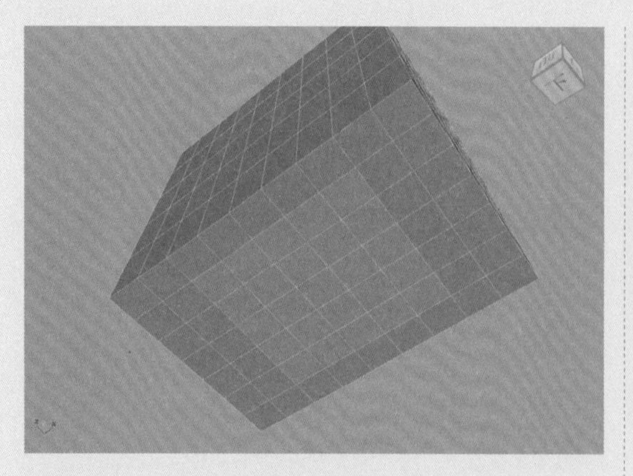

图3-113

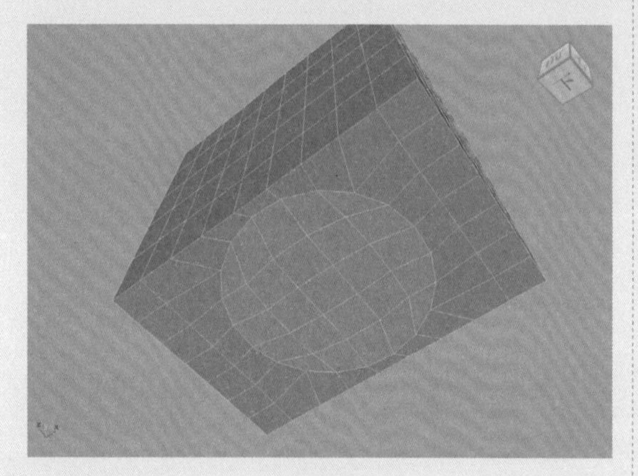

图3-114

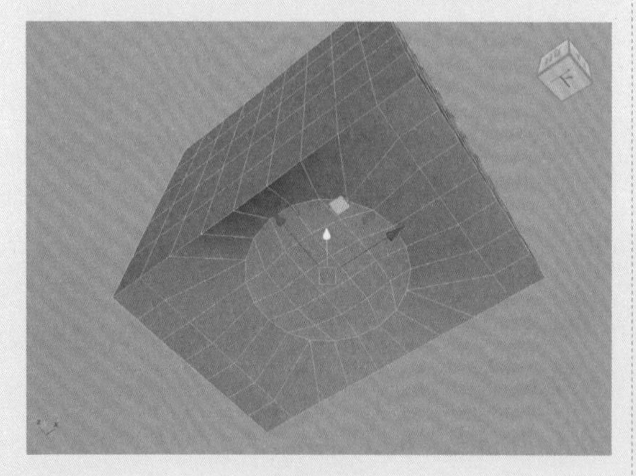

图3-115

10 使用“移动”工具调整瓶身位置处的边线，制作出如图3-116所示的模型。

11 选择酒瓶模型上的所有面，如图3-117所示，使用“挤出”工具制作如图3-118所示的模型。

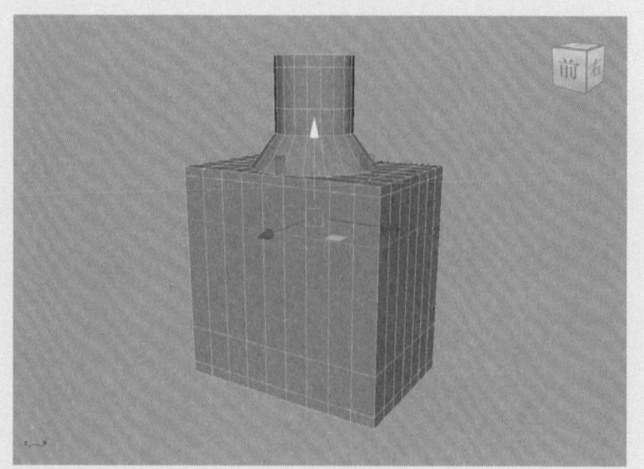

图3-116

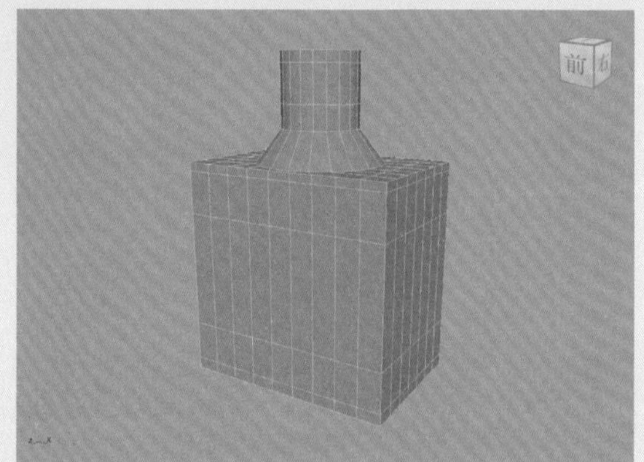

图3-117

图3-118

12 执行“网格显示”|“反向”命令，调整模型的显示效果如图3-119所示。

13 选择如图3-120所示的面，使用“挤出”工具对选中的面进行多次挤出，制作如图3-121所示的模型。

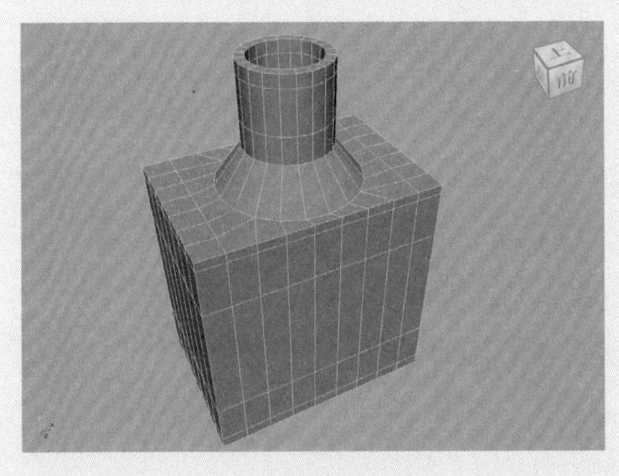

图3-119

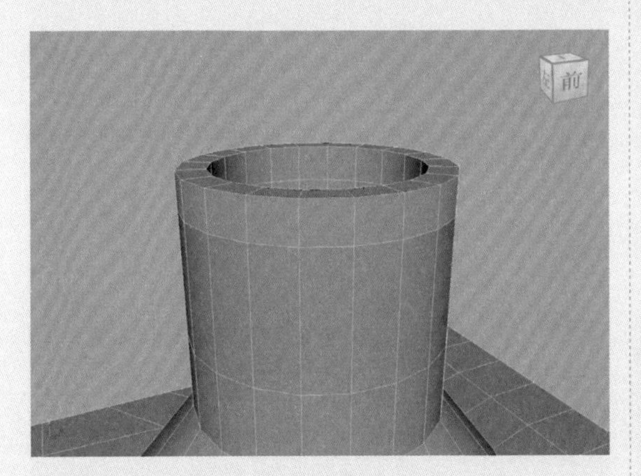

图3-120

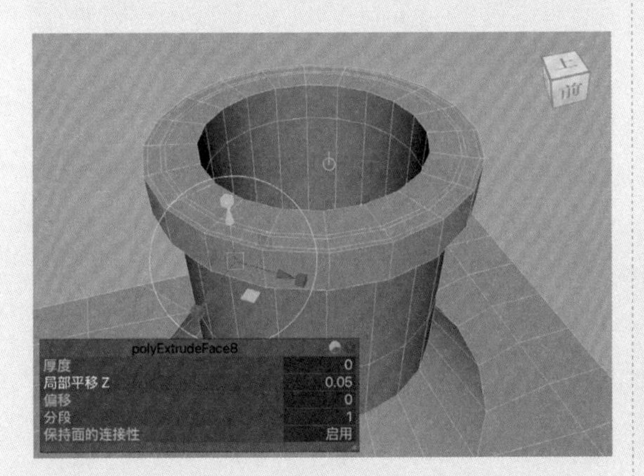

图3-121

14 选中如图3-122所示的边线，单击“建模工具包”面板中的“倒角”按钮，制作出如图3-123所示的模型。

15 选中如图3-124所示的面，使用“挤出”工具制作如图3-125所示的模型。

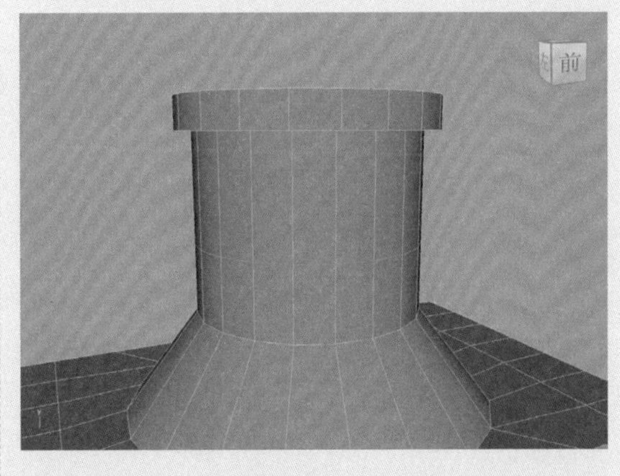

图3-122

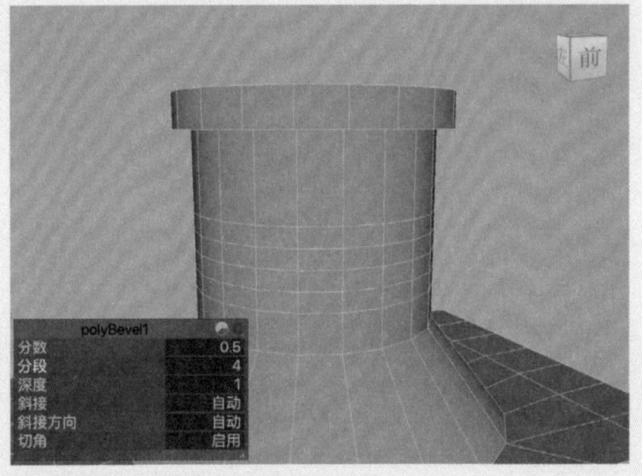

图3-123

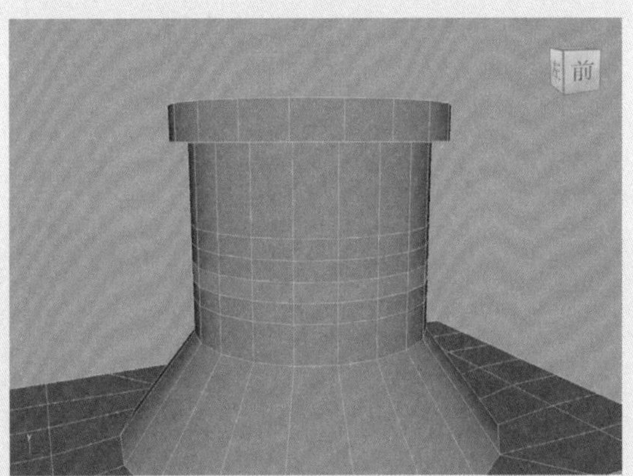

图3-124

16 在右视图中，调整瓶口位置的边线，制作如图3-126所示的模型。

17 调整完成后，按3键，对选中的模型进行平滑显示，酒瓶模型的完成效果如图3-127所示。

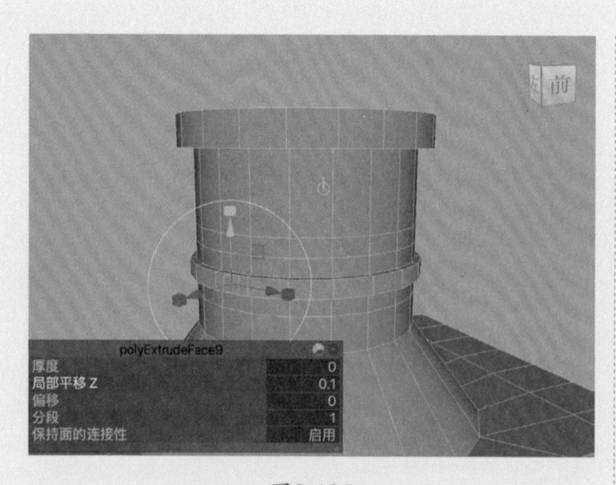

图3-125

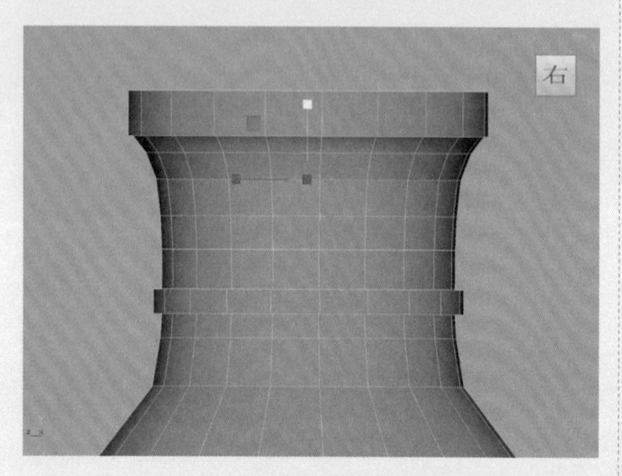

图3-126

图3-127

18 下面开始制作酒瓶上的盖子。单击“多边形建模”工具架中的“多边形圆柱体”按钮，如图3-128所示，在场景中创建一个圆柱体模型。

图3-128

19 在“多边形圆柱体历史”卷展栏中，设置“半径”值为2.000，“高度”值为1.000，“端面细分数”值为2，如图3-129所示。设置完成后，圆柱体模型的视图显示结果如图3-130所示。

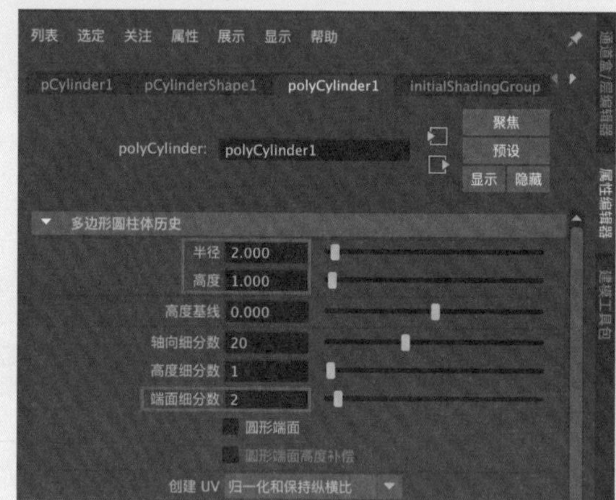

图3-129

图3-130

20 选中如图3-131所示的面，单击“建模工具包”面板中的“挤出”按钮，制作如图3-132

所示的模型。

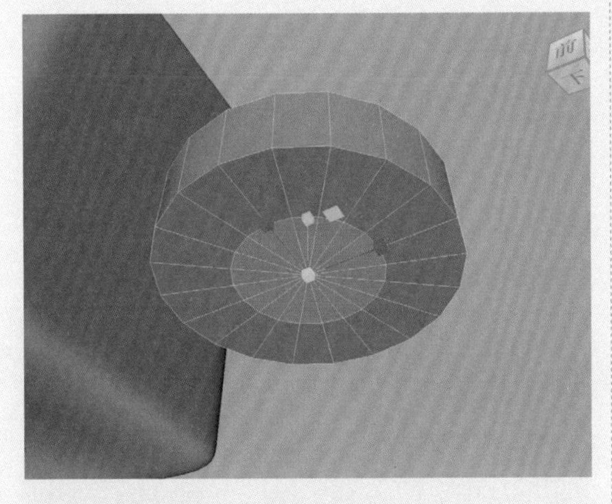

图3-131

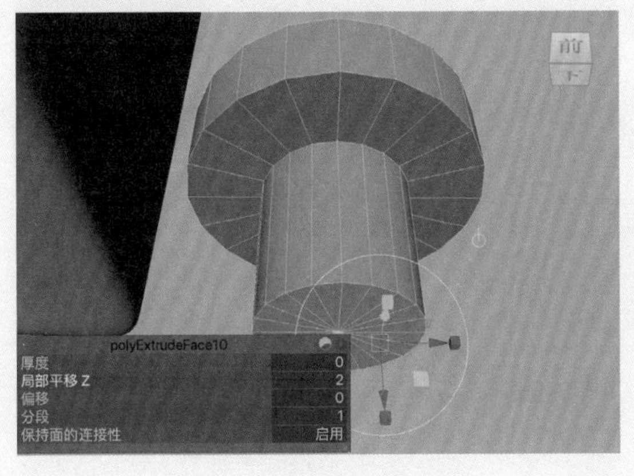

图3-132

21 选中如图3-133所示的边线，单击“建模工具包”面板中的“倒角”按钮，制作如图3-134所示的模型。

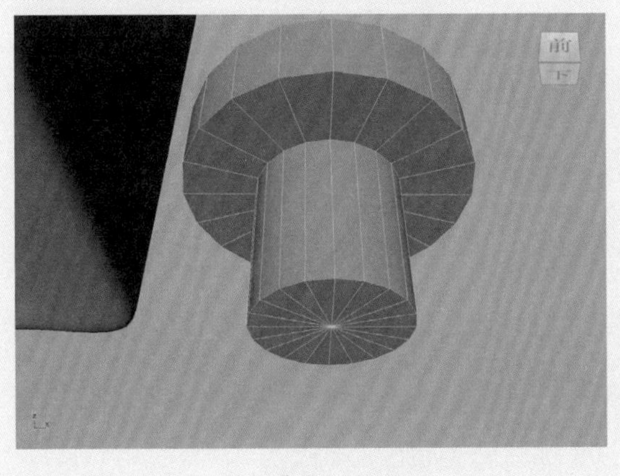

图3-133

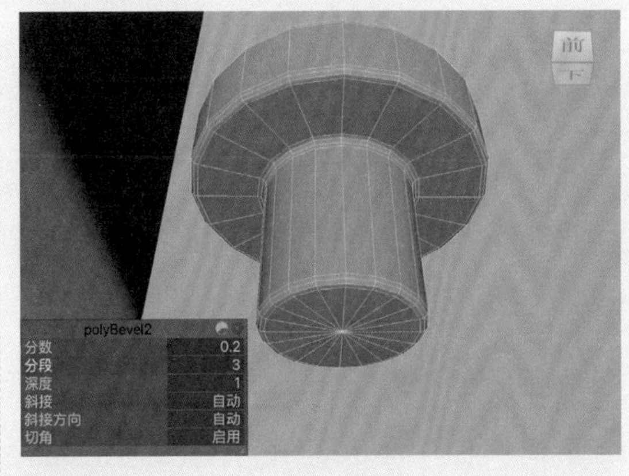

图3-134

22 设置完成后，按3键，对模型进行平滑显示，制作好的瓶盖模型如图3-135所示。

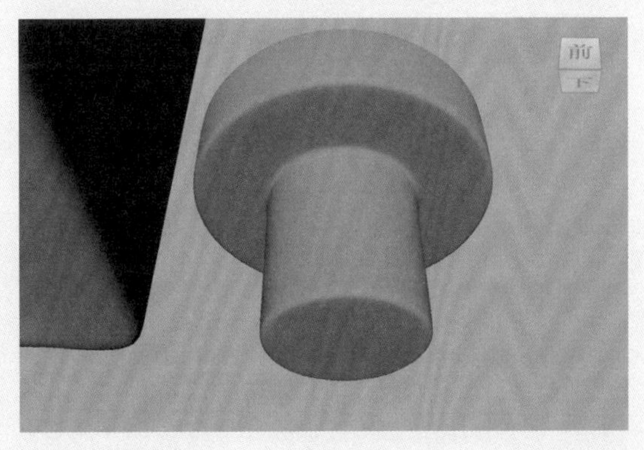

图3-135

23 选中场景中的酒瓶模型和瓶盖模型，单击“多边形建模”工具架中的“按类型删除：历史”按钮，并调整瓶盖模型的位置至酒瓶瓶口位置，如图3-136所示。

图3-136

本例的模型最终完成效果如图 3-137 所示。

图3-137

3.3.4 实例：制作高尔夫球模型

本例将使用“建模工具包”中的工具制作一个高尔夫球模型，如图 3-138 所示为本例的最终完成效果。

图3-138

01 启动中文版Maya 2024，双击“多边形建模”工具架中的“柏拉图多面体”按钮，如图3-139所示。

图3-139

02 在弹出的“多边形柏拉图多面体选项”对话框中，单击“创建”按钮，如图3-140所示，在场景中创建一个柏拉图多面体模型，如图3-141所示。

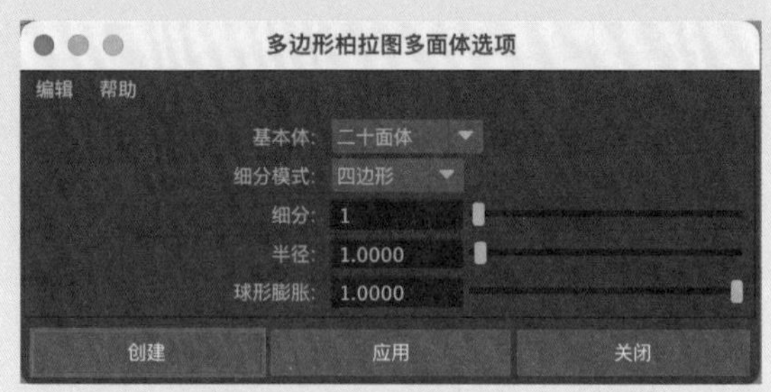

图3-140

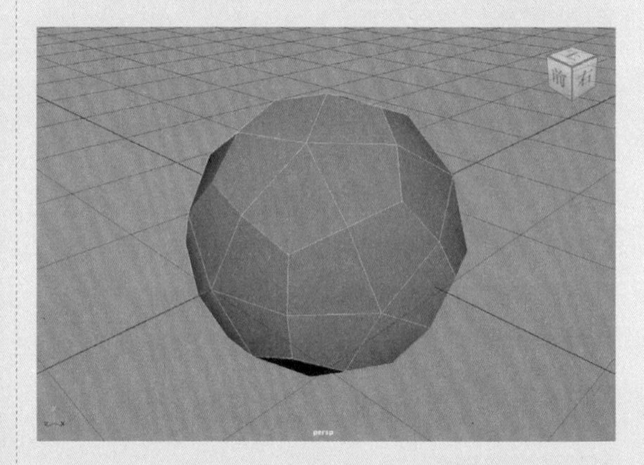

图3-141

03 在“属性编辑器”面板中，展开“多边形柏拉图多面体历史”卷展栏，设置“细分模式”为“三角形”，“细分”值为6，如图3-142所示。设置完成后，柏拉图多面体模型的视图显示结果如图3-143所示。

04 选中柏拉图多面体模型上的所有边线，如图3-144所示。

05 在“大纲视图”面板中，右击并在弹出的快

捷菜单中选择“集”|“创建快速选择集”选项，如图3-145所示。

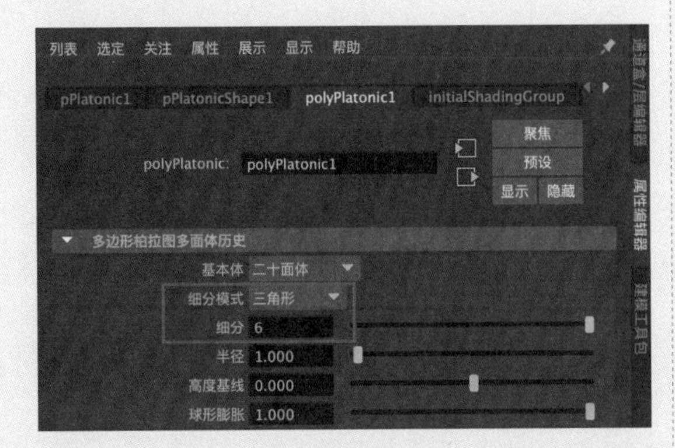

图3-142

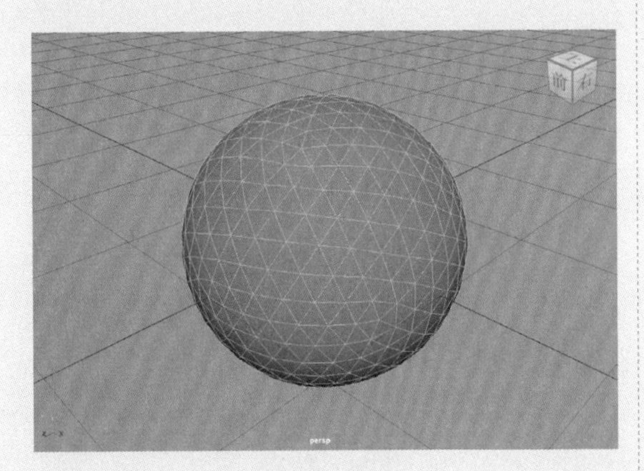

图3-143

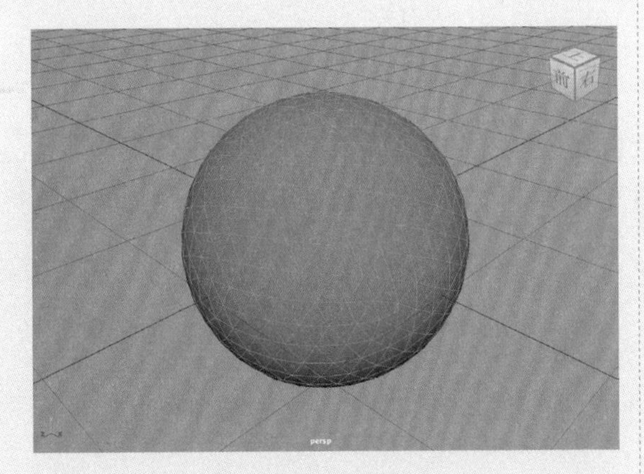

图3-144

06 在弹出的“创建快速选择集”对话框中，单击“确定”按钮，如图3-146所示。创建完成后，在“大纲视图”面板中会产生一个名称为Set的集，如图3-147所示。

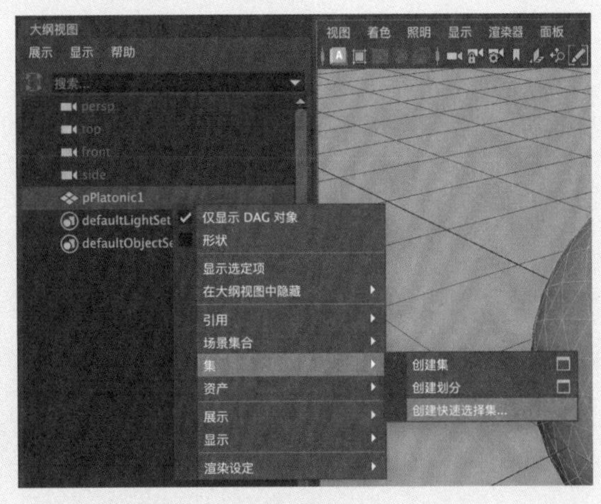

图3-145

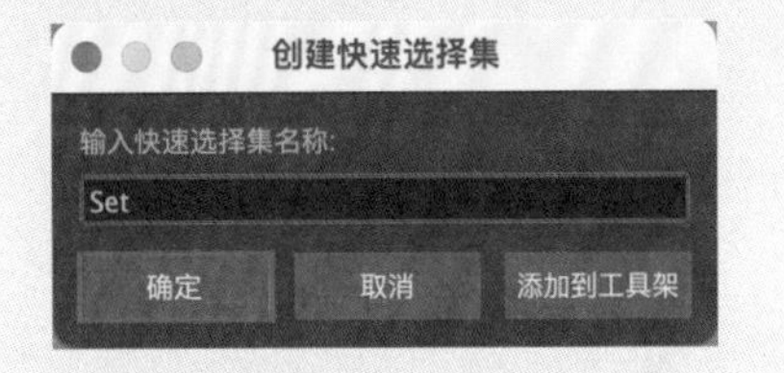

图3-146

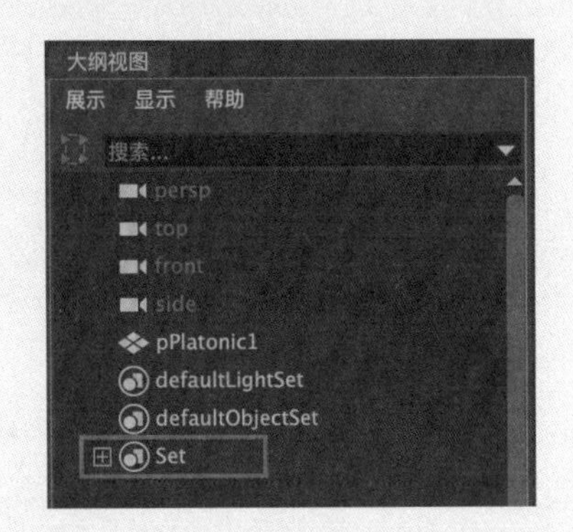

图3-147

07 在“建模工具包”面板中，单击“对象选择”按钮，如图3-148所示，退出模型编辑状态。

图3-148

08 单击“多边形建模”工具架中的“平滑”按钮，如图3-149所示，得到如图3-150所示的模型结果。

图3-149

09 在“建模工具包”面板中，单击“边选择”按钮，如图3-151所示。

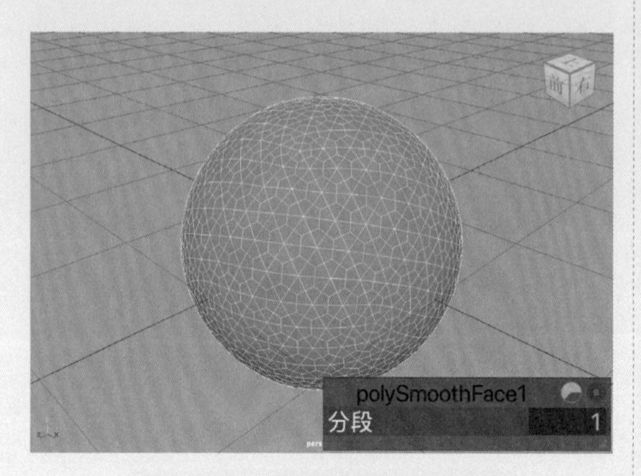

图3-150

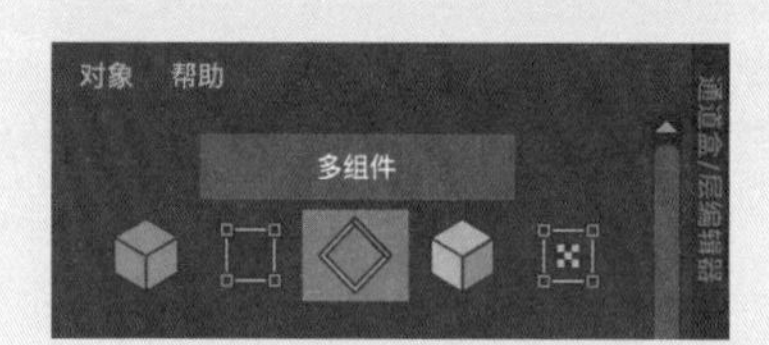

图3-151

10 在“大纲视图”面板中，将鼠标指针放在Set集上，右击并在弹出的快捷菜单中选择“选择集成员”选项，如图3-152所示，即可选择刚刚设置为集的边线，如图3-153所示。

图3-152

11 按Delete键，删除选中的边线，得到如图3-154所示的模型结果。

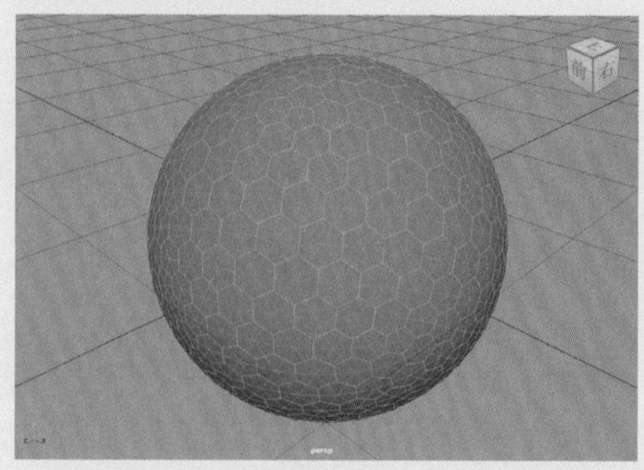

图3-153

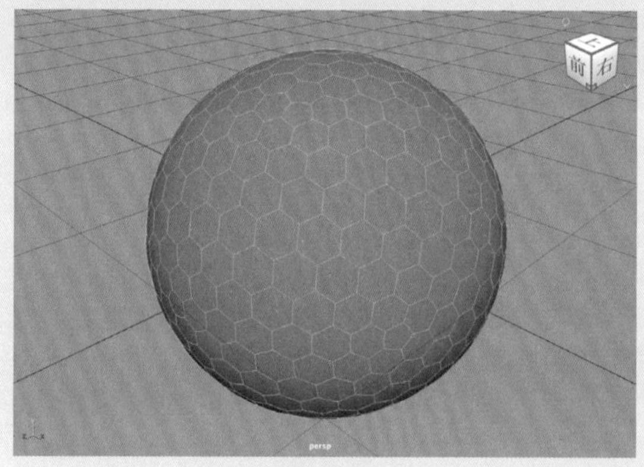

图3-154

12 选择模型上所有的面，如图3-155所示。

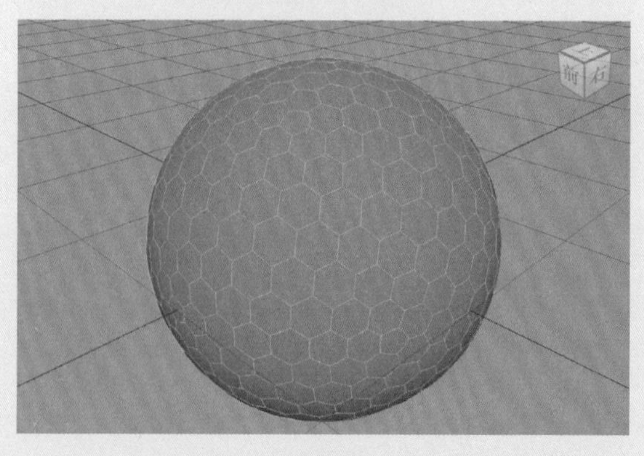

图3-155

13 单击“多边形建模”工具架中的“挤出”按钮，如图3-156所示，挤出选中的面。

图3-156

14 设置“保持面的连续性”为“禁用”后，缩放选中的面，制作出如图3-157所示的模型。

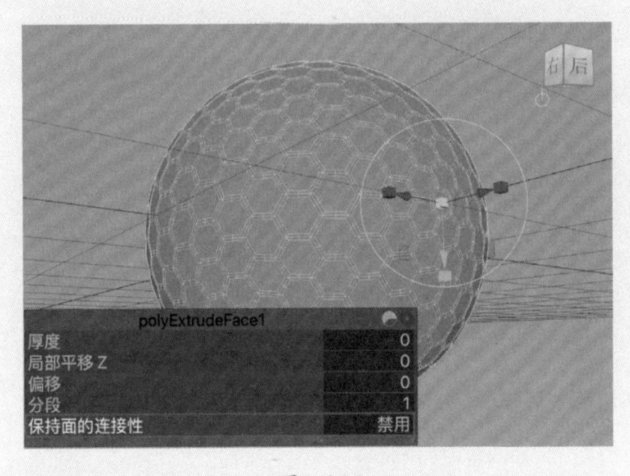

图3-157

15 单击“多边形建模”工具架中的“挤出”按钮，再次对选中的面进行挤出并缩放，制作如图3-158所示的模型。

图3-158

16 右击并在弹出的快捷菜单中选择“对象模式”选项，如图3-159所示，退出模型的编辑状态。

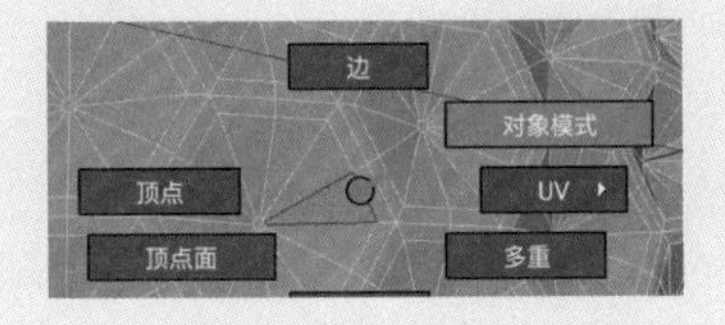

图3-159

17 按3键，对模型进行平滑操作，本例的最终模型完成效果如图3-160所示。

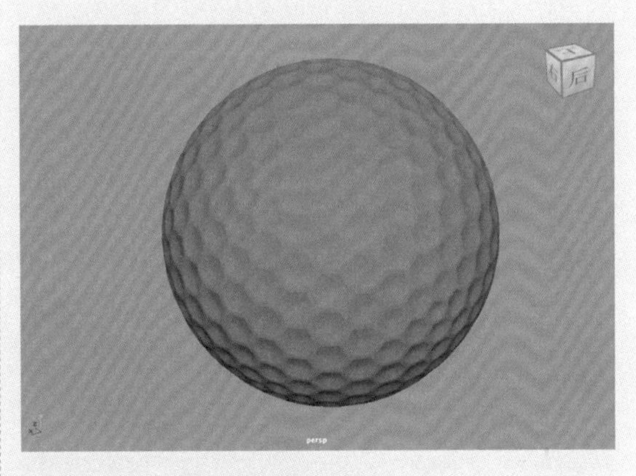

图3-160

3.3.5 实例：制作沙发模型

本例将使用“建模工具包”中的工具制作一个单人沙发的模型，如图 3-161 所示为本例的最终完成效果。

图3-161

01 启动中文版Maya 2024，单击“多边形建模”工具架中的“多边形立方体”按钮，如图3-162所示，在场景中创建一个长方体模型。

图3-162

02 在“属性编辑器”面板中，展开“多边形立方体历史”卷展栏，设置“宽度”值为70.000，“高度”值为10.000，“深度”值为70.000，如图3-163所示。

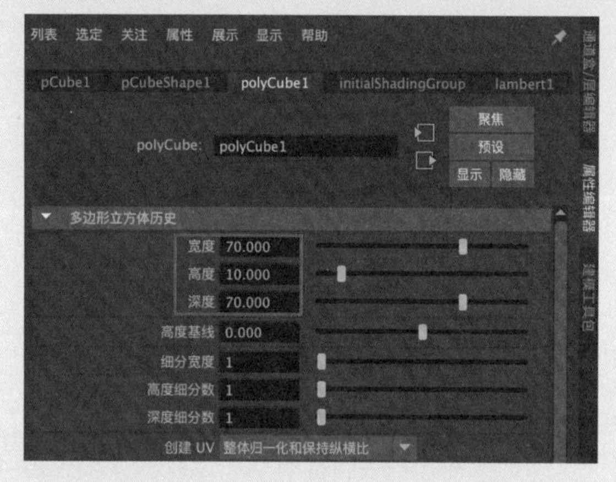

图3-163

03 选中如图3-164所示的边线，单击“多边形建模”工具架中的“倒角”按钮，如图3-165所示，制作如图3-166所示的模型。

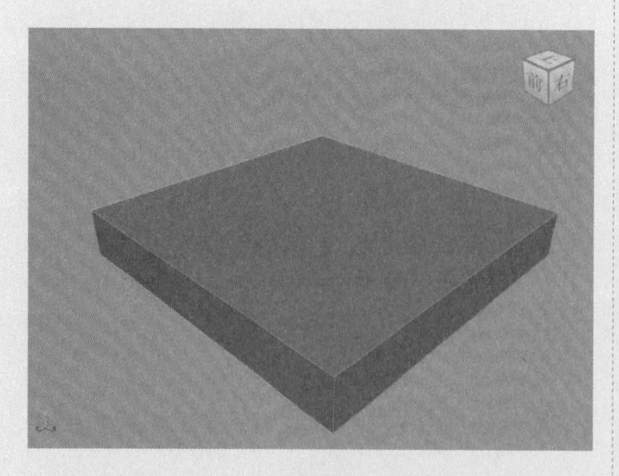

图3-164

图3-165

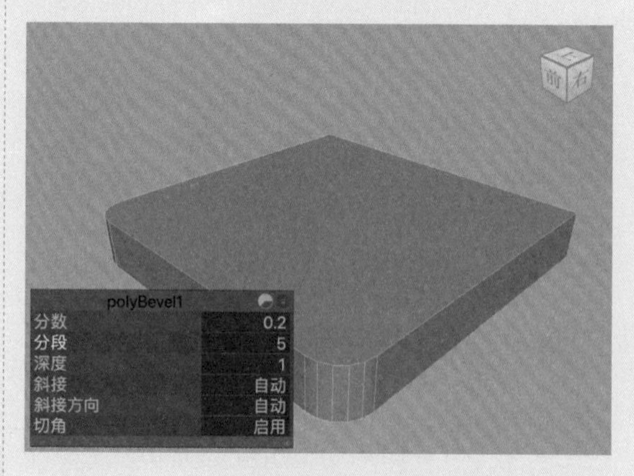

图3-166

04 选择另一侧的两条边线，如图3-167所示，使用同样的方法制作如图3-168所示的模型。

图3-167

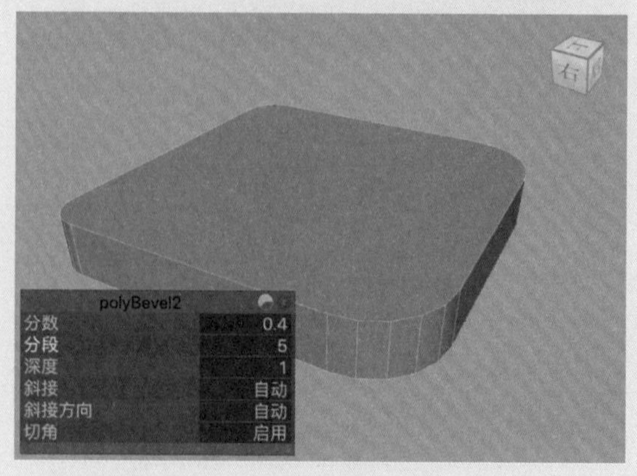

图3-168

05 选中如图3-169所示的面，单击“多边形建模”工具架中的“挤出”按钮，如图3-170所示，制作如图3-171所示的模型。

图3-169

图3-170

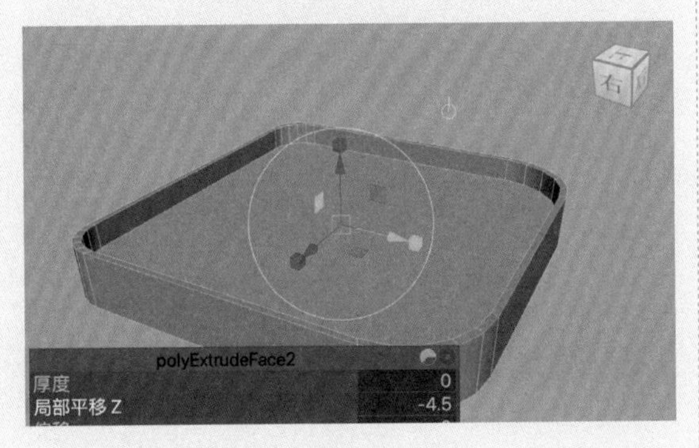

图3-171

06 选中如图3-172所示的边线，单击“多边形建模”工具架中的“倒角”按钮，如图3-173所示，制作如图3-174所示的模型。

图3-172

图3-173

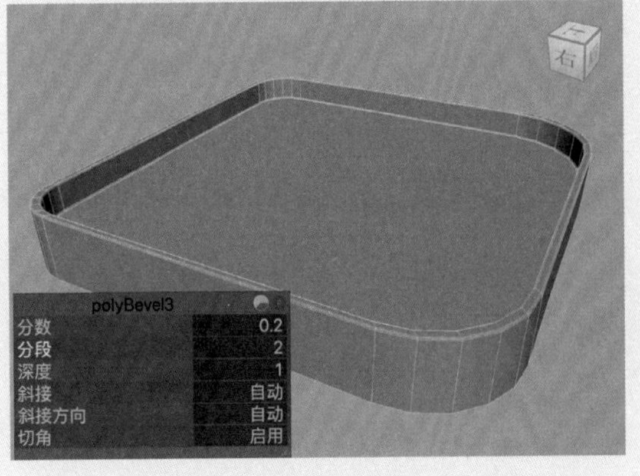

图3-174

07 单击“多边形建模”工具架中的“多边形立方体”按钮，如图3-175所示。

图3-175

08 再次在场景中创建一个长方体模型，并调整其位置和大小，如图3-176所示。

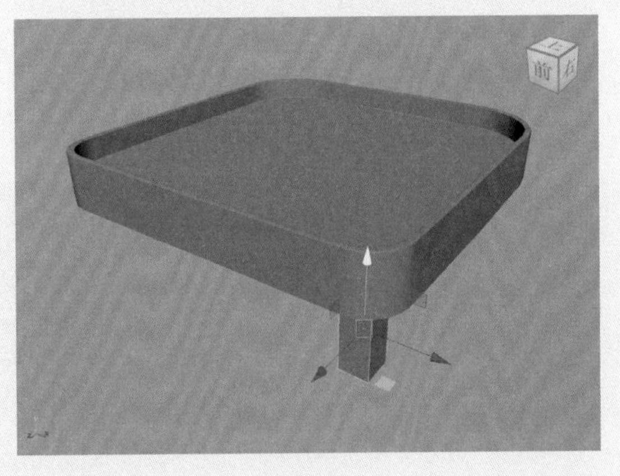

图3-176

09 单击“多边形建模”工具架中的“倒角”按钮，修改长方体模型，制作如图3-177所示的模型。

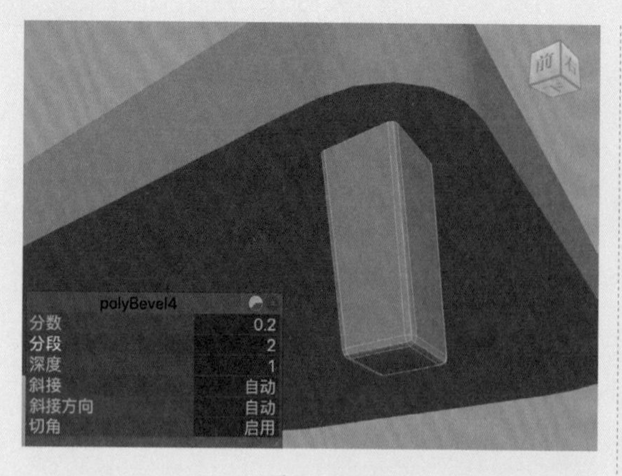

图3-177

10 单击“多边形建模”工具架中的“镜像”按钮，如图3-178所示，制作沙发模型的其他三条腿，如图3-179所示。

图3-178

图3-179

11 在场景中创建一个长方体模型，并调整其位置和大小，如图3-180所示，得到坐垫模型。

12 使用相同的方法对长方体模型进行“倒角”处理，制作如图3-181所示的模型。

13 单击“建模工具包”面板中的“连接”按钮，在如图3-182所示的位置添加边线。

14 复制制作好的坐垫模型，并调整位置和角度，如图3-183所示，用于制作沙发靠垫。

图3-180

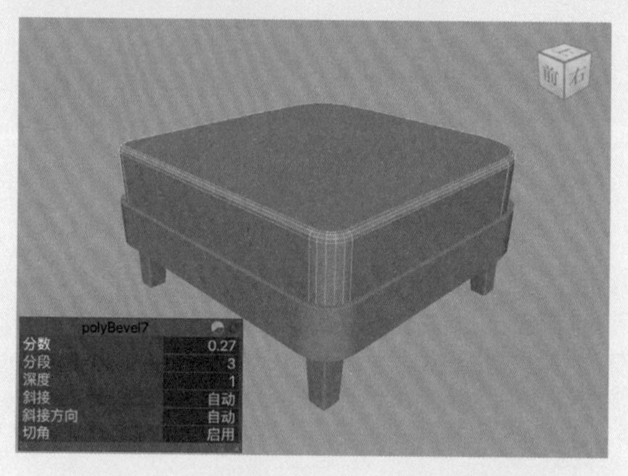

图3-181

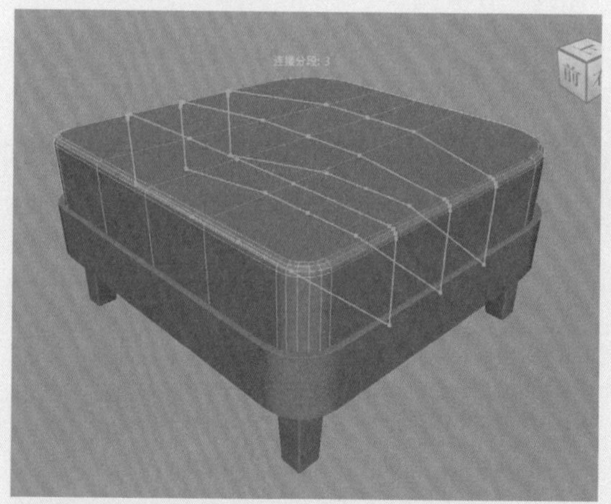

图3-182

15 在顶视图中如图3-184所示位置创建一个长方体模型，用来制作扶手模型。

图3-183

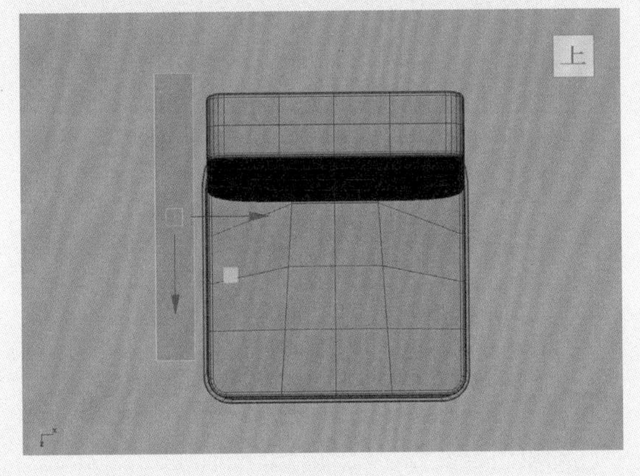

图3-184

16 在“属性编辑器”面板中，展开“多边形立方体历史”卷展栏，设置“宽度”值为8.000，“高度”值为3.000，“深度”值为70.000，“深度细分数”值为2，如图3-185所示，并调整其位置，如图3-186所示。

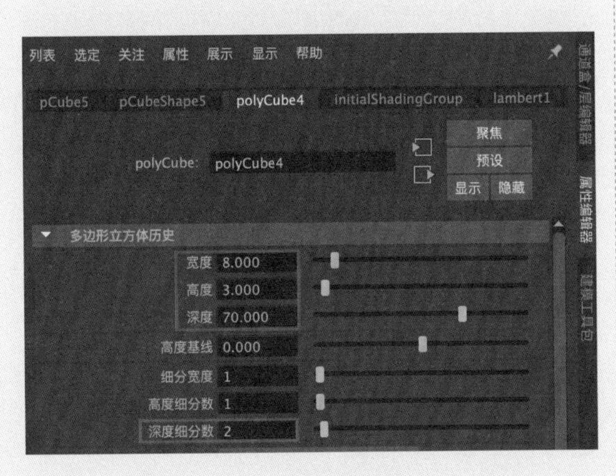

图3-185

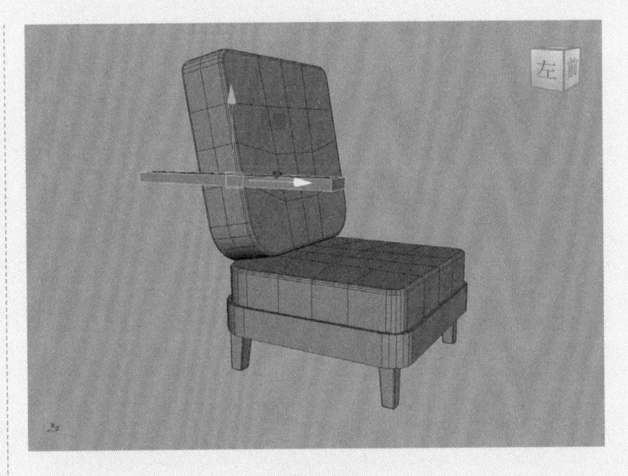

图3-186

17 在顶视图中，调整长方体的顶点位置，如图3-187所示。

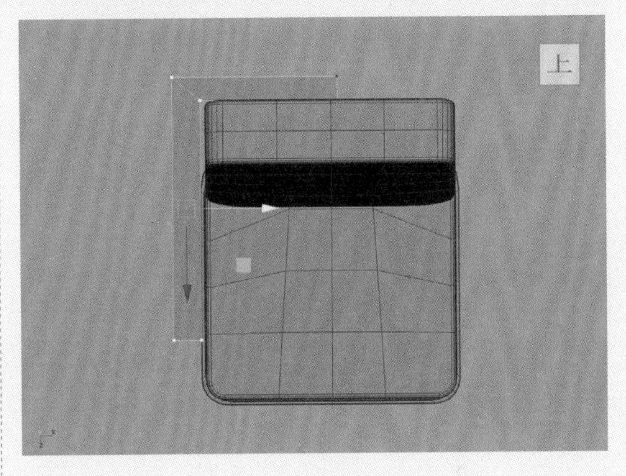

图3-187

18 单击“建模工具包”面板中的“倒角”按钮，制作如图3-188所示的模型。

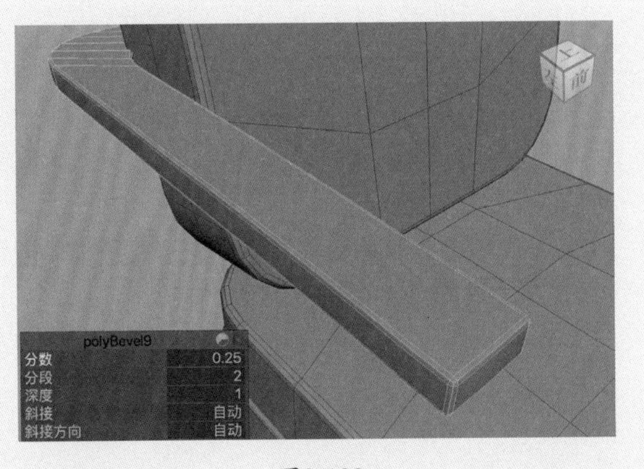

图3-188

19 在如图3-189所示的位置创建长方体模型。

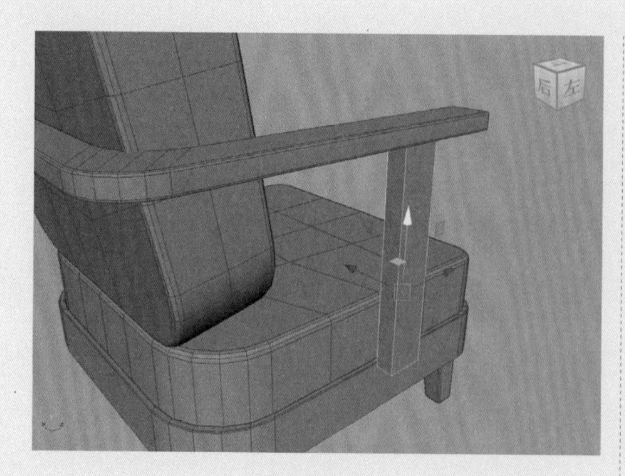

图3-189

20 调整其顶点位置，制作如图3-190所示的模型。

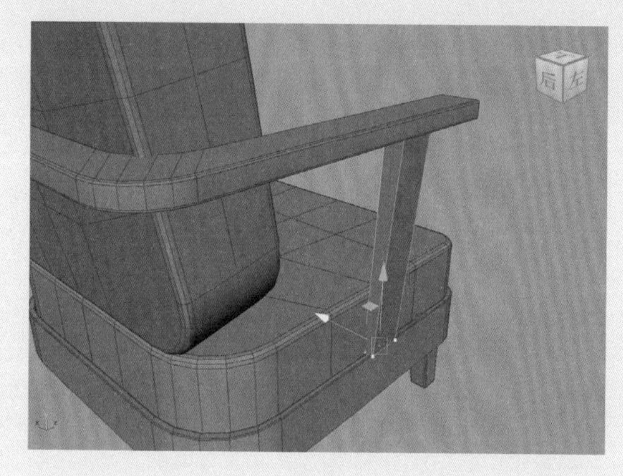

图3-190

21 以同样的方法制作沙发扶手上的其他连接部分，制作完成后，将这些模型合并为一个整体，如图3-191所示。

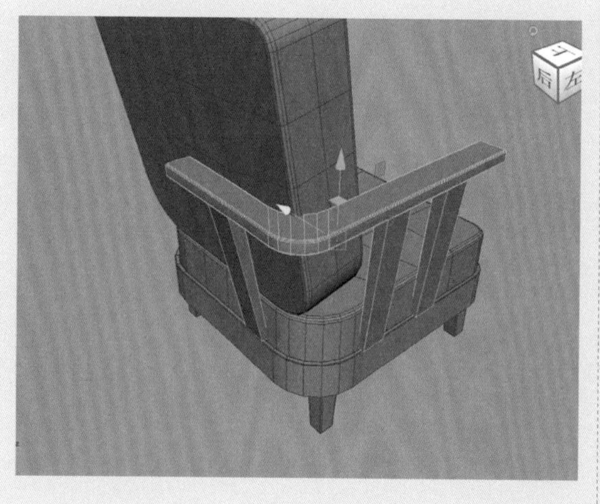

图3-191

22 单击“多边形建模”工具架中的“镜像”按钮，如图3-192所示。

图3-192

23 将调整好的一端，镜像至扶手模型的另一侧，如图3-193所示。

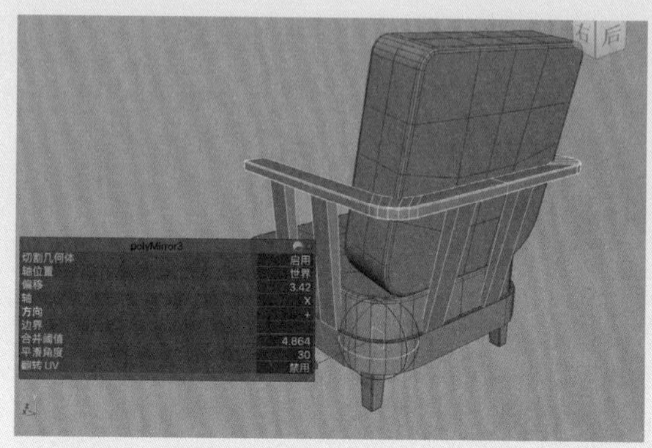

图3-193

24 选择靠垫模型，单击“运动图形”工具架中的“弯曲”按钮，如图3-194所示，为其添加弯曲手柄，制作如图3-195所示的模型。

图3-194

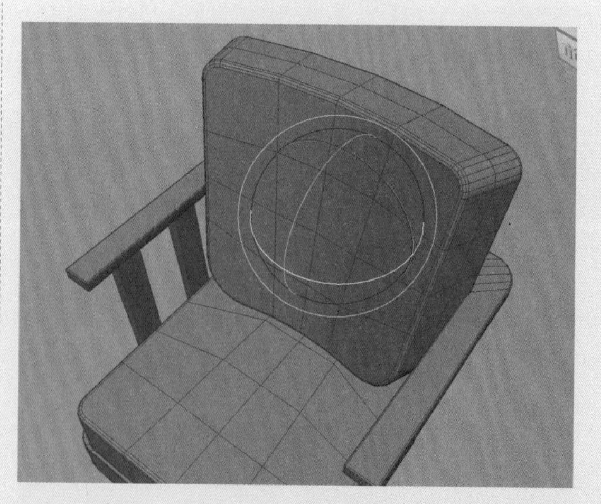

图3-195

本例的模型最终完成效果如图 3-196 所示。

图3-196

3.3.6 实例：制作方盘模型

本例将使用“建模工具包”中的工具制作一个方盘模型，如图 3-197 所示为本例的最终完成效果。

图3-197

01 启动中文版Maya 2024，单击“多边形建模”工具架中的“多边形立方体”按钮，如图3-198所示，在场景中创建一个长方体模型。

图3-198

02 在“属性编辑器”面板中，展开“多边形立方体历史”卷展栏，设置“宽度”值为10.000，“高度”值为3.000，“深度”值为6.000，如图3-199所示。设置完成后，长方体的视图显示结果如图3-200所示。

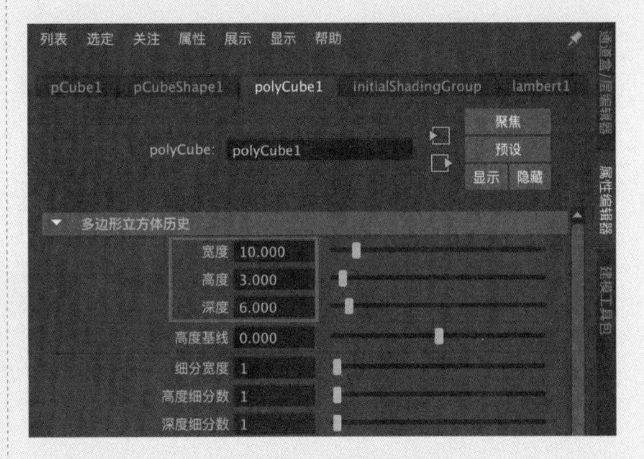

图3-199

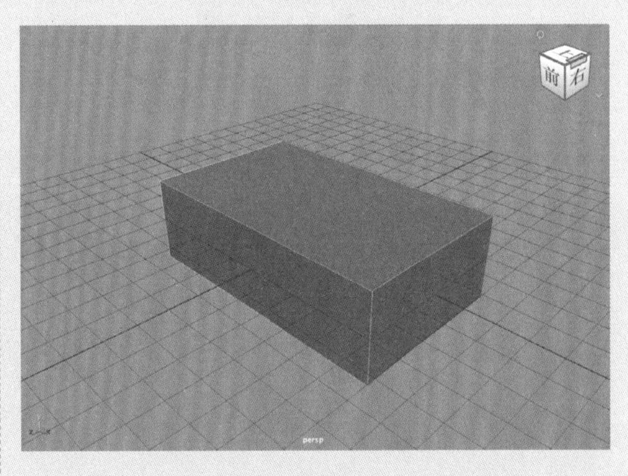

图3-200

03 选中如图3-201所示的面，并将其删除，得到如图3-202所示的模型。

04 选中模型上所有的边线，单击“多边形建模”工具架中的“倒角”按钮，如图3-203所示，制作如图3-204所示的模型。

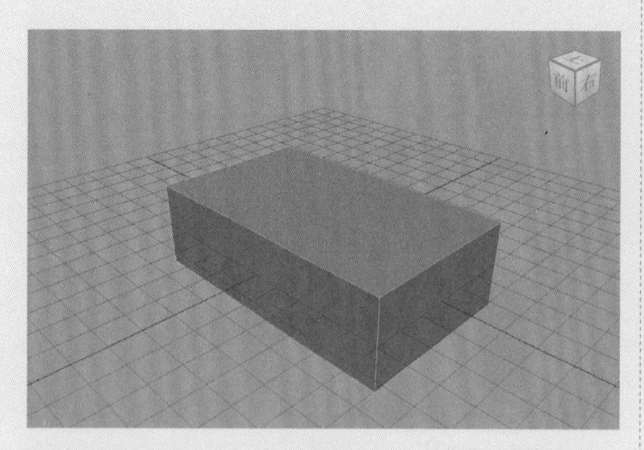

图3-201

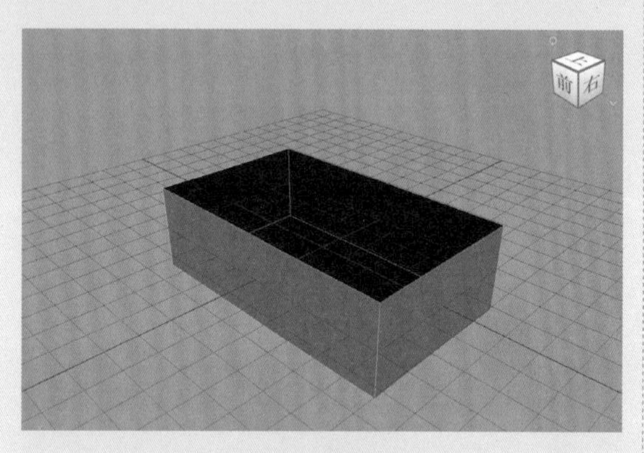

图3-202

图3-203

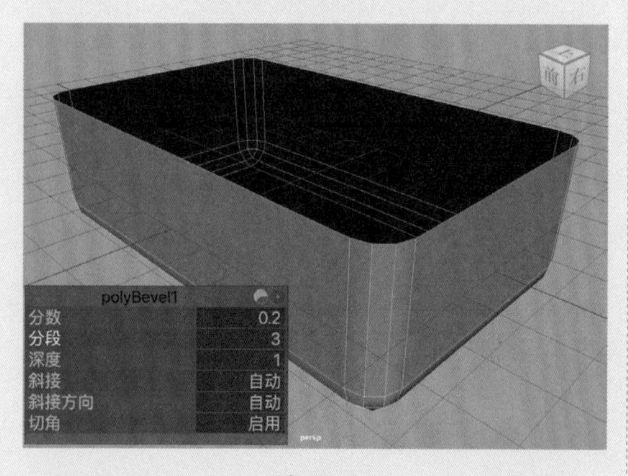

图3-204

05 使用“连接”工具为方盘模型添加边线，如图3-205所示。

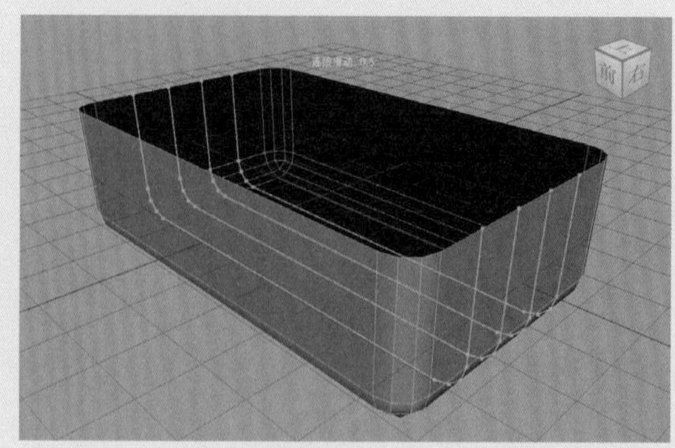

图3-205

06 再次使用“连接”工具为方盘模型添加边线，如图3-206所示。

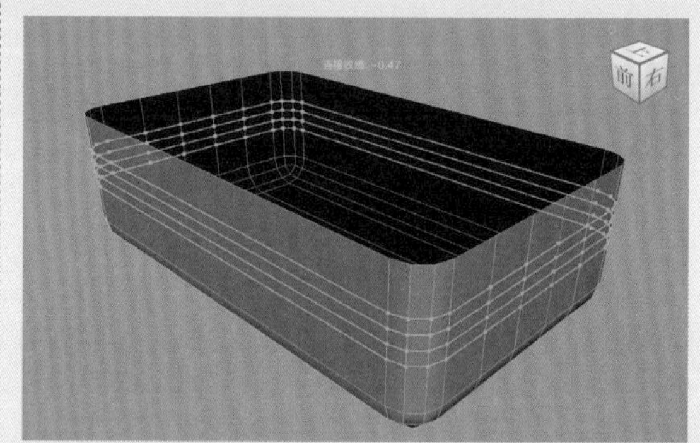

图3-206

07 选中如图3-207所示的面，并将其删除，制作方盘模型的扣手部分，如图3-208所示。

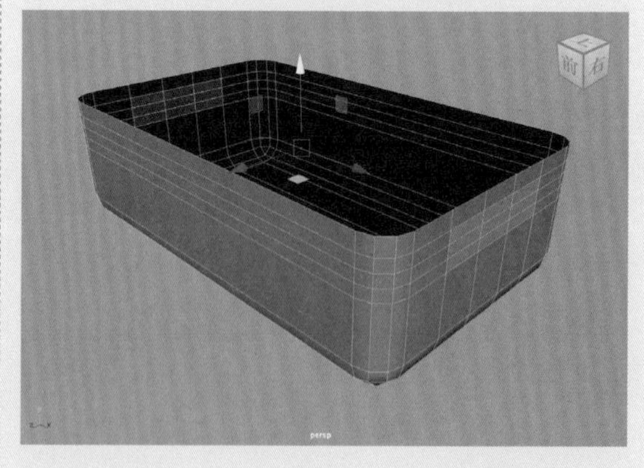

图3-207

08 选中方盘模型上的所有面，如图3-209所示。使用“挤出”工具制作出方盘模型的厚度，如图3-210所示。

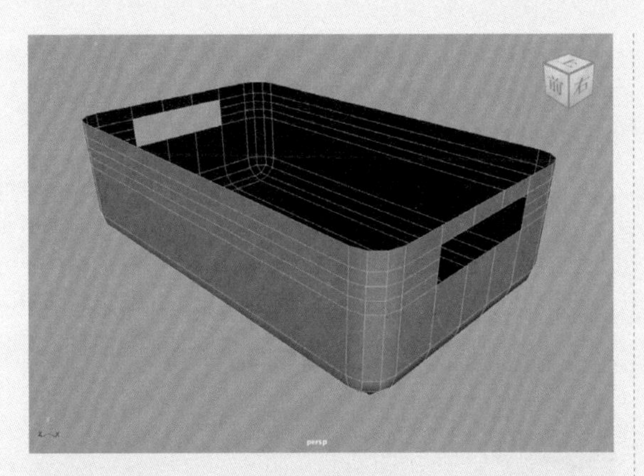

图3-208

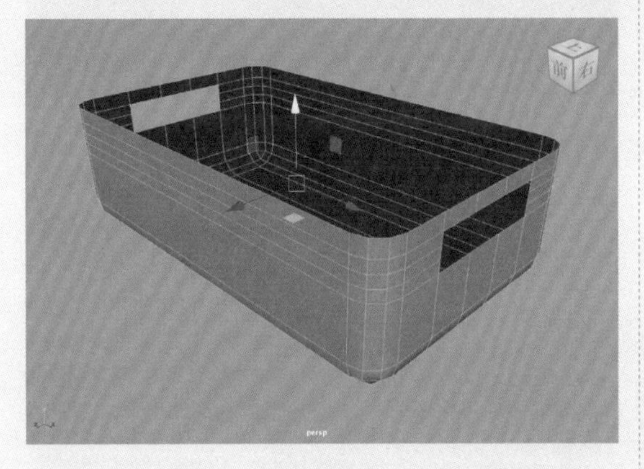

图3-209

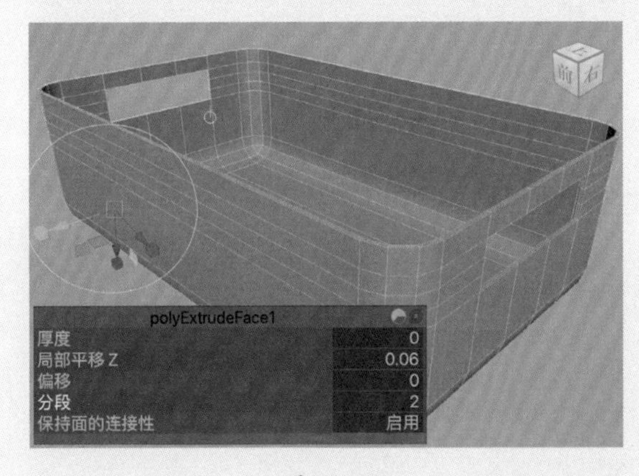

图3-210

09 右击并在弹出的快捷菜单中选择“对象模式”选项，如图3-211所示，退出模型的编辑状态。

10 在“多边形建模”工具架中，单击“平滑”按钮，如图3-212所示，并设置“分段”值为2，如图3-213所示。

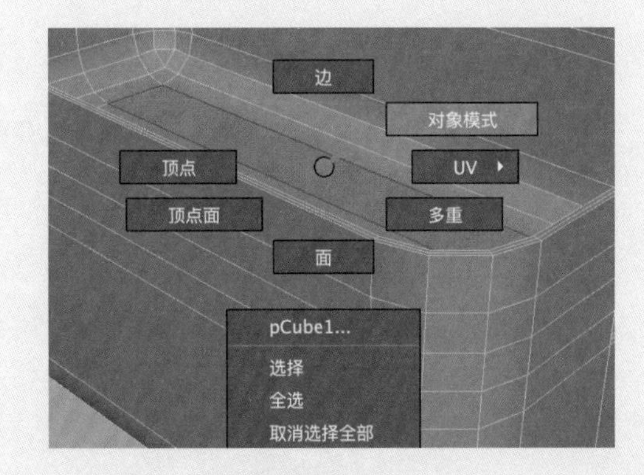

图3-211

图3-212

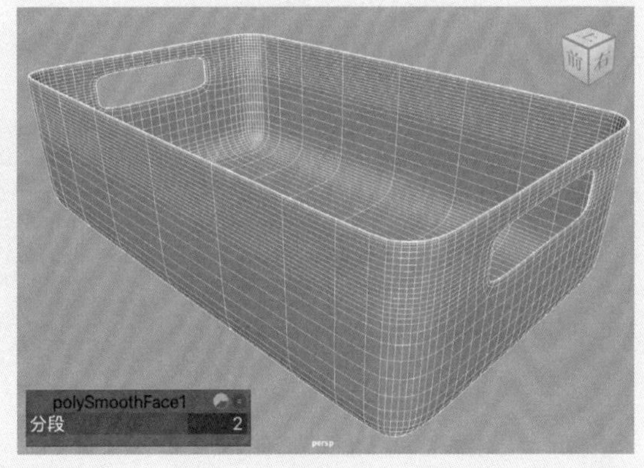

图3-213

本例的最终模型完成效果如图 3-214 所示。

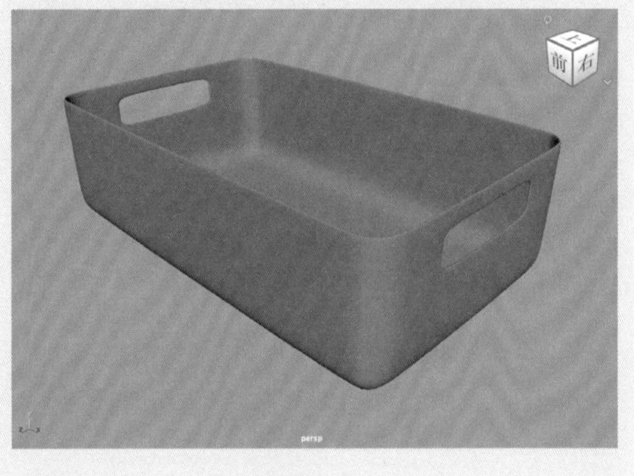

图3-214

3.3.7 实例：制作开瓶器模型

本例将使用“建模工具包”中的工具制作一个开瓶器模型，如图3-215所示为本例的最终完成效果。

图3-215

01 启动中文版Maya 2024，右击“多边形建模”工具架中的“柏拉图多面体”按钮，在弹出的菜单中选择“螺旋线”选项，如图3-216所示，在场景中创建一体螺旋线模型。

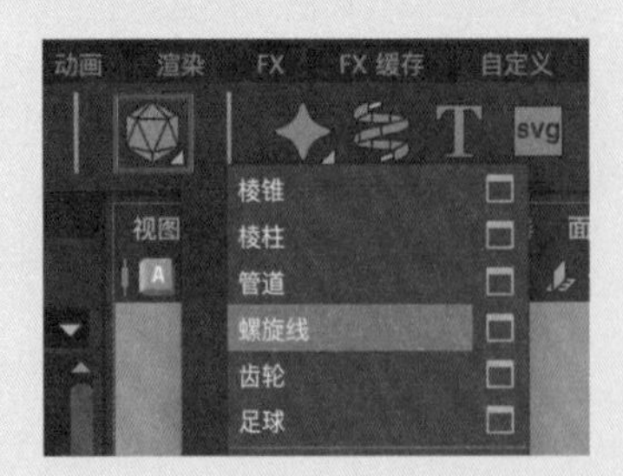

图3-216

02 在“属性编辑器”面板中，展开“多边形螺旋线历史”卷展栏，设置“圈数”值为7.000，“高度”值为10.000，“宽度”值为2.000，“半径”值为0.500，“轴向细分数”值为6，“圈细分数”值为20，如图3-217所示。调整完成后，螺旋线模型的视图显示结果如图3-218所示。

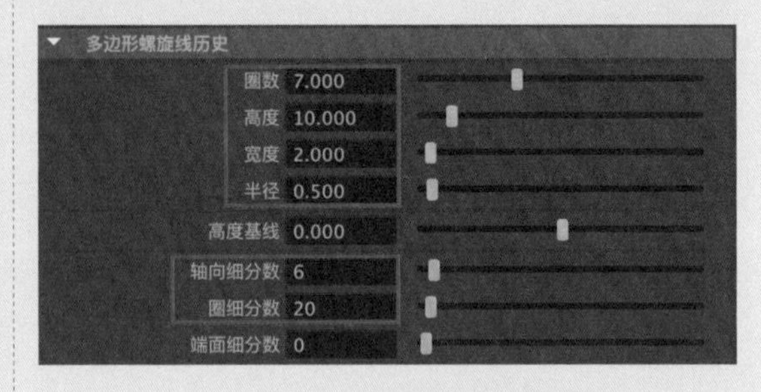

图3-217

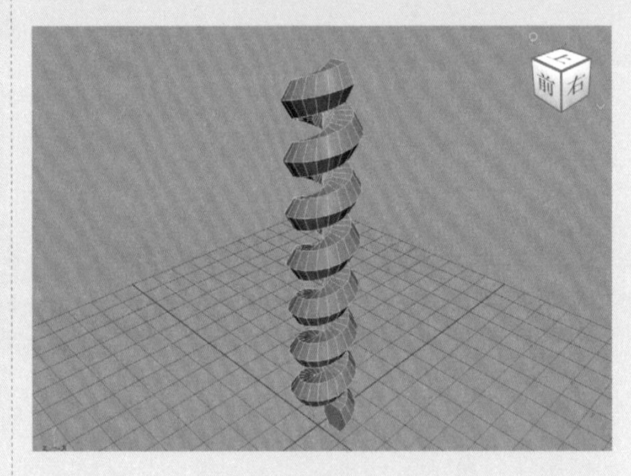

图3-218

03 选中如图3-219所示的面，按Delete键将其删除，得到如图3-220所示的模型。

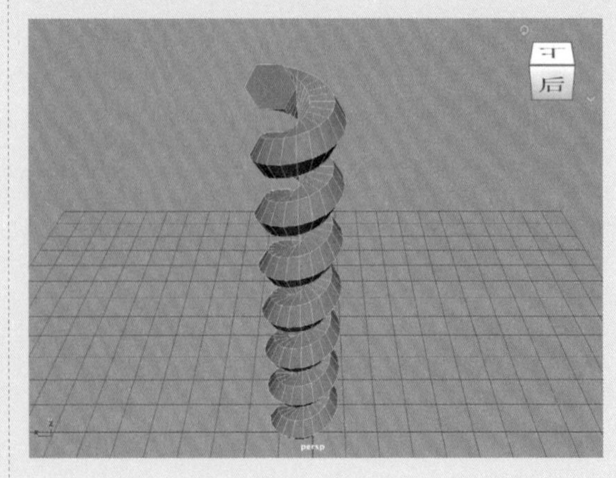

图3-219

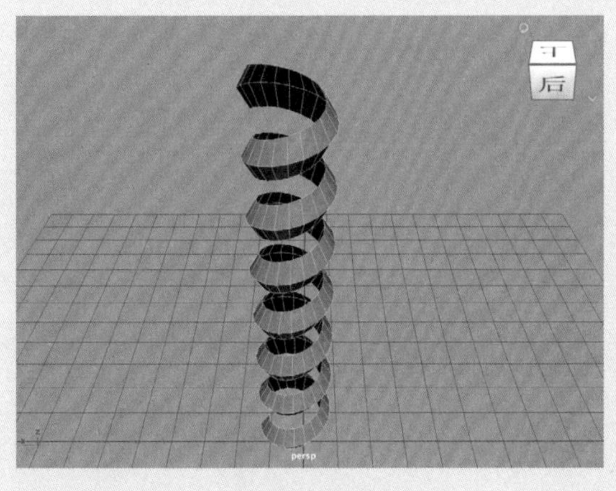

图3-220

04 选中如图3-221所示的两条边线，单击“建模工具包”面板中的“桥接”按钮，制作如图3-222所示的模型。

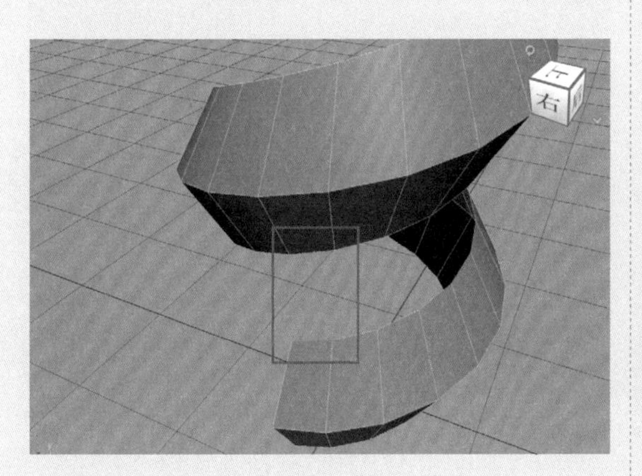

图3-221

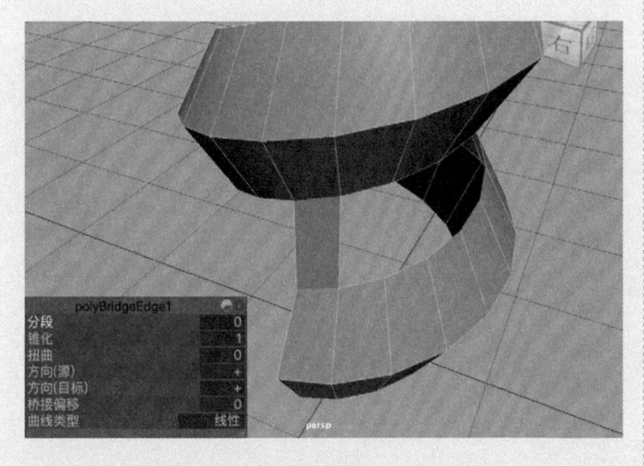

图3-222

05 以同样的操作方法制作螺旋线模型，如图3-223所示。

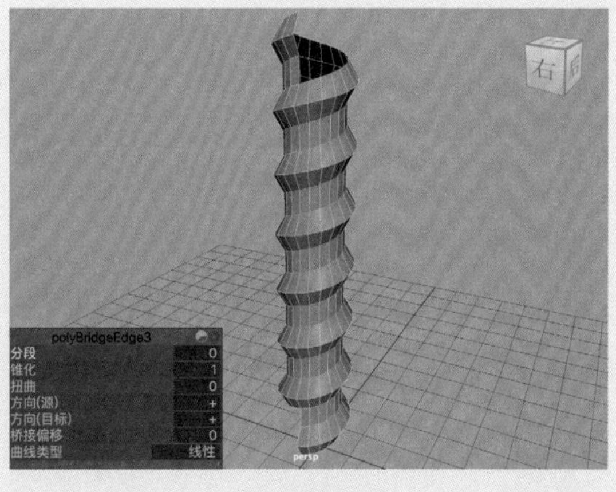

图3-223

06 选择如图3-224所示的边线，使用“缩放”工具对其进行缩放，制作如图3-225所示的模型。

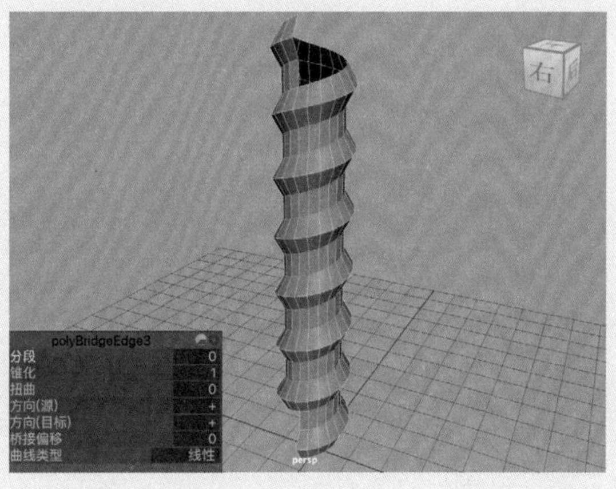

图3-224

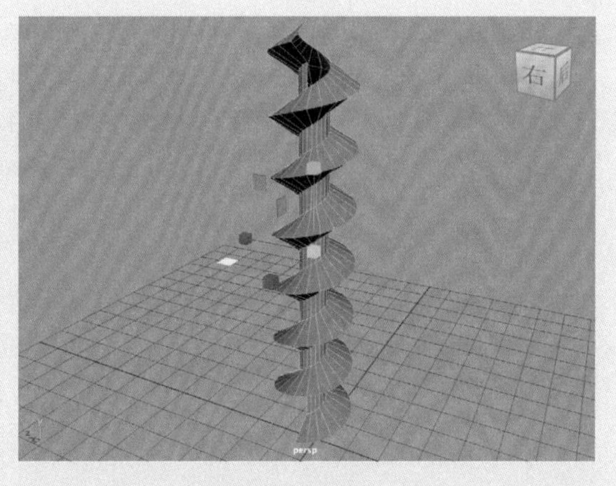

图3-225

07 选中如图3-226所示的边线，执行“网

格”|“填充洞”命令，制作如图3-227所示的模型。

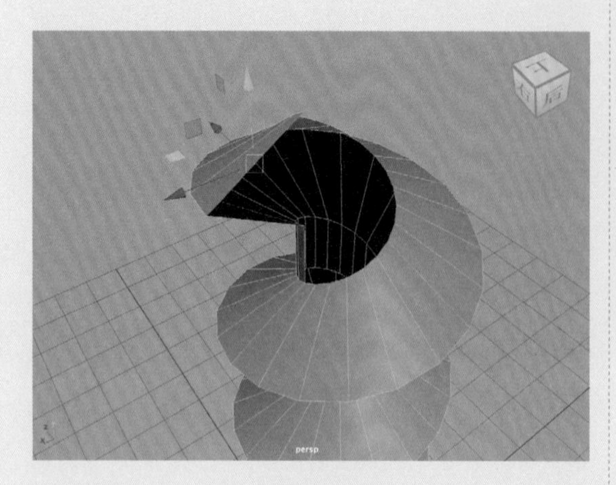

图3-226

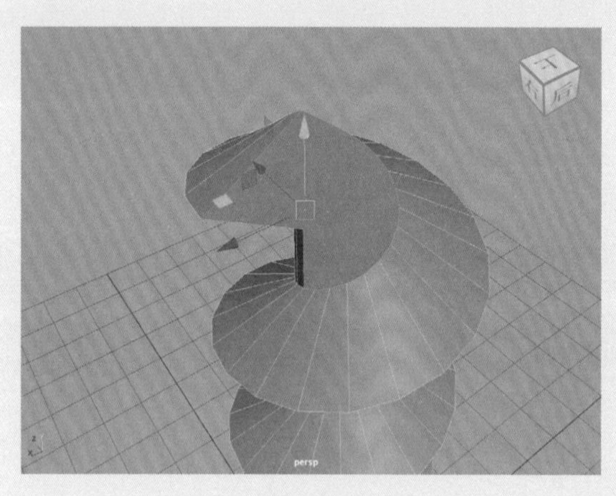

图3-227

08 选中如图3-228所示的顶点，单击“建模工具包”面板中的“连接”按钮，对其进行连接边操作，制作如图3-229所示的模型。

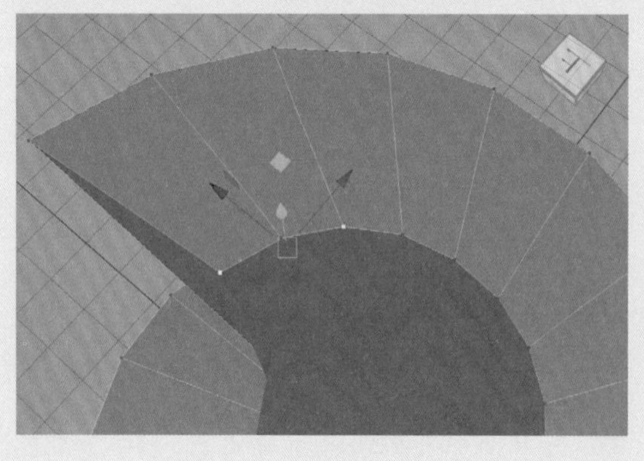

图3-228

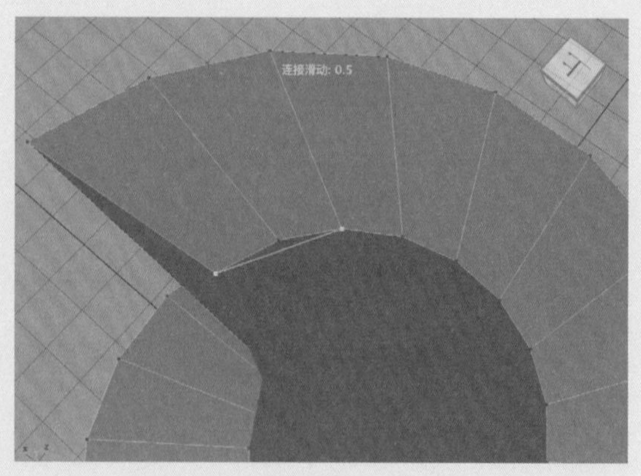

图3-229

09 使用相同的操作方法继续为模型添加边线，制作如图3-230所示的模型。

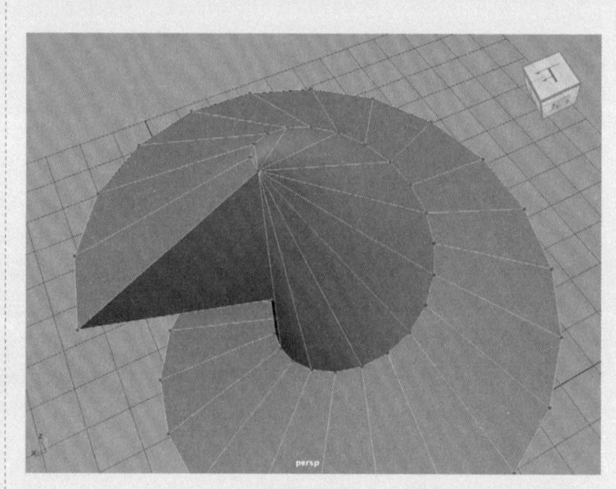

图3-230

10 选中如图3-231所示的面，并将其删除，得到如图3-232所示的模型结果。

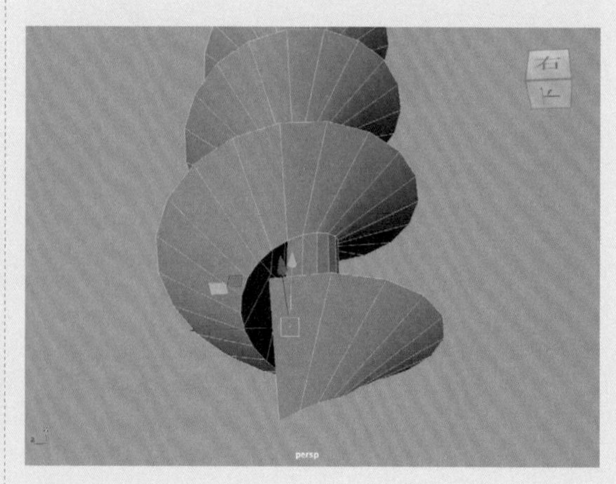

图3-231

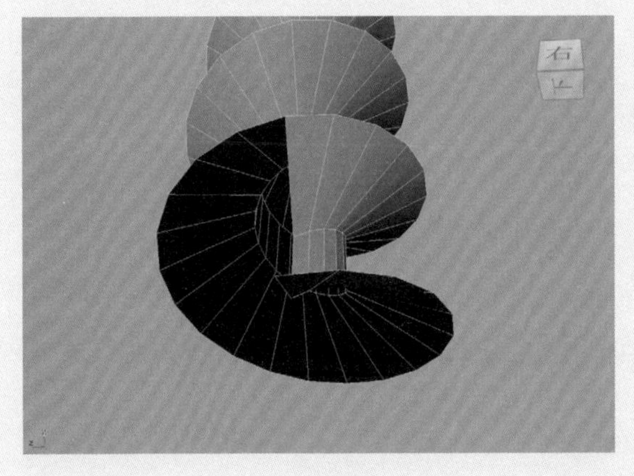

图3-232

11 选中如图3-233所示的边，对其进行“挤出”操作，制作如图3-234所示的模型。

图3-233

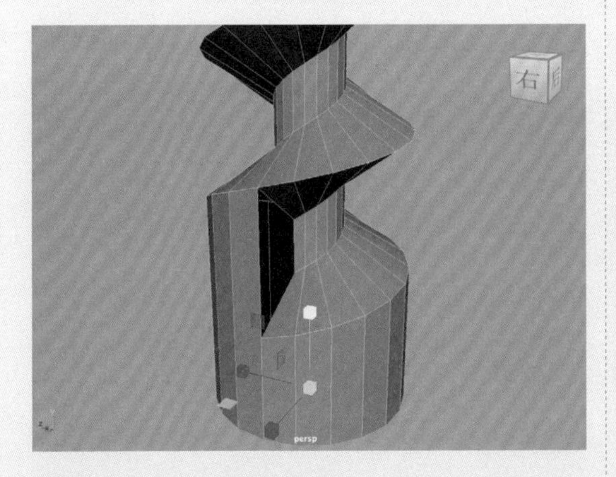

图3-234

12 使用相同的操作方法，将如图3-235所示位置的缺口补上。

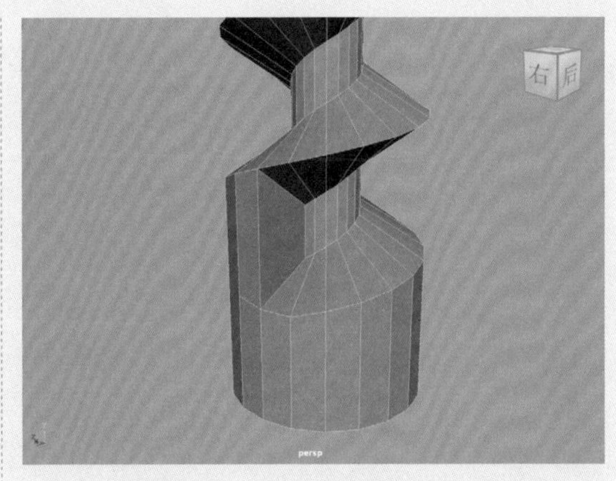

图3-235

13 选中如图3-236所示的顶点，按B键，开启“软选择”功能，调整其至如图3-237所示的位置。

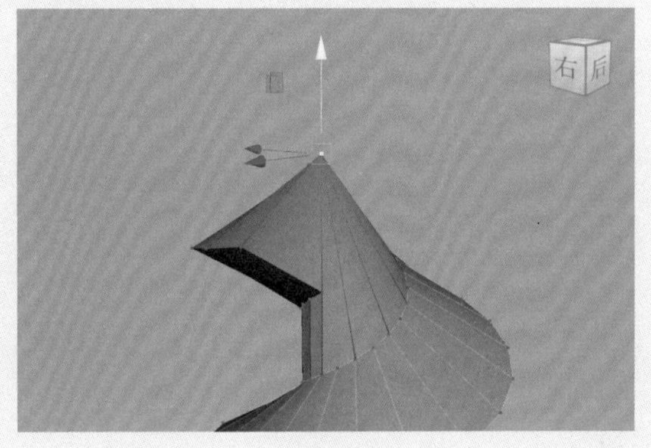

图3-236

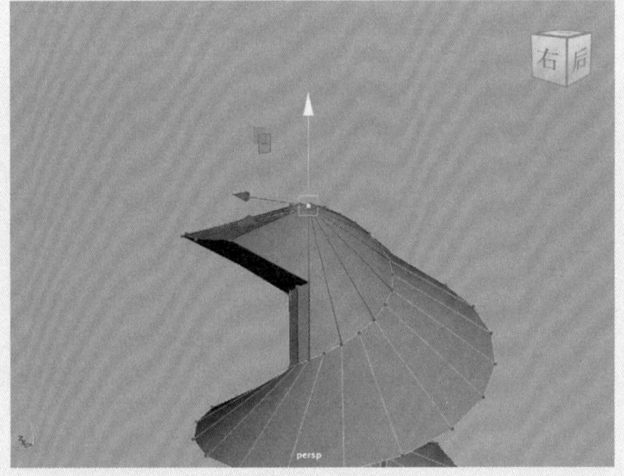

图3-237

14 选中如图3-238所示的边线，单击“建模工具包”面板中的“倒角”按钮，制作如图3-239

所示的模型。

图3-238

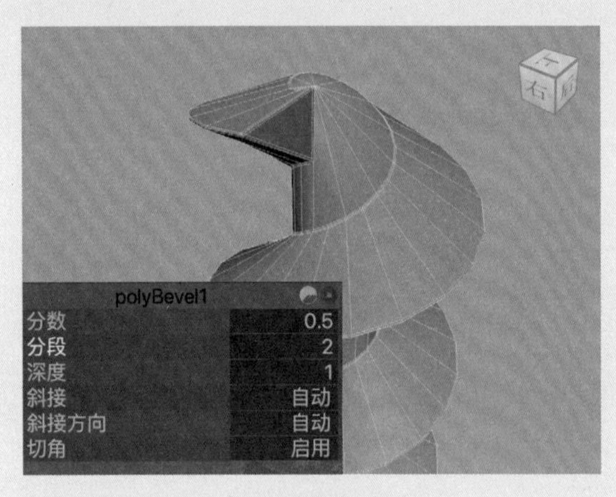

图3-239

15 选中如图3-240所示的边线，对其进行多次挤出，制作如图3-241所示的模型。

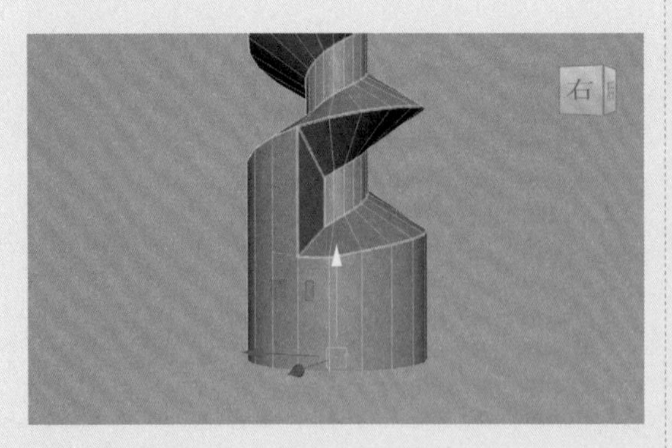

图3-240

16 调整完成后，按3键，开瓶器的螺旋结构完成效果如图3-242所示。

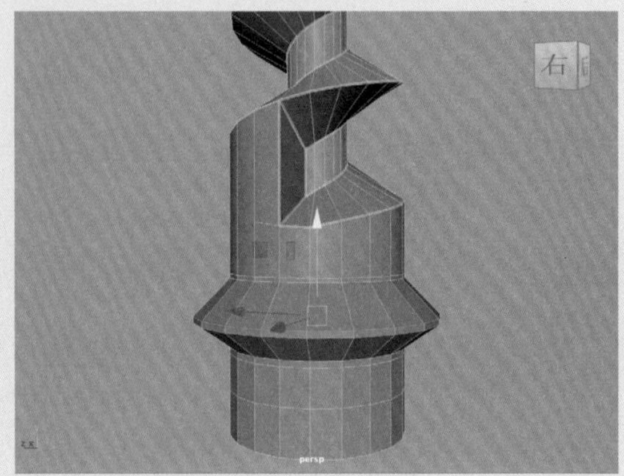

图3-241

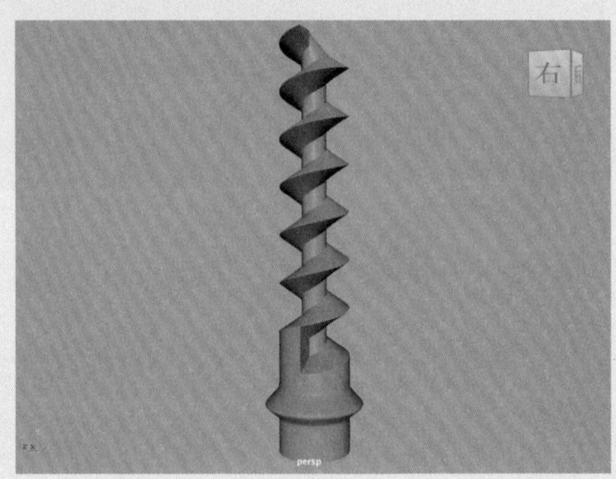

图3-242

17 单击“多边形建模”工具架中的“多边形圆柱体”按钮，在前视图中创建一个圆柱体模型，如图3-243所示。

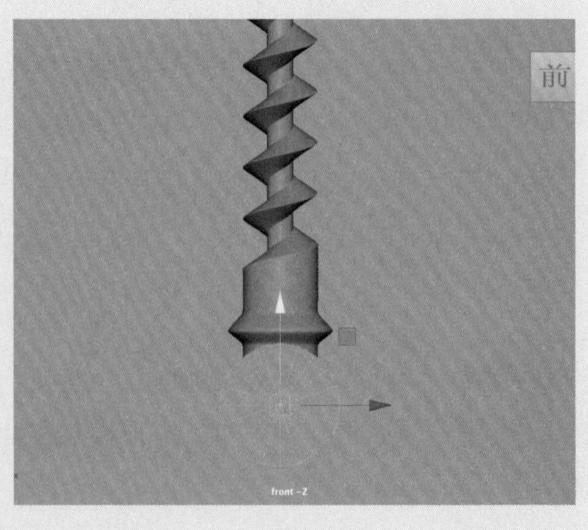

图3-243

18 在“属性编辑器”面板中，展开“多边形圆柱体历史”卷展栏，设置“半径”值为1.200，“高度”值为15.000，“高度细分数”值为3，如图3-244所示，并调整圆柱体的位置，如图3-245所示。

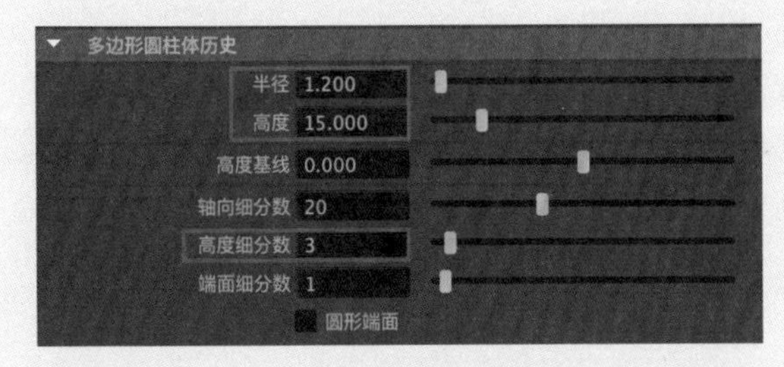

图3-244

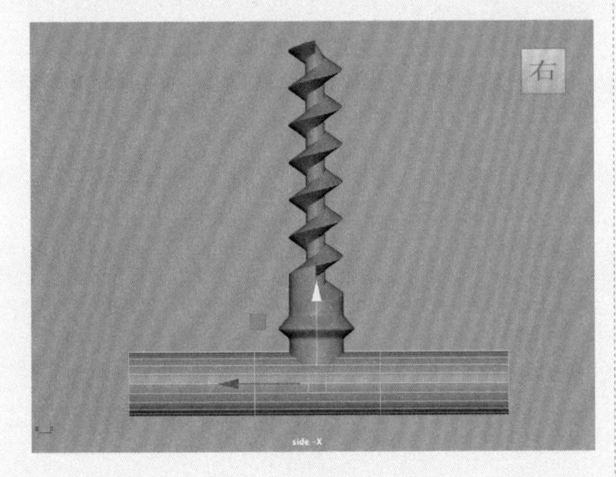

图3-245

19 选中如图3-246所示的边线，单击“建模工具包”面板中的“倒角”按钮，制作如图3-247所示的模型。

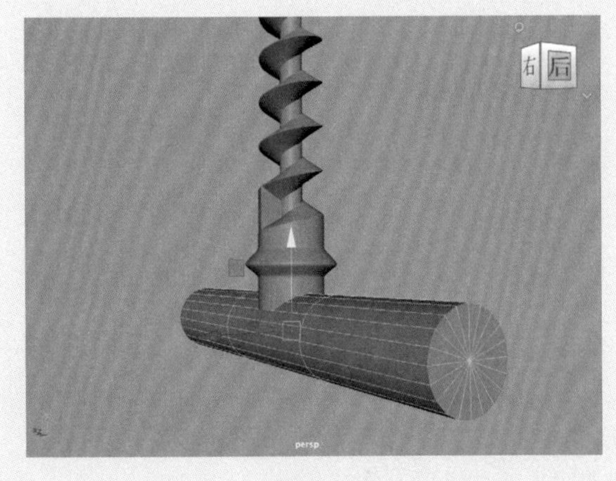

图3-246

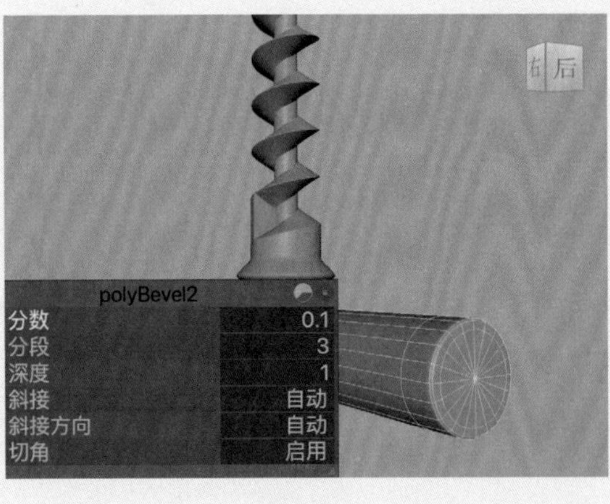

图3-247

本例的模型最终完成效果如图3-248所示。

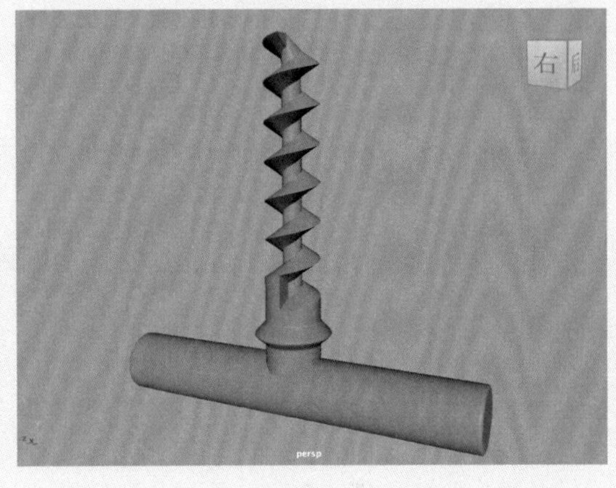

图3-248

第4章 灯光技术

4.1 灯光概述

灯光设置是三维效果制作中非常重要的一环，灯光不仅可以照亮物体，还在烘托场景气氛、表现天气效果等方面起着至关重要的作用。在设置灯光时，如果场景中灯光过于明亮，渲染出来的画面会处于一种过曝状态；如果场景中的灯光过于暗淡，渲染出来的画面有可能显得比较平淡，毫无吸引力可言，甚至导致画面中的很多细节无法展现。虽然在中文版 Maya 2024 中，灯光的设置参数比较简单，但是若要制作出逼真的光照效果，仍要我们去不断实践，且渲染过程非常耗时。使用中文版 Maya 2024 所提供的灯光工具，可以轻松地为制作完成的场景添加照明效果。因为三维软件的渲染程序可以根据灯光设置严格执行复杂的光照计算，如果在进行光照设置前肯花时间收集资料并进行光照设计，就可以使用这些简单的灯光工具创建出更加复杂的视觉光效。所以说，在设置灯光前，应该充分考虑所要达到的照明效果，切不可抱着能打出什么样的灯光效果就算什么灯光效果的侥幸心理。只有认真并有计划地设置灯光后，所产生的渲染结果才能打动人心。

对于刚刚接触灯光系统的三维制作人员来说，想要为作品设置合理的灯光效果，最好先收集整理一些相关的图像素材进行参考。设置灯光时，灯光的种类、颜色及位置应来源于生活。我们不可能轻松地制作出一个从未见过的光照环境，所以学习灯光制作时，需要对现实中的不同光照环境处处留意。

自然界中光的色彩绚丽多彩，例如通常人们都会认为室外环境光是偏白色或偏黄色的，但实际上阳光照射在大地上的颜色会随着一天中的不同时段、天气情况、周围环境等因素的变化而不同，掌握这一点对于我们进行室外场景照明设置非常重要。如图 4-1 和图 4-2 所示为作者在晴天和雾天环境下，拍摄的海边光影效果。

图4-1

图4-2

另外，当我们使用相机拍照时，顺光拍摄、逆光拍摄和侧光拍摄所得到的光影效果也完全不同，如图 4-3~ 图 4-5 所示。

图4-3

图4-4

图4-5

4.2 灯光照明技术

在影片的制作中，光线在烘托场景氛围中起到至关重要的作用。例如，晴朗、清澈的天空可以产生明亮的光线及具有锐利边缘的阴影；而在阴天环境中，光线则是分散而柔和的。所以，不同时段的天空所产生的光影效果，可以轻易影响画面主体的纹理细节表现，进而对画面氛围产生影响。在 Maya 2024 中对场景进行照明设置，可以借鉴现实中的场景灯光布置技巧，但是软件中的灯光解决方案则更具灵活性，所以在实现具体照明设置的方法上，还具有一定差异性。读者在学习灯光照明技术之前，有必要先了解一下软件中的灯光照明技术。

4.2.1 三点照明

三点照明是电影摄影及广告摄影中常用的灯光布置手法，并且在三维软件中也同样适用。这种照明方式可以通过较少的灯光设置得到较为立体的光影效果。

三点照明，顾名思义，就是在场景中设置三个光源，这三个光源每个都有其具体的功能作用，分别是主光源、辅助光源和背光源。其中，主光源用来给场景提供最主要的照明，从而产生最明显的投影效果；辅助光源则用来模拟间接照明，也就是主光照射到环境上所产生的反射光线；背光源则用来强调画面主体与背景的分离感，一般在画面中主体后面进行照明，通过作用于主体边缘，而产生的微弱光影轮廓，加强场景的纵深感。

4.2.2 灯光阵列

当我们在模拟室外环境天光照明时，采用灯光阵列照明技术，则是一个很好的解决光源从物体的四面八方进行包围照明的方案。尤其是在三维软件刚刚产生的初期，灯光阵列技术在动画场景中的应用非常普遍。

4.2.3 全局照明

全局照明可以渲染出比之前提到的两种照明技术更准确的光影效果，该技术的出现，开始使灯光的设置变得便捷并易于掌握。这种技术经过多年的发展，已经在市场上存在的大多数三维渲染程序中确立了自己的地位。通过全局照明技术，用户可以在场景中仅创建少量的灯光就可以照亮整个场景，极大简化了三维场景中的灯光设置步骤。但是这种技术的流行其实是因为其照明渲染效果非常优秀，无限接近现实中的场景照明效果。在中文版 Maya 2024 中，Arnold 渲染器使用的就是全局照明计算方式。

4.3 Maya 灯光

中文版 Maya 2024 提供了多种灯光工具，可以在“渲染”工具架中找到这些灯光按钮，如图 4-6 所示。

图4-6

工具解析

环境光：创建环境光。

平行光：创建平行光。

点光源：创建点光源。

聚光灯：创建聚光灯。

区域光：创建区域光。

体积光：创建体积光。

4.3.1 创建灯光

本例主要演示创建区域光、调整灯光常用参数的方法。

01 启动中文版Maya 2024，单击“多边形建模”工具架中的“多边形平面”按钮，如图4-7所示，在场景中创建一个平面模型。

图4-7

02 在“通道盒/层编辑器”面板中，设置平面的参数值，如图4-8所示。设置完成后，平面模型的视图显示结果如图4-9所示。

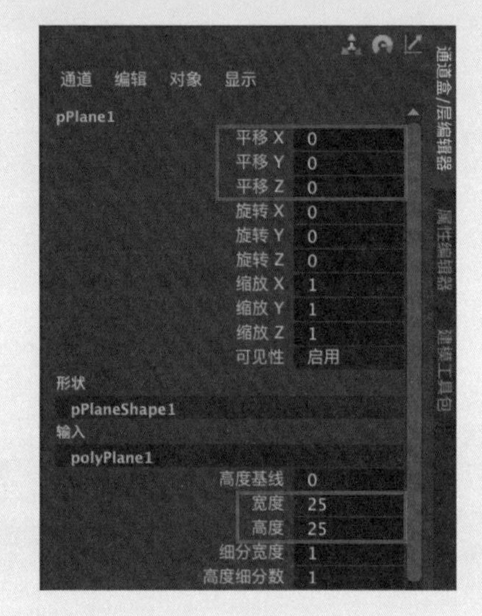

图4-8

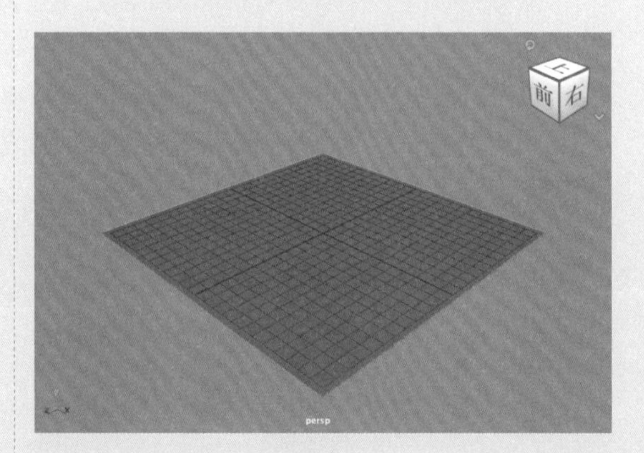

图4-9

03 单击“多边形建模”工具架中的“多边形圆柱体”按钮，如图4-10所示，在场景中创建一个圆柱体模型。

04 在“通道盒/层编辑器“面板中，设置圆柱体的参数值，如图4-11所示。设置完成后，圆柱体模型的视图显示结果如图4-12所示。

图4-10

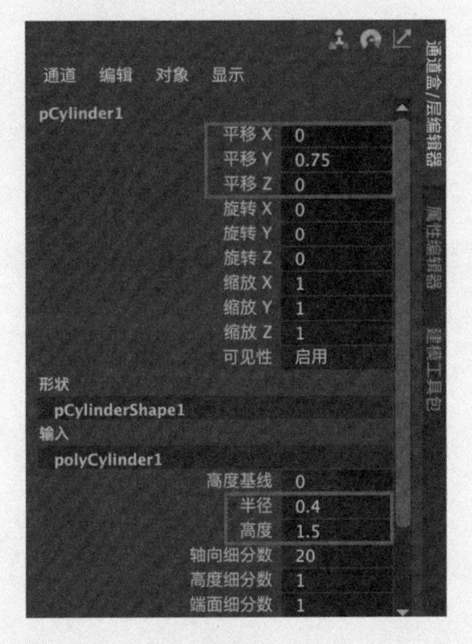

图4-11

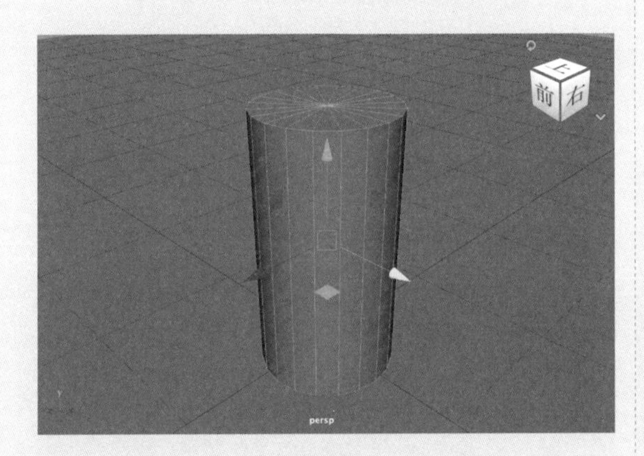

图4-12

05 单击“渲染”工具架中的“区域光”按钮，如图4-13所示。在场景中创建一个区域光源，如图4-14所示。

图4-13

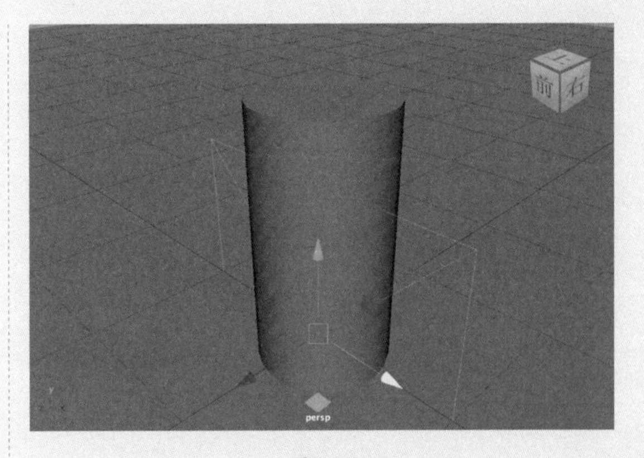

图4-14

06 在“通道盒/层编辑器”面板中，设置区域光的参数值，如图4-15所示。设置完成后，观察场景，区域光源的位置如图4-16所示。

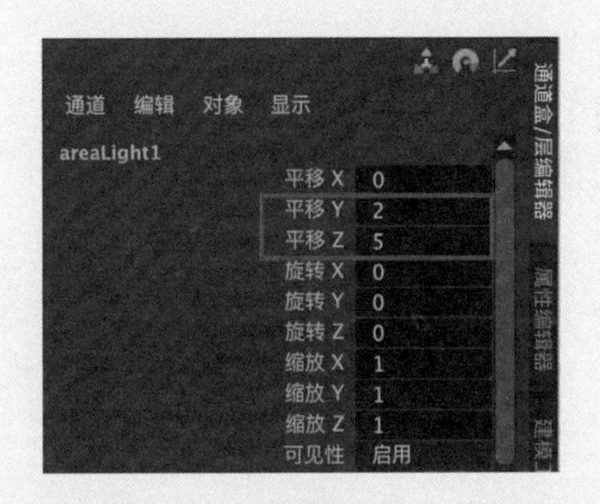

图4-15

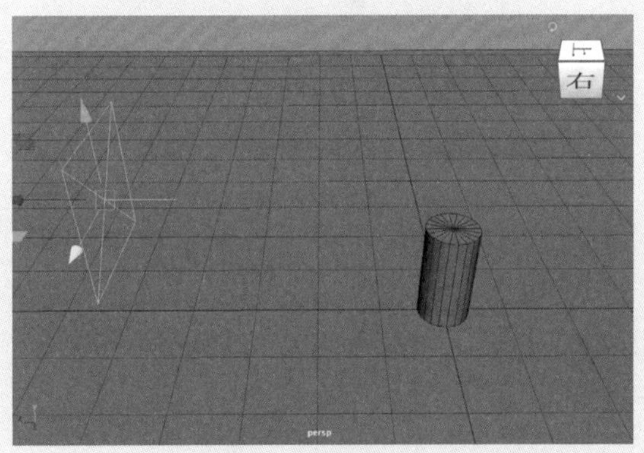

图4-16

07 在“通道盒/层编辑器”面板中，设置区域光源的“强度”值为9，Ai Exposure值为5，如图4-17所示。

08 单击Arnold工具架中的Render按钮，如图4-18所示。渲染场景，渲染结果如图4-19所示。

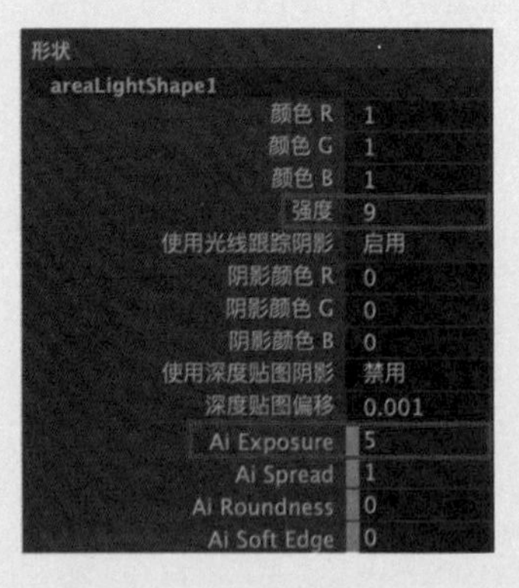

图4-17

图4-18

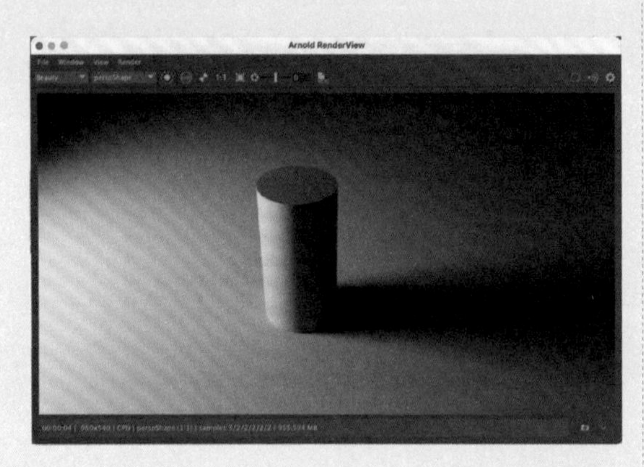

图4-19

4.3.2 实例：制作静物灯光照明效果

本例将使用 Maya 2024 的灯光工具制作静物灯光照明效果，如图 4-20 所示为本例的最终完成效果。

01 启动中文版Maya 2024，打开本书配套资源中的“文字.mb”文件，场景中有一个文字模型，并已经设置好摄影机及材质，如图4-21所示。

02 单击“渲染”工具架中的“聚光灯”按钮，如图4-22所示。在场景中创建一盏聚光灯，如图4-23所示。

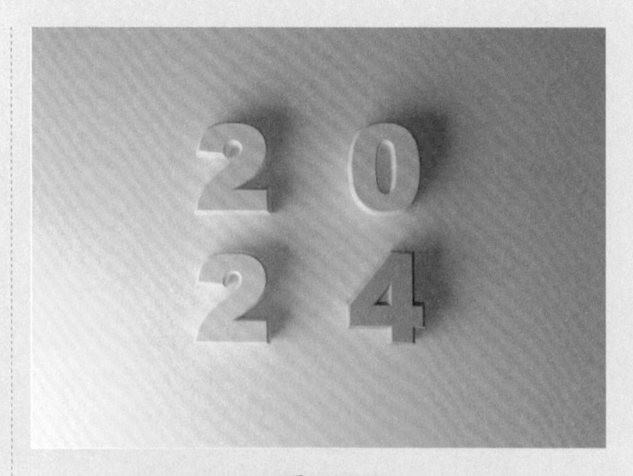

图4-20

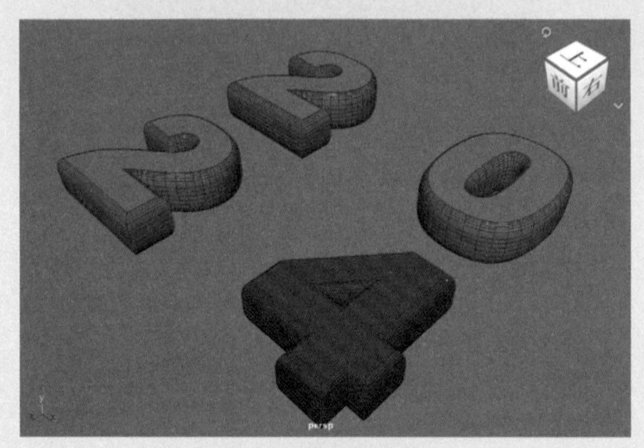

图4-21

图4-22

图4-23

03 在“通道盒/层编辑器”面板中，调整聚光灯的“平移X”值为-12，“平移Y”为值3，“平移Z”值为12，“旋转X”值为-15，“旋转Y”值为-45，“旋转Z”值为0，如图4-24所示。

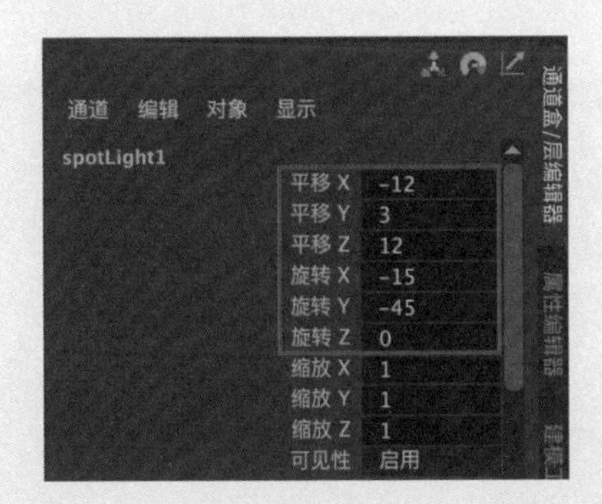

图4-24

04 在“属性编辑器”面板中，展开“聚光灯属性”卷展栏，设置灯光的“强度”值为10.000，“圆锥体角度”值为80.000，如图4-25所示。

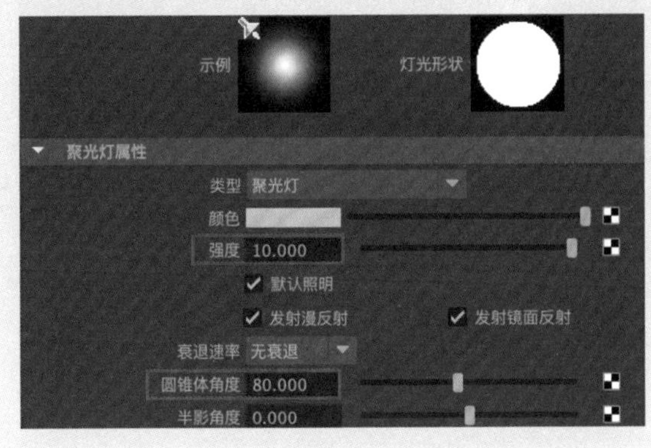

图4-25

05 展开Arnold卷展栏，需要注意的是，这里的参数名称都是英文显示的。选中Use Color Temperature复选框，设置Temperature值为20000，Exposure值为9.000，Samples值为5，如图4-26所示。设置完成后，渲染场景，渲染结果如图4-27所示。

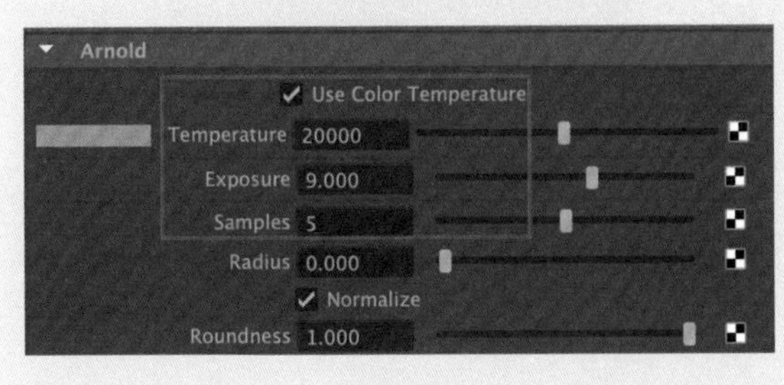

图4-26

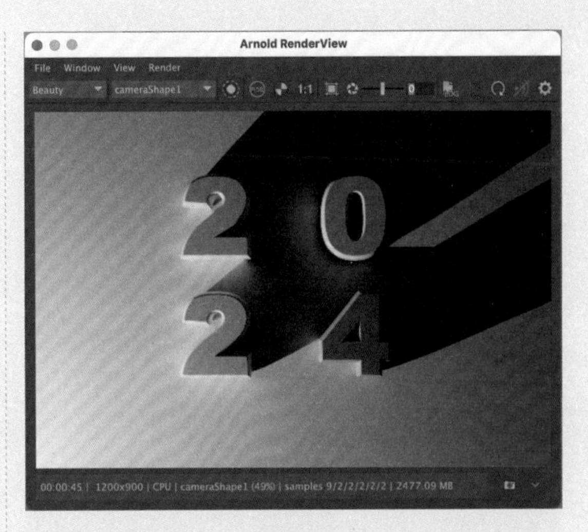

图4-27

06 从渲染图中看，文字的影子边缘过于清晰，显得很不自然。在Arnold卷展栏中，设置Radius（半径）值为15.000，如图4-28所示。再次渲染场景，渲染结果如图4-29所示。

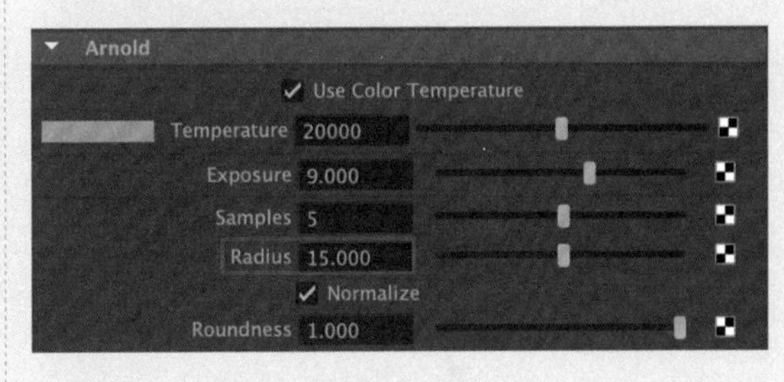

图4-28

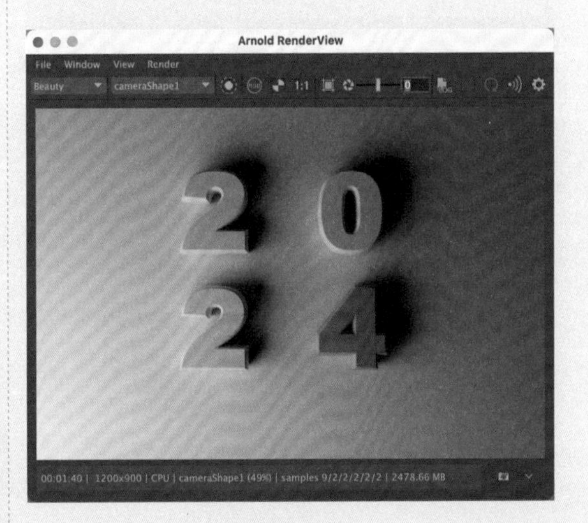

图4-29

07 在Arnold卷展栏中，设置Shadow Density（阴

影密度）值为0.800，如图4-30所示，这样可以降低阴影的颜色饱和度。再次渲染场景，渲染结果如图4-31所示。

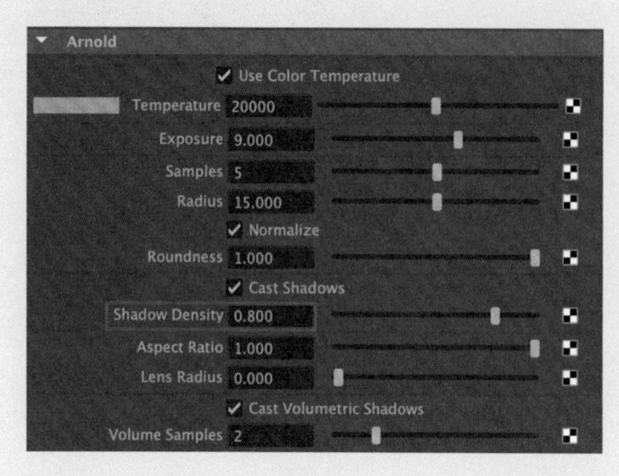

图4-30

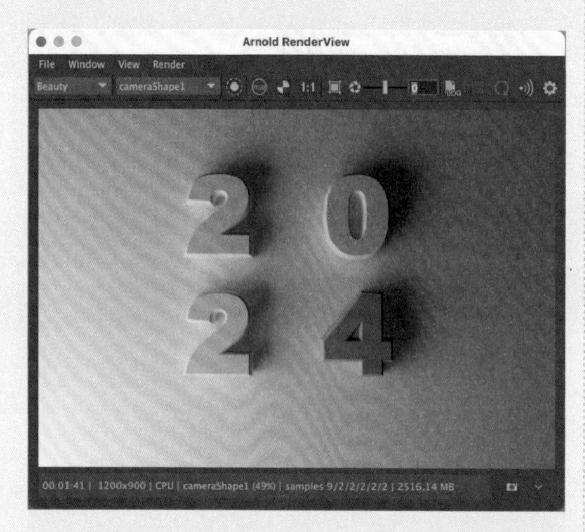

图4-31

技巧与提示

虽然我们使用的是中文版Maya 2024，但是目前该软件中有些命令和参数名称仍然采用英文显示。

08 从渲染图上来看，图像比较暗。单击Arnold RenderView（Arnold渲染视图）面板右上角齿轮形状的Display Setting（显示设置）按钮，设置Gamma（伽马）值为2，如图4-32所示。设置完成后，渲染结果如图4-33所示。

09 在Arnold RenderView（Arnold渲染视图）面板中执行File|Save Image Options命令，如图4-34所示。

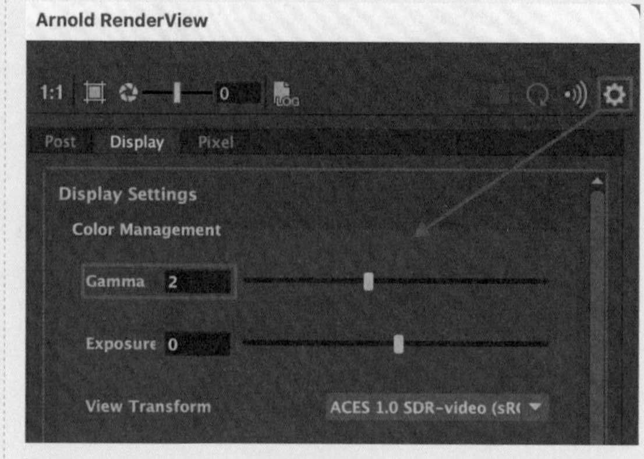

图4-32

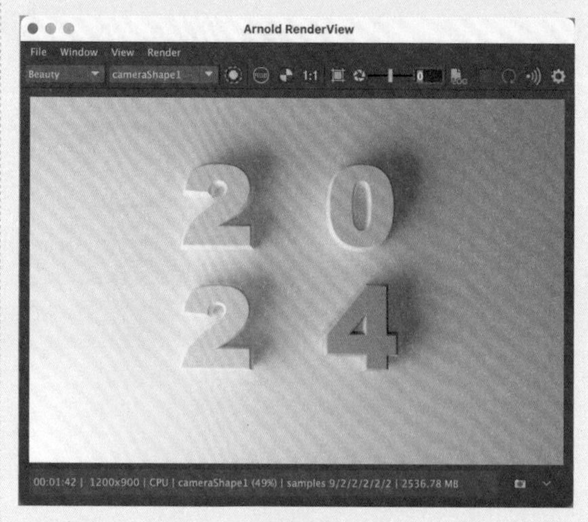

图4-33

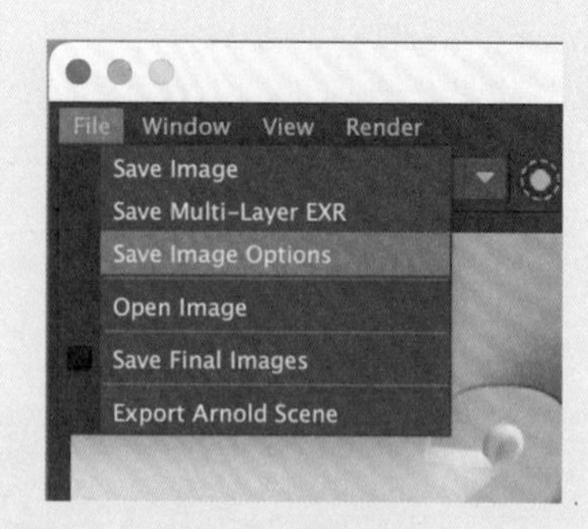

图4-34

10 在弹出的Save Image Options（保存图像选项）对话框中，选中Apply Gamma/Exposure（应用伽马/曝光）复选框，如图4-35所示。

这样，在保存渲染图像时，即可将调整过图像伽马值的渲染结果保存到本地磁盘上了。

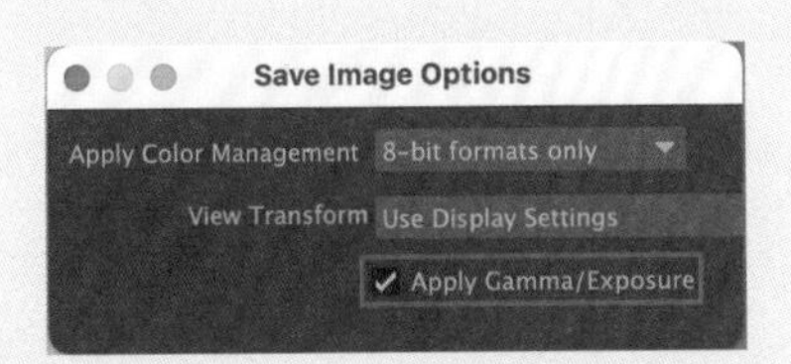

图4-35

技巧与提示

中文版Maya 2024提供了功能丰富的图像后期处理工具，使我们不必借助专业的图像处理软件，在Maya中即可直接调整渲染图像的亮度、饱和度及对比度等。在接下来的实例中，本书会陆续讲解其中较为常用的图像后期处理工具。

4.3.3 实例：制作室内天光照明效果

在本例中将使用 Maya 的灯光工具来制作室内天光的照明效果，如图 4-36 所示为本例的最终完成效果。

图4-36

01 启动中文版Maya 2024，打开本书配套资源中的“卧室.mb”文件，这是一个室内的场景模型，并已经设置好了材质及摄影机的渲染角度，如图4-37所示。

图4-37

02 单击“渲染”工具架中的“区域光”按钮，如图4-38所示。在场景中创建一个区域光源，如图4-39所示。

图4-38

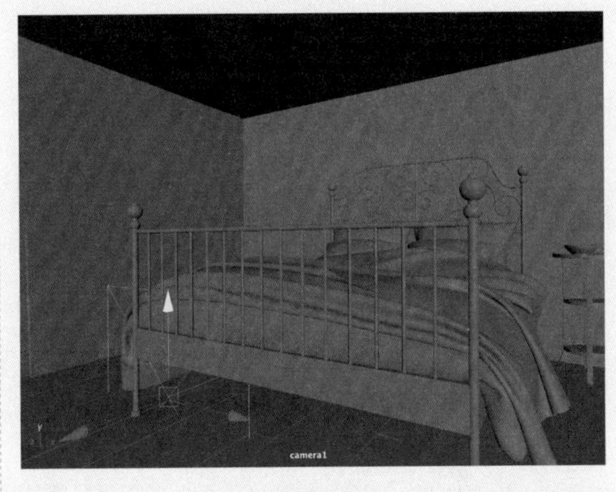

图4-39

03 按R键，使用“缩放”工具对区域光源进行缩放，在右视图中调整其大小，如图4-40所示，与场景中房间的窗户大小相近即可。

图4-40

04 使用“移动”工具调整区域光源的位置，如图4-41所示。在透视视图中将灯光放置在房间中窗户模型的位置。

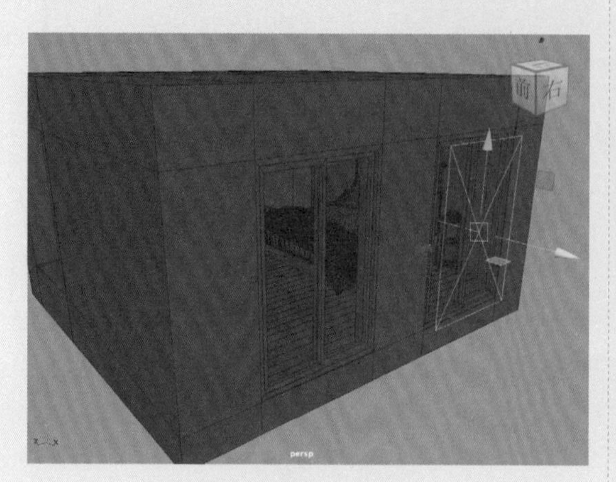

图4-41

05 在“属性编辑器”面板中，展开“区域光属性”卷展栏，设置区域光的“强度”值为50.000，如图4-42所示。

图4-42

06 在Arnold卷展栏中，选中Use Color Temperature复选框，设置Temperature值为8500，Exposure值为12.000，如图4-43所示。

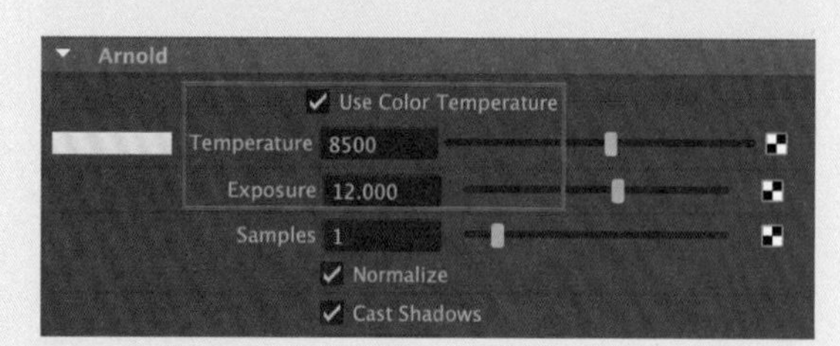

图4-43

07 观察场景中的房间模型，可以看到该房间的一侧墙上有两扇窗户，所以，复制一个刚刚创建的区域光源，并调整至另一个窗户模型的位置，如图4-44所示。

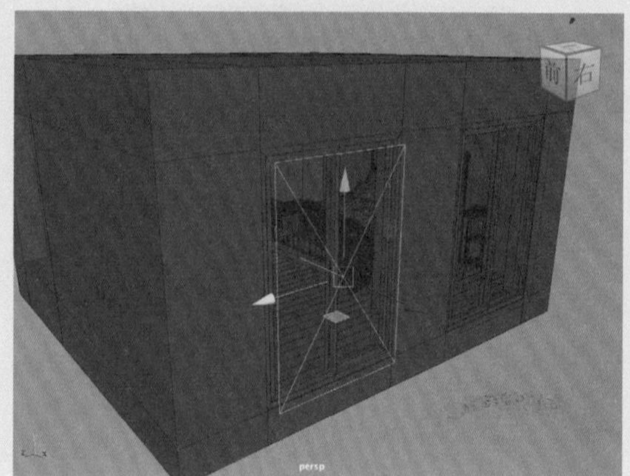

图4-44

08 设置完成后，渲染场景，渲染结果如图4-45所示。可以看到目前的渲染结果略微偏暗。

图4-45

09 单击Arnold RenderView（Arnold渲染视图）面板右上角齿轮形状的Display Setting（显示设置）按钮，单击Add Imager（添加图层）按钮，在弹出的菜单中选择Color Correct（颜色修正）选项，如图4-46所示。

10 在Main（主要）卷展栏中，设置Saturation（饱和度）值为1.2000，Contrast（对比度）值为1.2000，Gamma（伽马）值为1.5000，如图4-47所示。设置完成后，我们可以看到图像画面的亮度及色彩有了明显提升，如图4-48所示。

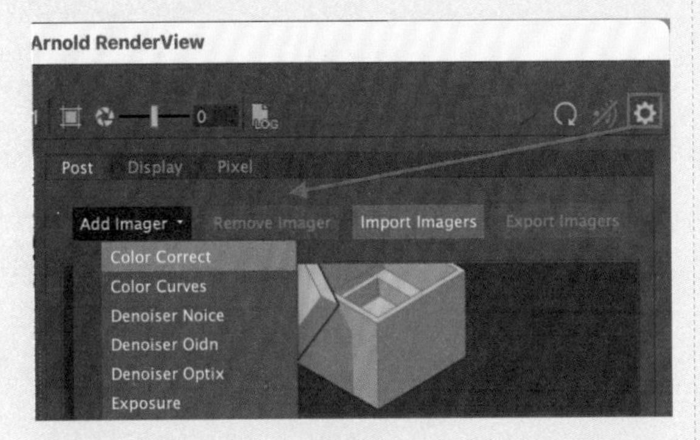

图4-46

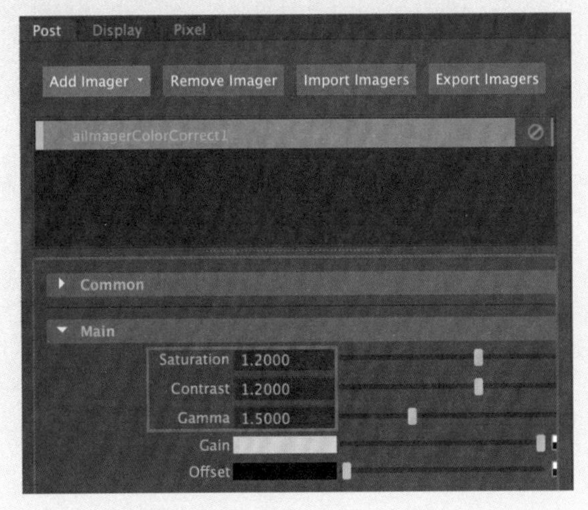

图4-47

图4-48

本例的最终渲染结果如图 4-49 所示。

技巧与提示

读者可以尝试通过设置Color Correct（颜色修正）图层中的参数，制作出如图4-50所示的渲染结果。

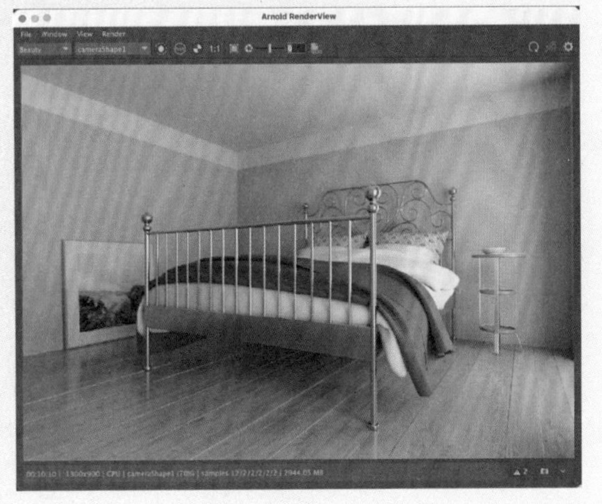

图4-49

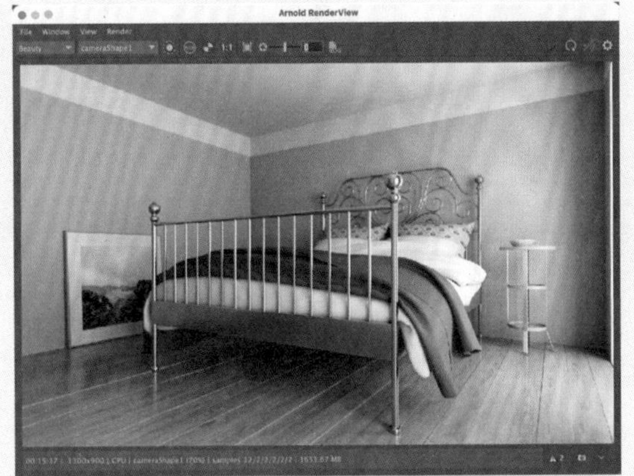

图4-50

4.4 Arnold 灯光

中文版 Maya 2024 整合了全新的 Arnold 灯光系统，使用该灯光系统并配合 Arnold 渲染器，可以渲染出超写实的画面效果。需要注意的是，目前 Arnold 工具架中的工具名称全部为英文显示。在 Arnold 工具架中可以找到并使用这些全新的灯光工具，如图 4-51 所示。

图4-51

工具解析

- Area Light：创建区域光。
- Mesh Light：创建网格灯光。
- Photometric Light ：创建光度学灯光。
- SkyDome Light：创建天空光。
- Light Portal：创建灯光入口。
- Physical Sky：创建物理天空。

4.4.1 实例：制作太空照明效果

在本例中将使用 Maya 的 Area Light（区域灯光）工具制作太空环境照明效果，本例的最终渲染结果如图 4-52 所示。

图4-52

01 启动中文版Maya 2024，打开本书配套资源"星球.mb"文件，其中有一个星球模型，并已经设置好了摄影机及材质，如图4-53所示。

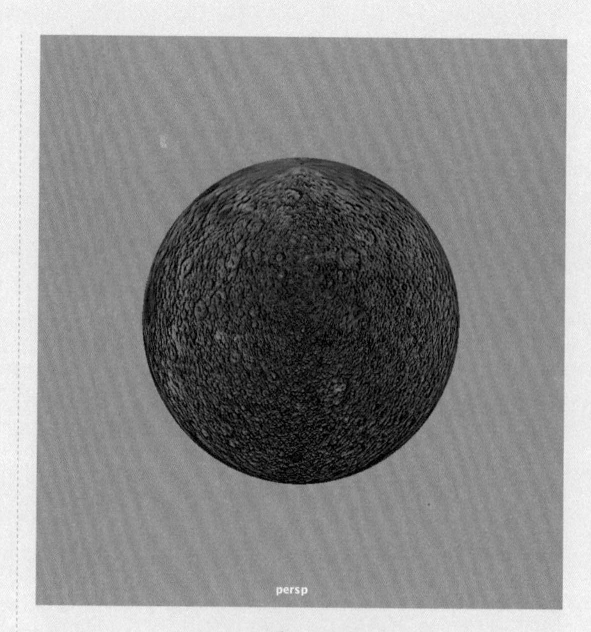

图4-53

02 在Arnold工具架中单击 Area Light（区域灯光）按钮，如图4-54所示，在场景中创建一个区域灯光。

图4-54

03 在"通道盒/层编辑器"面板中，设置区域灯光的"平移X"值为9，"平移Y"值为6，"平移Z"值为35，"缩放X"值为4，"缩放Y"值为4，"缩放Z"值为4，如图4-55所示。

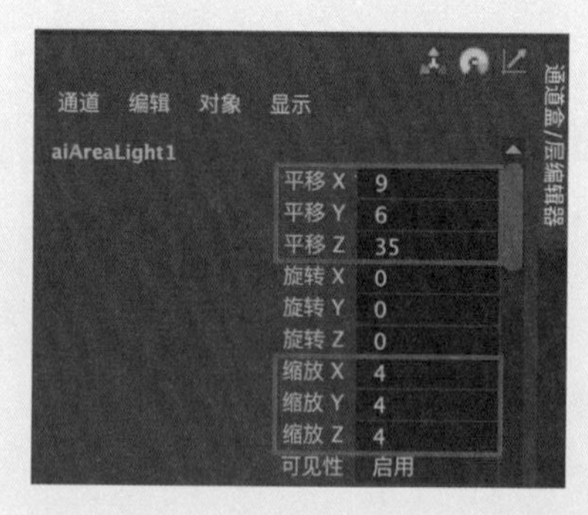

图4-55

04 在Arnold Area Light Attributes（Arnold区域灯光属性）卷展栏中，设置Intensity（强度）值为30.000，Exposure（曝光）值为9.000，Light Shape（灯光形状）为disk（圆形），如图4-56所示。设置完成后，灯光的视图显示结果如图4-57所示。

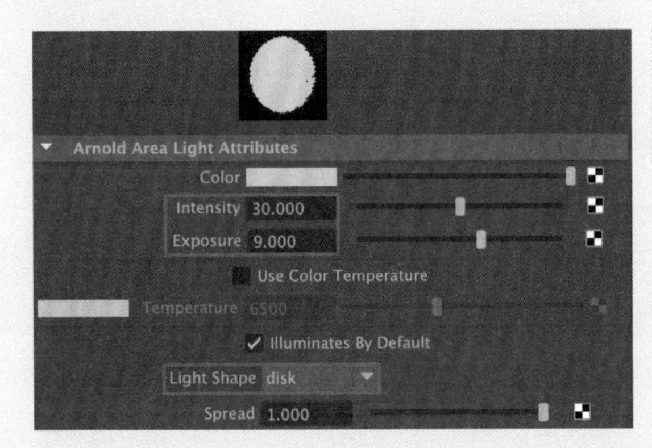

图4-56

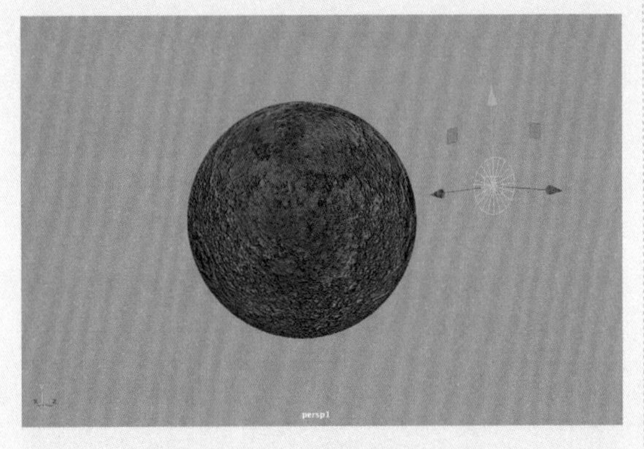

图4-57

05 渲染场景，渲染结果如图4-58所示。

图4-58

06 单击Arnold RenderView（Arnold渲染视图）面板右上角齿轮形状的Display Setting（显示设置）按钮，单击Add Imager（添加图层）按钮，在弹出的菜单中选择Lens Effects（镜头效果）选项，如图4-59所示。

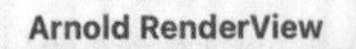

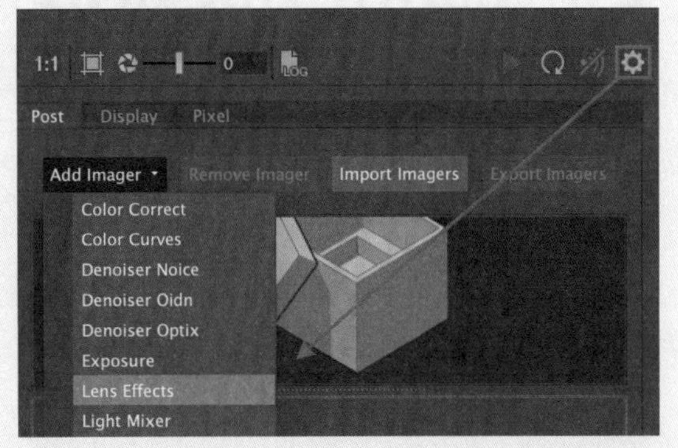

图4-59

07 在Bloom（发光）卷展栏中，设置Strength（强度）值为10.0000，Tint（色调）为黄色，Radius（半径）值为7，Threshold（阈值）值为0.0500，如图4-60所示。

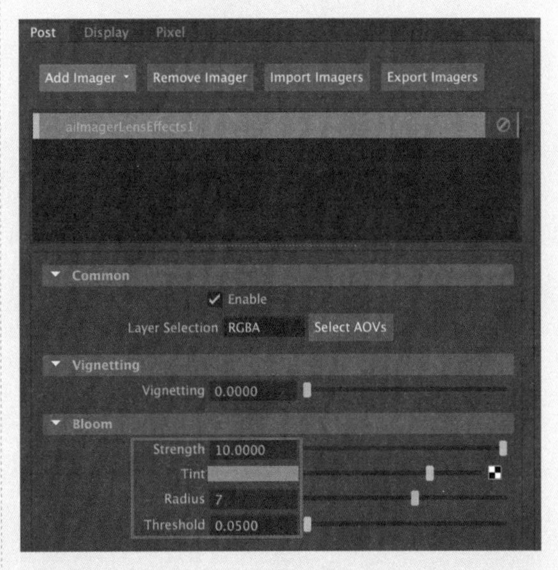

图4-60

08 设置完成后，渲染图像的结果如图4-61所示。

09 在场景中再创建一个区域灯光，在“通道盒/层编辑器”面板中，设置区域灯光的“平移X”值为-35，“平移Y”值为0，“平移Z”值为-40，“旋转X”值为0，“旋转Y”值为-130，“旋转Z”值为0，“缩放X”值为18，“缩放Y”值为18，“缩放Z”值为18，如图4-62所示。

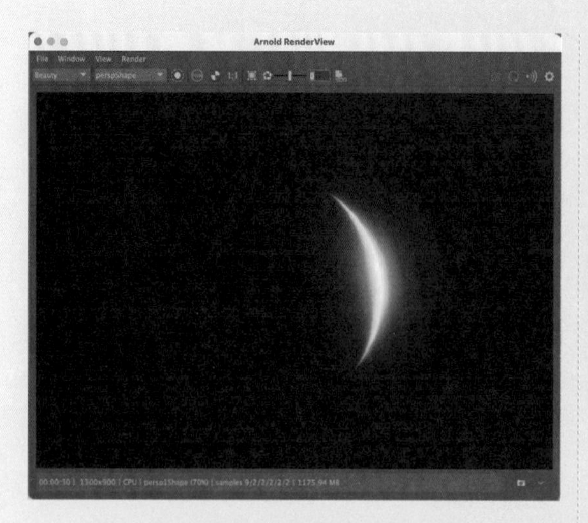

图4-61

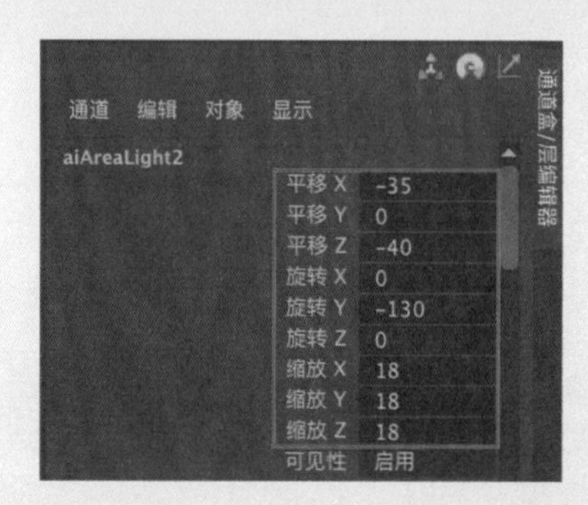

图4-62

10 在Arnold Area Light Attributes（Arnold区域灯光属性）卷展栏中，设置Intensity（强度）值为6.000，Exposure（曝光）值为7.500，如图4-63所示。

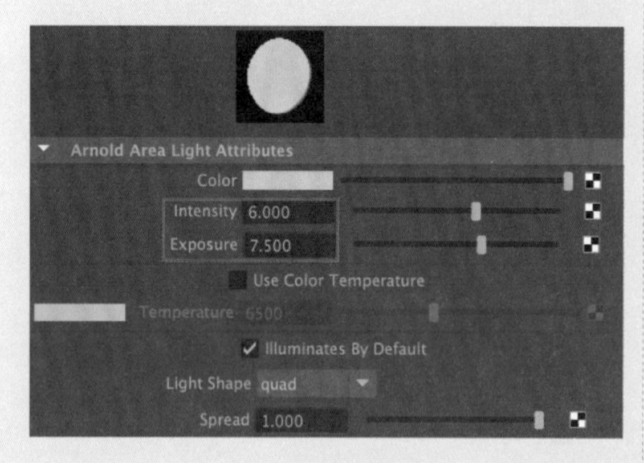

图4-63

11 设置完成后，灯光的视图显示结果如图4-64所示。

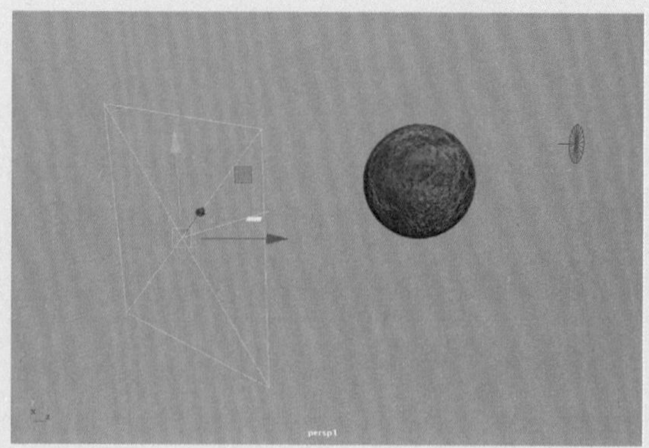

图4-64

12 渲染场景，渲染结果如图4-65所示。

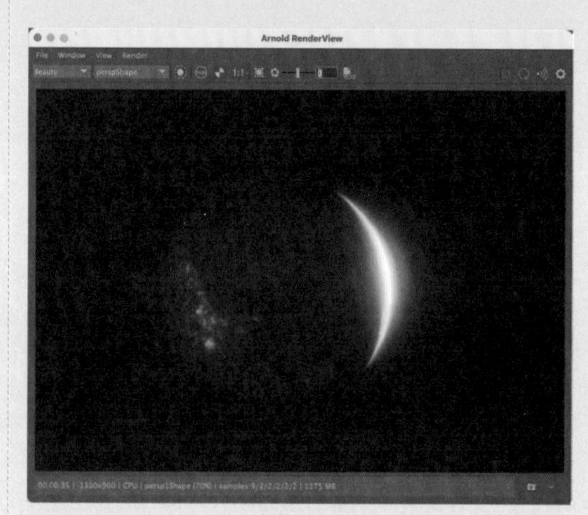

图4-65

13 单击Arnold RenderView（Arnold渲染视图）面板右上角齿轮形状的Display Setting（显示设置）按钮，单击Add Imager（添加图层）按钮，在弹出的菜单中选择Exposure（曝光）选项，如图4-66所示。

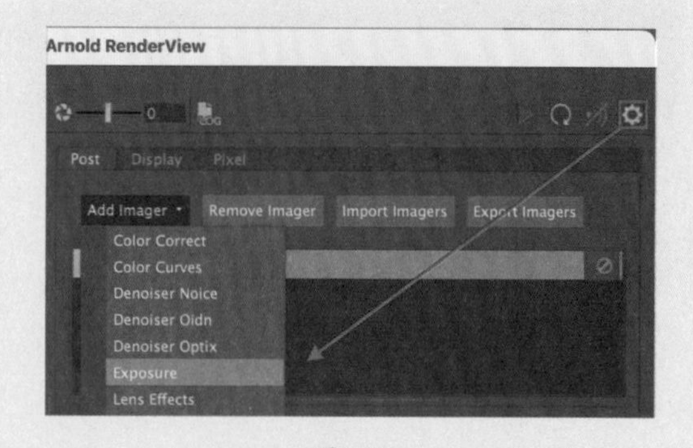

图4-66

14 在Main（主要）卷展栏中，设置Exposure（曝光）值为3.0000，如图4-67所示。设置完成后，本例的最终渲染结果，如图4-68所示。

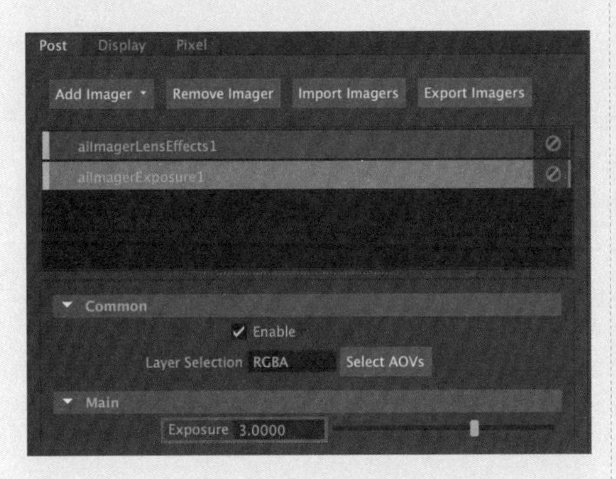

图4-67

图4-68

4.4.2 实例：制作室内阳光照明效果

在本例中将使用Maya的Physical Sky（物理天空）工具制作室内的日光照明效果。在进行灯光设置之前，非常有必要先观察一下现实生活中阳光透过窗户照射到室内所产生的光影效果。如图4-69所示为作者在卧室所拍摄的一张插座照片，通过该照片可以看出，距离墙体不同远近的物体所投射的影子，其虚实程度有很大区别。其中，A处为窗户的投影，因为距离墙体最远，所以投影也最虚；B处为插座的投影，因为距离墙体最近，所以投影也最实；C处为电器插头连线的投影，从该处可以清晰地看到阴影从实到虚的渐变效果。

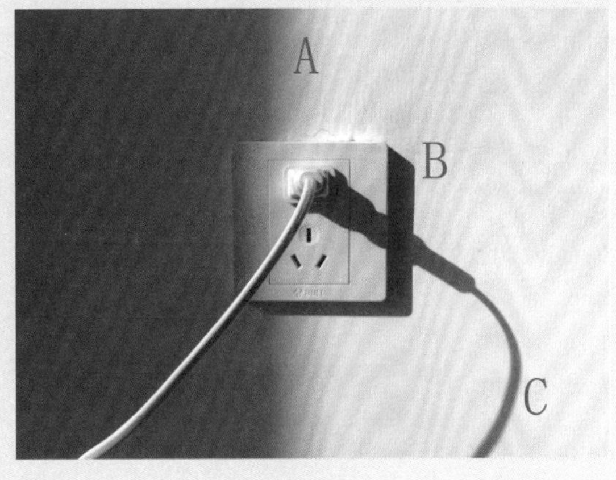

图4-69

参考图4-69的光影效果完成本例的灯光设置。本例使用前例的场景文件，灯光设置完成的最终渲染效果如图4-70所示。

图4-70

01 启动中文版Maya 2024，打开本书配套资源中的“卧室.mb”文件，这是一个室内的场景模型，并已经设置好了材质及摄影机的渲染角度，如图4-71所示。

02 单击Arnold工具架中的Physical Sky（物理天空）按钮，如图4-72所示。

03 在场景中创建一个物理天空灯光，如图4-73所示。

图4-71

图4-72

图4-73

04 打开“属性编辑器”面板，在Physical Sky Attributes（物理天空属性）卷展栏中，设置Elevation（海拔）值为30.000，Azimuth（方位）值为40.000，调整阳光的照射角度，设置Intensity（强度）值为20.000，增加阳光的亮度，设置Sun Size（太阳尺寸）值为3.000，增加太阳的大小，该值可以影响阳光对模型产生的阴影效果，如图4-74所示。设置完成后，渲染场景，渲染结果如图4-75所示。

05 观察渲染结果，可以看到渲染出的图像略微偏暗。单击Arnold RenderView（Arnold渲染视图）面板右上角的齿轮形状的Display Setting（显示设置）按钮，再单击Add Imager（添加图层）按钮，在弹出的菜单中选择Color Curves（颜色曲线）选项，如图4-76所示。

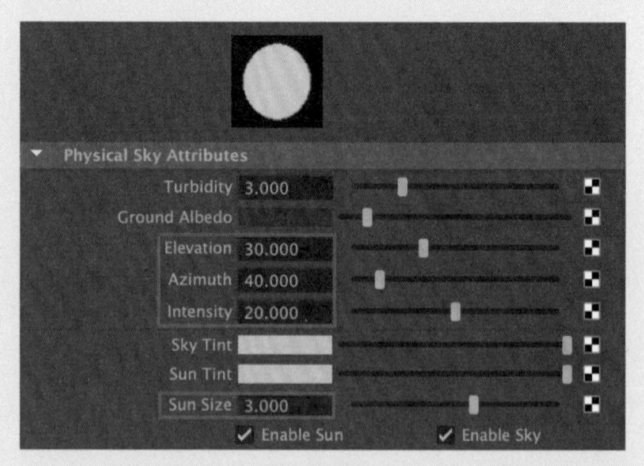

图4-74

图4-75

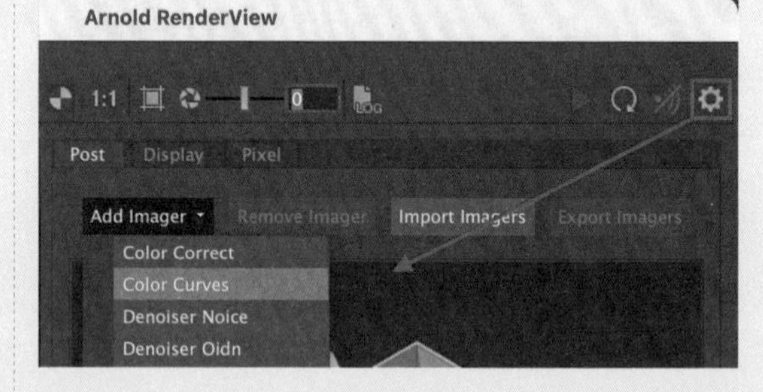

图4-76

06 在Ramp RGB（渐变RGB）卷展栏中，设置曲线的形状，如图4-77所示。设置完成后，本例的最终渲染结果如图4-78所示。

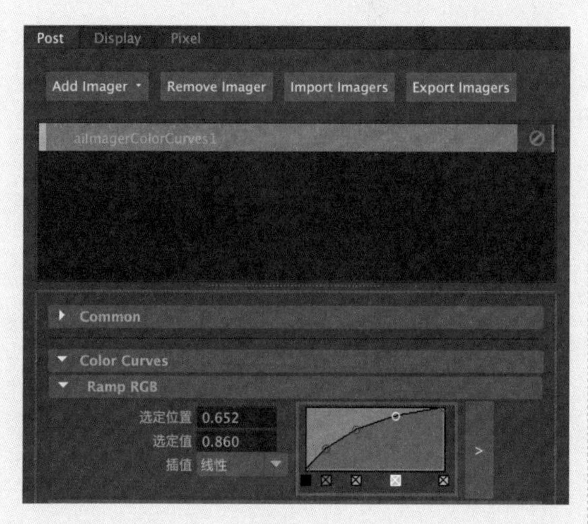
Post
Display
Pixel
Add Imager
Remove Imager
Import Imagers
Export Imagers
aiImagerColorCurves1
Common
Color Curves
Ramp RGB
选定位置 0.652
选定值 0.860
插值 线性

图4-77

Arnold RenderView
File
Window
View
Render

图4-78

第5章

摄影机技术

5.1 摄影机概述

从公元前400多年墨子记述针孔成像开始，到现在市场上出现众多品牌的摄影机，其无论是在外观、结构，还是功能上都发生了翻天覆地的变化。最初的摄影机结构相对简单，仅包括暗箱、镜头和感光材料，拍摄出来的画面效果也不尽如人意。而现代的摄影机以其精密的镜头、光圈、快门，以及测距、输片、对焦等系统并融合了光学、机械、电子、化学等技术，可以随时随地完美记录着我们生活的点点滴滴，将瞬间的精彩永久保留。

中文版Maya 2024中的摄影机包含的参数与现实中我们所使用的摄影机参数非常相似，例如焦距、光圈、快门、曝光等，也就是说，如果用户是一个摄影爱好者，那么学习本章的内容将会非常得心应手。与其他章节的内容相比，摄影机的参数相对较少，但是并不意味着每个人都可以轻松掌握摄影机技术，学习使用摄影机就像我们拍照一样，最好额外多学习一些有关画面构图方面的知识，这有助于自己将作品中较好的一面展现出来，如图5-1和图5-2所示为照片日常生活中拍摄的一些视频截图。

图5-1

图5-2

5.2 摄影机工具

中文版Maya 2024在默认状态下提供了四台摄影机，通过新建场景文件，并打开“大纲视图”面板，即可看到这些隐藏的摄影机，这些摄影机分别用来控制透视视图、顶视图、前视图和侧视图。也就是说，在场景中进行各个视图的切换，实际上就是在这些摄影机视图中完成的，如图 5-3 所示。

图5-3

通常我们在进行项目制作时，都要自己重新创建一台摄影机来固定拍摄角度或者制作摄影机动画。执行“创建”|“摄影机”命令，可以看到 Maya 提供的多种类型的摄影机，如图 5-4 所示。在这几种摄影机工具中，第一种“摄影机”工具最为常用，也可以在“渲染”工具架中找到该工具按钮，如图 5-5 所示。

图5-4

图5-5

5.2.1 在场景中创建摄影机

本例主要演示创建摄影机的方式、切换摄影机视图、锁定摄影机、调整分辨率门、调整摄影机常用参数的方法。

01 启动中文版Maya 2024，单击“多边形建模”工具架中的“多边形平面”按钮，如图5-6所示。

图5-6

02 在场景中创建一个平面模型，如图5-7所示。

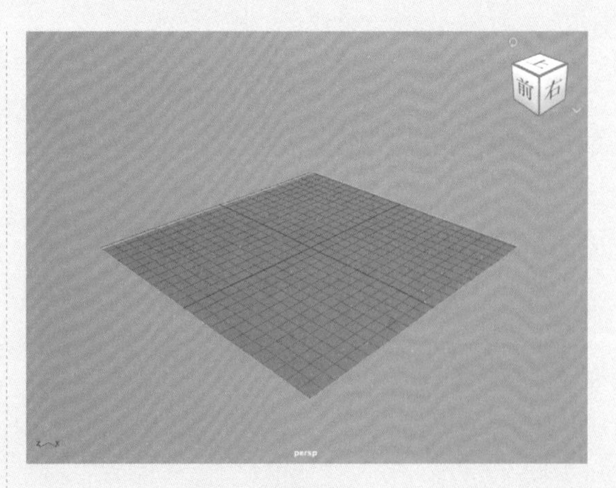

图5-7

03 单击“多边形建模”工具架中的“多边形圆锥体”按钮，如图5-8所示。

图5-8

04 在场景中创建一个圆锥体模型，如图5-9所示。

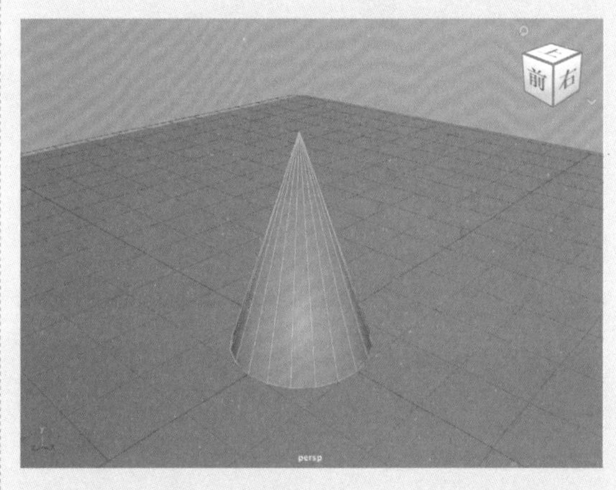

图5-9

05 单击“渲染”工具架中的“创建摄影机”按钮，如图5-10所示，在场景中创建一台摄影机，如图5-11所示。

图5-10

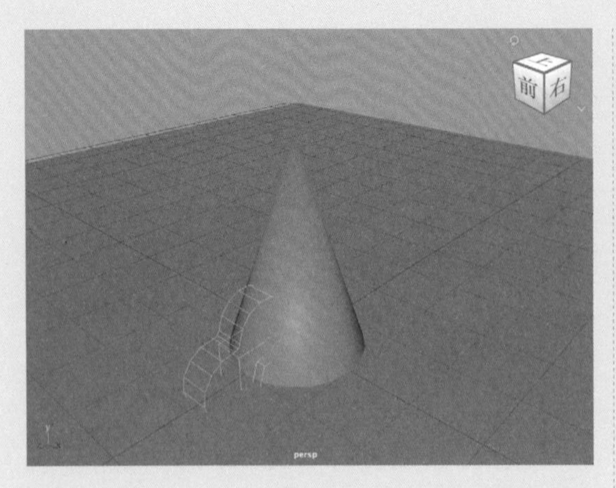

图5-11

06 执行“面板”|“透视”|camera1命令，如图5-12所示，即可将当前视图切换至摄影机视图，如图5-13所示。

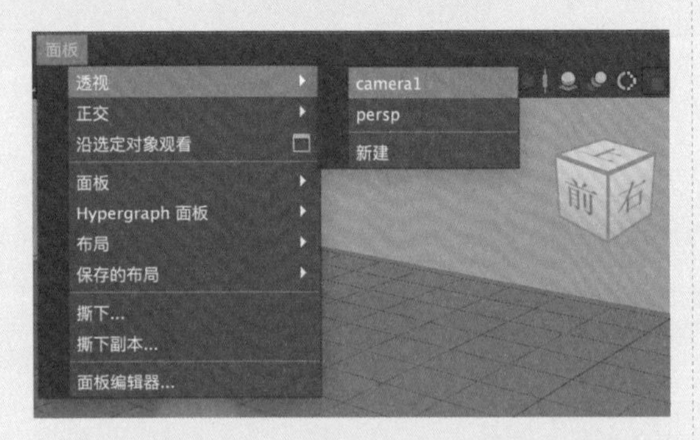

图5-12

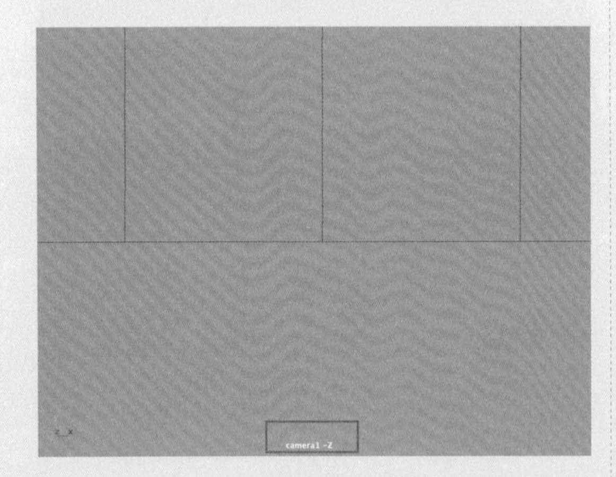

图5-13

07 在摄影机视图中，调整摄影机的观察角度，如图5-14所示。

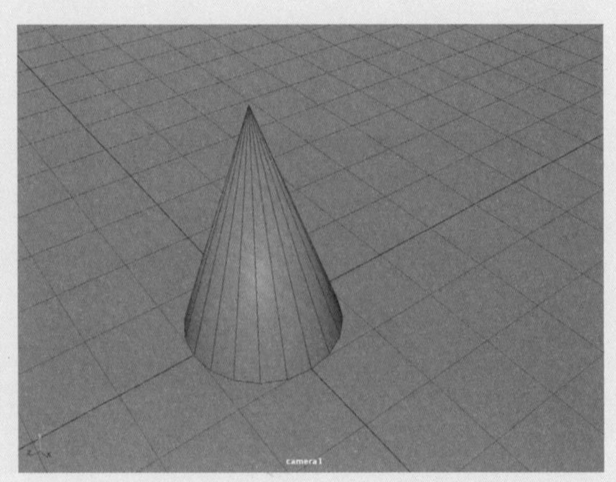

图5-14

08 在“通道盒/层编辑器”面板中，选择如图5-15所示的参数，选中后，参数的背景色变为蓝色。

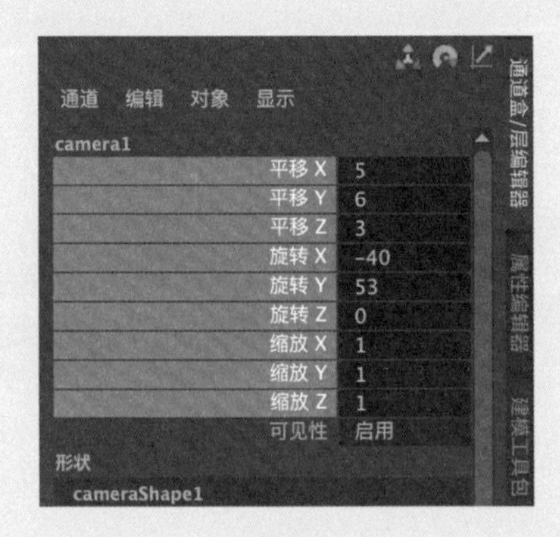

图5-15

09 右击并在弹出的快捷菜单中选择“锁定选定项”选项，如图5-16所示，即可将选中的参数锁定。操作完成时，观察这些被锁定的参数，可以看到每个参数后面都会出现一个蓝灰色的方形标记，如图5-17所示。这样，场景中摄影机的位置就固定好了，可以避免误操作更改摄影机的机位。

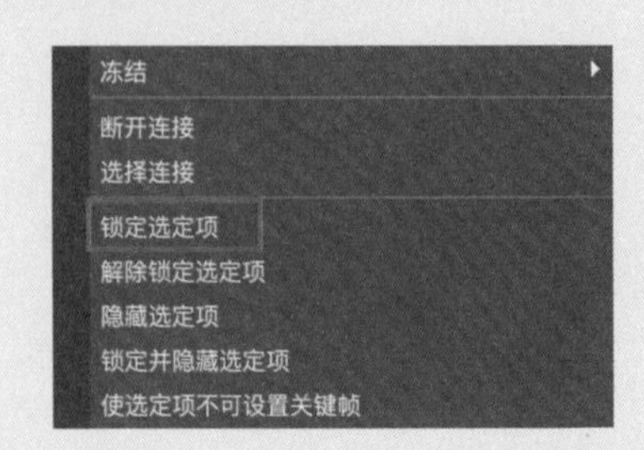

图5-16

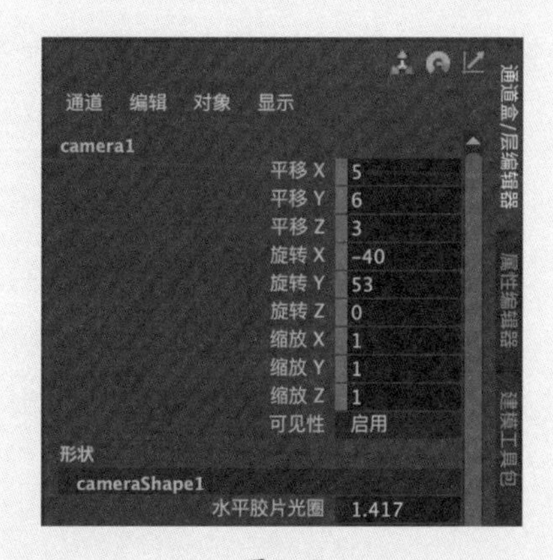

图5-17

10 单击“分辨率门”按钮，如图5-18所示，可以在摄影机视图中显示将要渲染的区域，如图5-19所示。

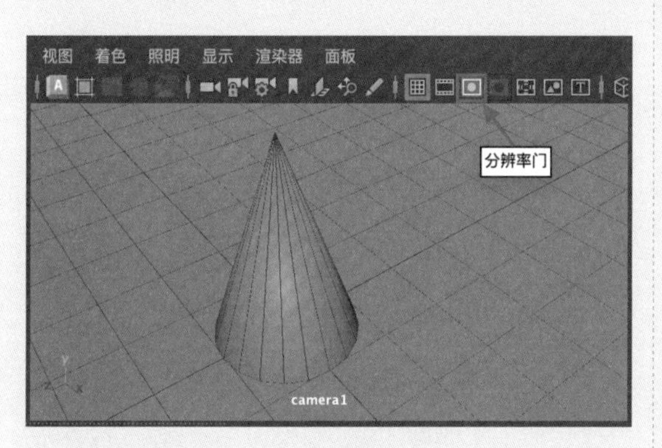

图5-18

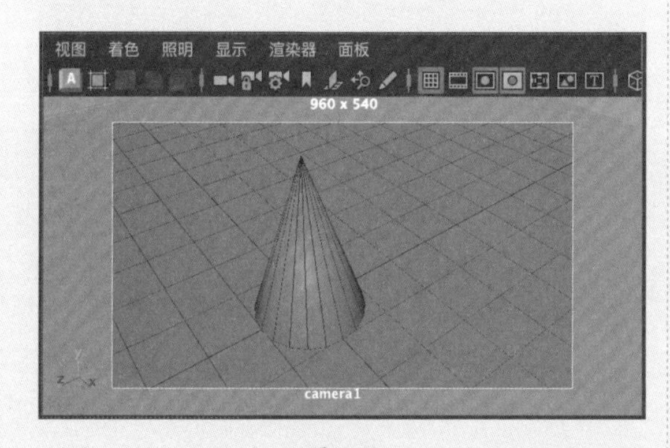

图5-19

11 在“摄影机属性”卷展栏中，可以通过更改“视角”值来微调摄影机拍摄的画面，如图5-20所示。如图5-21和图5-22所示分别为“视角”值为60.00和45.00的摄影机视图显示结果。

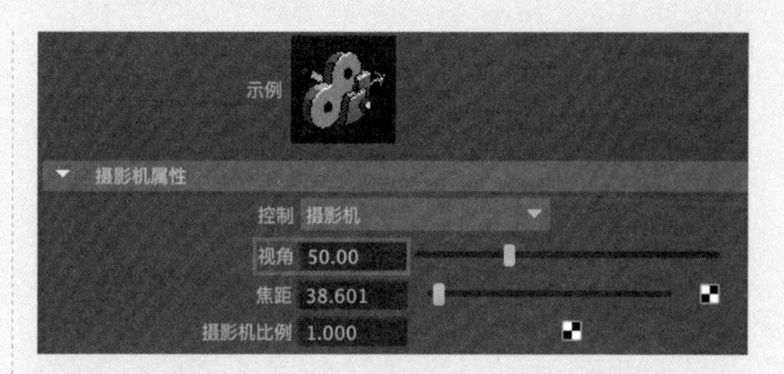

图5-20

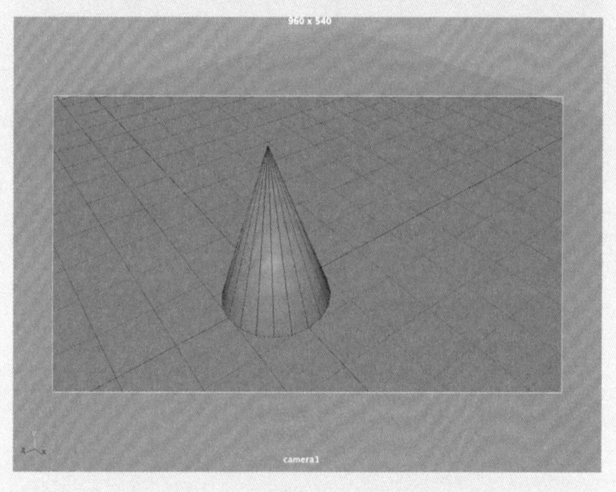

图5-21

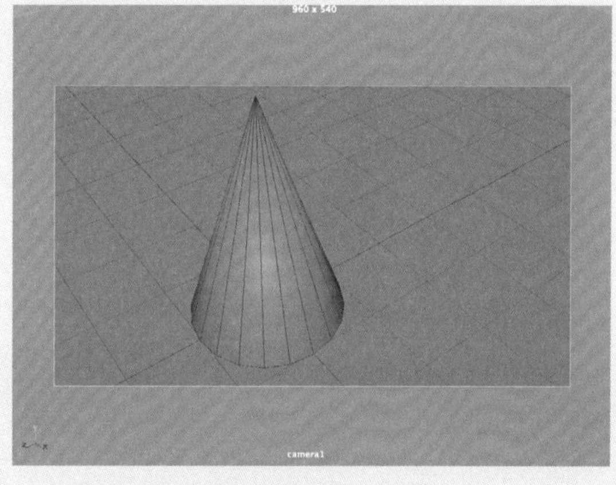

图5-22

技巧与提示

“视角”值与其下方的“焦距”值为关联关系，调整这两个参数中的任何一个，都会改变另一个的数值。

12 通过调整“摄影机属性”卷展栏中的“近剪裁平面”和“远剪裁平面”值，则可以控制摄影机视图中哪些位置的画面可以保留，如

图5-23所示。位于这两个参数值以外的区域将不会被渲染。如图5-24所示为“近剪裁平面”值为7.000和“远剪裁平面”值为10.000的摄影机视图显示结果。

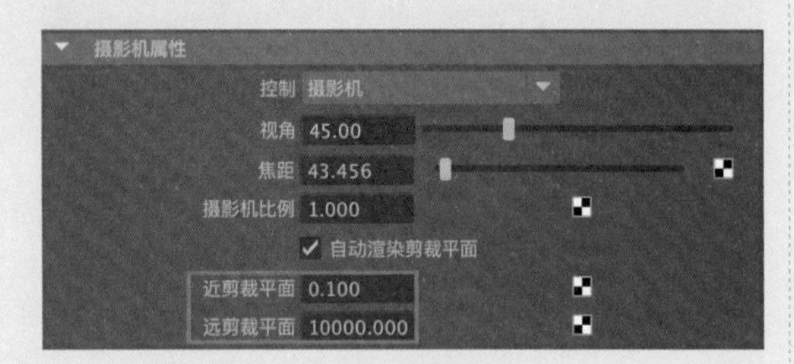

图5-23

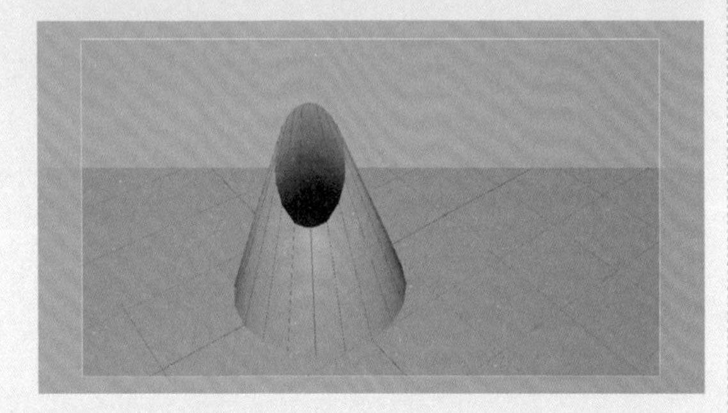

图5-24

13 在“视锥显示控件”卷展栏中，分别选中“显示近剪裁平面”“显示远剪裁平面”和“显示视锥”复选框，如图5-25所示。可以在场景中显示摄影机的近剪裁平面、远剪裁平面和视锥，如图5-26所示。

图5-25

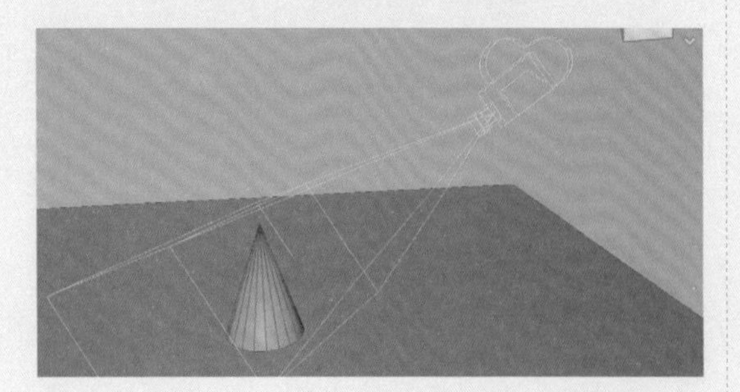

图5-26

5.2.2 实例：制作景深效果

在本例中，将学习如何在场景中创建摄影机，并渲染出景深效果。设置了景深效果的前后对比如图 5-27 和图 5-28 所示。

图5-27

图5-28

01 启动中文版Maya 2024，打开本书配套资源中的“植物.mb”文件，场景中是一组植物的模型，并且已经设置好了材质和灯光，如图5-29所示。

02 单击“渲染”工具架中的“创建摄影机”按钮，如图5-30所示，即可在场景中创建一台摄影机。

03 在“通道盒/层编辑器”面板中设置摄影机的参数，如图5-31所示。

图 5-29

图5-30

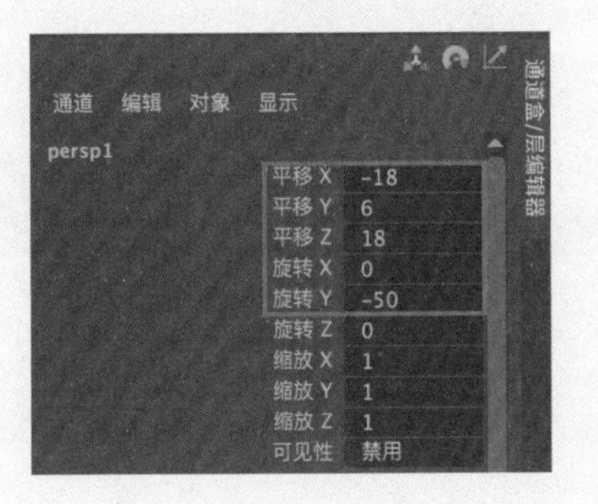

图5-31

04 设置完成后，摄影机在场景中的位置如图5-32所示。

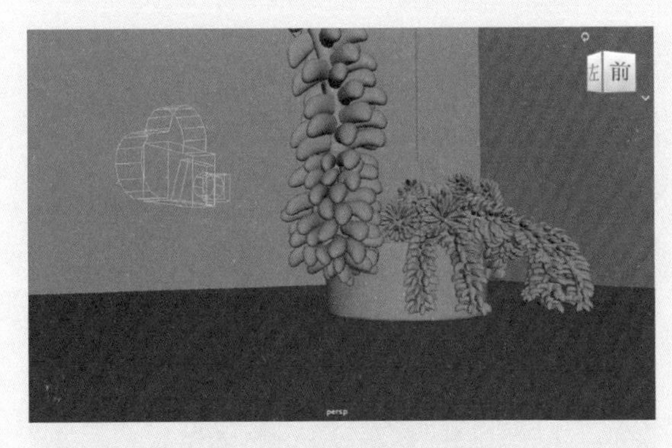

图5-32

05 执行“面板”|“透视”|camera1命令，即可将操作视图切换至摄影机视图，如图5-33所示。

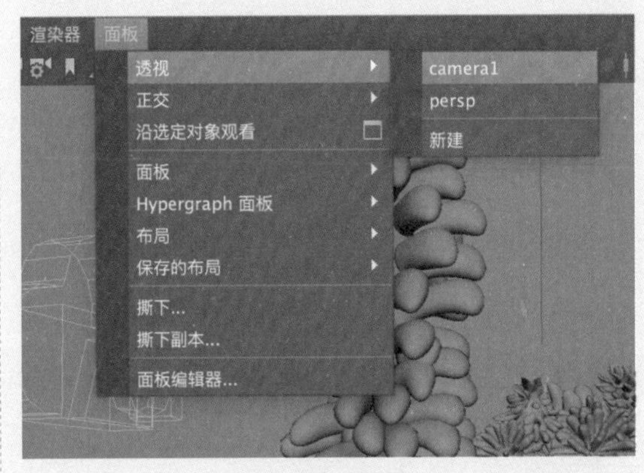

图5-33

06 单击Arnold工具架中的Render按钮，如图5-34所示，渲染场景，渲染结果如图5-35所示。

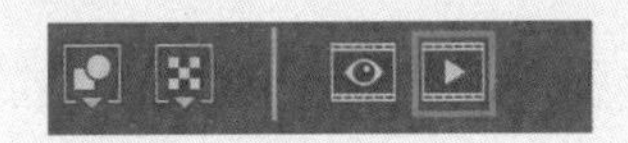

图5-34

图5-35

07 执行“创建”|“测量工具”|“距离工具”命令。在顶视图中，测量出摄影机和场景中距离摄影机较远的花盆模型的距离值，如图5-36所示。

08 选择场景中的摄影机，在“属性编辑器”面板中，展开Arnold卷展栏，选中Enable DOF（开启景深）复选框，开启景深计算。设置Focus Distance（焦距）值为27.000，该值也就是在上一步中测量出来的值。设置Aperture Size（光圈尺寸）值为0.050，如图5-37所示。

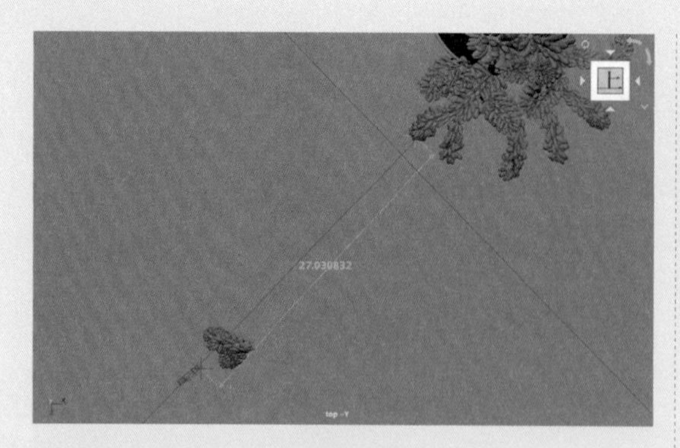

图5-36

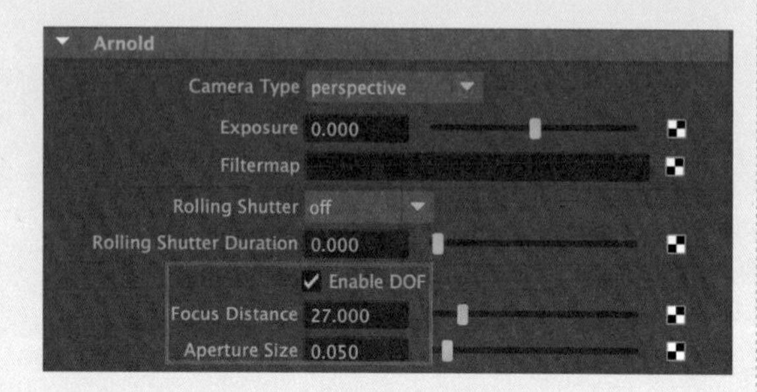

图5-37

09 设置完成后，渲染摄影机视图，渲染结果如图5-38所示。

图5-38

10 在“属性编辑器”面板中，设置Aperture Size（光圈尺寸）值为0.100，如图5-39所示。

11 再次渲染场景，可以发现景深的效果更加明显了，如图5-40所示。

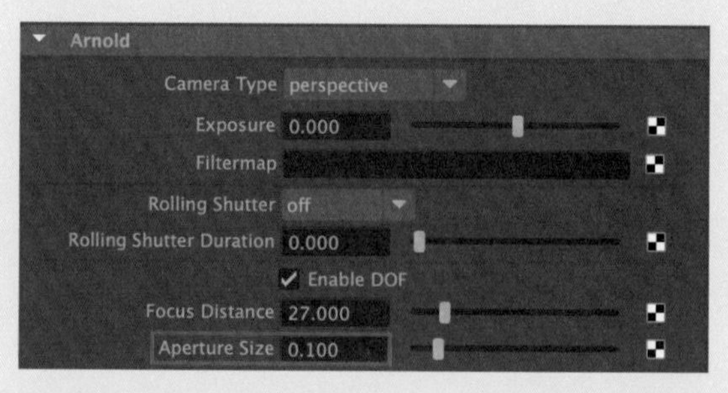

图5-39

图5-40

技巧与提示

摄影机的Aperture Size（光圈尺寸）值越大，景深效果越明显。

12 单击Arnold RenderView（Arnold渲染视图）面板右上角齿轮形状的Display Setting（显示设置）按钮，设置Gamma（伽马）值为2，如图5-41所示。

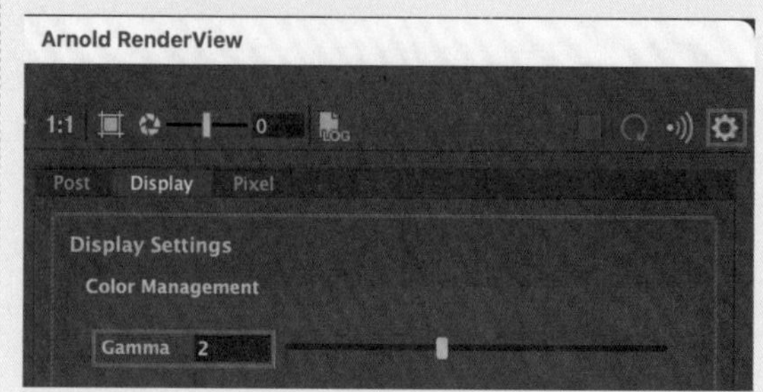

图5-41

本例的最终渲染结果如图 5-42 所示。

图5-42

5.2.3 实例：制作运动模糊效果

在本例中，讲解如何使用Maya制作运动模糊效果。本例的运动模糊效果的前后对比如图5-43和图5-44所示。

图5-43

01 启动中文版Maya 2024，打开本书配套资源中的“风力发电器.mb”文件，场景中有一个风力发电机的简易模型，并且已经设置好了材质、灯光和扇叶的旋转动画，如图5-45所示。

02 单击“渲染”工具架中的“创建摄影机”按钮，如图5-46所示，即可在场景中创建一台摄影机。

图5-44

图5-45

图5-46

03 在“通道盒/层编辑器”面板中，设置摄影机的参数，如图5-47所示。

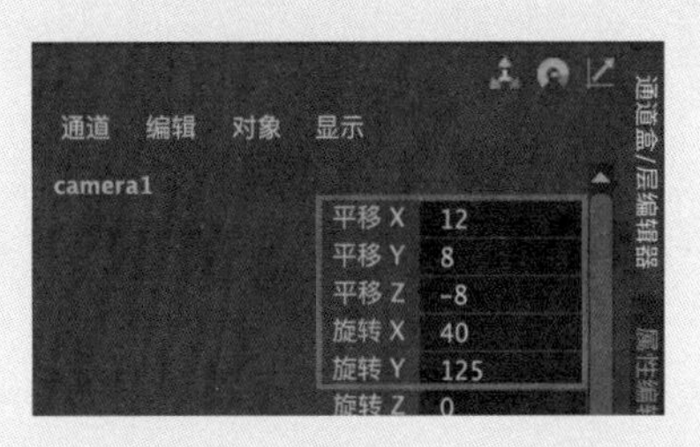

图5-47

04 将视图切换至摄影机视图，摄影机的拍摄角度如图5-48所示。

图5-48

05 单击Arnold工具架中的Render按钮，如图5-49所示，渲染场景，渲染结果如图5-50所示。

图5-49

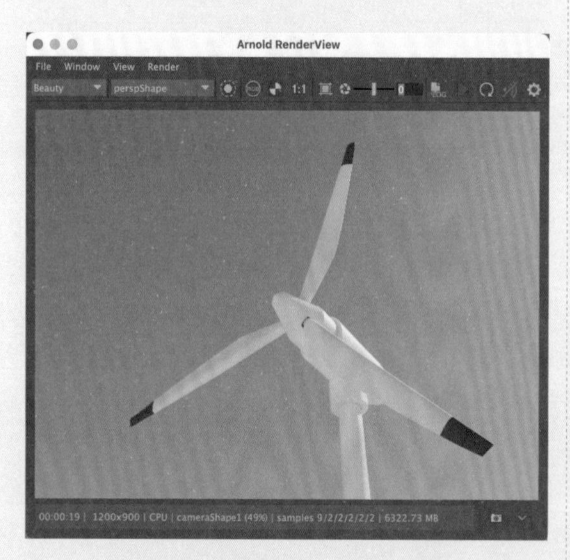

图5-50

06 单击软件界面右上角的“显示渲染设置”按钮，如图5-51所示。在弹出的“渲染设置”对话框中，进入Motion Blur选项卡，选中Enable复选框，开启运动模糊效果计算，如图5-52所示。

07 渲染场景，渲染结果如图5-53所示，我们从渲染结果上已经可以看到风力发电器的扇叶旋转所产生的运动模糊效果。

图5-51

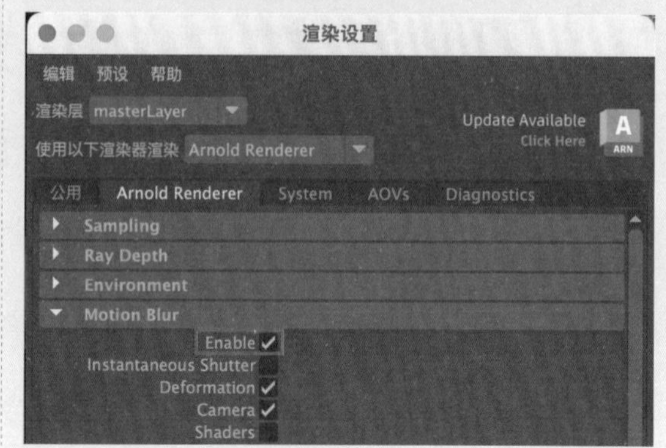

图5-52

图5-53

08 将Length（长度）值设置为5.000，增加运动模糊的效果如图5-54所示。再次渲染场景，渲染结果如图5-55所示，这一次可以看到更加明显的运动模糊效果。

09 选择摄影机，在“属性编辑器”面板中，展开Arnold卷展栏，设置Rolling Shutter（滚动快门）为top，如图5-56所示。

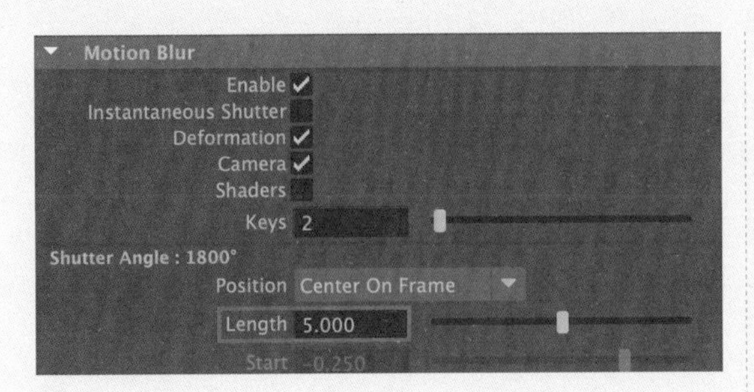

图5-54

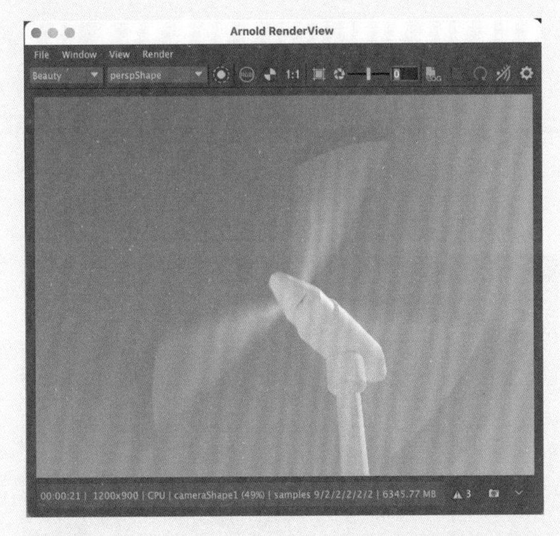

图5-55

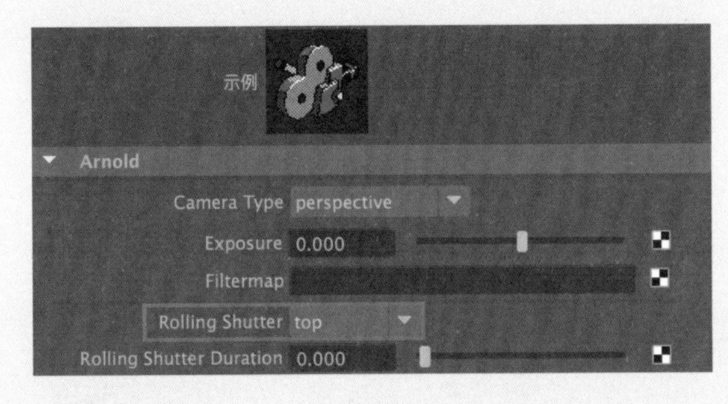

图5-56

10 渲染场景，可以看到螺旋桨因为旋转动画和运动模糊计算而产生的形变效果，如图5-57所示。

11 设置Rolling Shutter Duration（滚动快门持续时间）值为1.000，如图5-58所示。渲染场景，可以看到产生了运动形变之后的运动模糊效果，如图5-59所示。

图5-57

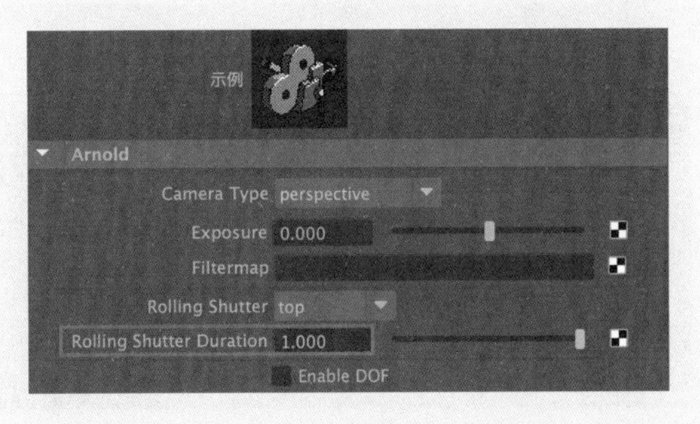

图5-58

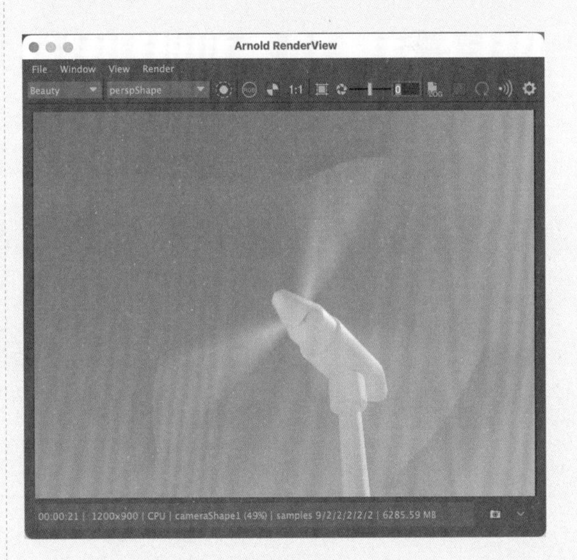

图5-59

第6章
材质与纹理

6.1 材质概述

材质技术在三维软件中可以真实地反映出物体的颜色、纹理、透明度、光泽以及凹凸质感，使我们制作的三维作品看起来显得生动、真实。图 6-1 和图 6-2 所示分别为在三维软件中使用材质相关命令制作出来的各种不同物体的质感表现效果。

图6-1

图6-2

6.2 Hypershade 面板

中文版 Maya 2024 提供了一个方便管理场景中所有材质的工作界面，即 Hypershade 面板。如果Maya用户还对3ds Max有一些了解，就可以把Hypershade面板理解为3ds Max中的材质编辑器。Hypershade 面板由多个不同功能的选项卡组成，包括“浏览器”“材质查看器”“创建”“存储箱”及“特性编辑器”选项卡，如图 6-3 所示。不过，我们在项目制作过程中，很少打开 Hypershade 面板，因为在中文版 Maya 2024 中，制作物体的材质只需在“属性编辑器”面板中调试即可。

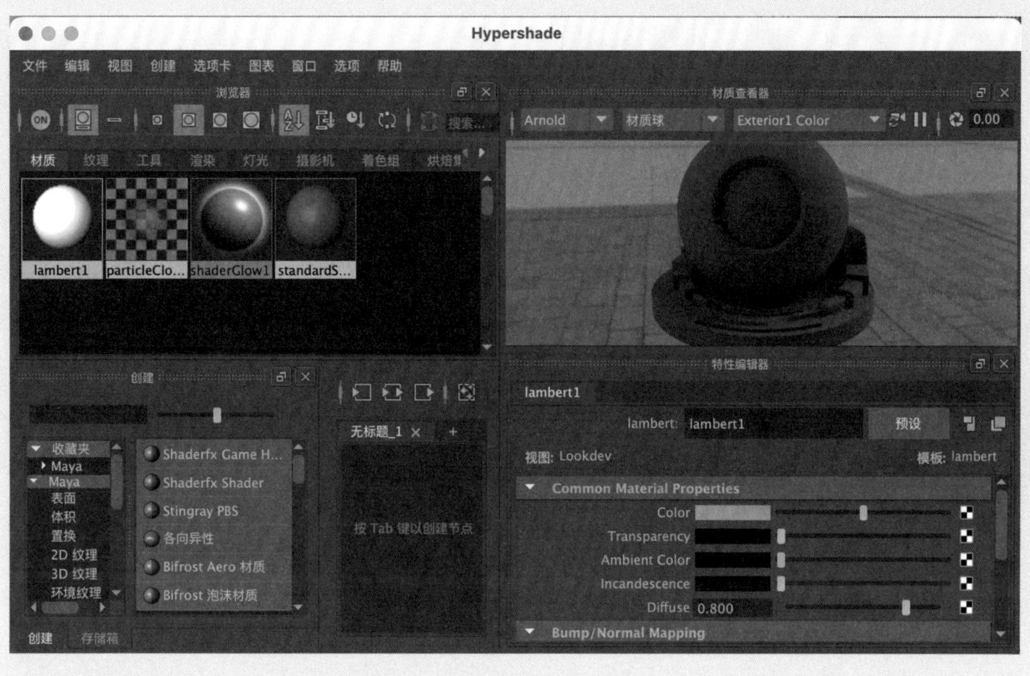

图6-3

6.2.1 Hypershade面板的基本使用方法

本例主要演示为对象添加材质和Hypershade面板的基本使用方法。

01 启动中文版Maya 2024，打开本书配套资源中的“水晶.mb”文件，场景中有一组水晶的模型，并且已经设置好灯光及摄影机，如图6-4所示。渲染场景，渲染结果如图6-5所示。

图6-4

图6-5

02 选择场景中的水晶模型，单击“渲染”工具架中的“编辑材质属性”按钮，如图6-6所示。此时，在“属性编辑器”面板中可以快速显示该模型的材质参数，如图6-7所示。

图6-6

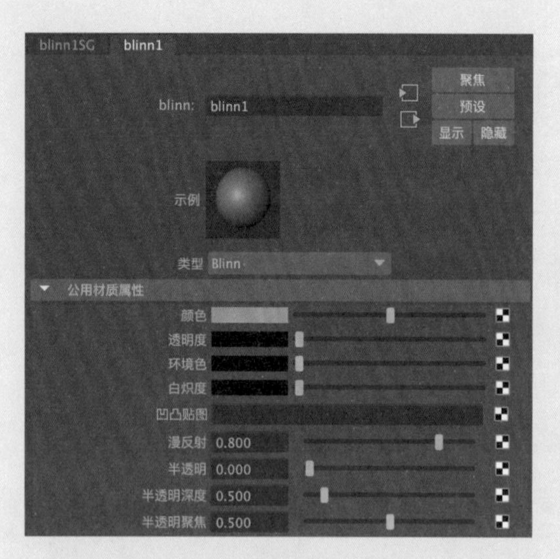

图6-7

03 将“公用材质属性”卷展栏内的“颜色”设置为蓝色，如图6-8所示。观察场景，可以看到水晶模型的颜色也会发生相应的改变，如图6-9所示。

图6-8

图6-9

04 选择如图6-10所示的面，单击“渲染”工具架中的“标准曲面材质”按钮，如图6-11所示，为选中的面添加新的材质，如图6-12所示。

图6-10

图6-11

图6-12

05 单击“显示Hypershade窗口”按钮，如图6-13所示，可以打开Hypershade面板。

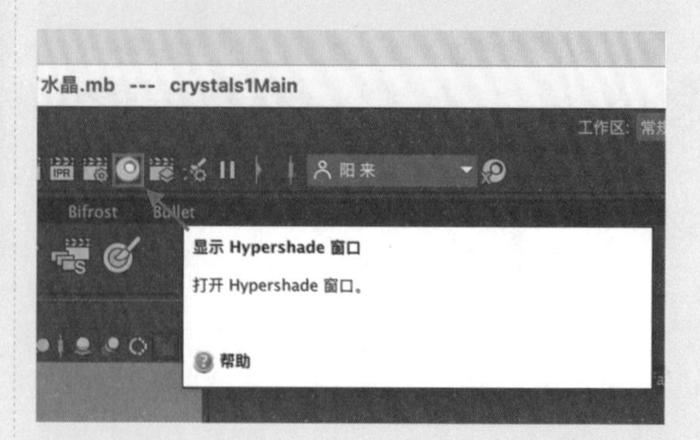

图6-13

06 在Hypershade面板的“浏览器”选项组中，可以看到水晶模型所使用的两个材质球，如图6-14所示。单击对应的材质球，也可以在“属性编辑器”面板中快速显示该材质球的相关参数。

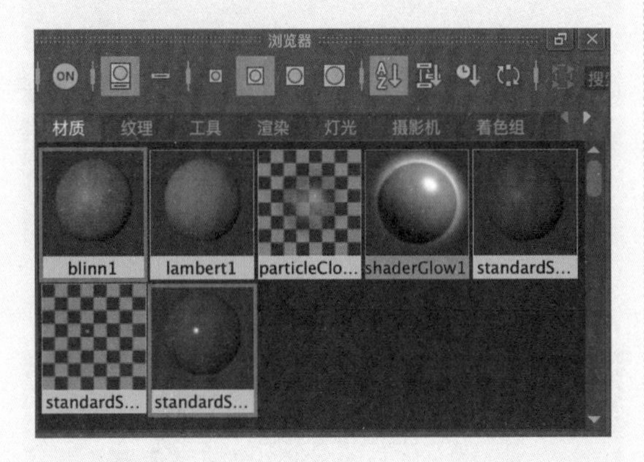

图6-14

技巧与提示

需要注意的是，在Hypershade面板的“特性编辑器”选项组中，所显示的参数为英文显示，如图6-15所示。

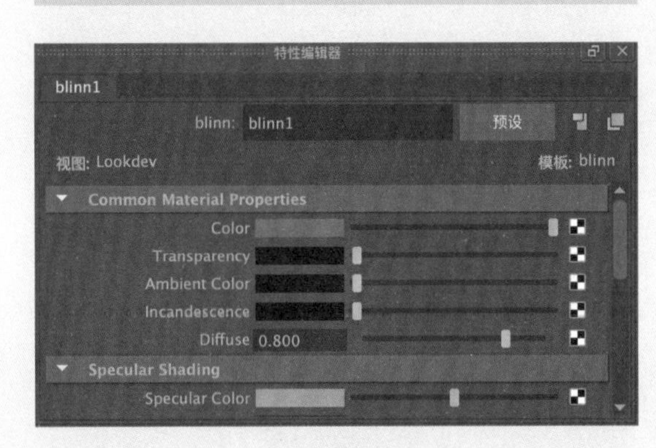

图6-15

07 选择场景中的水晶模型，将鼠标指针移至Hypershade面板中“浏览器”选项组内的standardSurface2材质球上，右击，在弹出的快捷菜单中选择“为当前选择指定材质”选项，如图6-16所示，即可将名称为standardSurface2的材质赋予选中的水晶模型。

08 执行“编辑”|“删除未使用节点”命令，如图6-17所示，可以将场景中未使用的材质节点全部删除。设置完成后，渲染场景，渲染结果如图6-18所示。

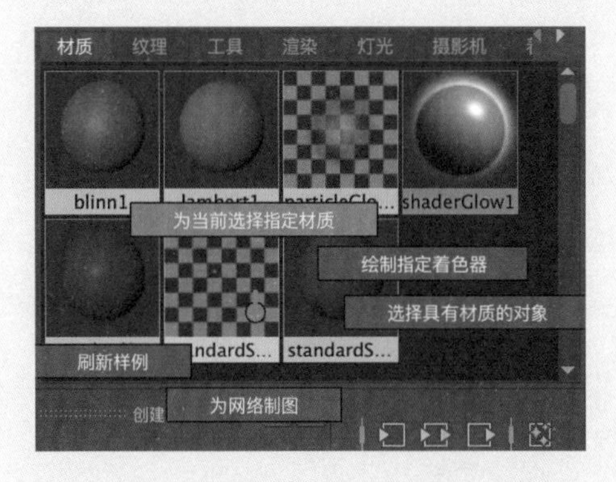

图6-16

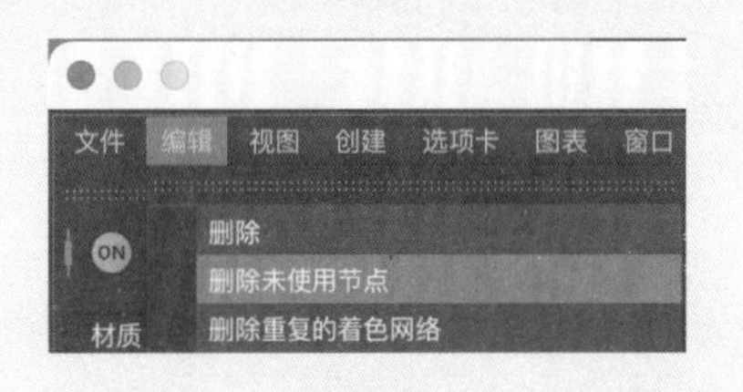

图6-17

图6-18

6.2.2 使用材质查看器预览材质

本例主要演示材质查看器的使用方法。

01 启动中文版Maya 2024，打开本书配套资源中的“茶壶.mb”文件，场景中有一个茶壶模型，并且已经设置好了灯光及摄影机，如图

6-19所示。

图6-19

02 渲染场景，渲染结果如图6-20所示。

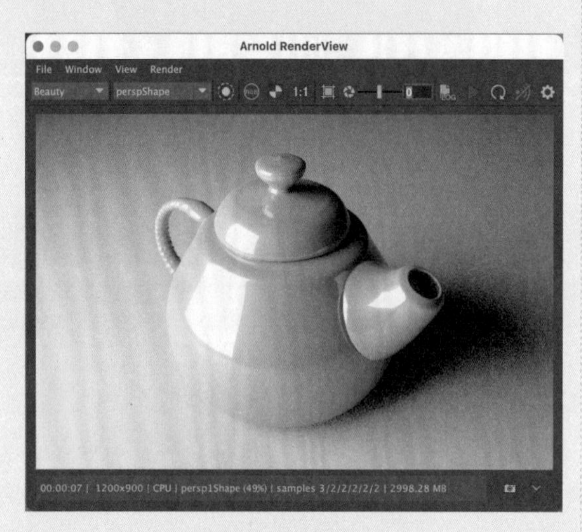

图6-20

03 选择场景中的茶壶模型，单击“渲染”工具架中的“标准曲面材质”按钮，如图6-21所示。

图6-21

04 在“基础”卷展栏中，设置“颜色”为黄色，“金属度”值为1.000。在“镜面反射”卷展栏中，设置“粗糙度”值为0.300，如图6-22所示，其中，颜色的参数设置如图6-23所示。

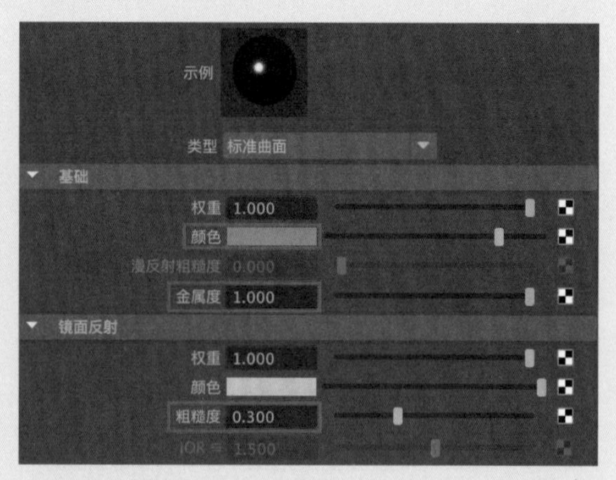

图6-22

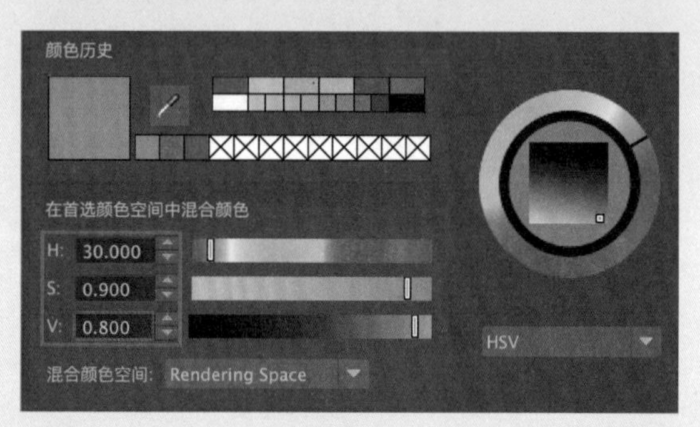

图6-23

05 单击“显示Hypershade窗口”按钮，在弹出的Hypershade面板中，观察材质的预览效果，如图6-24所示。

图6-24

06 在“材质查看器”选项组中，将材质的显示形态分别设置为“布料”“茶壶”“海洋”“海洋飞溅”“玻璃填充”“玻璃飞溅”“头发”“球体”和“平面”，相应的材质预览效果分别如图6-25~图6-33所示。

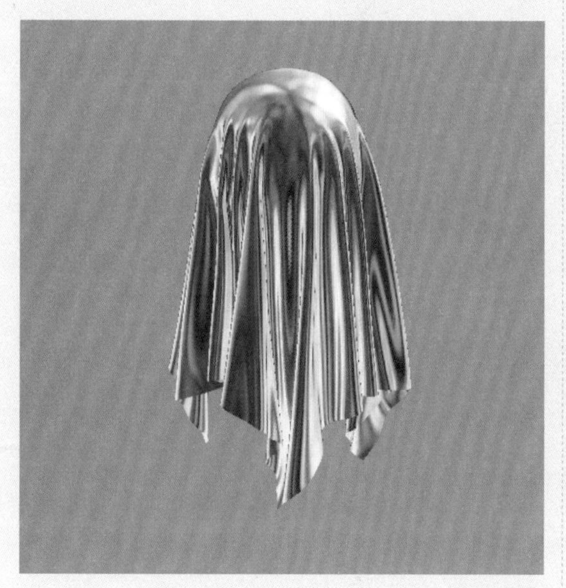

图6-25

图6-26

图6-27

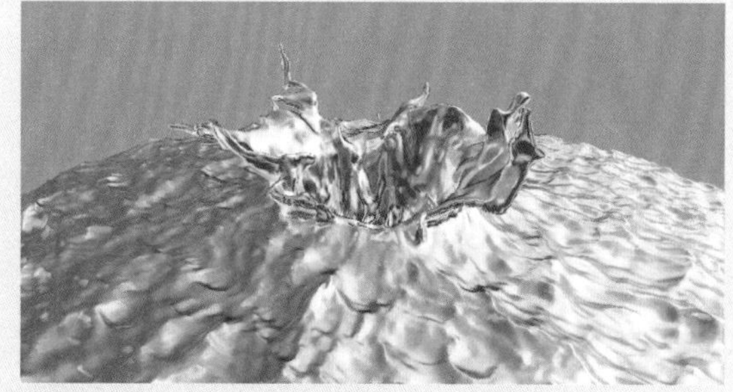

图6-28

图6-29

图6-30

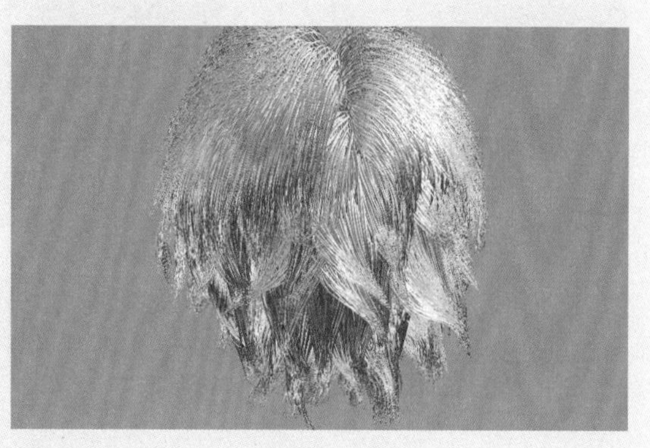

图6-31

图6-32

图6-33

07 在“材质查看器”选项组中，将材质的计算方式更改为Arnold，则材质的预览效果如图6-34所示。

图6-34

6.3 材质类型

Maya 提供了多个常见的、不同类型的材质球按钮，这些按钮被整合到了“渲染”工具架中，方便用户使用，如图 6-35 所示。

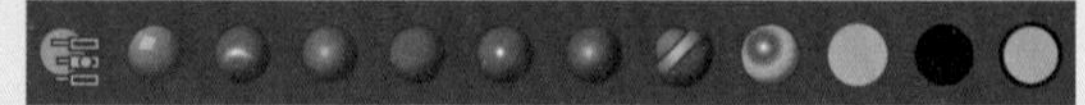

图6-35

工具解析

编辑材质属性：显示着色组属性编辑器。

标准曲面材质：将新的标准曲面材质指定给活动对象。

各向异性材质：将新的各向异性材质指定给活动对象。

Blinn 材质：将新的 Blinn 材质指定给活动对象。

Lambert 材质：将新的 Lambert 材质指定给活动对象。

Phong 材质：将新的 Phong 材质指定给活动对象。

Phong E 材质：将新的 Phong E 材质指定给活动对象。

分层材质：将新的分层材质指定给活动对象。

渐变材质：将新的渐变材质指定给活动对象。

着色贴图：将新的着色贴图指定给活动对象。

表面材质：将新的表面材质指定给活动对象。

使用背景材质：将新的使用背景材质指定给活动对象。

6.3.1 标准曲面材质常用参数

本例主要演示标准曲面材质常用参数的调整方法。

01 启动中文版Maya 2024，打开本书配套资源中的“茶壶.mb”文件，场景中有一个茶壶的模型，并且已经设置好了灯光及摄影机，如图6-36所示。

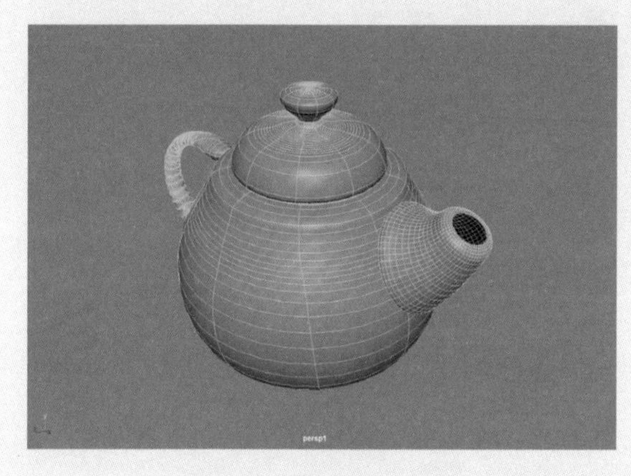

图6-36

02 选择场景中的茶壶模型，单击“渲染”工具架中的“标准曲面材质”按钮，如图6-37所示。

图6-37

03 在“基础”卷展栏中，设置“颜色”为橙色，如图6-38所示，其中，颜色的参数设置如图6-39所示。

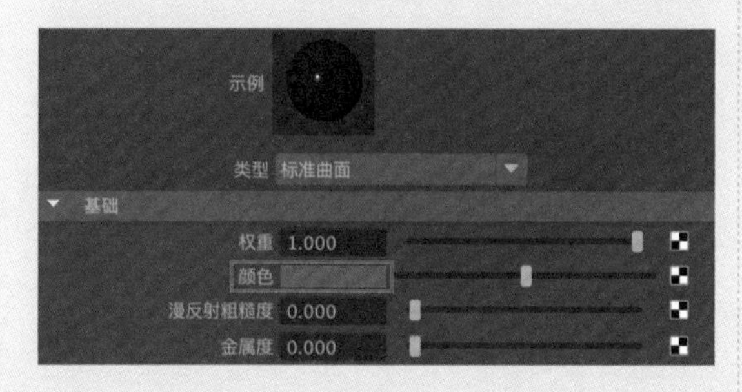

图6-38

04 在“基础”卷展栏中，设置“金属度”值为1.000，如图6-40所示。渲染场景，如图6-41所示分别为“金属度”值为0.000和1.000的渲染效果对比。

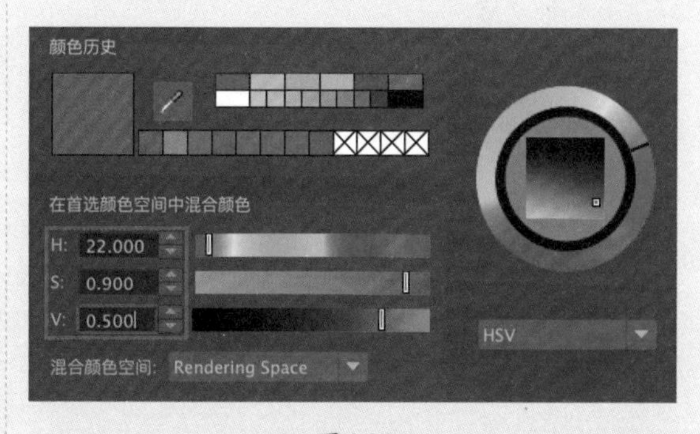

图6-39

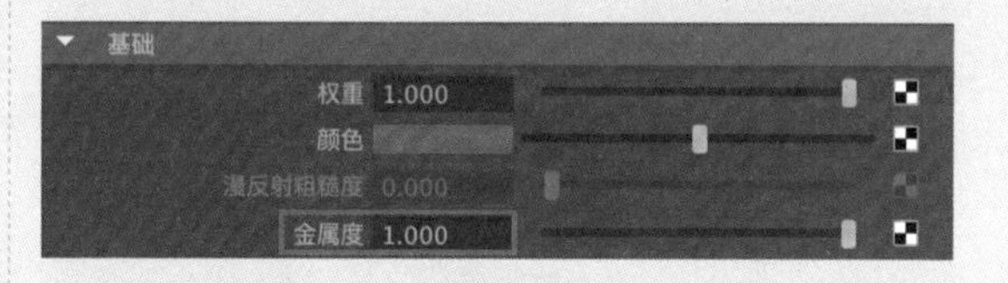

图6-40

图6-41

05 在“镜面反射”卷展栏中，设置“粗糙度”值为0.100，如图6-42所示。渲染场景，如图6-43所示分别为“粗糙度”值是0.400和0.100的渲染效果对比。

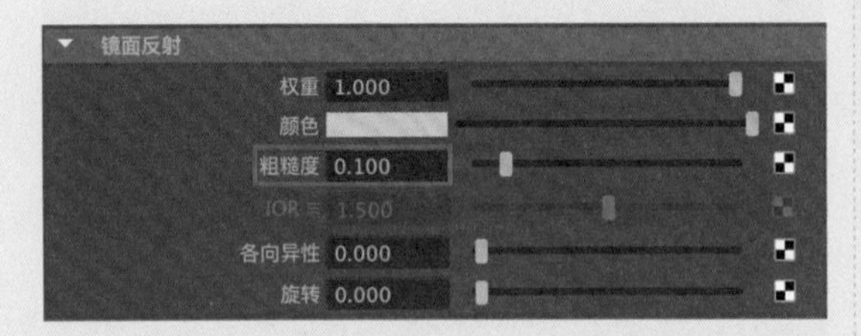

图6-42

图6-43

06 在“基础”卷展栏中，设置“金属度”值为0.000。在“透射”卷展栏中，设置“权重”值为1.000。在“镜面反射”卷展栏中，设置IOR值为2.420，如图6-44所示。渲染场景，如图6-45所示分别为IOR值为1.500和2.500的渲染效果对比。

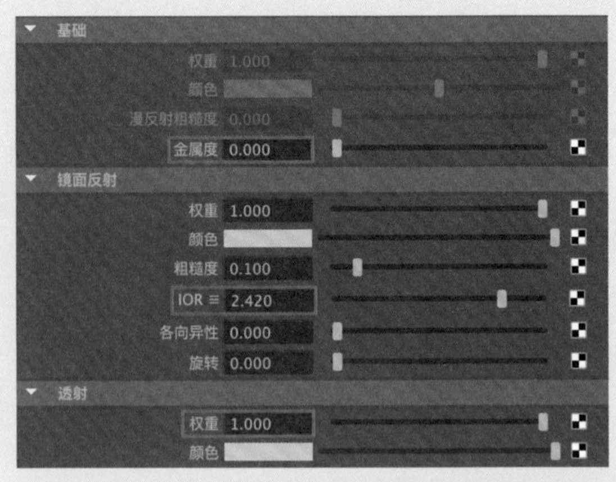

图6-44

图6-45

07 在“透射”卷展栏中，任意更改“颜色”后，渲染场景，则会得到不同颜色的玻璃质感效果，如图6-46所示为“颜色”分别调整为黄色和绿色的渲染效果对比。

08 在“透射”卷展栏中，设置“权重”值为

0.000。展开“涂层”卷展栏，设置“权重”值为1.000，设置“颜色”为粉红色，如图6-47所示，其中，“颜色”的参数设置如图6-48所示。

图6-46

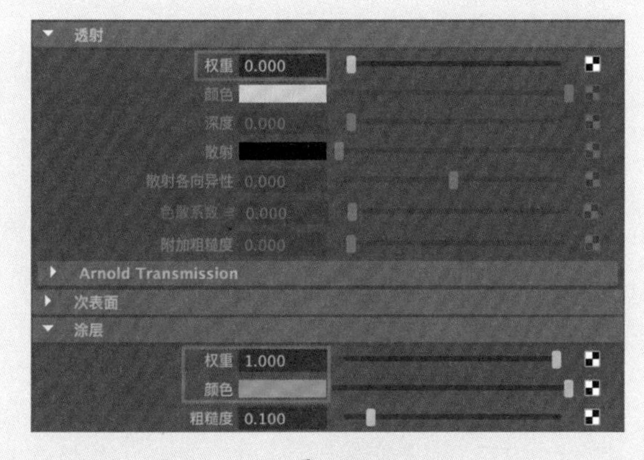

图6-47

09 设置完成后，渲染场景，添加了涂层属性前后的渲染效果对比如图6-49所示。

图6-48

图6-49

10 在“涂层”卷展栏中，设置“权重”值为0.000，展开“光彩”卷展栏，设置“权重”值为1.000，如图6-50所示。

11 设置完成后，渲染场景，添加了光彩属性前后的渲染效果对比如图6-51所示。

12 在“光彩”卷展栏中，设置“权重”值为0.000，展开“自发光”卷展栏，设置“权重”值为1.000，如图6-52所示。再次渲染场景，添加了自发光属性前后的渲染效果对比如图6-53所示。

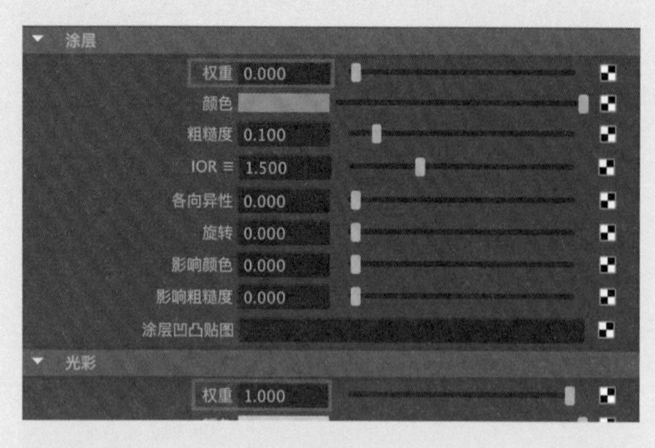

图6-50

图6-51

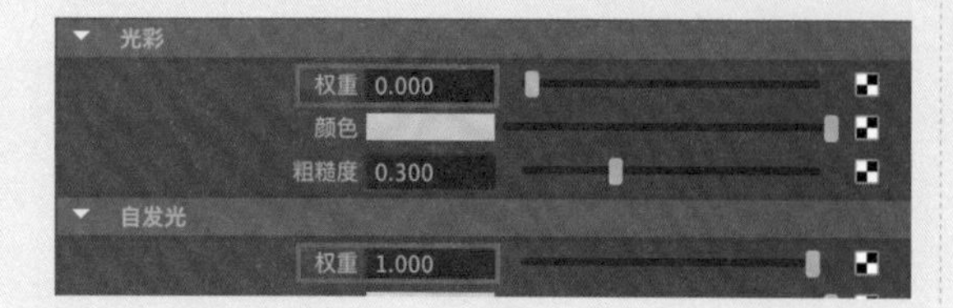

图6-52

图6-53

6.3.2　实例：制作玻璃材质

本例主要讲解如何使用标准曲面材质制作玻璃材质，最终渲染效果如图 6-54 所示。

图6-54

01 启动中文版Maya 2024，打开本书配套资源中的“玻璃材质.mb”文件，文件是一个简单的室内环境模型，其中主要包含了一组酒具模型，并已经设置好了灯光及摄影机，如图6-55所示。

图6-55

02 选择酒杯模型，如图6-56所示。单击“渲染”工具架的“标准曲面材质”按钮，如图6-57所示，为选中的模型添加标准曲面材质。

图6-56

图6-57

03 在“镜面反射”卷展栏中，设置“粗糙度”值为0.000，如图6-58所示。

04 在“透射”卷展栏中，设置“权重”值为1.000，如图6-59所示。

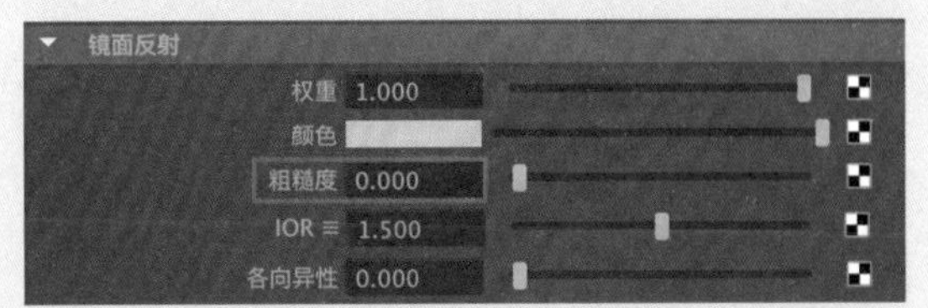

图6-58

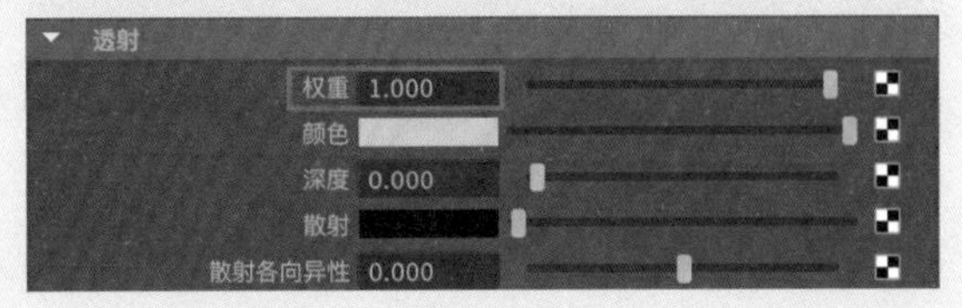

图6-59

05 设置完成后，酒杯材质在“材质查看器”中的显示效果如图6-60所示。

图6-60

06 选择酒瓶模型，如图6-61所示。单击“渲染”工具架的“标准曲面材质”按钮，为选中的模型添加标准曲面材质。

图6-61

07 在“镜面反射”卷展栏中，设置“粗糙度”值为0.000，如图6-62所示。

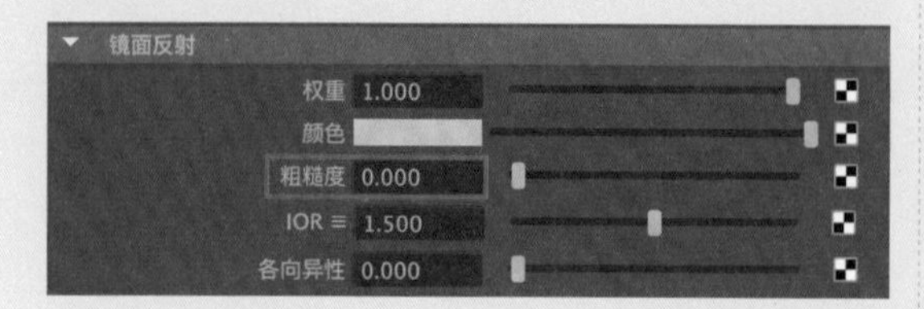

图6-62

08 在“透射”卷展栏中，设置“权重”值为1.000，“颜色”为绿色，如图6-63所示，其中，颜色的参数设置如图6-64所示。

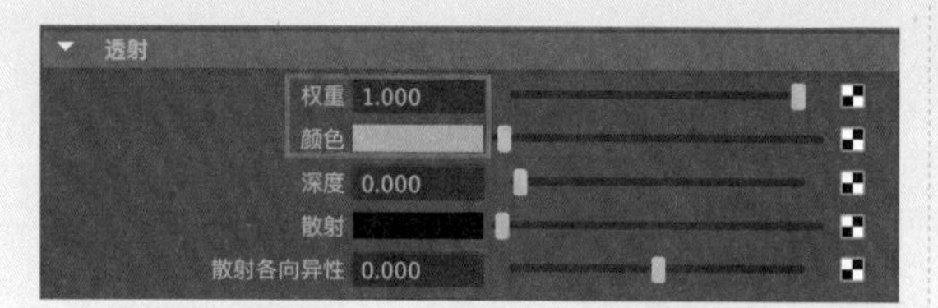

图6-63

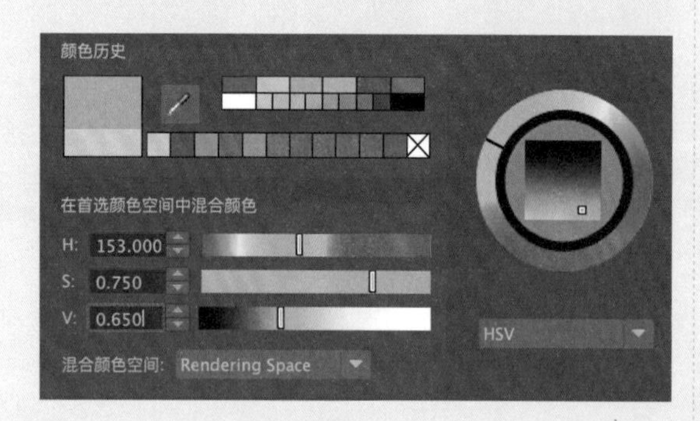

图6-64

09 设置完成后，酒瓶材质在“材质查看器”中的显示效果如图6-65所示。

图6-65

10 渲染场景，本例中酒杯模型和酒瓶模型的玻璃材质渲染效果如图6-66所示。

图6-66

6.3.3 实例：制作金属材质

本例主要讲解如何使用标准曲面材质来调制金属材质效果，最终渲染效果如图 6-67 所示。

图6-67

01 启动中文版Maya 2024，打开本书配套资源中的“金属材质.mb”文件，本场景为一个简单的室内环境模型，桌上放置了一个水桶的模型，并且已经设置好了灯光及摄影机，如图6-68所示。

02 选择水桶模型，如图6-69所示。单击“渲染”工具架的“标准曲面材质”按钮，如图6-70所示，为选中的模型添加标准曲面材质。

图6-68

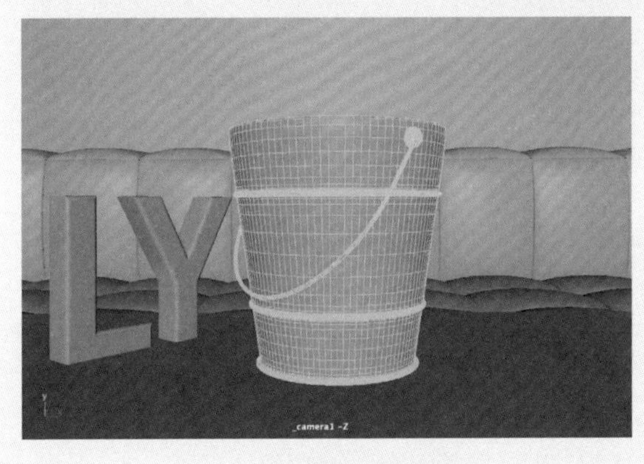

图6-69

图6-70

03 在“基础”卷展栏中，设置“颜色”为灰色，设置“金属度”值为1.000，如图6-71所示，其中，颜色的参数设置如图6-72所示。

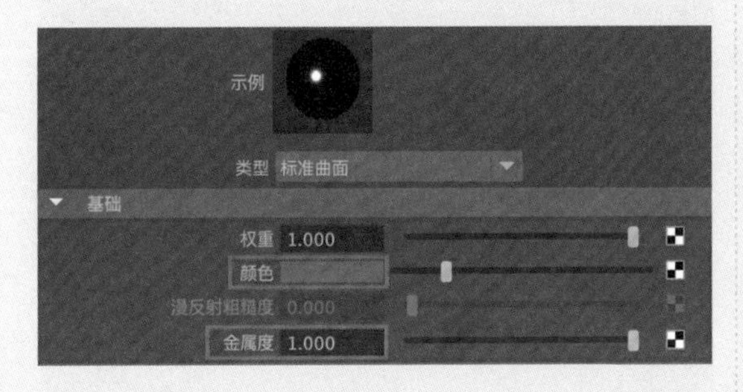

图6-71

04 在“镜面反射”卷展栏中，设置“粗糙度”值为0.250，如图6-73所示。设置完成后，金属材质在“材质查看器”中的显示效果如图6-74所示。

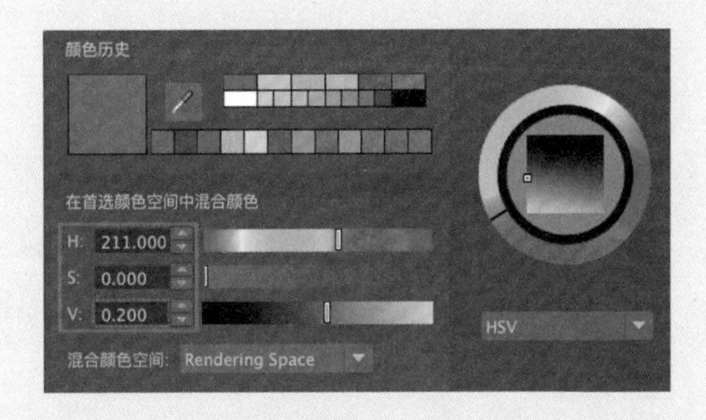

图6-72

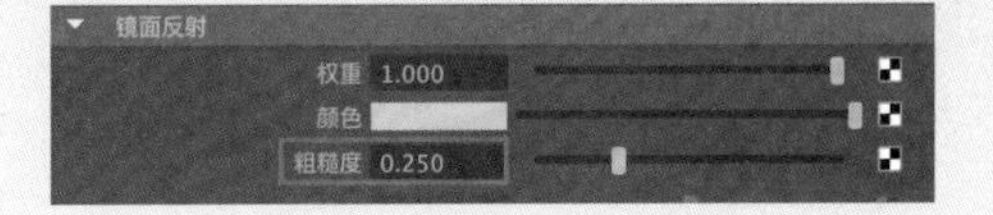

图6-73

图6-74

05 渲染场景，本例中的金属材质渲染效果如图6-75所示。

图6-75

6.3.4 实例：制作玉石材质

本例主要讲解如何使用标准曲面材质制作玉石材质效果的方法，最终渲染效果如图6-76所示。

图6-76

01 启动中文版Maya 2024，打开本书配套资源中的“玉石材质.mb”文件，本场景为一个简单的室内环境模型，桌上放置了一个小鹿的雕塑模型，并且已经设置好了灯光及摄影机，如图6-77所示。

图6-77

02 选择鹿形雕塑模型，如图6-78所示。单击“渲染”工具架的“标准曲面材质”按钮，如图6-79所示，为选中的模型添加标准曲面材质。

03 展开“镜面反射”卷展栏，设置“粗糙度”值为0.100，提高玉石材质的反射度，如图6-80所示。

图6-78

图6-79

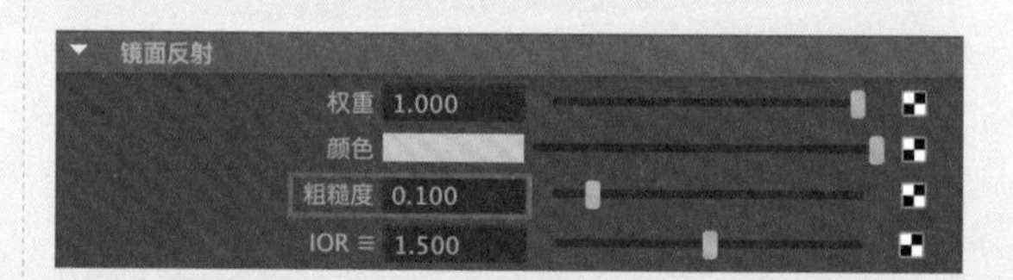

图6-80

04 展开“次表面”卷展栏，设置“权重”值为1.000，“颜色”为绿色，“比例”值为2.000，如图6-81所示，其中，颜色的参数设置如图6-82所示。

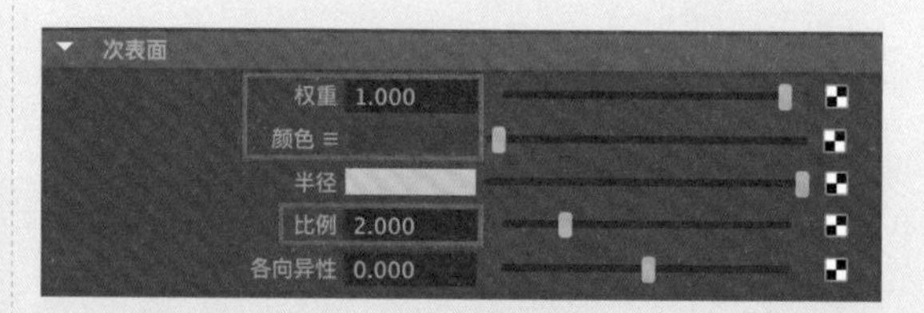

图6-81

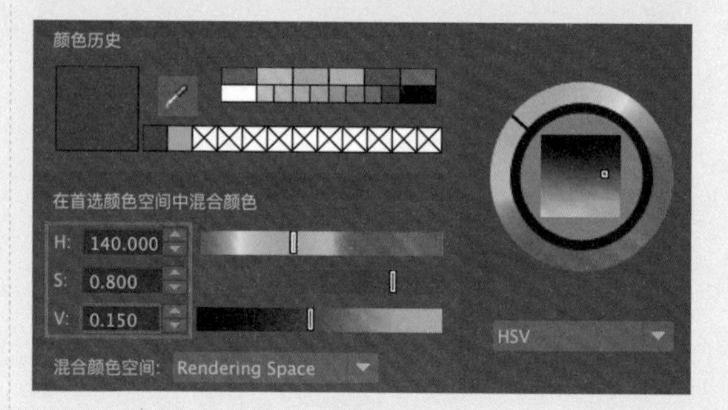

图6-82

05 设置完成后，鹿形雕塑的玉石材质在“材质查看器”中的显示效果如图6-83所示。

图6-83

06 渲染场景，本例中鹿形雕塑的玉石材质渲染效果如图6-84所示。

图6-84

6.4 纹理与 UV

使用贴图纹理的效果要比仅使用单一颜色能更加直观地表现出物体的真实质感。添加了纹理，可以使物体的表面看起来更加细腻、逼真，配合材质的反射、折射、凹凸等属性，可以使渲染出来的场景更加真实且自然。纹理与 UV 密不可分，为材质添加贴图纹理时，想让贴图纹理正确地覆盖在模型表面，需要为模型添加 UV 二维贴图坐标。例如，选择一张树叶的贴图指定给叶片模型时，Maya 并不能自动确定树叶的贴图是以什么方向平铺到叶片模型上，那么，这就需要使用 UV 来控制贴图的方向，以得到正确的贴图效果，如图6-85所示。

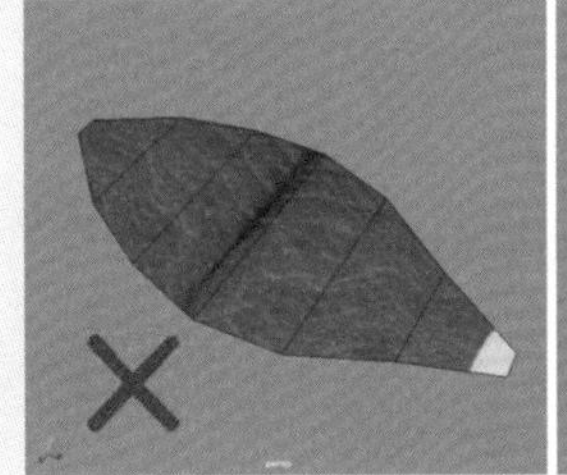

图6-85

虽然 Maya 在默认情况下会为许多基本多边形模型自动创建 UV，但在大多数情况下，还是需要重新为物体指定 UV。根据模型形状的不同，Maya 提供了平面映射、圆柱形映射、球形映射和自动映射这几种现成的 UV 贴图方式，在“UV 编辑”工具架中可以找到这些工具的按钮，如图6-86所示。

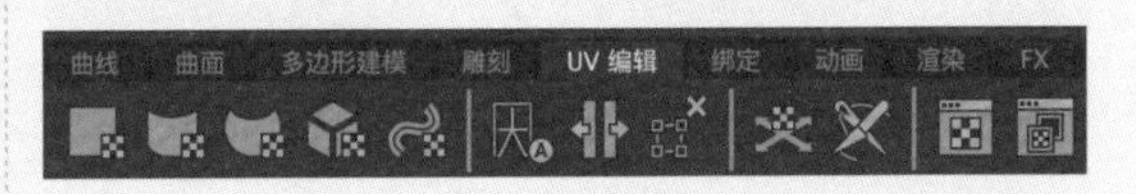

图6-86

工具解析

平面：为选定对象添加平面类型投影形状的 UV 纹理坐标。

圆柱形：为选定对象添加圆柱形类型投影形状的 UV 纹理坐标。

球形：为选定对象添加球体类型投影形状的 UV 纹理坐标。

自动：为选定对象自动添加多个平面投影形状的 UV 纹理坐标。

轮廓拉伸：创建沿选定面轮廓的 UV 纹理坐标。

自动接缝：为所选对象进行自动接缝。

切割 UV 边：沿选定边分离 UV。

删除 UV：删除选定面的 UV 坐标。

3D 抓取 UV 工具：用于抓取 3D 视口中的 UV。

3D 切割和缝合 UV 工具：直接在模型上以交互的方式切割 UV，按住 Ctrl 键可以缝合 UV。

UV 编辑器：单击该按钮可以调出“UV 编辑器”面板。

UV 集编辑器：单击该按钮可以调出“UV 集编辑器”面板。

6.4.1 实例：制作线框材质

本例主要讲解如何使用 aiWireframe（线框）纹理制作线框材质，最终渲染效果如图 6-87 所示。

图6-87

01 启动中文版Maya 2024，打开本书配套资源中的“线框材质.mb”文件，本场景为一个简单的室内环境模型，桌面上放置了一只玩具鸭子模型，并且已经设置好了灯光及摄影机，如图6-88所示。

02 在场景中选中玩具鸭子的身体部分模型，如图6-89所示。单击“渲染”工具架的“标准曲面材质”按钮，如图6-90所示，为选中的模型添加标准曲面材质。

03 展开“基础”卷展栏，单击“颜色”参数后的方形按钮，如图6-91所示。

图6-88

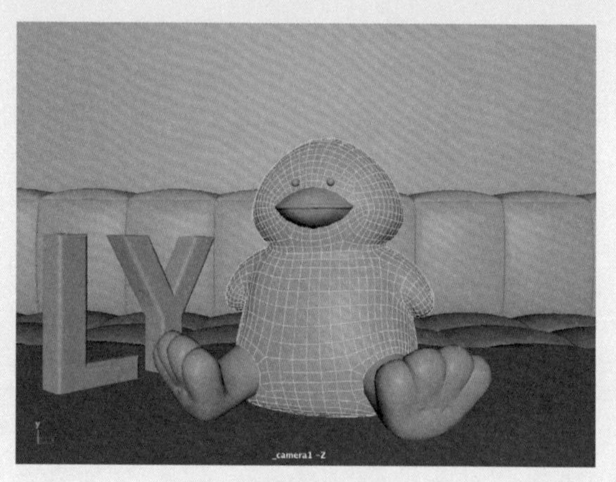

图6-89

图6-90

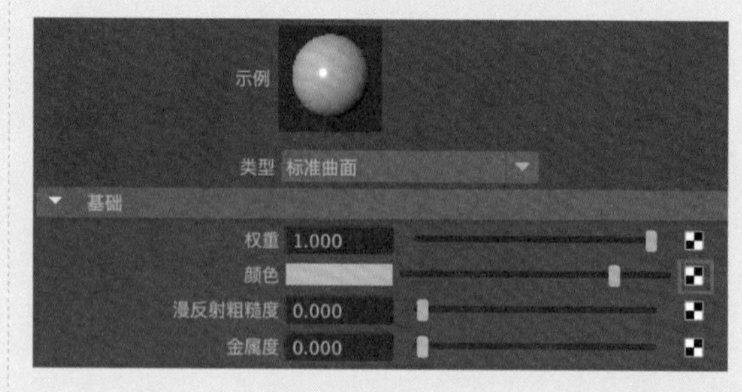

图6-91

04 在弹出的“创建渲染节点”对话框中选择aiWireframe纹理，如图6-92所示。需要注意的是，该纹理内的参数都是英文显示的。

图6-92

05 在Wireframe Attributes（线框属性）卷展栏中，设置Edge Type（边类型）为polygons（多边形），设置Fill Color（填充颜色）为浅灰色，设置Line Color（线颜色）为深灰色，如图6-93所示。

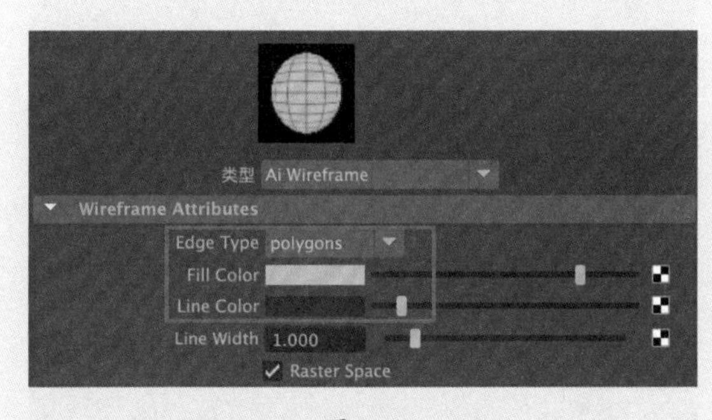

图6-93

06 在“镜面反射”卷展栏中，设置“权重”值为0.000，取消材质的高光效果，如图6-94所示。

07 设置完成后，玩具鸭子身体部分模型的线框材质在“材质查看器”中的显示效果如图6-95所示。

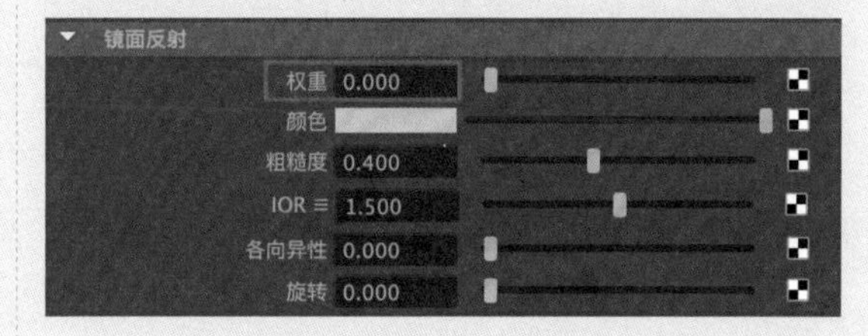

图6-94

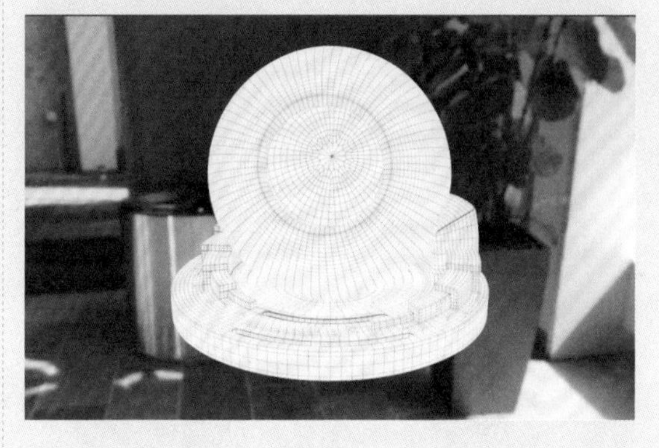

图6-95

08 在场景中选择玩具鸭子嘴的模型，如图6-96所示。

图6-96

09 以同样的操作方法为其制作线框材质，并更改Fill Color（填充颜色）为橙色，如图6-97所示。其中Fill Color的颜色参数设置如图6-98所示。

10 设置完成后，玩具鸭子嘴部分模型的线框材质在“材质查看器”中的显示效果如图6-99所示。

图6-97

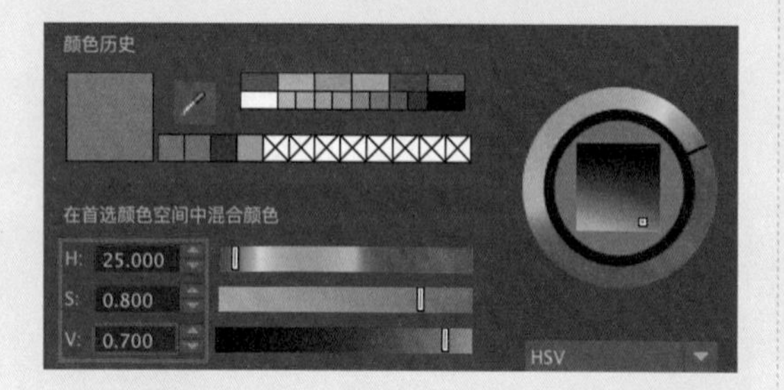

图6-98

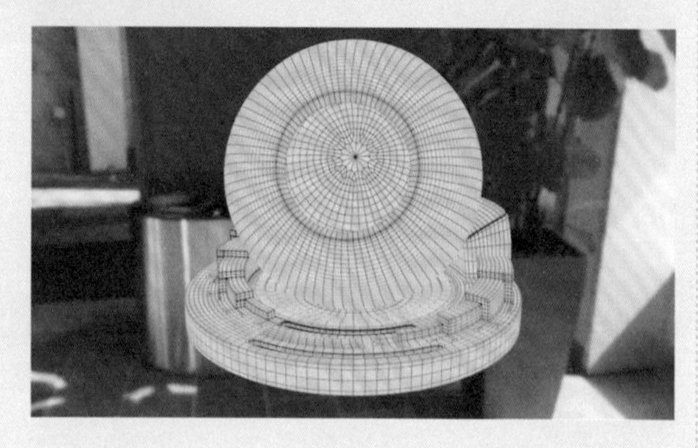

图6-99

11 渲染场景，本例中线框材质的渲染结果如图6-100所示。

图6-100

6.4.2 实例：制作花盆材质

本例主要讲解如何使用 aiNoise（噪波）纹理和 aiCellNoise（细胞噪波）纹理制作陶瓷花盆材质上的凹凸效果，最终渲染效果如图 6-101 所示。

图6-101

01 启动中文版Maya 2024，打开本书配套资源中的"花盆材质.mb"文件，本场景为一个简单的室内环境模型，桌面上放置了一个花盆的模型，并且已经设置好了灯光及摄影机，如图6-102所示。

图6-102

02 选择场景中的花盆模型，如图6-103所示，单击"渲染"工具架的"标准曲面材质"按钮，如图6-104所示，为选中的模型添加标准曲面材质。

图6-103

图6-104

03 在“基础”卷展栏中，设置“颜色”为蓝色，如图6-105所示，其中，颜色的参数设置如图6-106所示。

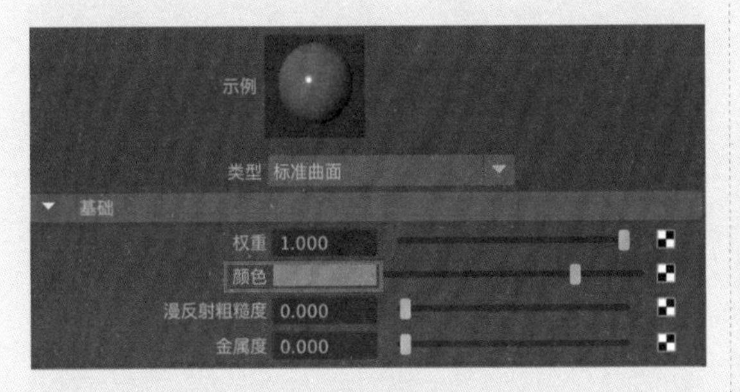

图6-105

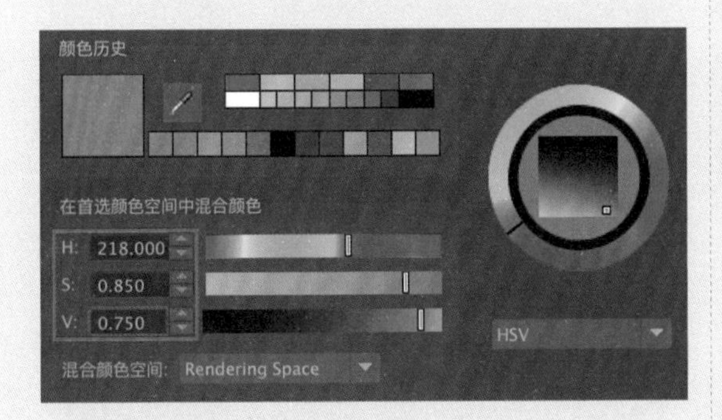

图6-106

04 在“镜面反射”卷展栏中，设置“粗糙度”值为0.100，如图6-107所示。

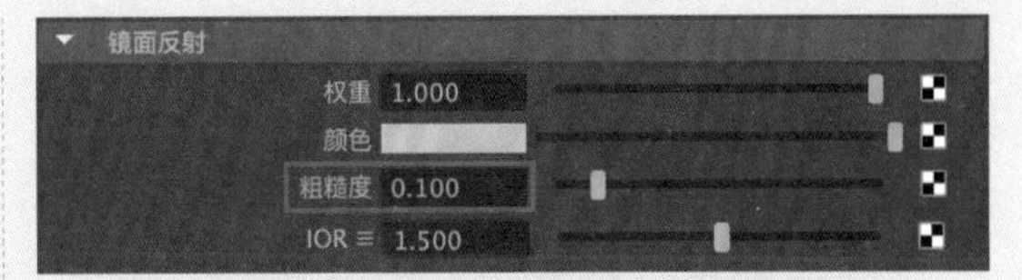

图6-107

05 设置完成后，制作好的蓝色陶瓷材质在“材质查看器”中的显示效果如图6-108所示。

图6-108

06 渲染场景，渲染结果如图6-109所示。

图6-109

07 在“几何体”卷展栏中，单击“凹凸贴图”属性的方形按钮，如图6-110所示。

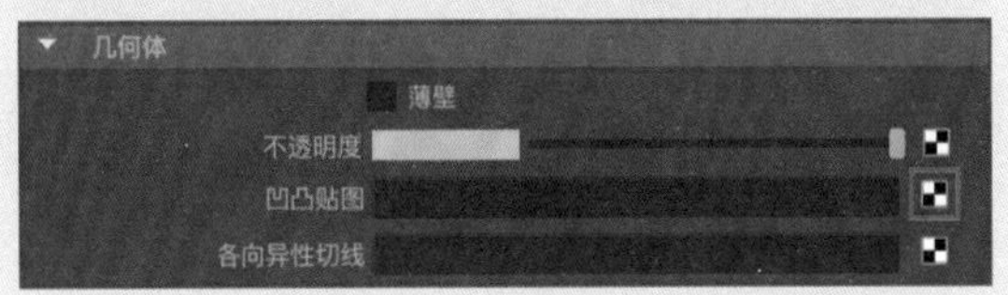

图6-110

08 在弹出的“创建渲染节点”对话框中选择aiNoise（噪波）贴图，如图6-111所示。

图6-111

09 在弹出的“连接编辑器”面板中，将左侧aiNoise1节点的outColorR属性与右侧bump2d1节点的bumpValue属性关联，然后单击“关闭”按钮，如图6-112所示。

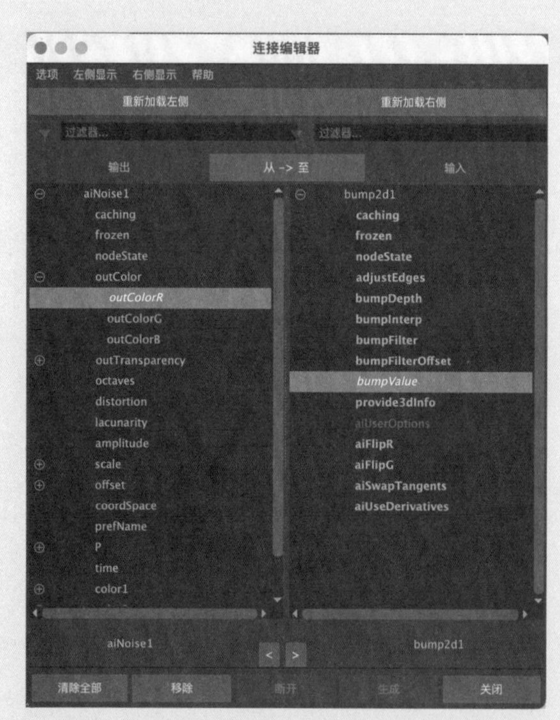

图6-112

10 渲染场景，渲染结果如图6-113所示。

图6-113

11 在Noise Attributes（噪波属性）卷展栏中，设置Distortion（扭曲）值为3.000，单击P参数后面的方形按钮，如图6-114所示。

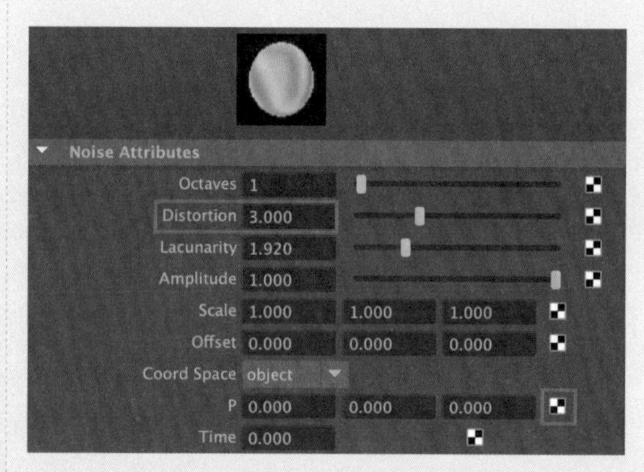

图6-114

12 在弹出的“创建渲染节点”对话框中选择aiCellNoise（细胞噪波）纹理，如图6-115所示。

图6-115

13 渲染场景，渲染结果如图6-116所示。

图6-116

14 在aiCellNoise1选项卡中，取消选中Additive（相加）复选框，设置Scale（缩放）值均为0.300，如图6-117所示。

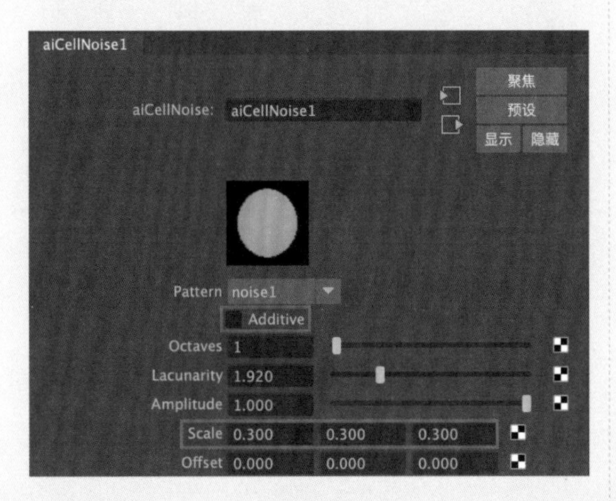

图6-117

15 设置完成后，渲染场景，本例中的花盆材质渲染结果如图6-118所示。

> **技巧与提示**
>
> 通过更改aiCellNoise（细胞噪波）纹理中的Pattern（图案）选项，如图6-119所示，可以得到其他的凹凸图案效果，如图6-120~图6-125所示。

图6-118

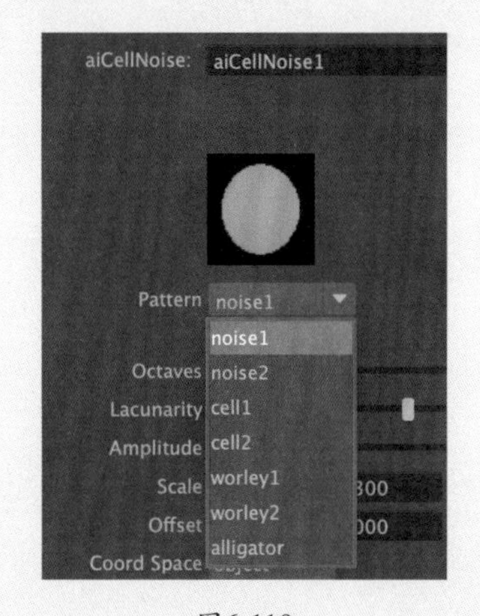

图6-119

图6-120

> **技巧与提示**
>
> 也可以尝试直接将aiCellNoise（细胞噪波）纹理应用到“凹凸贴图”属性上，可以得到如图6-122和图6-124所示的渲染结果。

图6-121

图6-122

图6-123

图6-124

图6-125

6.4.3　实例：制作图书材质（一）

本例主要讲解如何使用“平面映射”工具为图书模型指定贴图 UV 坐标，最终完成效果如图 6-126 所示。

图6-126

01 启动中文版Maya 2024，打开本书配套资源中的“图书材质.mb”文件，本场景为一个简单的室内环境模型，桌面上放置了一本图书的模型，并且已经设置好了灯光及摄影机，如图6-127所示。

图6-127

02 选择场景中的图书模型，如图6-128所示，单击“渲染”工具架的“标准曲面材质”按钮，如图6-129所示，为选中的模型添加标准曲面材质。

图6-128

图6-129

03 在“基础”卷展栏中，单击“颜色”选项后的方形按钮，如图6-130所示。

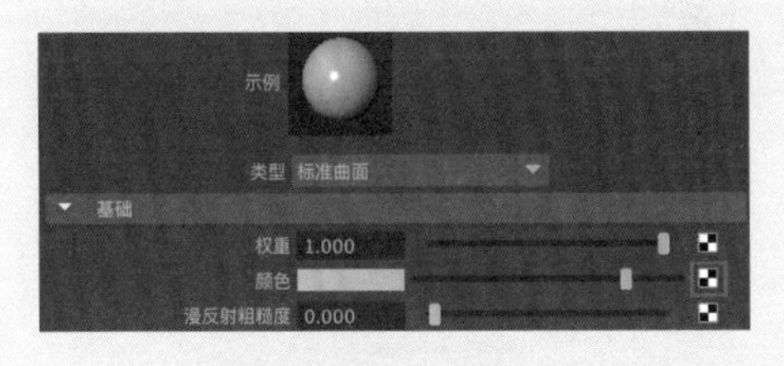

图6-130

04 在弹出的“创建渲染节点”对话框中选择“文件”贴图，如图6-131所示。

图6-131

05 展开“文件属性”卷展栏，在“图像名称”选项中加载book-a.jpg贴图文件，如图6-132所示。

图6-132

06 设置完成后，将图书模型孤立出来。观察视图中图书模型的默认贴图效果如图6-133所示。

图6-133

07 选中如图6-134所示的面，单击“UV编辑”工具架中的“平面映射”按钮，如图6-135所示，为选中的平面添加一个平面映射，如图6-136所示。

图6-134

图6-135

图6-136

08 展开“投影属性”卷展栏，设置“投影宽度”值为16.000，如图6-137所示。

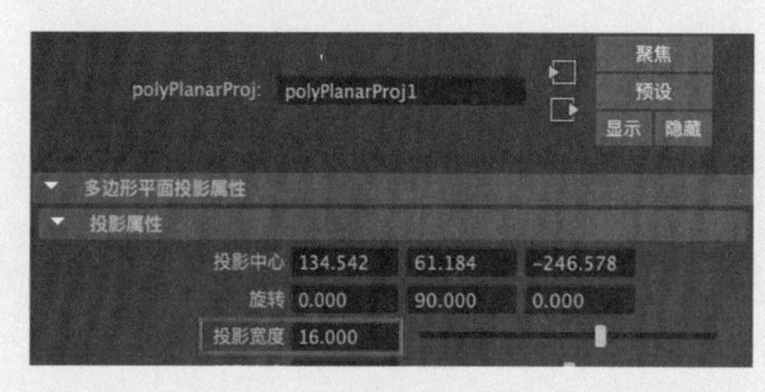

图6-137

09 在视图中单击“平面映射”左下角的十字标记，将平面映射的控制柄切换至旋转控制柄，如图6-138所示。

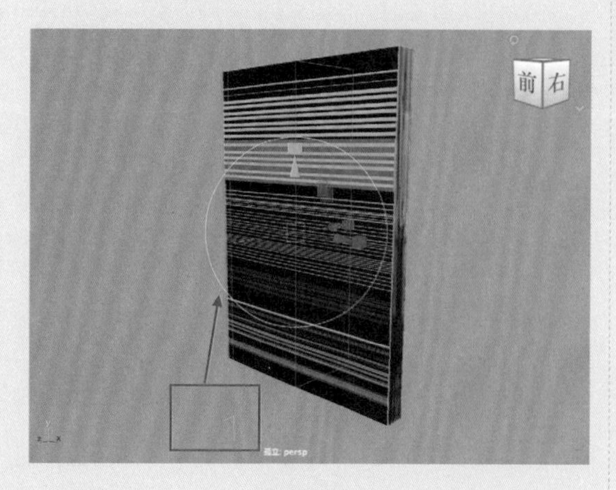

图6-138

10 再次单击图6-138出现的蓝色圆圈，则可以显示出旋转的坐标轴，如图6-139所示。

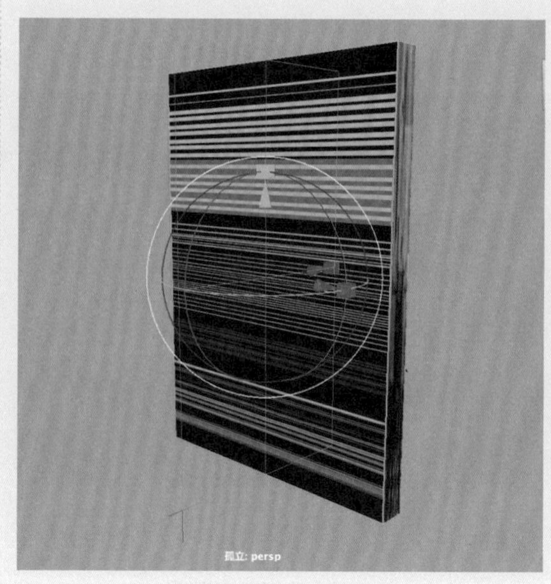

图6-139

11 在视图中调整平面映射的大小和旋转方向，如图6-140所示，得到正确的图书封面贴图坐标效果。

图6-140

12 重复以上操作，完成图书封底以及书脊的贴图操作，如图6-141所示。

13 选择书页部分的面，如图6-142所示。

14 单击“渲染”工具架中的“标准曲面材质”按钮，为当前选中的对象再次指定标准曲面材质，如图6-143所示。

图6-141

图6-142

图6-143

15 设置完成后，显示出场景中的其他模型，渲染场景，本例的最终渲染结果如图6-144所示。

图6-144

6.4.4 实例：制作图书材质（二）

本例主要讲解使用“UV 编辑器”，为书本模型指定贴图 UV 坐标的方法，最终渲染效果如图6-145 所示。

图6-145

01 启动中文版Maya 2024，打开本书配套资源中的“图书材质.mb”文件，本场景为一个简单的室内环境模型，桌面上放置了一个图书的模型，并且已经设置好了灯光及摄影机，如图6-146所示。

02 选择场景中的图书模型，如图6-147所示，单击“渲染”工具架的“标准曲面材质”按钮，如图6-148所示，为选中的模型添加标准曲面材质。

图6-146

图6-147

图6-148

03 在“基础”卷展栏中，单击“颜色”参数后的方形按钮，如图6-149所示。

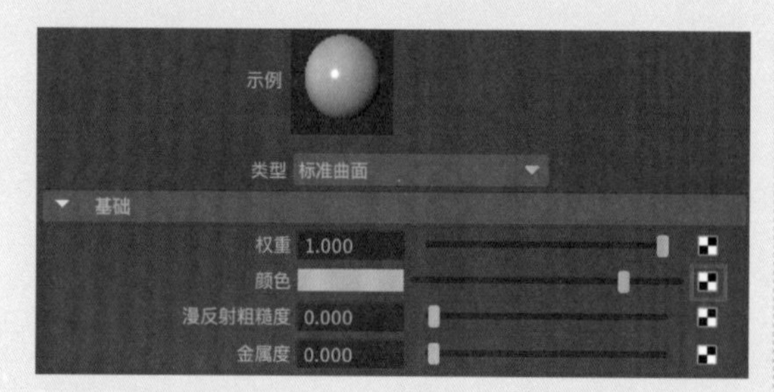

图6-149

04 在弹出的“创建渲染节点”对话框中选择“文件”纹理选项，如图6-150所示。

图6-150

05 展开“文件属性”卷展栏，在“图像名称”通道中加载book-b.png贴图文件，如图6-151所示。

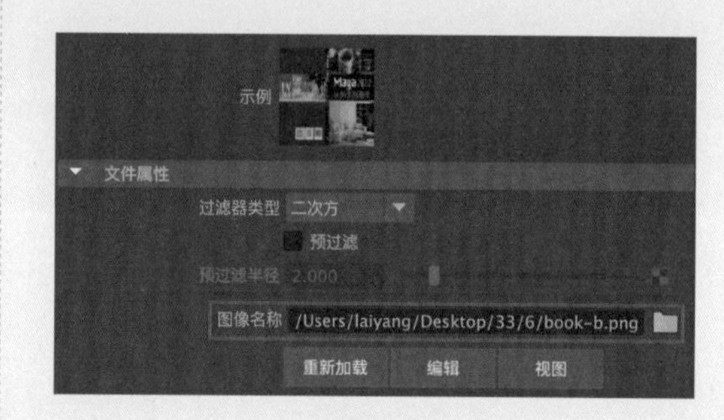

图6-151

06 选择图书模型，单击“UV编辑”工具架中的“UV编辑器”按钮，如图6-152所示，系统会自动弹出“UV编辑器”面板，如图6-153所示。

图6-152

图6-153

07 在“UV工具包”选项卡中，展开“切割和缝合”卷展栏，单击“切割工具”按钮，如图6-154所示。在“UV编辑器”面板中，将模型每个面之间的连接断开，如图6-155所示。

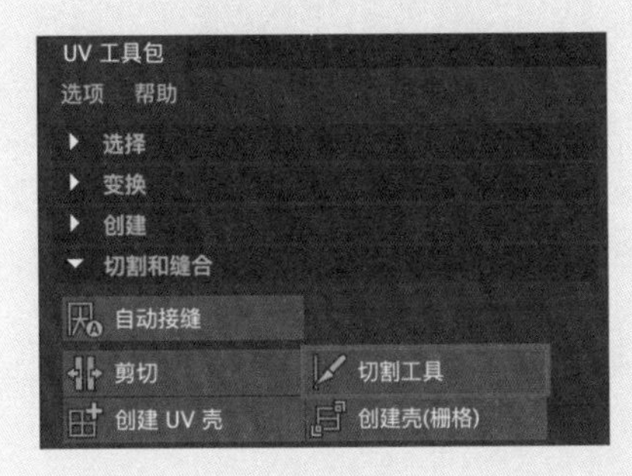

图6-154

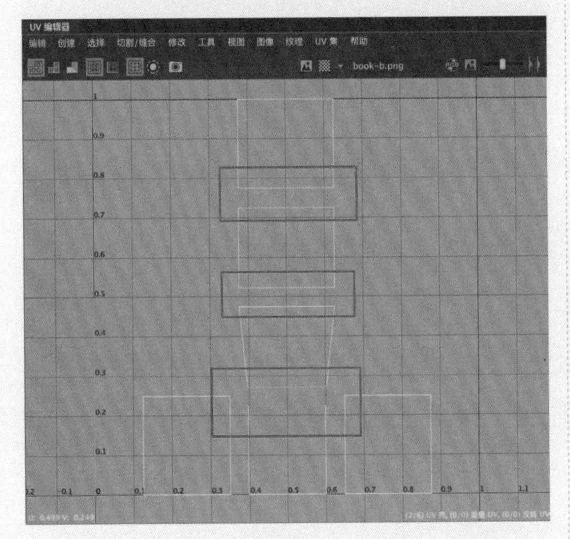

图6-155

08 在“UV工具包”选项卡中，单击“UV选择”按钮，如图6-156所示。在“UV编辑器”面板中调整封皮的贴图坐标，如图6-157所示。

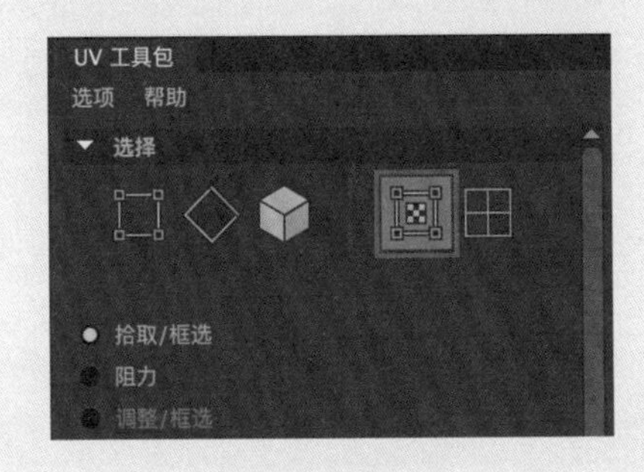

图6-156

图6-157

09 选择如图6-158所示的两条边线，单击“缝合”按钮，如图6-159所示，将选中的两条边线缝合，如图6-160所示。

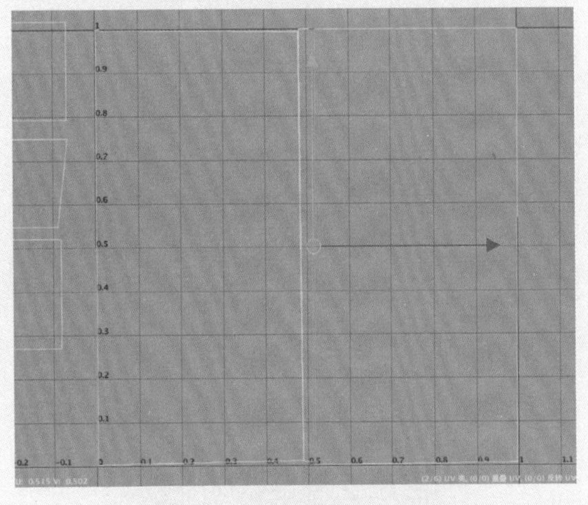

图6-158

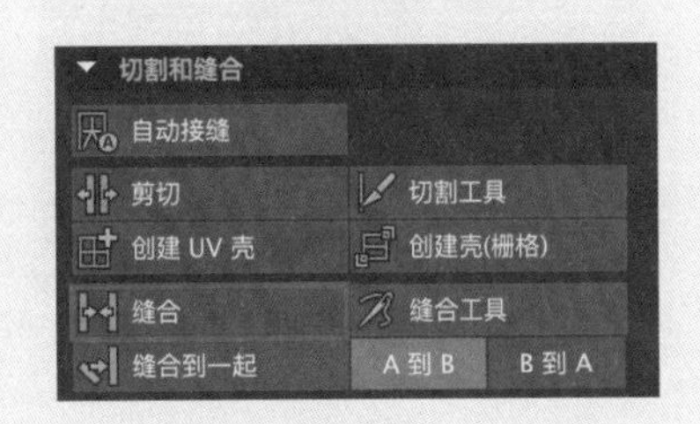

图6-159

10 采用同样的操作方法，缝合书脊处的另外两条边线后，使用“移动”工具和“缩放”工具，调整图书的UV坐标，分别如图6-161和图6-162所示。

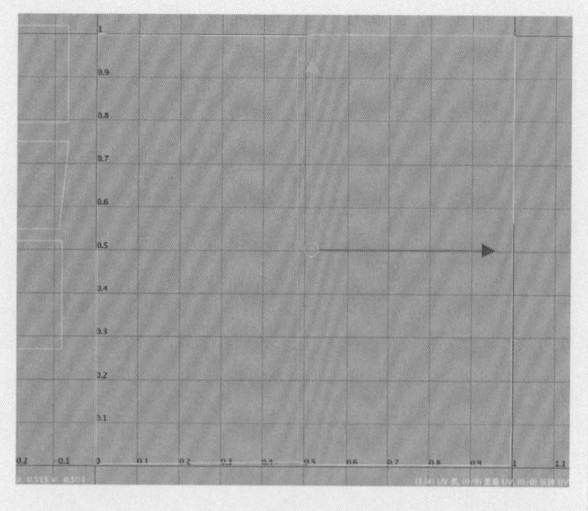

图6-160

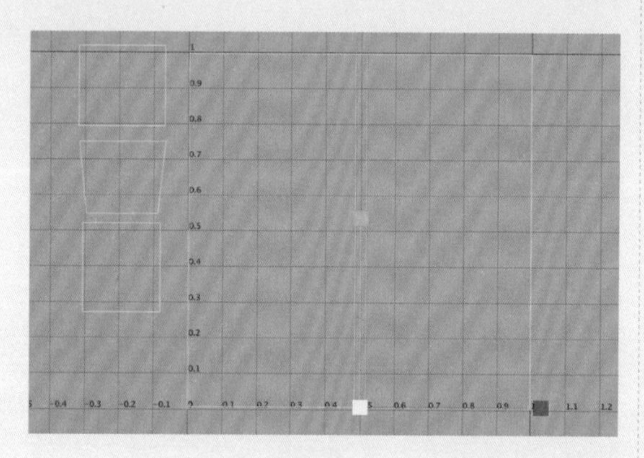

图6-161

图6-162

11 设置完成后，观察场景中的图书模型贴图，显示结果如图6-163所示。

12 参考6.4.3小节的实例的制作方法，为图书模型的书页部分单独指定标准曲面材质，如图6-164所示。

图6-163

图6-164

13 设置完成后，显示出场景中的其他模型，并渲染场景，本例的最终渲染结果如图6-165所示。

图6-165

6.4.5 实例：制作烟雾材质

本例主要讲解如何使用 aiStandard Volume 材质和 aiNoise（噪波）纹理，将网格对象渲染成烟雾效果，最终渲染效果如图 6-166 所示。

图6-166

01 启动中文版Maya 2024，打开本书配套资源中的"烟雾材质.mb"文件，本场景为一个简单的室内环境模型，桌面上放置了一个狮子雕塑的模型，并且已经设置好了灯光及摄影机，如图6-167所示。

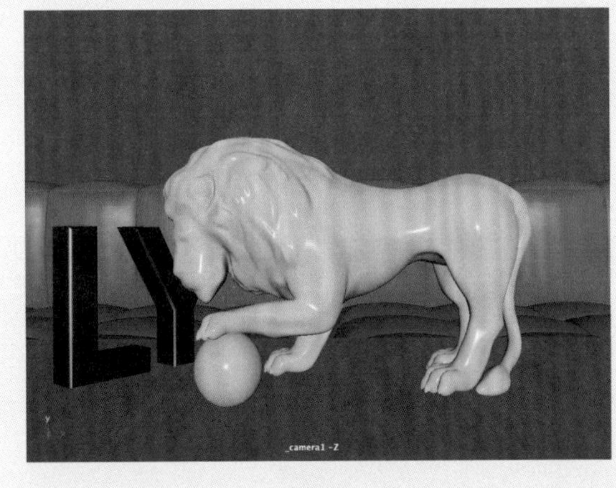

图6-167

02 选择场景中的狮子模型，如图6-168所示，单击"渲染"工具架的"标准曲面材质"按钮，如图6-169所示，为选中的模型添加标准曲面材质。

03 在"属性编辑器"面板中，单击"转到输出"按钮，如图6-170所示。

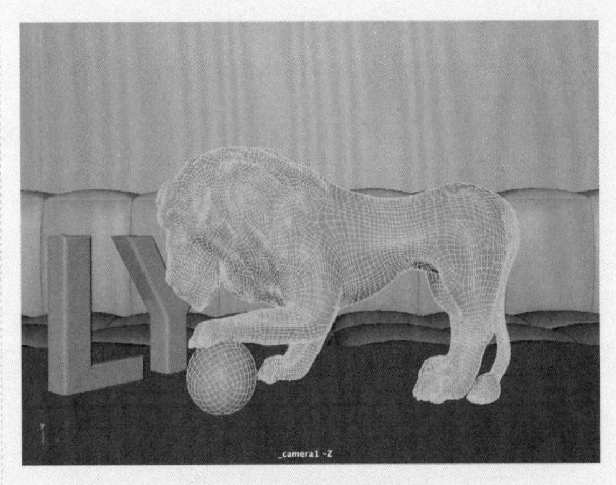

图6-168

图6-169

图6-170

04 在"着色组属性"卷展栏中，单击"体积材质"属性后的方形按钮，如图6-171所示。

图6-171

05 在弹出的"创建渲染节点"对话框中选中aiStandardVolume（标准体积）材质选项，如图6-172所示。

图6-172

06 在Volume Attributes（体积属性）卷展栏中，设置Step Size（步大小）值为0.100，如图6-173所示。

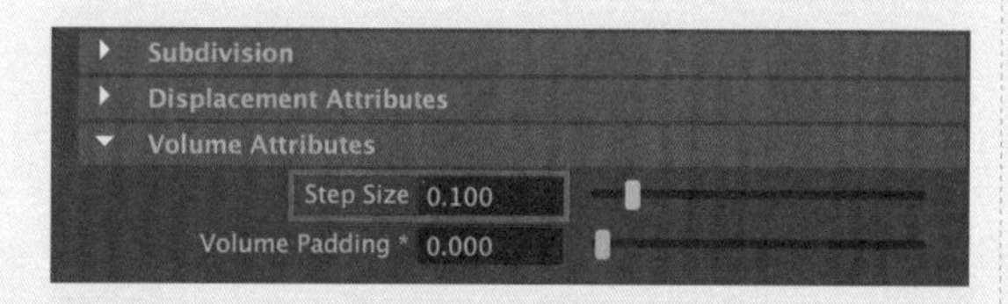

图6-173

07 设置完成后，渲染场景，渲染结果如图6-174所示。此时可以看到，狮子雕塑模型渲染出来的效果有些像半透明的烟雾效果。

图6-174

08 在Volume（体积）卷展栏中，设置Density（密度）值为0.800。在Scatter（散开）卷展栏中，设置Color（颜色）为浅红棕色，如图6-175所示。其中，Color（颜色）的参数设置如图6-176所示。

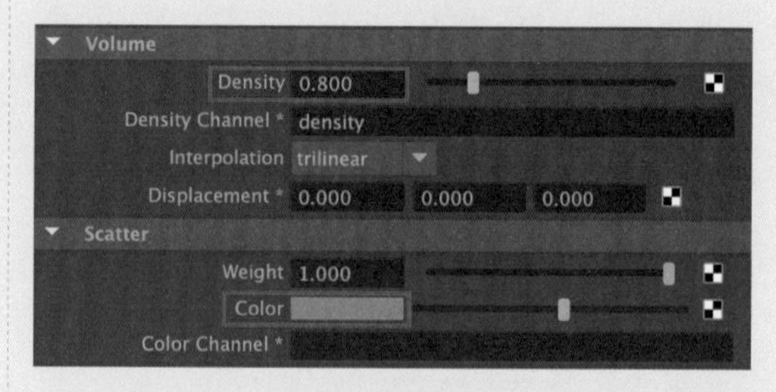

图6-175

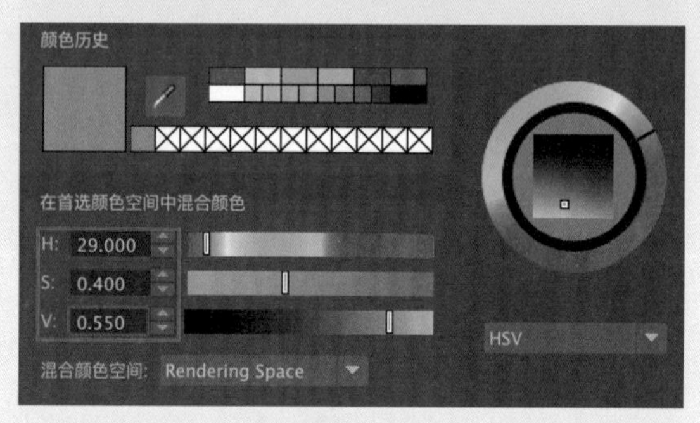

图6-176

> **技巧与提示**
>
> Density（密度）值越小，烟雾看起来越淡，反之越浓。如图6-177和图6-178所示分别为该值为0.500和5.000的渲染结果对比。

图6-177

09 在Volume（体积）卷展栏中，单击Displacement（置换）属性后的方形按钮，如图6-179所示。

图6-178

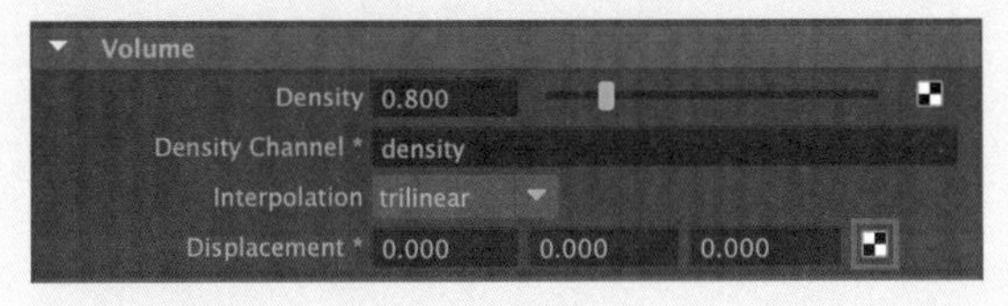

图6-179

10 在弹出的“创建渲染节点”对话框中选中aiRange（范围）纹理选项，如图6-180所示。

图6-180

11 在“属性编辑器”面板中，设置Output Max（输出最大值）值为10.000，再单击Input（输入）属性后的方形按钮，如图6-181所示。

12 在弹出的“创建渲染节点”对话框中选中aiNoise（噪波）纹理选项，如图6-182所示。

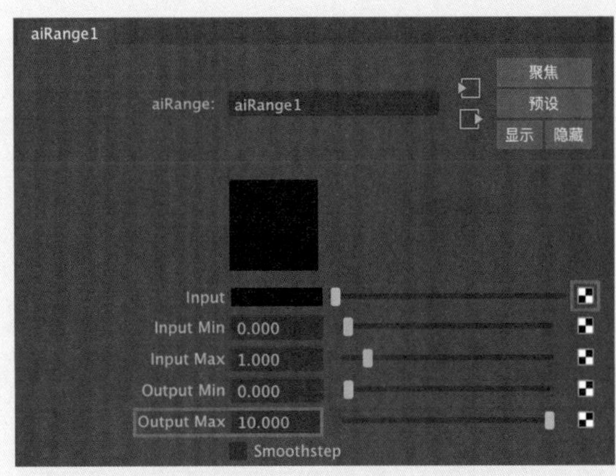

图6-181

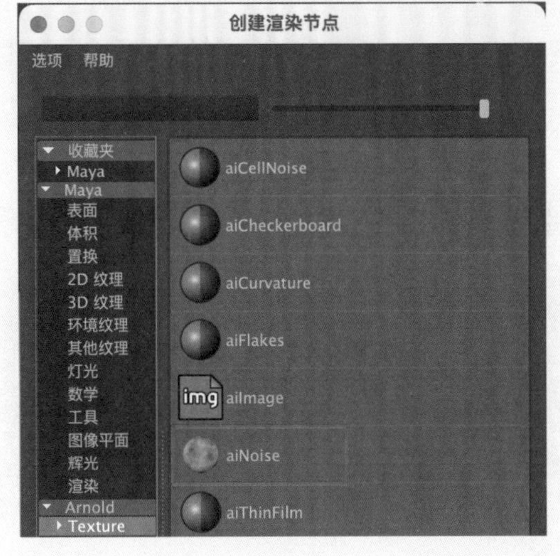

图6-182

13 在Volume Attributes（体积属性）卷展栏中，设置Volume Padding（体积垫料）值为10.000，如图6-183所示。

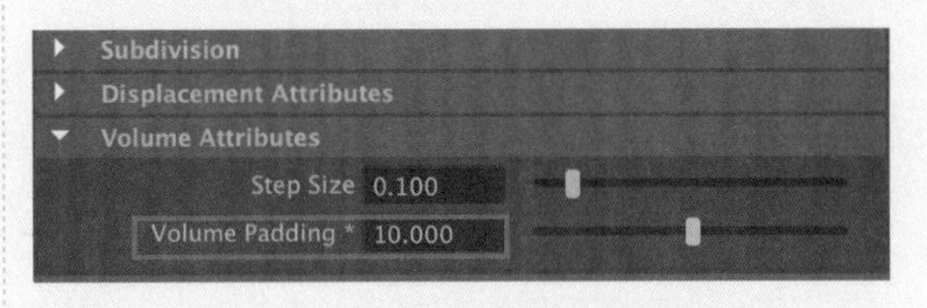

图6-183

14 渲染场景，渲染结果如图6-184所示。此时可以看到烟雾的表面产生了明显的噪波效果。

图6-184

15 在Noise Attributes（噪波属性）卷展栏中，设置Distortion（扭曲）值为5.000，Scale（缩放）值均为0.080，如图6-185所示。渲染场景，本例制作完成的烟雾材质效果如图6-188所示。

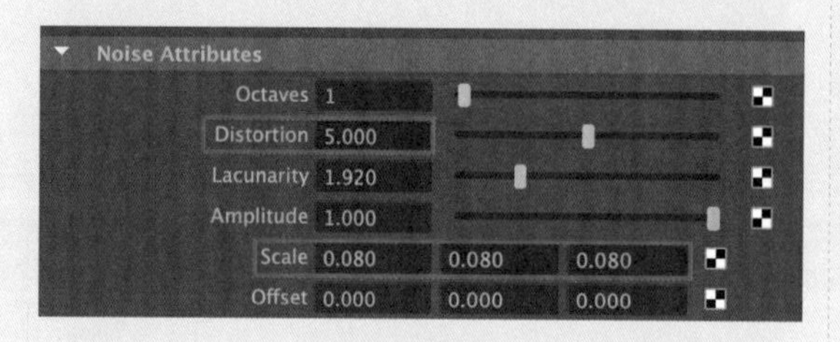

图6-185

Scale（缩放）值越小，渲染出来的噪波纹理效果越强烈。如图6-186和图6-187所示分别为该值均为0.100和0.040的渲染结果对比。

图6-186

图6-187

图6-188

6.4.6 实例：制作积木材质

本例主要讲解如何使用 aiRandom（随机）纹理，为不同的积木模型添加随机的颜色效果，最终渲染效果如图 6-189 所示。

图6-189

01 启动中文版Maya 2024，打开本书配套资源中的“积木材质.mb”文件，本场景为一个简单的室内环境模型，桌面上放置了一组积木模型，并且已经设置好了灯光及摄影机，如图6-190所示。

图6-190

02 选择场景中所有的积木模型，如图6-191所示。

图6-191

03 在“建模工具包”面板中，可以看到这些积木模型由19个对象组成，如图6-192所示。

图6-192

04 单击“渲染”工具架的“标准曲面材质”按钮，如图6-193所示，为选中的模型添加标准曲面材质。

图6-193

05 展开“基础”卷展栏，单击“颜色”参数后的方形按钮，如图6-194所示。

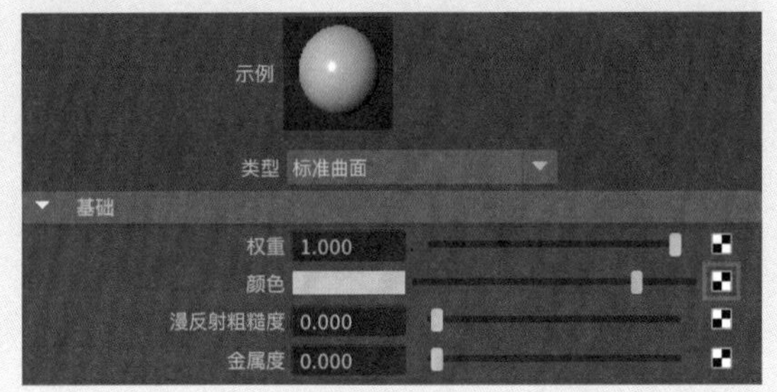

图6-194

06 在弹出的“创建渲染节点”对话框中选中aiRandom（随机）纹理选项，如图6-195所示。

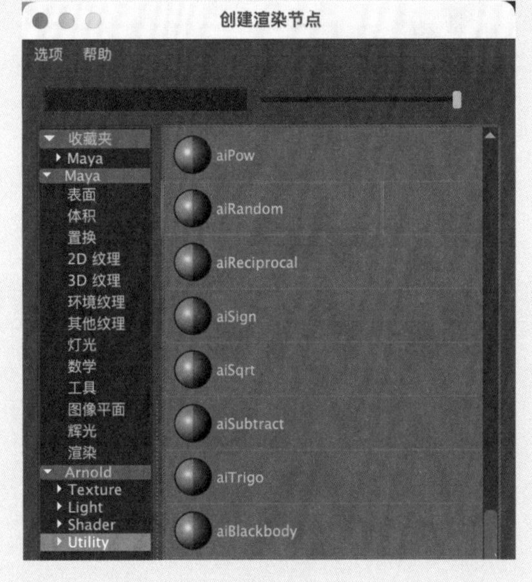

图6-195

07 在Random（随机）卷展栏中，设置Type（类型）为color（颜色）后，单击Color（颜色）后的方形按钮，如图6-196所示。

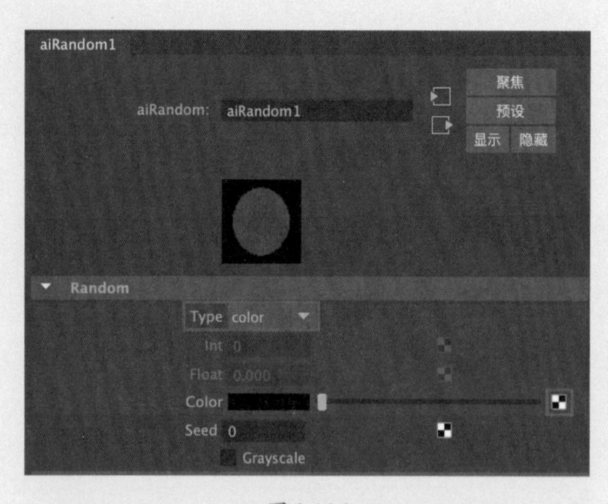

图6-196

08 在弹出的“创建渲染节点”对话框中选中aiUtility（实用程序）纹理选项，如图6-197所示。

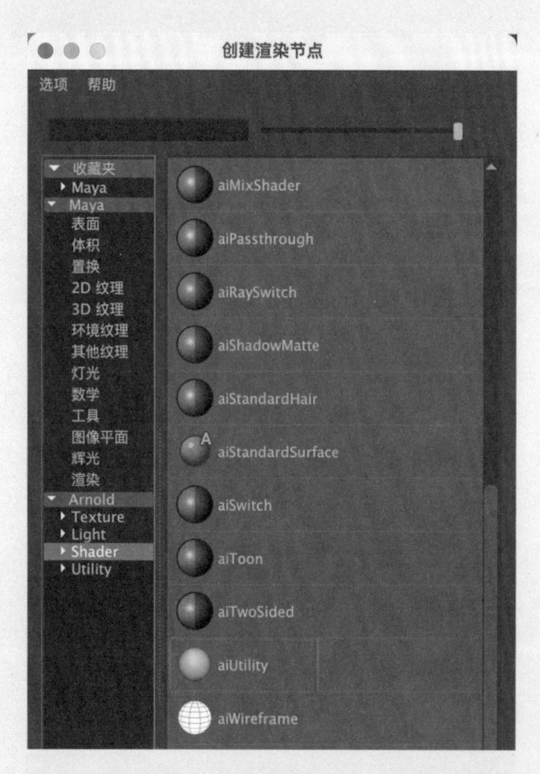

图6-197

09 在Utility Attributes（实用程序属性）卷展栏中，设置Shade Mode（阴影模式）为flat（平滑），Color Mode（颜色模式）为Object ID（物体 ID），如图6-198所示。

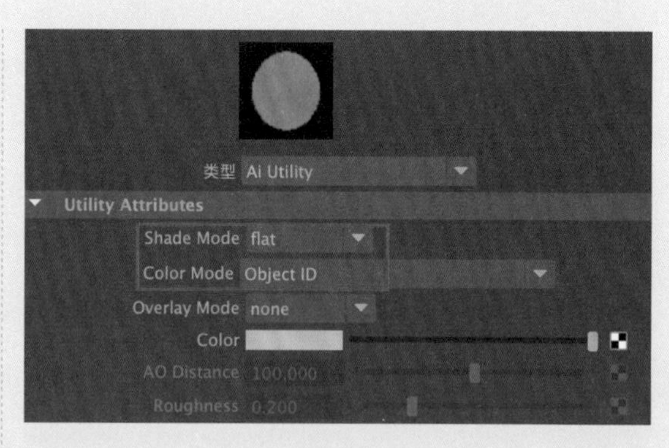

图6-198

10 设置完成后，渲染场景，渲染结果如图6-199所示。此时可以看到场景中的19个积木模型赋予的是同一个材质，但是渲染出来的颜色是随机的。

图6-199

11 在Random（随机）卷展栏中，设置Seed（种子）值为30，如图6-200所示。

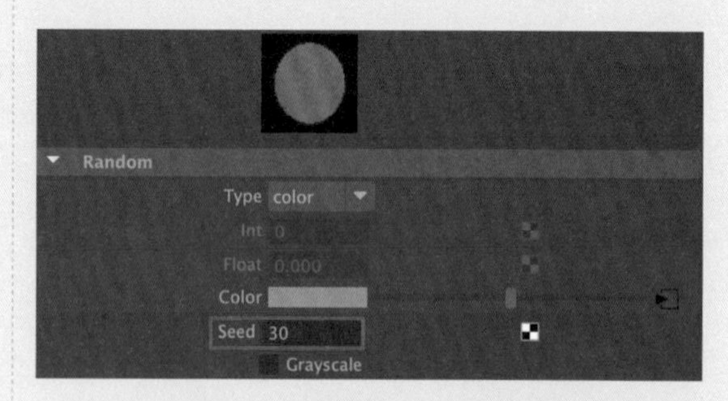

图6-200

12 再次渲染场景，可以看到积木的颜色再次发生随机变化，如图6-201所示。

图6-201

技巧与提示

在Random（随机）卷展栏中，选中Grayscale（灰度）复选框后，再调整Seed（种子）值，如图6-202所示，可以渲染出随机灰色的效果，如图6-203所示。

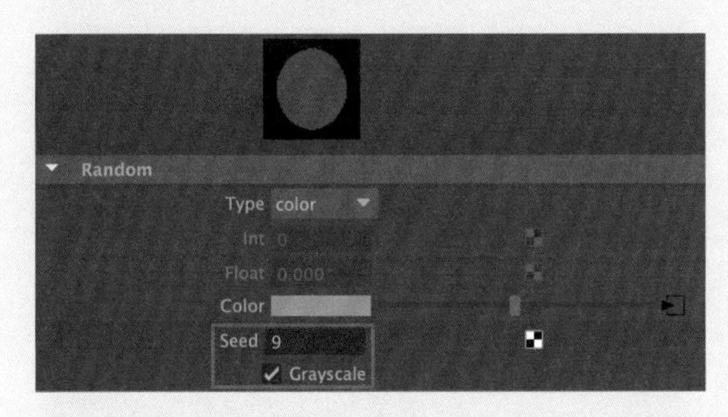

图6-202

图6-203

6.4.7 实例：制作多彩材质

本例主要讲解如何使用aiRandom（随机）纹理来制作多彩材质，最终渲染效果如图6-204所示。

图6-204

01 启动中文版Maya 2024，打开本书配套资源中的“多彩材质.mb”文件，本场景为一个简单的室内环境模型，桌面上放置了一只兔子摆件模型，并且已经设置好了灯光及摄影机，如图6-205所示。

图6-205

02 选择场景中的兔子模型，如图6-206所示。单击“渲染”工具架的“标准曲面材质”按钮，如图6-207所示，为选中的模型添加标准曲面材质。

03 展开“基础”卷展栏，单击“颜色”参数后的方形按钮，如图6-208所示。

04 在弹出的“创建渲染节点”对话框中选中

aiWireframe（线框）纹理选项，如图6-209所示。

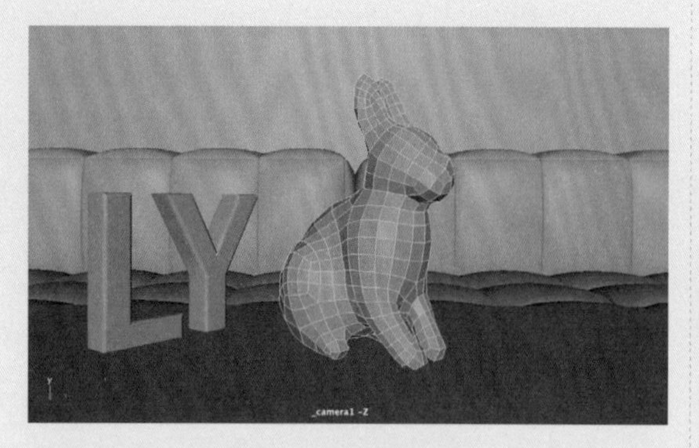

图6-206

图6-207

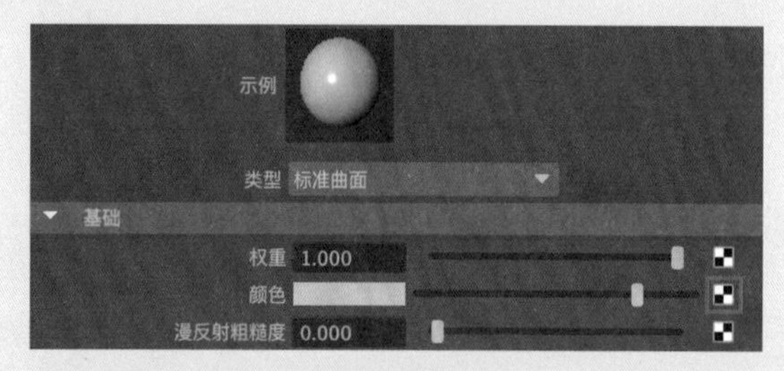

图6-208

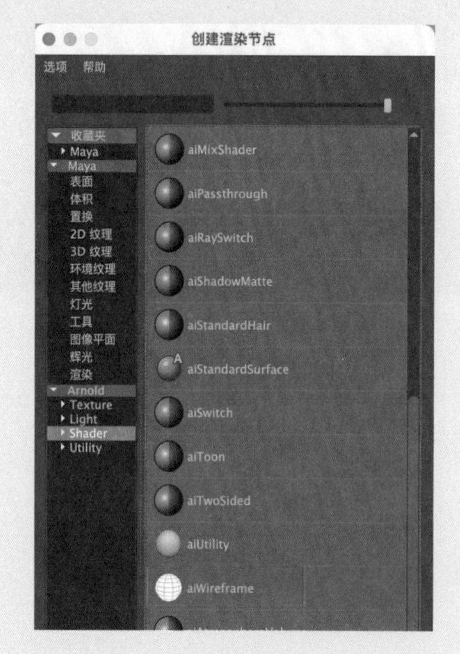

图6-209

05 在Wireframe Attributes（线框属性）卷展栏中，设置Edge Type（边类型）为polygons（多边形），Line Color（线颜色）为白色，然后单击Fill Color（填充颜色）选项后的方形按钮，如图6-210所示。

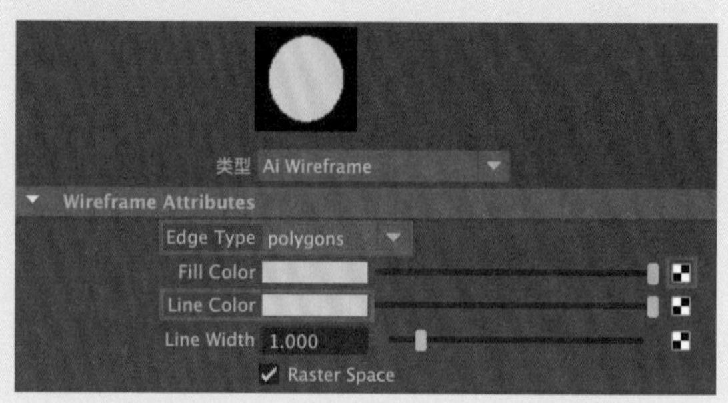

图6-210

06 在弹出的“创建渲染节点”对话框中选中aiRandom（随机）纹理选项，如图6-211所示。

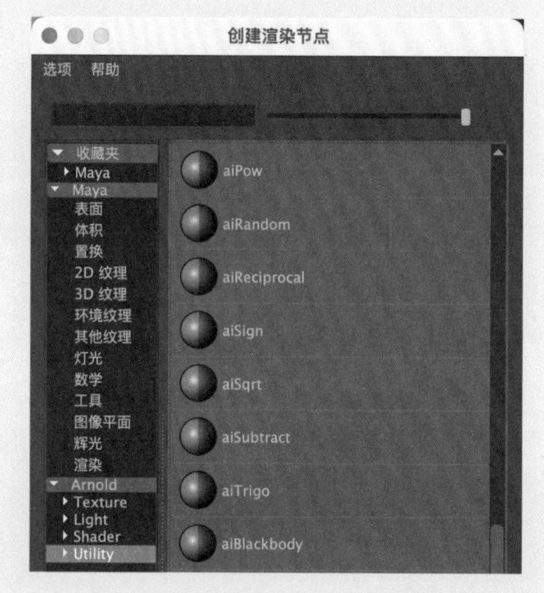

图6-211

07 在Random（随机）卷展栏中，设置Type（类型）为color（颜色）后，单击Color（颜色）后的方形按钮，如图6-212所示。

08 在弹出的“创建渲染节点”对话框中选中aiUtility（实用程序）纹理选项，如图6-213所示。

09 在Utility Attributes（实用程序属性）卷展栏

中，设置Shade Mode（阴影模式）为flat（平滑），Color Mode（颜色模式）为Primitive ID（原始ID），如图6-214所示。

图6-212

图6-213

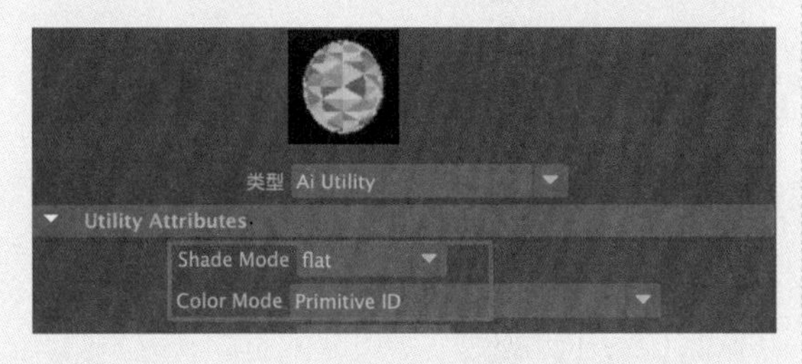

图6-214

10 设置完成后，渲染场景，渲染结果如图6-215所示。

图6-215

11 在Utility Attributes（实用程序属性）卷展栏中，设置Color Mode（颜色模式）为Uniform ID（一致ID），如图6-216所示。

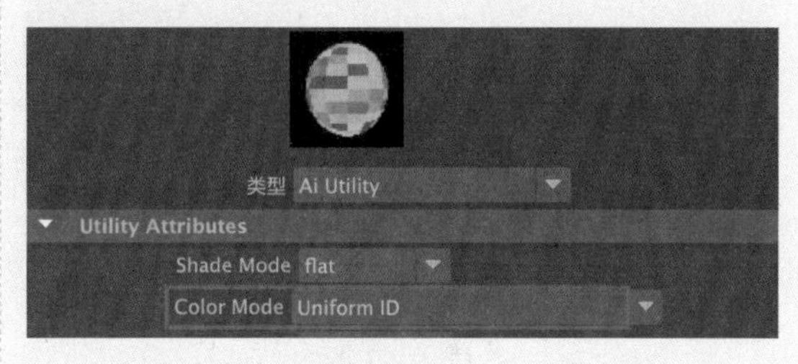

图6-216

12 设置完成后，渲染场景，渲染结果如图6-217所示。

图6-217

技巧与提示

可以自行尝试更改Color Mode（颜色模式），以得到其他有趣的渲染结果，如图6-218和图6-219所示。

图6-218

图6-219

13 在Wireframe Attributes（线框属性）卷展栏中，设置Line Color（线颜色）为黄色，Line Width（线宽）值为5.000，如图6-220所示。

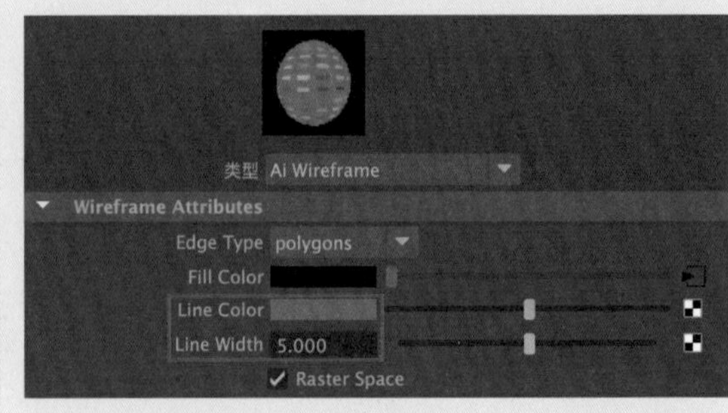

图6-220

14 再次渲染场景，本例的最终渲染结果如图6-221所示。

图6-221

第7章

渲染与输出

7.1 渲染概述

什么是“渲染”？其英文 Render 可以翻译为“着色”。从其在整个项目流程中的环节来说，可以理解为“出图”。渲染真的仅是在三维项目制作完成后，单击“渲染当前帧”按钮的最后一步操作吗？很显然，不是。

通常我们所说的渲染指的是在“渲染设置”面板中，通过调整参数来控制最终图像的照明强度、计算时间、图像质量等综合因素，让计算机在合理时间内计算出令人满意的图像，这些参数的设置就是渲染。此外，从“渲染”工具架中工具按钮的设置上来看，该工具架不仅有与渲染相关的工具按钮，还包含了灯光、摄影机和材质的工具按钮，也就是说，在具体的项目制作中，渲染还包括了灯光设置、摄影机摆放和材质制作等工作流程，如图 7-1 所示。

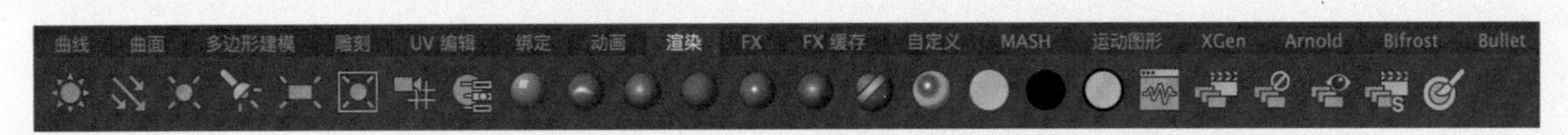

图7-1

使用中文版 Maya 2024 制作三维项目时，常见的工作流程大多是按照“建模→设置灯光→设置材质→设置摄影机→渲染”的顺序进行的，渲染之所以放在最后，说明这一操作是计算之前流程的最终步骤，其计算过程相当复杂，所以需要认真学习并掌握其关键技术，如图 7-2 和图 7-3 所示为使用 Maya 制作出来的三维渲染图。

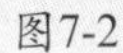

图7-2

图7-3

7.2 Arnold 渲染器

Arnold渲染器是Maya 2024的默认渲染器，其先进的算法可以高效地利用计算机的硬件资源，简洁的命令设计架构极大地简化了着色和照明设置步骤，渲染出的图像逼真、细腻。Arnold 渲染器是一种基于高度优化设计的光线跟踪引擎，不提供会导致出现渲染瑕疵的缓存算法，例如光子贴图、最终聚集等。使用该渲染器所提供的专业材质和灯光系统渲染图像，会使最终结果具有更强的可预见性，从而大幅节省了渲染师的后期图像处理步骤，缩短了项目制作所需时间。图 7-4 和图 7-5 所示为使用 Arnold 渲染器渲染的三维数字作品。

图7-4

图7-5

打开“渲染设置”面板，可以看到中文版 Maya 2024 的渲染器设置参数，如图 7-6 所示。Arnold 渲染器使用方便，只需调试少量参数，即可得到令人满意的渲染结果。

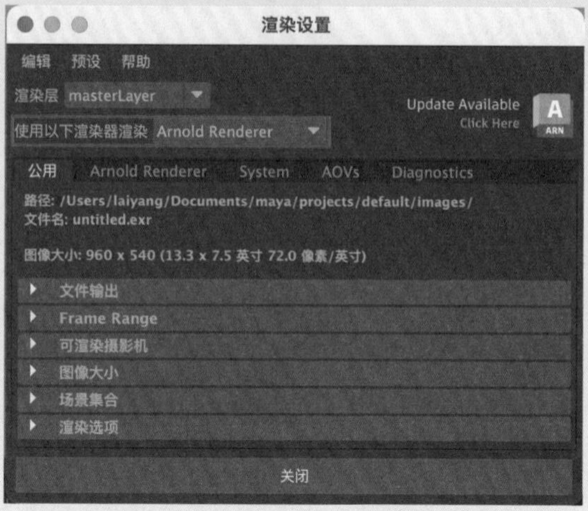

渲染设置
编辑 预设 帮助
渲染层 masterLayer
使用以下渲染器渲染 Arnold Renderer
Update Available
Click Here
公用 Arnold Renderer System AOVs Diagnostics
路径: /Users/laiyang/Documents/maya/projects/default/images/
文件名: untitled.exr
图像大小: 960 x 540 (13.3 x 7.5 英寸 72.0 像素/英寸)
文件输出
Frame Range
可渲染摄影机
图像大小
场景集合
渲染选项
关闭

图7-6

7.3 综合实例：卧室天光表现

本例通过渲染一个室内场景，学习中文版 Maya 2024 的常用材质、灯光及渲染器的综合运用方法，实例的最终渲染结果如图 7-7 所示。

图7-7

打开本书的配套场景资源中的“卧室 .mb”文件，如图 7-8 所示。首先对该场景中的常用材质设置方法进行讲解。

图7-8

7.3.1　制作地板材质

本例中的地板材质渲染结果如图 7-9 所示，具体的操作步骤如下。

图7-9

01 在场景中选中地板模型，如图7-10所示。

图7-10

02 单击“渲染”工具架中的“标准曲面材质”按钮，为选中的模型指定标准曲面材质，如图7-11所示。

图7-11

03 在“属性编辑器”面板中，展开“基础”卷展栏，单击“颜色”属性后的方形按钮，如图7-12所示。

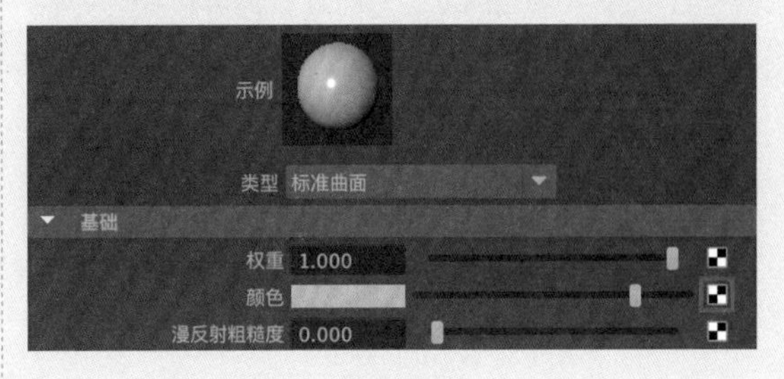

图7-12

04 在弹出的“创建渲染节点”对话框中选择“文件”纹理选项，如图7-13所示。

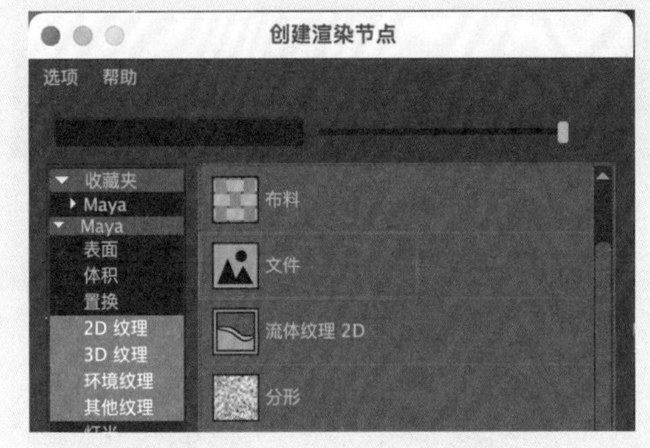

图7-13

05 在“文件属性”卷展栏中，单击“图像名称”后的文件夹按钮，浏览并添加本书配套资源中的“地板纹理.jpg”贴图文件，制作地板材质的表面纹理，如图7-14所示。

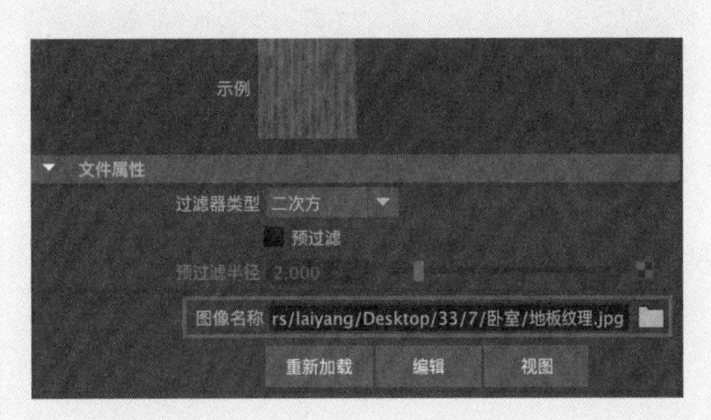

图7-14

06 在“2D纹理放置属性”卷展栏中，设置“UV向重复”值为3.000和5.000，如图7-15所示。

图7-15

07 在“镜面反射”卷展栏中，设置“粗糙度”值为0.400，如图7-16所示。

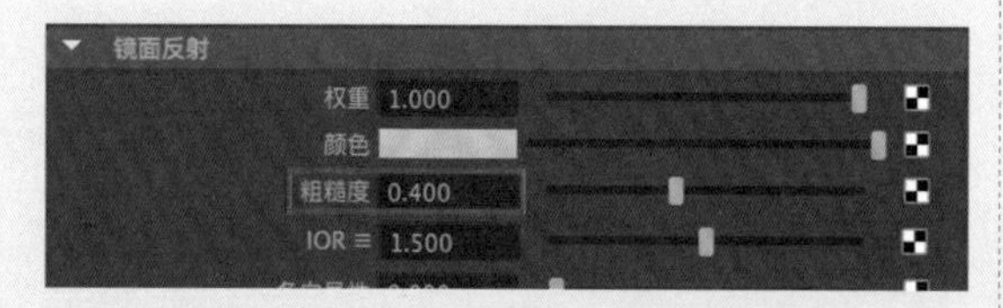

图7-16

08 制作完成后的地板材质球显示结果如图7-17所示。

图7-17

7.3.2 制作床板材质

本例中的床板材质渲染结果如图 7-18 所示，具体的操作步骤如下。

图7-18

01 在场景中选中床板模型，如图7-19所示。

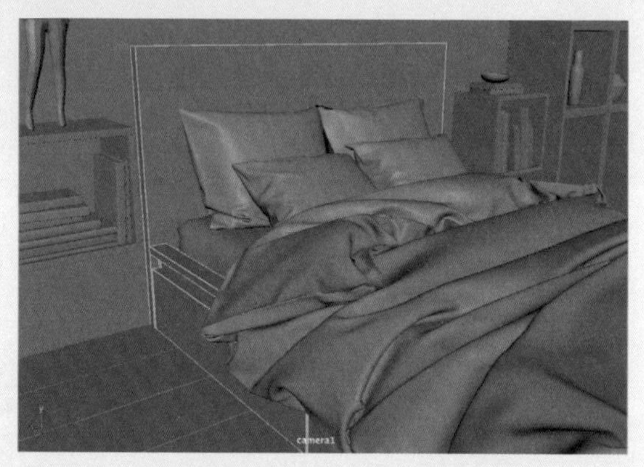

图7-19

02 单击“渲染”工具架中的“标准曲面材质”按钮，为选中的模型指定标准曲面材质，如图7-20所示。

图7-20

03 在“属性编辑器”面板中，展开“基础”卷展栏，单击“颜色”属性后的方形按钮，如图7-21所示。

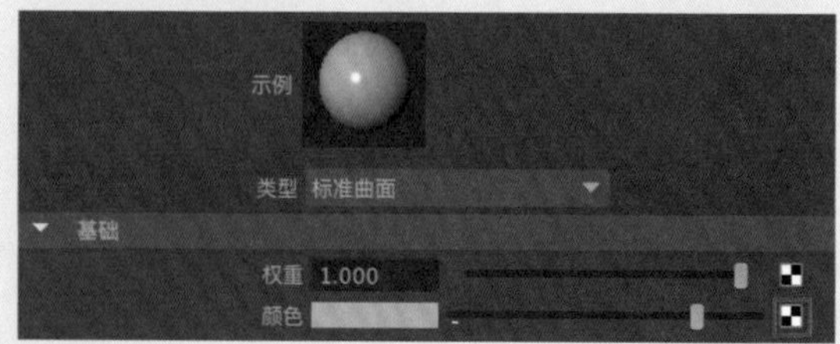

图7-21

04 在弹出的“创建渲染节点”对话框中选择“文件”纹理选项，如图7-22所示。

图7-22

05 在“文件属性”卷展栏中，单击“图像名称”后的文件夹按钮，浏览并添加本书配套资源中的“床板.jpg”贴图文件，制作出床板材质的表面纹理，如图7-23所示。

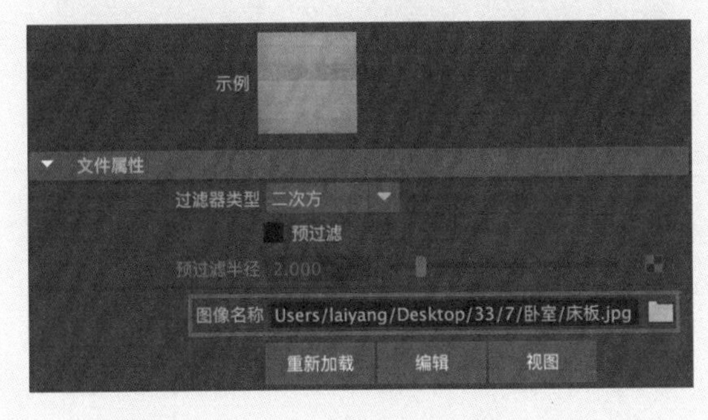

图7-23

06 制作完成后的床板材质球显示结果如图7-24所示。

图7-24

7.3.3 制作被子材质

本例中的被子材质渲染结果如图7-25所示，具体的操作步骤如下。

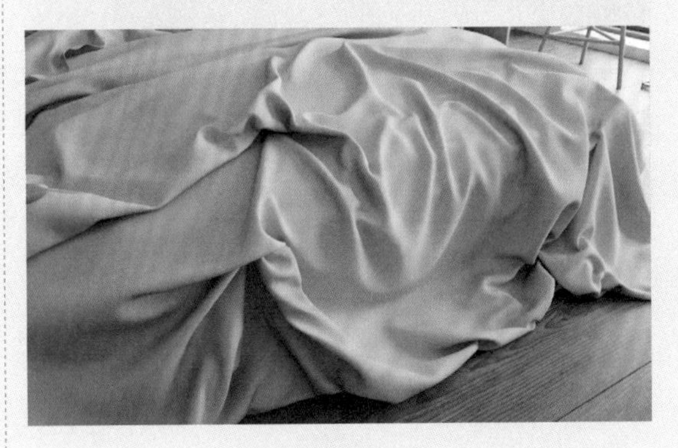

图7-25

01 在场景中选择床上的被子模型，如图7-26所示，并为其指定标准曲面材质。

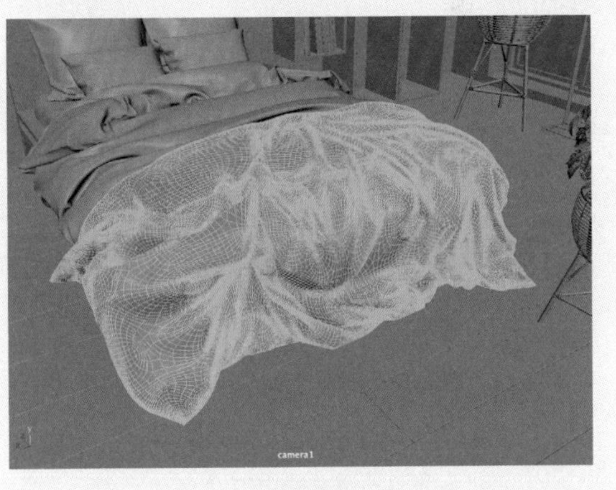

图7-26

02 在“镜面反射”卷展栏中，设置“权重”值为0.000，如图7-27所示。

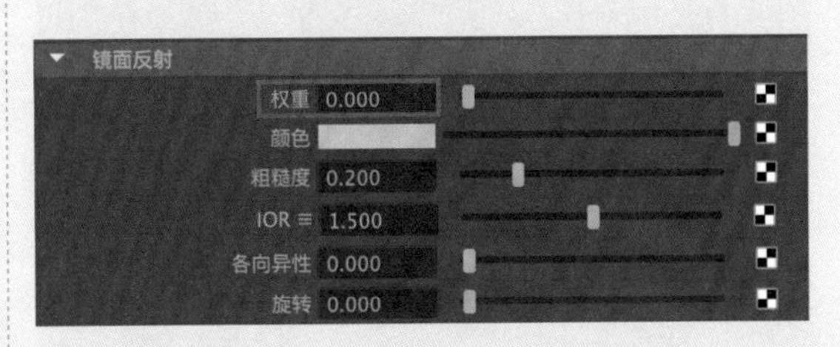

图7-27

03 制作完成后的材质球显示结果如图7-28所示。

图7-28

7.3.4 制作金色金属材质

本例中的金色金属材质渲染结果如图 7-29 所示，具体的操作步骤如下。

图7-29

01 在场景中选中窗边的衣架模型，如图7-30所示，并为其指定标准曲面材质。

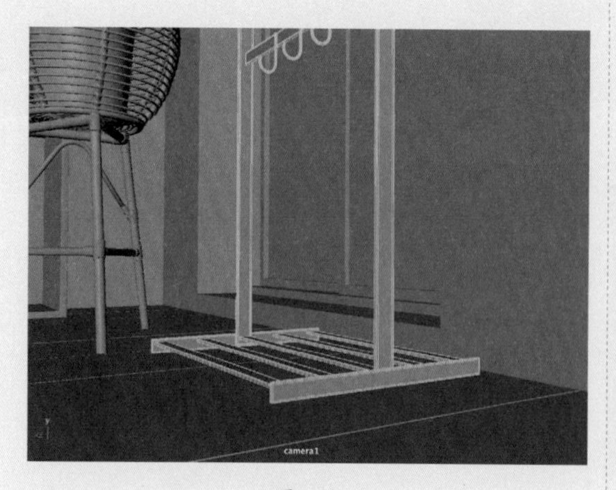

图7-30

02 在“属性编辑器”面板中，展开“基础”卷展栏，设置“颜色”为金黄色，“金属度”值为1.000。如图7-31所示。其中，“颜色”参数设置如图7-32所示。

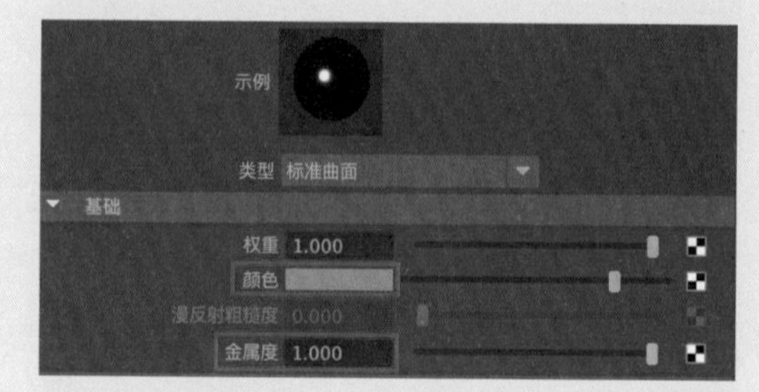

图7-31

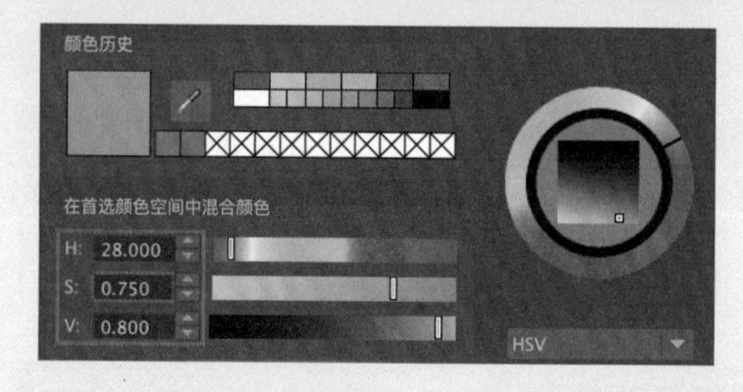

图7-32

03 在“镜面反射”卷展栏中，设置“粗糙度”值为0.250，如图7-33所示。

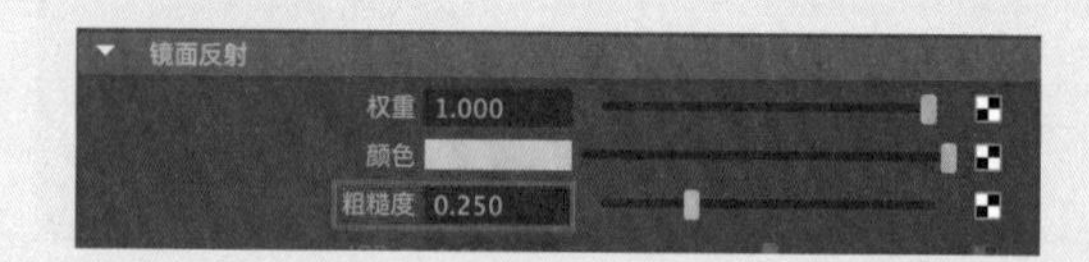

图7-33

04 制作完成后的金色金属材质球显示结果如图7-34所示。

图7-34

7.3.5 制作叶片材质

本例中的植物叶片材质渲染结果如图 7-35 所示，具体的操作步骤如下。

图7-35

01 在场景中选择植物叶片模型，如图7-36所示，并为其指定标准曲面材质。

图7-36

02 在“属性编辑器”面板中，展开“基础”卷展栏，单击“颜色”属性后的方形按钮，如图7-37所示。

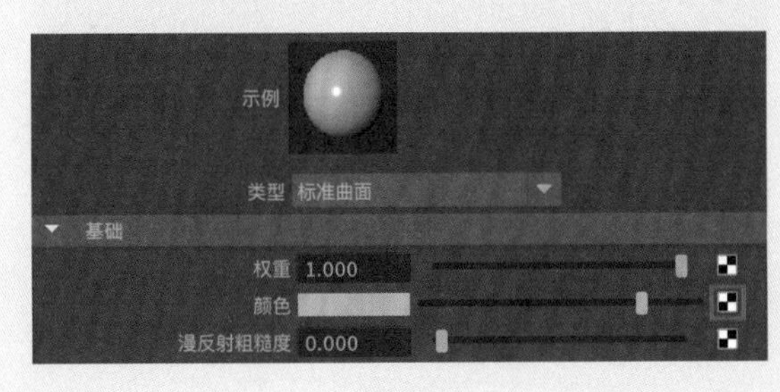

图7-37

03 在弹出的“创建渲染节点”对话框中选择“文件”纹理选项，如图7-38所示。

图7-38

04 在“文件属性”卷展栏中，单击“图像名称”后的文件夹按钮，浏览并添加本书配套资源中的“叶子.png”贴图文件，制作出叶片材质的表面纹理，如图7-39所示。

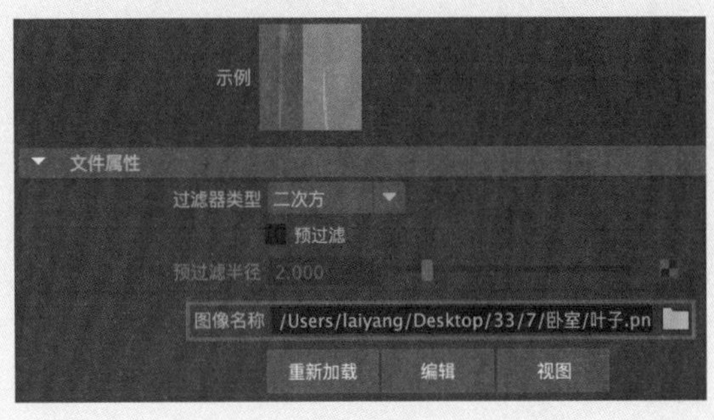

图7-39

05 在“镜面反射”卷展栏中，设置“粗糙度”值为0.500，如图7-40所示。制作完成后的植物叶片材质球显示结果如图7-41所示。

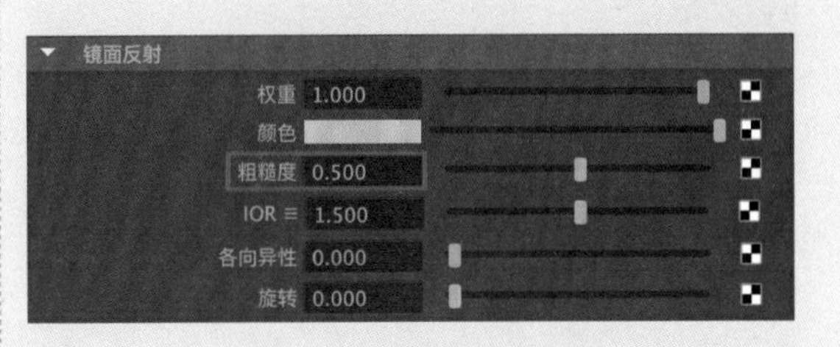

图7-40

图7-41

7.3.6 制作陶瓷材质

本例中置物架上有一个陶瓷花瓶模型，其材质渲染结果如图7-42所示，具体的操作步骤如下。

图7-42

01 在场景中选中花瓶模型，如图7-43所示，并为其指定标准曲面材质。

图7-43

02 在“基础”卷展栏中，单击“颜色”属性后的方形按钮，如图7-44所示。

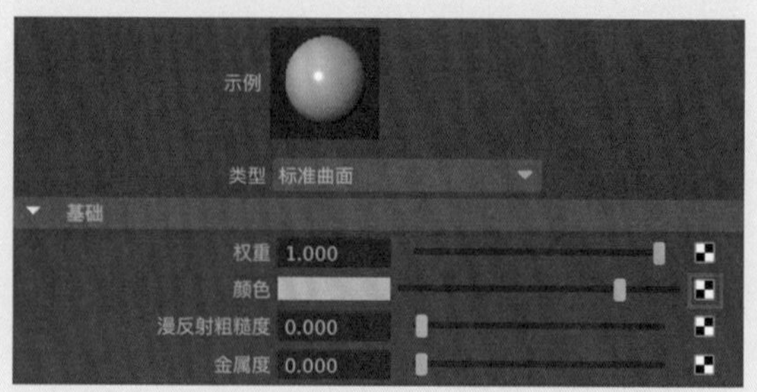

图7-44

03 在弹出的“创建渲染节点”对话框中选择“渐变”纹理选项，如图7-45所示。

图7-45

04 在“渐变属性”卷展栏中，设置渐变的第一个颜色为蓝色，第二个颜色保持默认的白色，如图7-46所示。其中，第一个颜色的参数设置如图7-47所示。

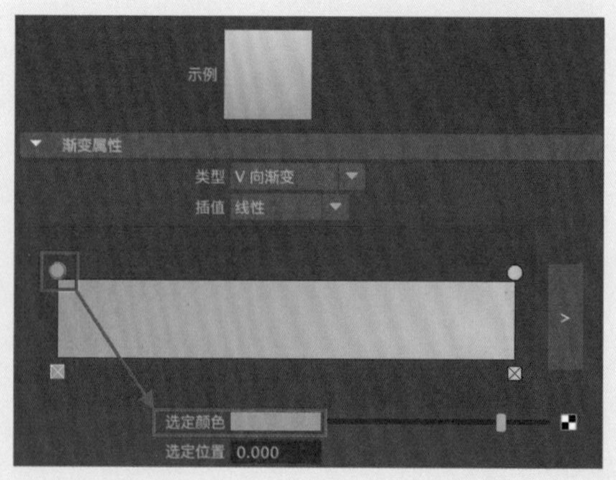

图7-46

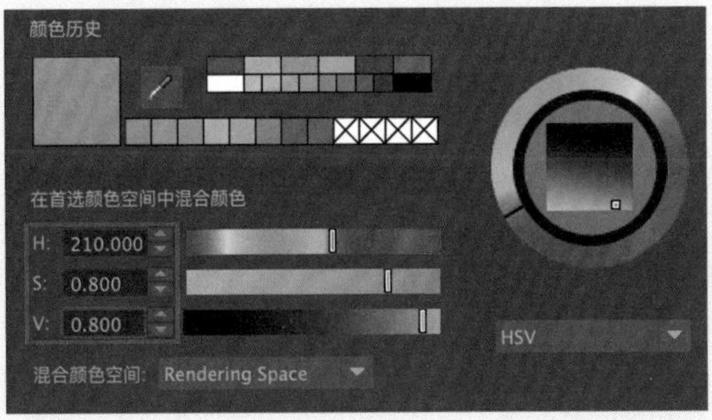

图7-47

05 在“镜面反射”卷展栏中，设置“粗糙度”值为0.100，如图7-48所示。

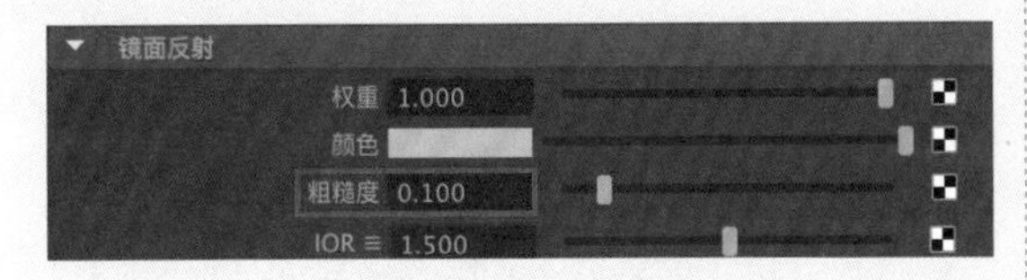

图7-48

06 在“几何体”卷展栏中，单击“凹凸贴图”属性后的方形按钮，如图7-49所示。

图7-49

07 在弹出的“创建渲染节点”对话框中选择aiCellNoise（细胞噪波）纹理选项，如图7-50所示。

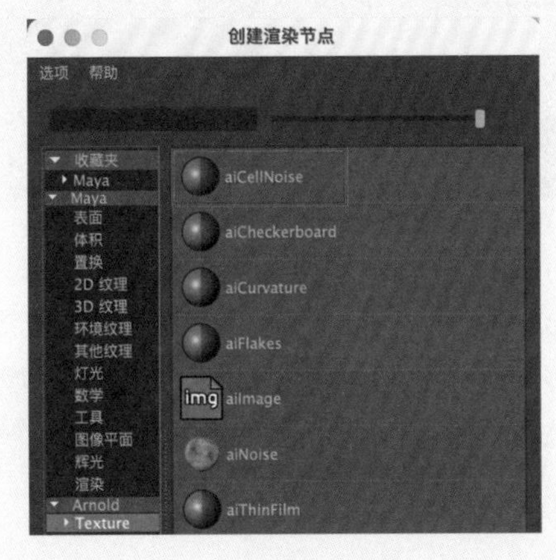

图7-50

08 在弹出的“连接编辑器”面板中，将左侧outColor节点的outColorR属性与右侧bump2d3节点的bumpValue属性关联，然后单击“关闭”按钮，如图7-51所示。

图7-51

09 在“属性编辑器”面板中，设置Pattern（图案）为worley1，如图7-52所示。

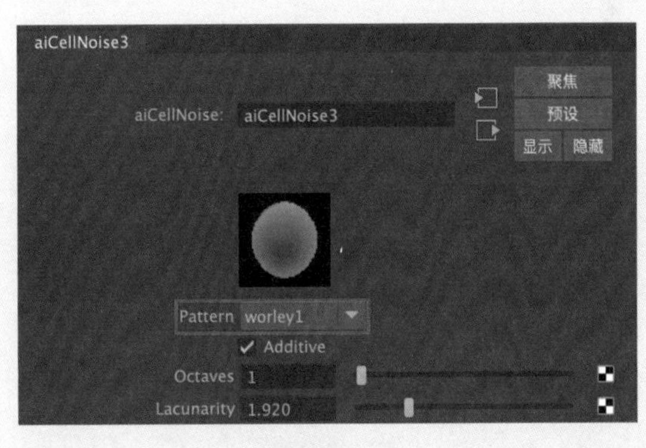

图7-52

10 制作完成后的陶瓷材质球显示结果如图7-53所示。

图7-53

7.3.7 制作渐变色玻璃材质

本例中置物架上的瓶子使用了拥有渐变色的玻璃材质，其渲染结果如图 7-54 所示，具体的操作步骤如下。

图7-54

01 在场景中选中瓶子模型，如图7-55所示，并为其指定标准曲面材质。

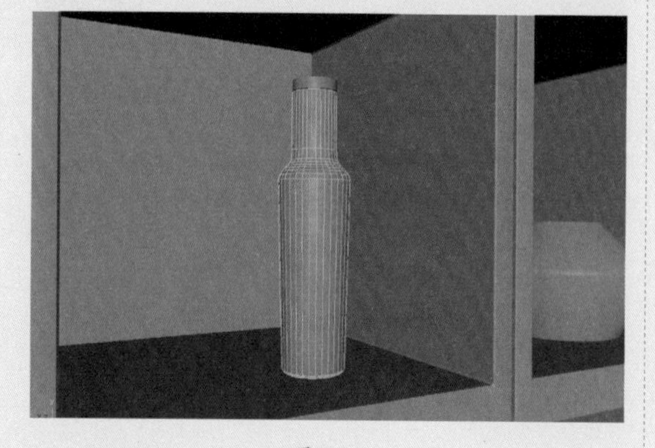

图7-55

02 在“镜面反射”卷展栏中，设置“粗糙度”值为0.000，如图7-56所示。

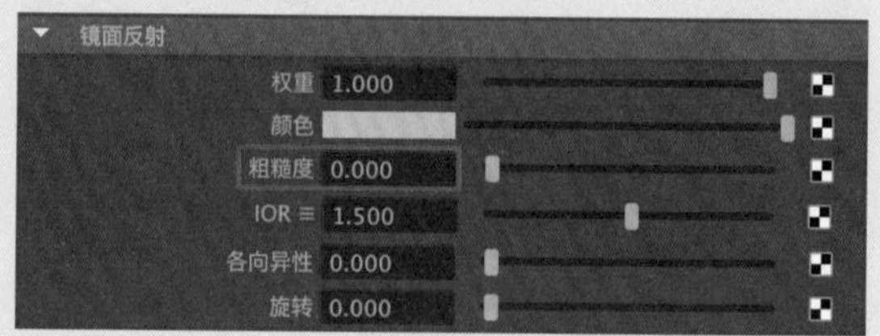

图7-56

03 在“透射”卷展栏中，设置“权重”值为1.000，单击“颜色”属性后的方形按钮，如图7-57所示。

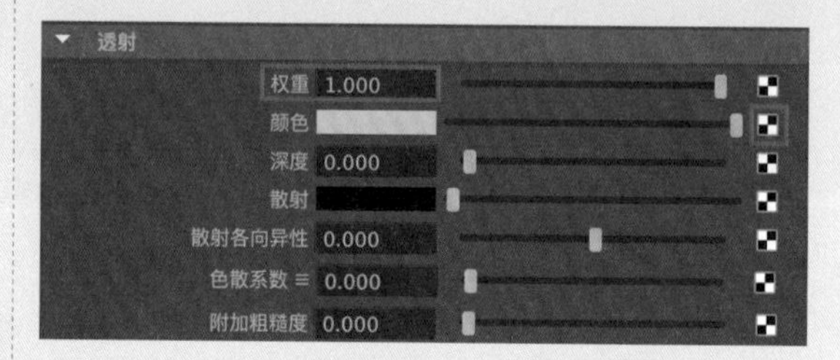

图7-57

04 在弹出的“创建渲染节点”对话框中选择“渐变”纹理选项，如图7-58所示。

图7-58

05 在“渐变属性”卷展栏中，设置渐变的第一个颜色为粉红色，“选定位置”值为0.100；第二个颜色保持默认的白色，“选定位置”值为0.600，如图7-59和图7-60所示。其中，第一个颜色的参数设置如图7-61所示。

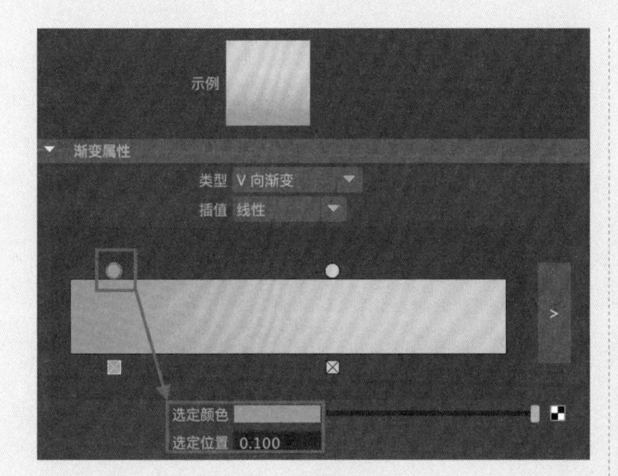

图7-59

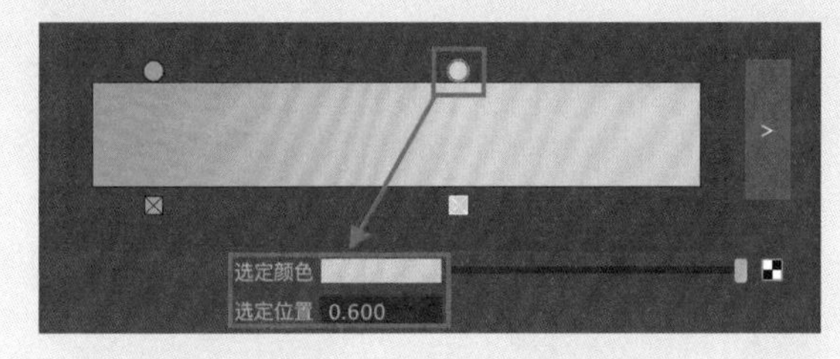

图7-60

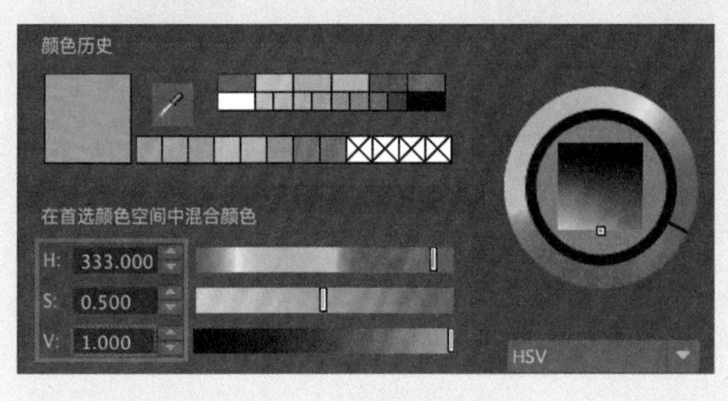

图7-61

06 制作完成后的渐变色玻璃材质球显示结果如图7-62所示。

图7-62

7.3.8 制作窗外环境材质

本例中的窗外环境渲染结果如图 7-63 所示，具体的操作步骤如下。

图7-63

01 在场景中选择窗外环境模型，如图7-64所示，并为其指定标准曲面材质。

图7-64

02 在“属性编辑器”面板中，展开“基础”卷展栏，单击“颜色”属性后的方形按钮，如图7-65所示。

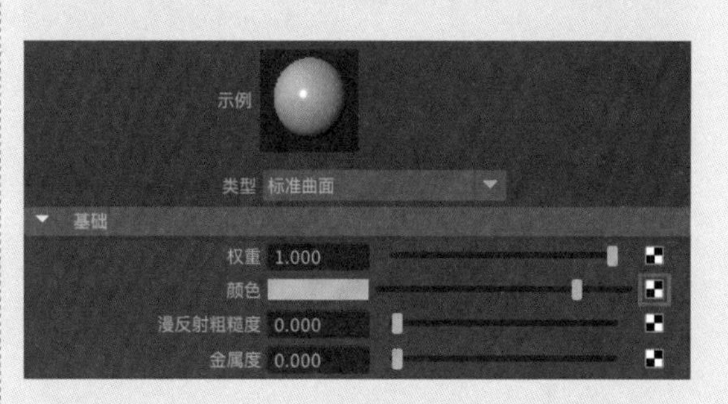

图7-65

03 在弹出的“创建渲染节点”对话框中选择“文件”纹理选项，如图7-66所示。

图7-66

04 在“文件属性”卷展栏中，单击“图像名称”后的文件夹按钮，浏览并添加本书配套资源中的“窗外.jpeg”贴图文件，如图7-67所示。

图7-67

05 在“镜面反射”卷展栏中，设置“权重”值为0.000，如图7-68所示。

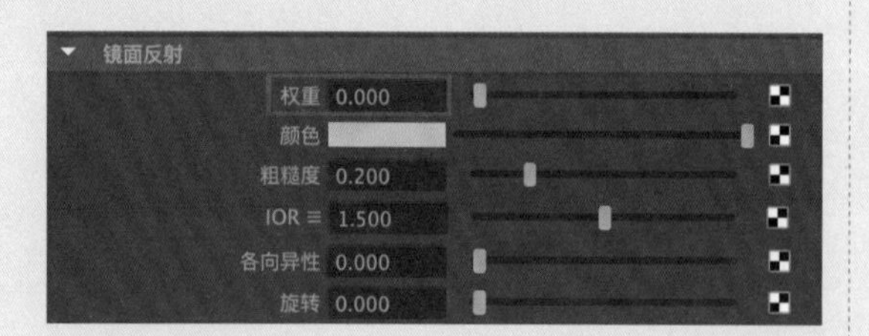

图7-68

06 在“自发光”卷展栏中，设置“权重”值为5.000，以同样的方式为“颜色”属性添加“文件”渲染节点，如图7-69所示。该“文件”渲染节点中使用的贴图仍然为“窗外.jpeg”贴图文件。

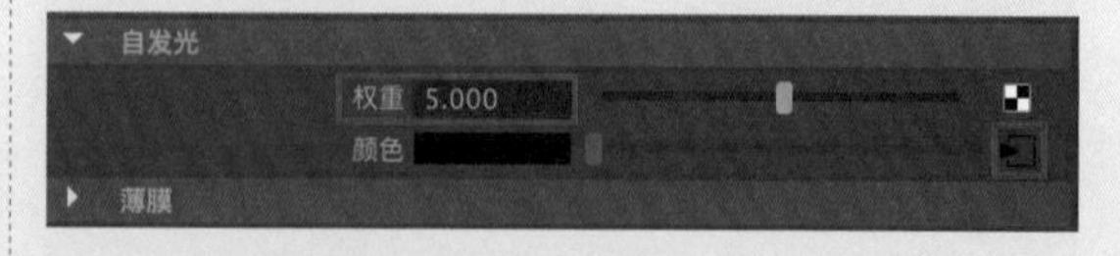

图7-69

技巧与提示

当在室内进行拍摄时，窗外的环境通常会有一些过曝的现象，这是因为室内外光线强弱的差异造成的，所以在模拟室外环境时需要注意这一点。可以拿出手机，在室内对着窗户拍摄，并进行观察。

07 制作完成后的窗外环境材质球显示结果如图7-70所示。

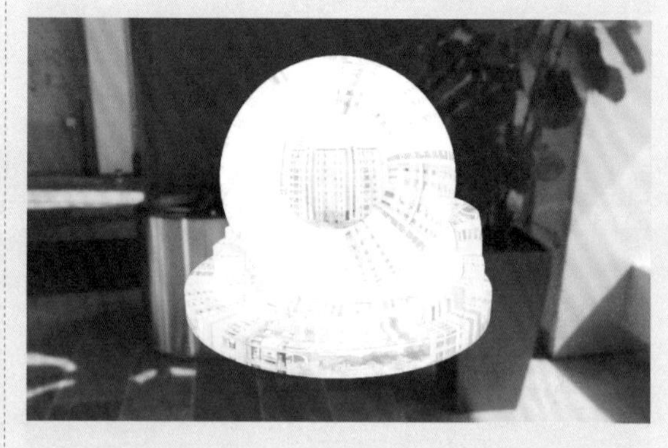

图7-70

7.3.9 制作灯光照明效果

本例制作场景的灯光照明效果，具体的操作步骤如下。

01 在“渲染”工具架中，单击Area Light（区域光）按钮，如图7-71所示，在场景中创建一个区域灯光。

图7-71

02 按R键，使用“缩放”工具对区域灯光进行缩放，并在右视图中调整其大小和位置，与场景中房间的窗户大小相近即可，如图7-72所示。

图7-72

03 使用“移动”工具调整区域灯光的位置，如图7-73所示，将灯光放置在房间外窗户模型的位置。

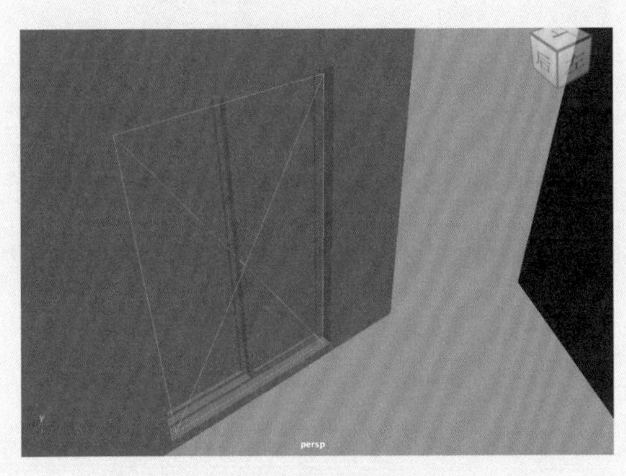

图7-73

04 在Arnold Area Light Attributes（区域光属性）卷展栏中，设置Intensity（强度）值为500.000，Exposure（曝光）值为10.000，如图7-74所示。

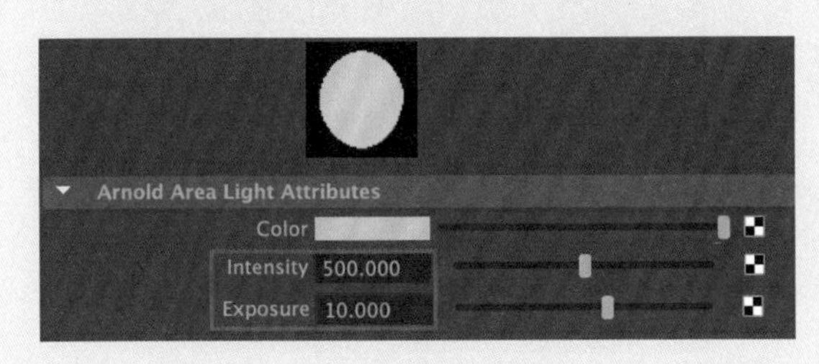

图7-74

05 观察场景中的房间模型，此时可以看到该房间的一侧墙上有两扇窗户，所以，将刚刚创建的区域光复制一个，并调整其位置至另一个窗户模型的位置，如图7-75所示。

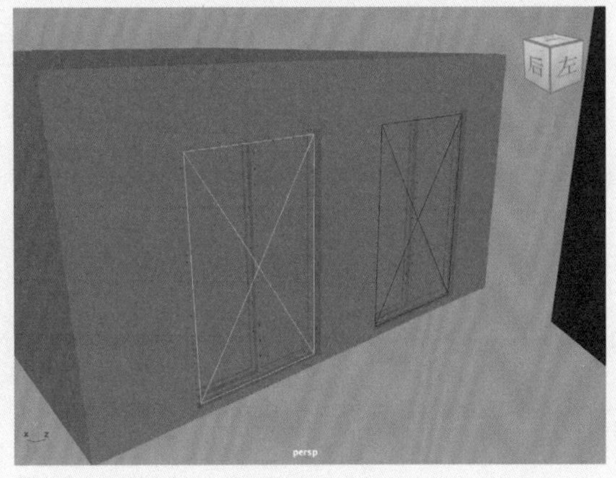

图7-75

7.3.10 渲染设置

01 打开“渲染设置”面板，在“公用”选项卡中，展开“图像大小”卷展栏，设置渲染图的“宽度”值为1300，“高度”值为800，如图7-76所示。

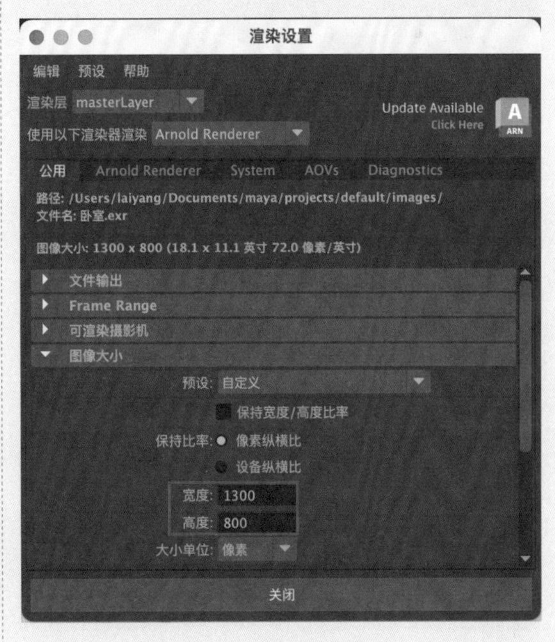

图7-76

02 在Arnold Renderer选项卡中，展开Sampling（采样）卷展栏，设置Camera（AA）值为9，提高渲染图像的计算采样精度，如图7-77所示。

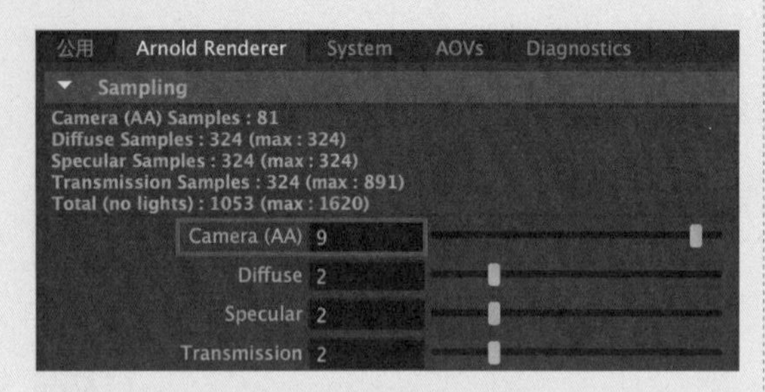

图7-77

03 设置完成后，渲染场景，渲染结果看起来稍暗，如图7-78所示。

图7-78

04 单击Arnold RenderView（Arnold渲染视图）面板右上角齿轮形状的Display Setting（显示设置）按钮，单击Add Imager（添加图层）按钮，在弹出的列表中选择Color Correct（颜色修正）选项，如图7-79所示。

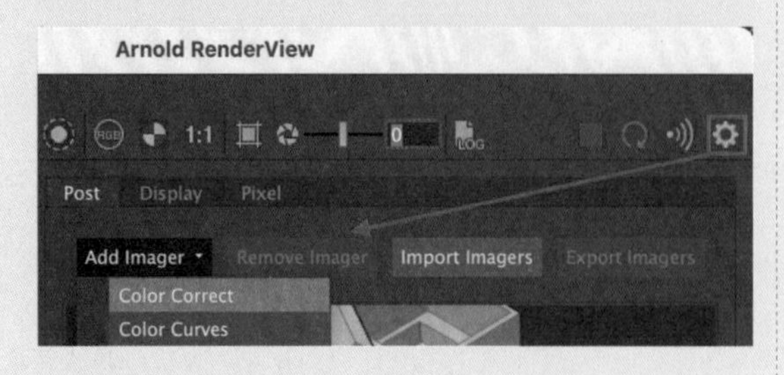

图7-79

05 在Main（主要）卷展栏中，设置Saturation（饱和度）值为1.2000，Contrast（对比度）值为1.2000，Gamma（伽马）值为2.0000，如图7-80所示。

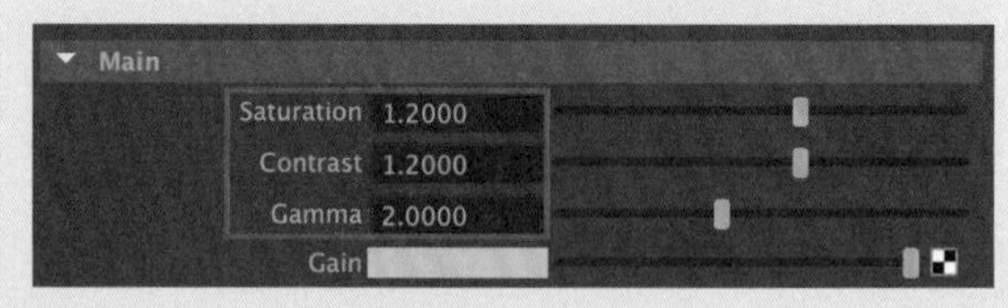

图7-80

06 设置完成后，渲染图像的视图显示结果，如图7-81所示。

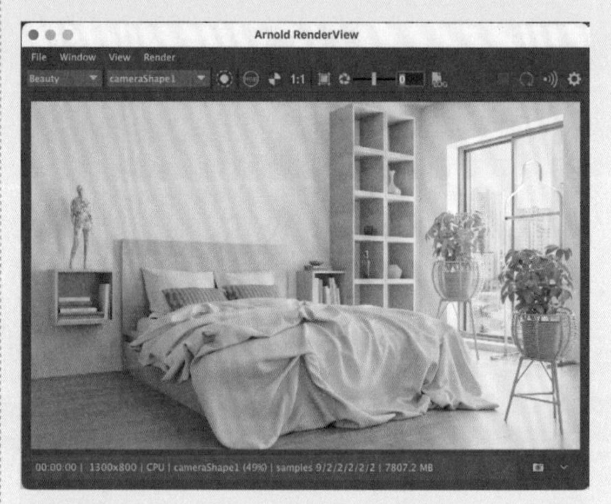

图7-81

07 单击Arnold RenderView（Arnold渲染视图）面板右上角齿轮形状的Display Setting（显示设置）按钮，单击Add Imager（添加图层）按钮，在弹出的列表中选择White Balance（白平衡）选项，如图7-82所示。

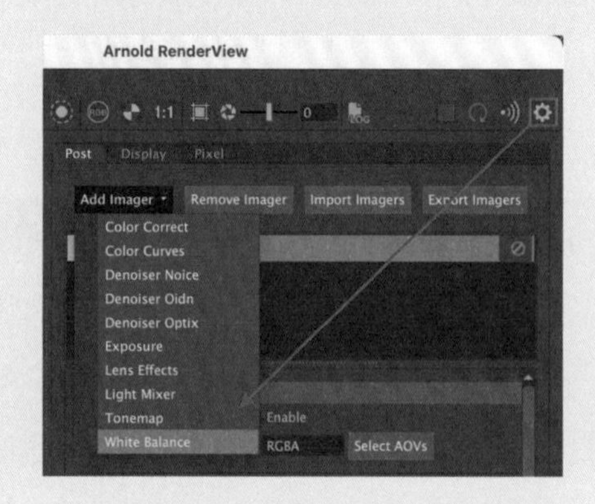

图7-82

08 在Main（主要）卷展栏中，设置Mode（模式）为temperature（温度），Temperature（温度）值为7500.0000，如图7-83所示。本例的最终渲染结果如图7-84所示。

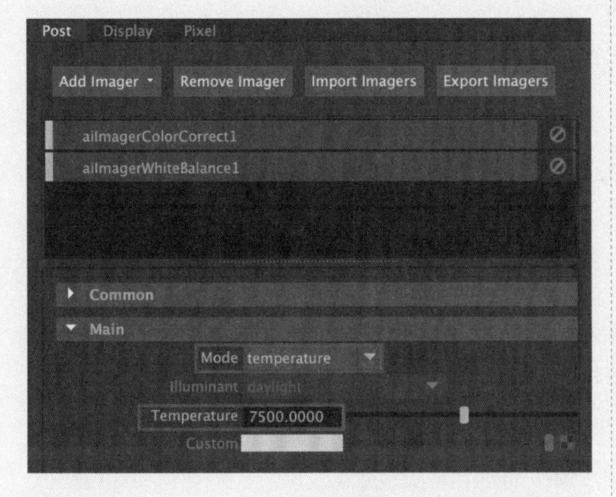

图7-83

图7-84

7.4 综合实例：别墅阳光表现

本例通过渲染一个室外建筑场景来学习 Maya 材质、灯光和 Arnold 渲染器的综合运用方法。实例的最终渲染结果如图 7-85 所示。

打开本书配套资源中的“别墅 .mb”文件，如图 7-86 所示。首先对制作该场景中常用材质的方法进行讲解。

图7-85

图7-86

7.4.1 制作砖墙材质

本例中的砖墙材质渲染结果如图 7-87 所示，具体的操作步骤如下。

图7-87

01 在场景中选择别墅的墙体部分模型，如图7-88

所示，并为其指定标准曲面材质。

图7-88

02 在“属性编辑器”面板中，展开“基础”卷展栏，单击“颜色”属性后的方形按钮，如图7-89所示。

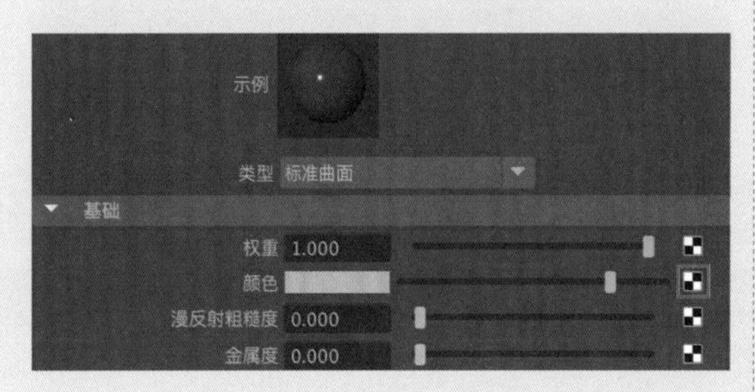

图7-89

03 在弹出的“创建渲染节点”对话框中选择“文件”渲染节点，如图7-90所示。

图7-90

04 在“文件属性”卷展栏中，单击“图像名称”后的文件夹按钮，浏览并添加本书配套资源中的“砖墙.jpg”贴图文件，制作出砖墙材质的表面纹理，再复制上方该纹理的名称，如图7-91所示。

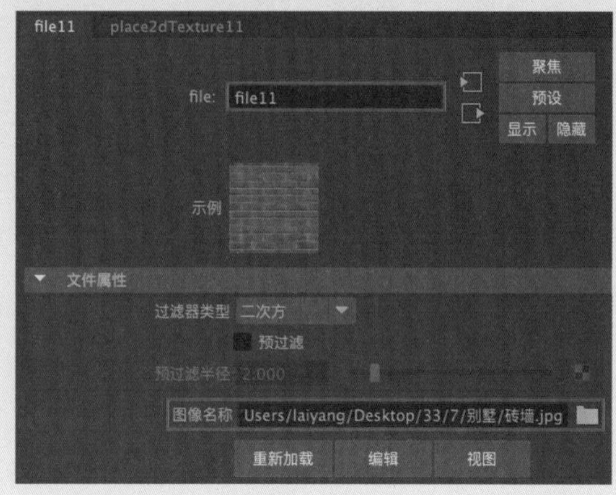

图7-91

05 在“镜面反射”卷展栏中，设置“粗糙度”值为0.300，如图7-92所示。

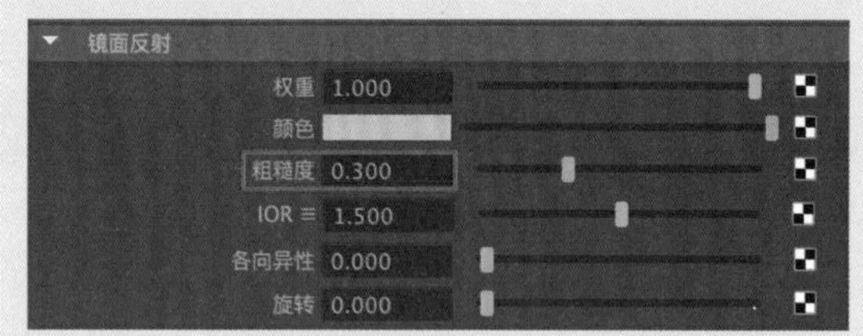

图7-92

06 在“几何体”卷展栏中，在“凹凸贴图”文本框内粘贴刚刚复制的纹理名称并按Enter键，即可将砖墙材质的“颜色”属性使用的“文件”渲染节点连接到凹凸贴图属性上，如图7-93所示。

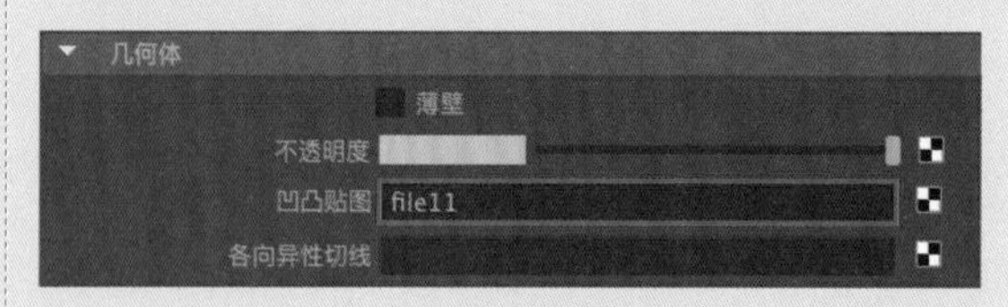

图7-93

07 制作完成后的砖墙材质球显示结果如图7-94所示。

图7-94

7.4.2 制作瓦片材质

本例中的瓦片材质渲染结果如图 7-95 所示，具体的操作步骤如下。

图7-95

01 在场景中选择别墅屋顶的瓦片部分模型，如图7-96所示，并为其指定标准曲面材质。

图7-96

02 在“基础”卷展栏中，设置“颜色”为蓝色。在“镜面反射”卷展栏中，设置“粗糙度”值为0.100，如图7-97所示。其中，“基础”卷展栏中的“颜色”参数设置如图7-98所示。制作完成后的瓦片材质球显示结果如图7-99所示。

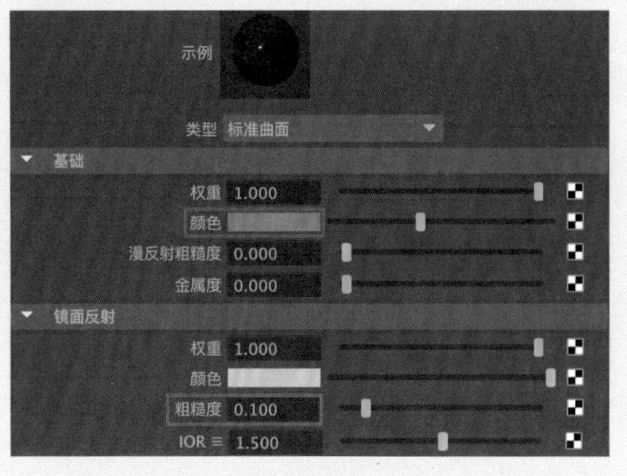

图7-97

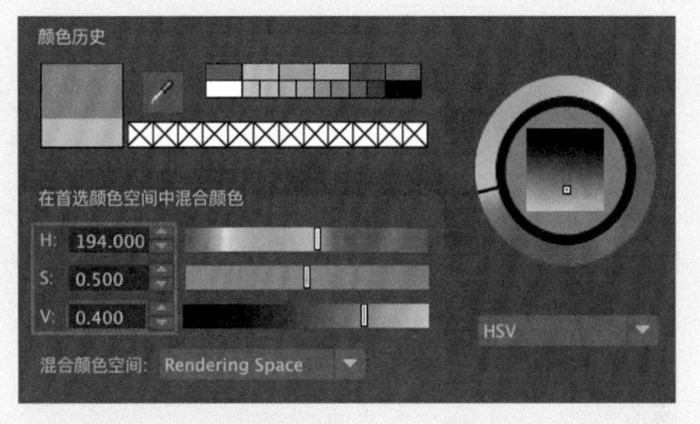

图7-98

图7-99

7.4.3 制作栏杆材质

本例中的栏杆材质渲染结果如图7-100所示，具体的操作步骤如下。

图7-100

01 在场景中选择别墅门口位置的栏杆部分模型，如图7-101所示，并为其指定标准曲面材质。

图7-101

02 在"属性编辑器"面板中，展开"基础"卷展栏，单击"颜色"属性后的方形按钮，如图7-102所示。

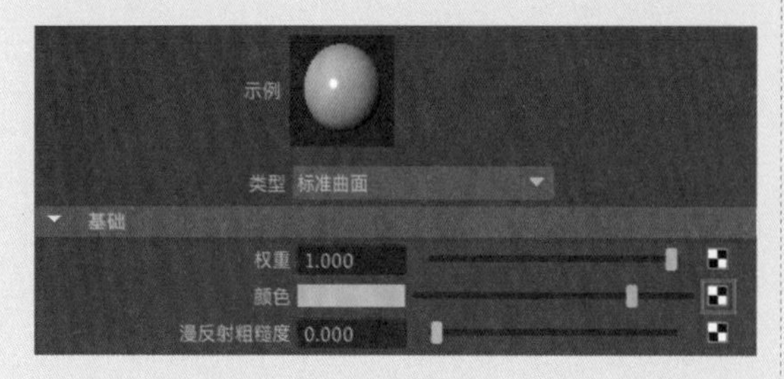

图7-102

03 在弹出的"创建渲染节点"对话框中选择"文件"纹理选项，如图7-103所示。

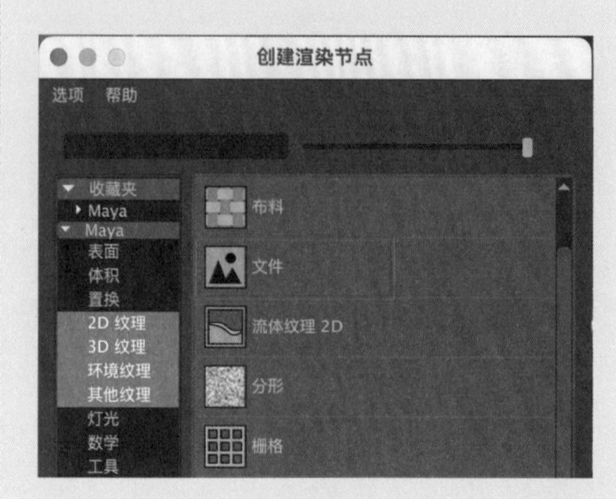

图7-103

04 在"文件属性"卷展栏中，单击"图像名称"后的文件夹按钮，浏览并添加本书配套资源中的"木纹.jpg"贴图文件，制作栏杆材质的表面纹理，如图7-104所示。

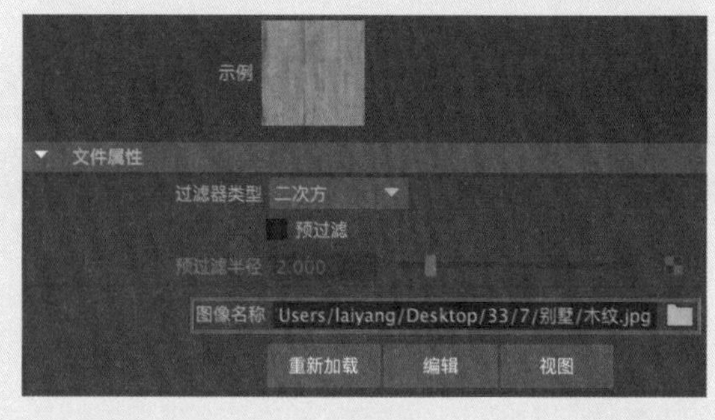

图7-104

05 在"镜面反射"卷展栏中，设置"粗糙度"值为0.100，如图7-105所示。制作完成后的栏杆材质球显示结果如图7-106所示。

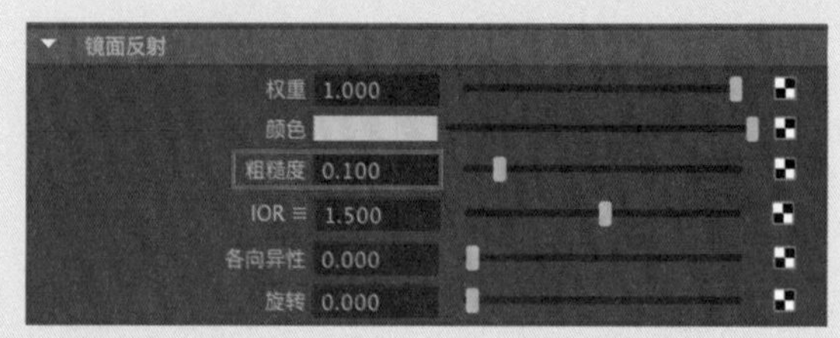

图7-105

图7-106

7.4.4 制作玻璃材质

本例中的窗户玻璃材质渲染结果如图 7-107 所示，具体的操作步骤如下。

图7-107

01 在场景中选择别墅的窗户玻璃部分模型，如图7-108所示，并为其指定标准曲面材质。

图7-108

02 在“镜面反射”卷展栏中，设置“粗糙度”值为0.000，如图7-109所示。

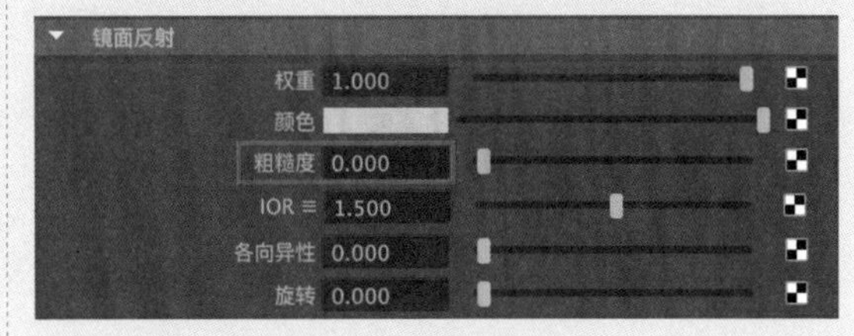

图7-109

03 在“透射”卷展栏中，设置“权重”值为1.000，如图7-110所示。制作完成后的窗户玻璃材质球显示结果如图7-111所示。

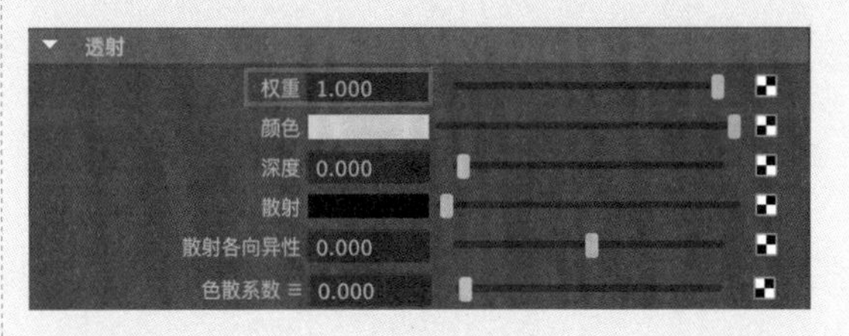

图7-110

图7-111

7.4.5 制作树叶材质

本例中的树叶材质渲染结果如图 7-112 所示，具体的操作步骤如下。

01 在场景中选择树叶部分模型，如图7-113所示，并为其指定标准曲面材质。

图7-112

图7-113

02 在“属性编辑器”面板中，展开“基础”卷展栏，单击“颜色”属性后的方形按钮，如图7-114所示。

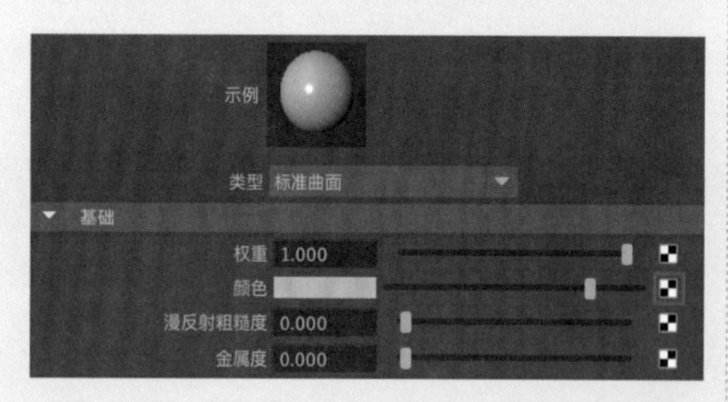

图7-114

03 在弹出的“创建渲染节点”对话框中选择“文件”纹理选项，如图7-115所示。

04 在“文件属性”卷展栏中，单击“图像名称”后的文件夹按钮，浏览并添加本书配套资源中的“叶片2.JPG”贴图文件，制作树叶材质的表面纹理，如图7-116所示。

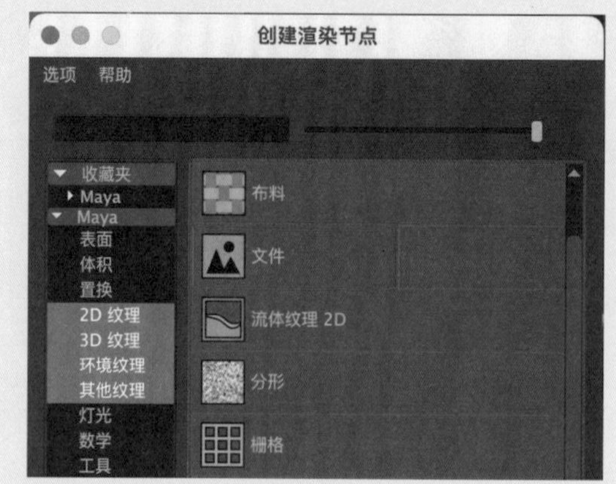

图7-115

图7-116

05 在“镜面反射”卷展栏中，设置“粗糙度”值为0.500，如图7-117所示。

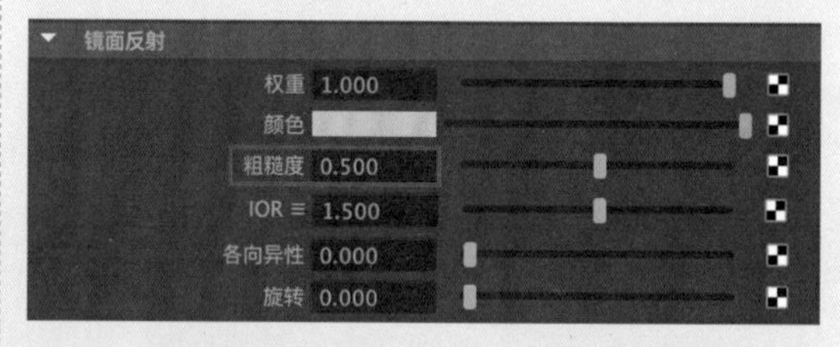

图7-117

06 在“几何体”卷展栏中，单击“不透明度”属性后的方形按钮，如图7-118所示。

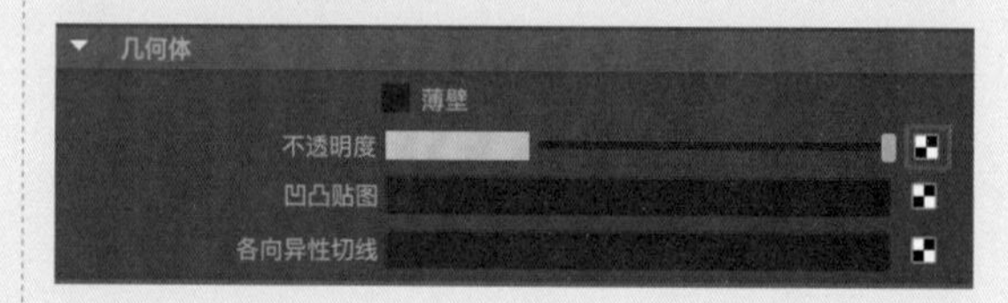

图7-118

07 在弹出的“创建渲染节点”对话框中选择“文件”纹理选项，如图7-119所示。

图7-119

08 在“文件属性”卷展栏中，单击“图像名称”的文件夹按钮，浏览并添加本书配套资源中的“叶片2透明.jpg”贴图文件，如图7-120所示。制作完成后的树叶材质球显示结果如图7-121所示。

图7-120

图7-121

7.4.6 制作烟囱砖墙材质

本例中的烟囱砖墙材质渲染结果如图 7-122 所示，具体的操作步骤如下。

图7-122

01 在场景中选择烟囱模型，如图7-123所示，并为其指定标准曲面材质。

图7-123

02 在“属性编辑器”面板中，展开“基础”卷展栏，单击“颜色”属性后的方形按钮，如图7-124所示。

图7-124

03 在弹出的“创建渲染节点”对话框中选择“文件”纹理选项，如图7-125所示。

图7-125

04 在“文件属性”卷展栏中，单击“图像名称”的文件夹按钮，浏览并添加本书配套资源中的“砖墙C.jpg”贴图文件，制作烟囱材质的表面纹理，如图7-126所示。

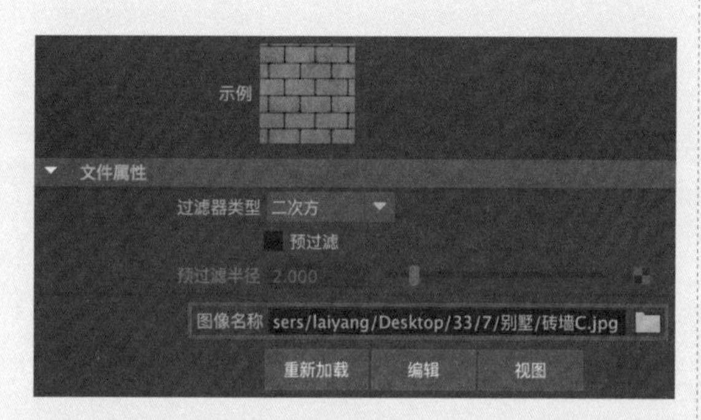

图7-126

05 在“镜面反射”卷展栏中，设置“粗糙度”值为0.300，如图7-127所示。制作完成后的烟囱砖墙材质球显示结果如图7-128所示。

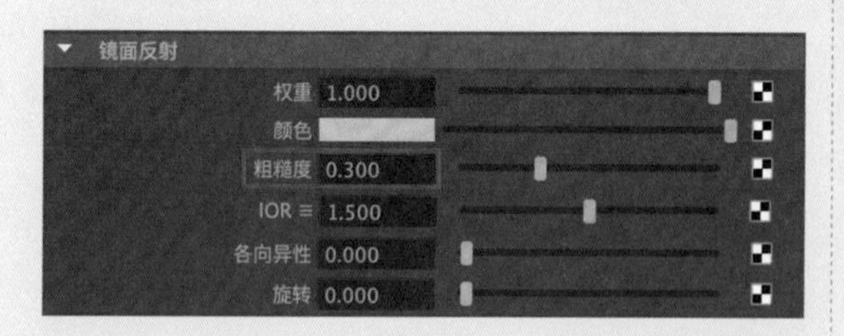

图7-127

图7-128

7.4.7 制作阳光照明效果

制作阳光照明效果的具体操作步骤如下。

01 在Arnold工具架中，单击Create Physical Sky（创建物理天空）按钮，如图7-129所示。

图7-129

02 在场景中创建Arnold渲染器的物理天空灯光，如图7-130所示。

图7-130

03 在“属性编辑器”面板中，展开Physical Sky Attributes（物理天空属性）卷展栏，设置Elevation（海拔）值为25.000，Azimuth（方位）值为110.000，Intensity（强度）值为3.000，Sun Size（太阳尺寸）值为2.000，如图7-131所示。

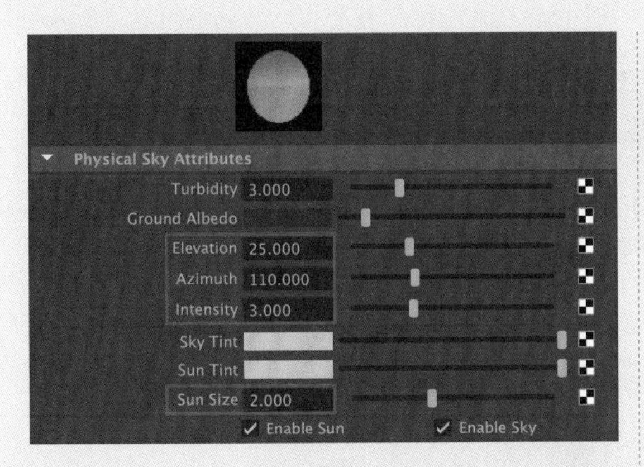

图7-131

7.4.8 渲染设置

渲染设置的具体步骤如下。

01 打开“渲染设置”面板，在“公用”选项卡中，展开“图像大小”卷展栏，设置渲染图像的“宽度”值为1300，“高度”值为800，如图7-132所示。

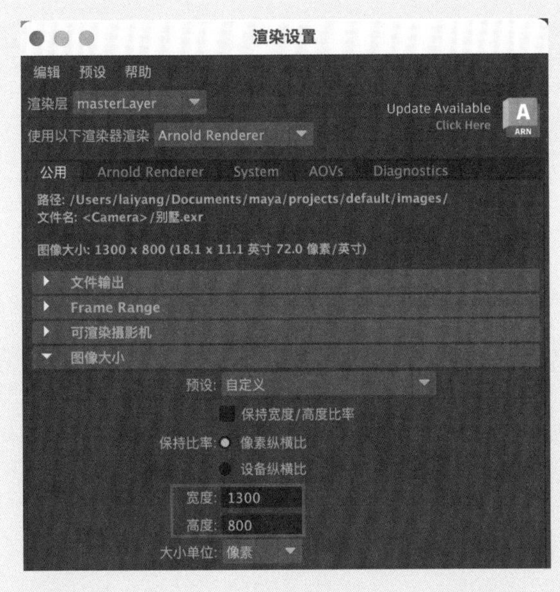

图7-132

02 在Arnold Renderer选项卡中，展开Sampling（采样）卷展栏，设置Camera（AA）值为9，提高渲染图像的计算采样精度，如图7-133所示。

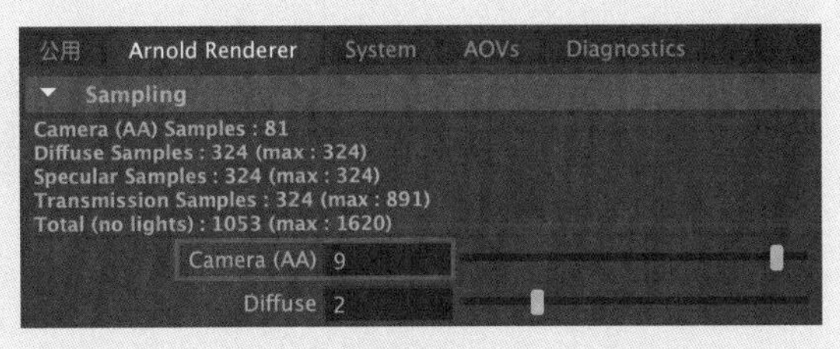

图7-133

03 设置完成后，渲染场景，渲染结果看起来较暗，如图7-134所示。

图7-134

04 调整渲染图像的亮度及层次感。在Arnold RenderView（Arnold渲染窗口）左侧的Display（显示）选项卡中，设置渲染图像的Gamma（伽马）值为1.6，Exposure（曝光）值为0.5，如图7-135所示。本例的最终渲染结果如图7-136所示。

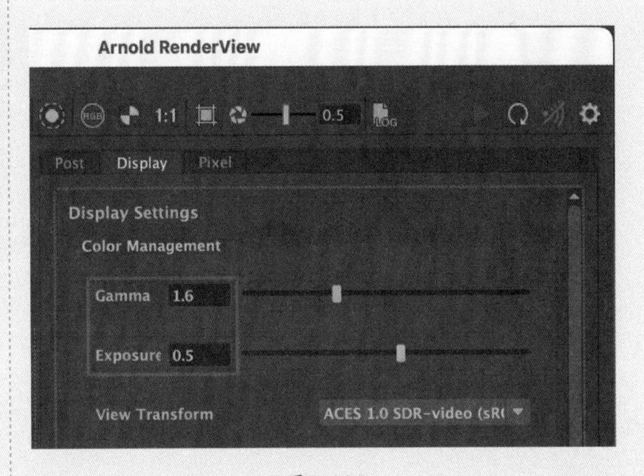

图7-135

Arnold RenderView
File
Window
View
Render
Beauty
cameraShape1
1:1
0.5
00:05:15 | 1300x800 | CPU | cameraShape1 (49%) | samples 9/2/2/2/2/2 | 4367.81 MB

图7-136

第8章

动画技术

8.1 动画概述

动画是一门集合了漫画、电影、数字媒体等多种艺术形式的综合艺术形式，也是一门年轻的学科，其经过 100 多年的发展，已经形成了较为完善的理论体系和多元化产业，其独特的艺术魅力深受人们的喜爱。在本书中，动画仅狭义地理解为使用 Maya 设置对象的形变及运动过程的记录。美国迪士尼公司早在 20 世纪 30 年代就提出了著名的“动画十二法则”，这些传统动画的基本法则不但适用于定格动画、黏土动画、二维动画，也同样适用于三维计算机动画。使用中文版 Maya 2024 创作的虚拟元素与现实中的对象合成在一起，可以给观众带来超强的视觉感受和真实体验。读者在学习本章内容之前，建议阅读一些相关书籍并掌握一定的动画基础理论，这样非常有助于我们制作出更加令人信服的动画效果。如图 8-1 和图 8-2 所示均为使用 Maya 制作完成的建筑在不同时间的光影动画效果截图。

图8-1

图8-2

8.2 关键帧动画

关键帧动画是三维软件动画技术中最常用的，也是最基础的动画设置技术。简单来说，就是在物体动画的关键时间点上设置动画数据，而软件根据这些关键点上的数据完成中间时间段内的动画计算，这样一段流畅的三维动画就制作完成了。在“动画”工具架中可以找到与关键帧相关的工具按钮，如图 8-3 所示。

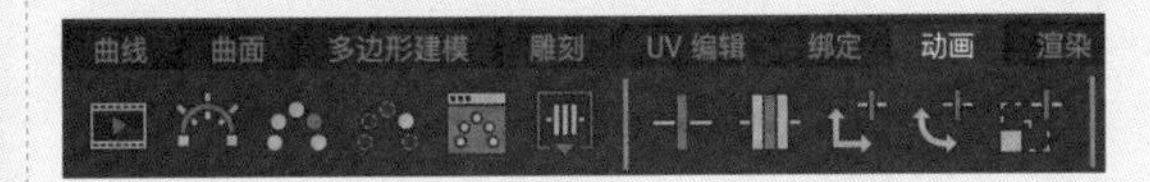

图8-3

工具解析

播放预览：通过屏幕捕获帧预览动画。

运动轨迹：显示所选对象的运动轨迹。

重影：为选定对象生成重影效果。

取消重影：取消选定对象的重影效果。

重影编辑器：打开“重影编辑器”面板。

烘焙动画：为所选对象的动画，烘焙关键帧动画。

设置关键帧：选中要设置关键帧的对象，从而设置关键帧。

设置动画关键帧：为已经设置好动画的通道设置关键帧。

设置平移关键帧：为选中的对象设置平移属性关键帧。

设置旋转关键帧：为选中的对象设置旋转属性关键帧。

设置缩放关键帧：为选中的对象设置缩放属性关键帧。

8.2.1 创建关键帧动画

本例主要演示创建关键帧动画、更改关键帧位置、删除关键帧、设置动画正常播放速度、添加书签的方法。

01 启动中文版Maya 2024，单击“多边形建模”工具架中的“多边形球体”按钮，如图8-4所示。

图8-4

02 在场景中创建一个球体模型，如图8-5所示。

03 设置为第1帧，在“通道盒/层编辑器”面板中选中“平移X”“平移Y”和“平移Z”参数，如图8-6所示。右击并在弹出的快捷菜单中选择“为选定项设置关键帧”选项，如图8-7所示。

04 设置完成后，可以看到这三个属性后面会出现红色的方形标记，代表对应属性已经设置了关键帧，如图8-8所示。

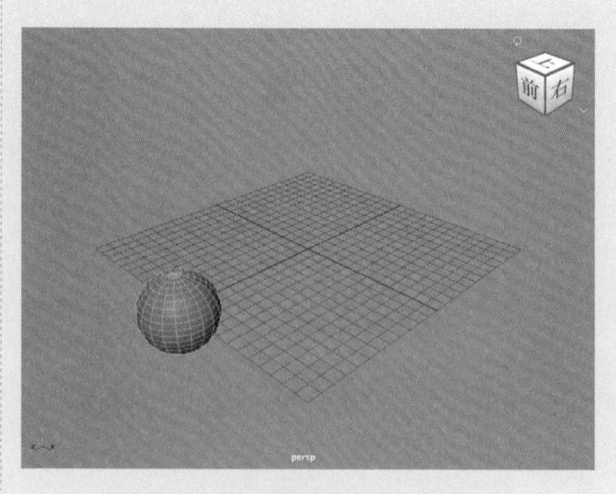

图8-5

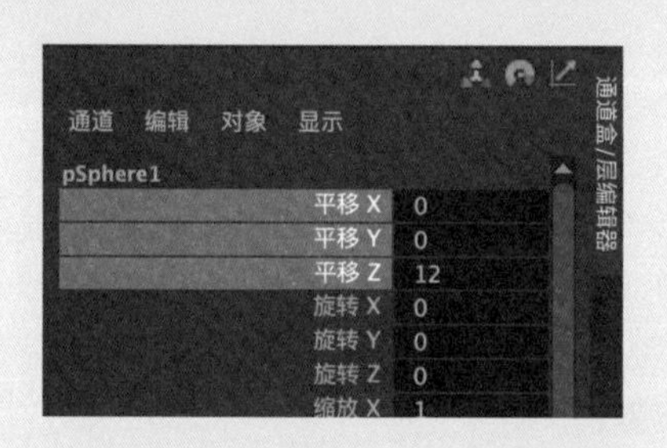

图8-6

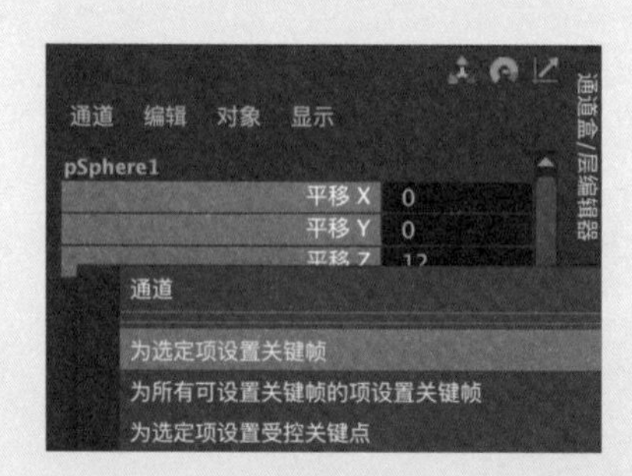

图8-7

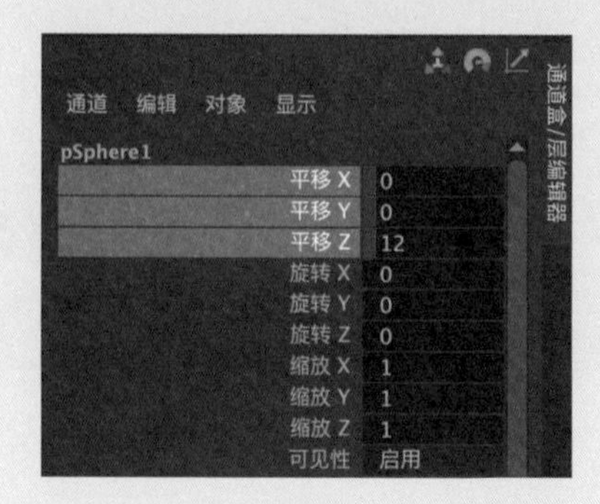

图8-8

05 在第50帧，移动球体模型的位置，如图8-9所示。

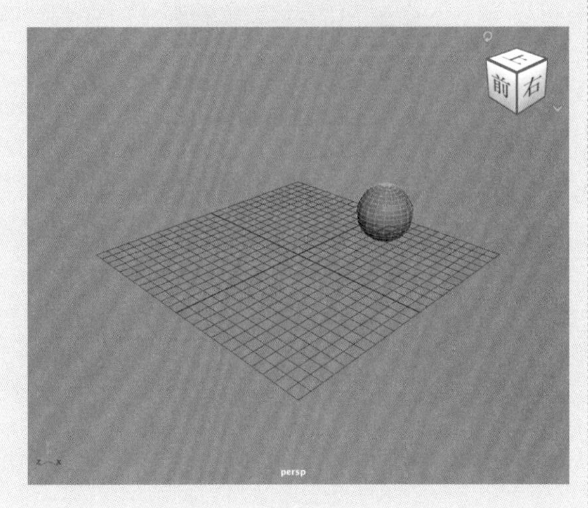

图8-9

06 以同样的操作方式再次为球体的"平移X""平移Y"和"平移Z"参数设置关键帧，如图8-10所示。这样，一个简单的位移动画就制作完成了。

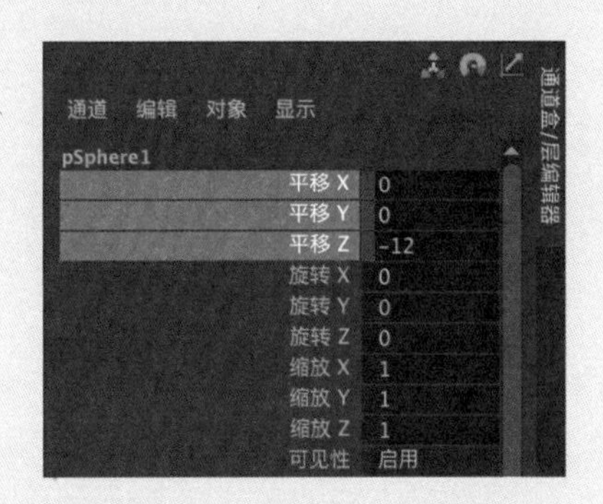

图8-10

07 如果现在单击"向前播放"按钮，如图8-11所示，就可以看到球体的运动速度非常快。这时，需要设置场景的动画播放速度。

图8-11

08 在"时间滑块"上右击，在弹出的快捷菜单中选择"播放速度"|"以最大实时速度播放每一帧"选项，如图8-12所示。设置完成后，再次播放场景动画，此时动画才会以正常播放速度进行播放。

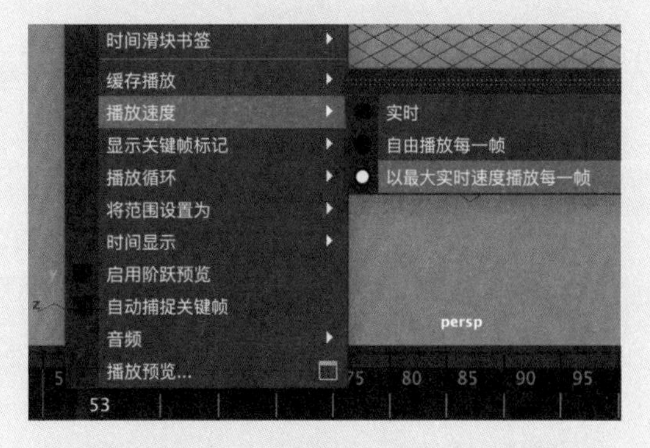

图8-12

09 关键帧的位置是可以更改的，两个关键帧之间的位置越远，动画播放速度越缓慢，反之亦然。按住Shift键，单击第50帧位置的关键帧，即可选中该关键帧，将其移至第60帧，如图8-13所示。

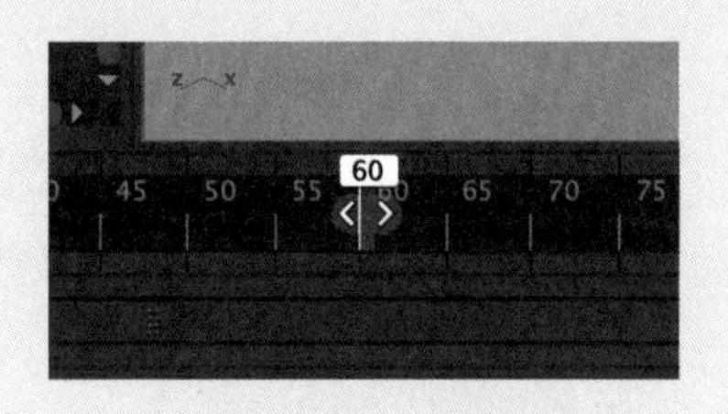

图8-13

技巧与提示

选择关键帧时，需要按住Shift键单击或单击拖动才能选中单个关键帧或连续的多个关键帧。

10 如果想删除该关键帧，可以在"时间滑块"上右击，在弹出的快捷菜单中选择"删除"选项，如图8-14所示。

11 中文版Maya 2024还提供了"书签"功能，用于在"时间滑块"上标记该帧是做什么用的，该功能类似一个标注的作用。按住Shift键，在"时间滑块"上选择如图8-15所示的区域。

12 单击"书签"按钮，如图8-16所示。在弹出的

“创建书签”对话框中，为书签命名并选择一个任意的颜色，如图8-17所示。

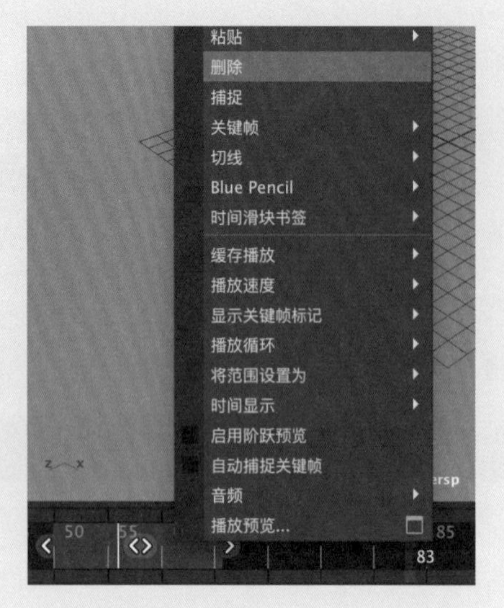

图8-14

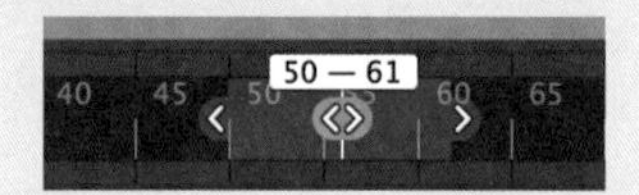

图8-15

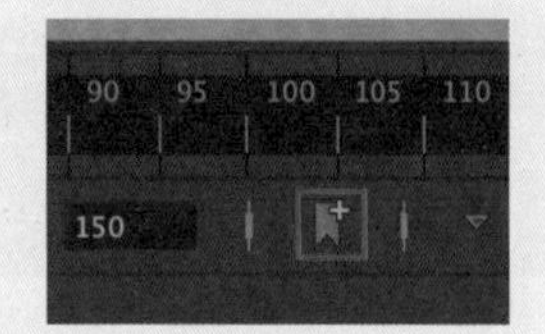

图8-16

图8-17

13 设置完成后，将鼠标指针移至该书签上，则会显示该书签的名称及范围，如图8-18所示。

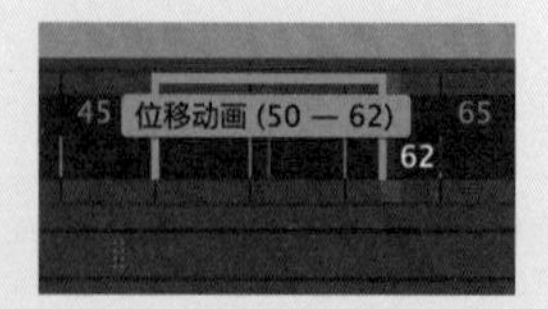

图8-18

8.2.2 在视图中观察动画

本例主要演示播放预览、运动轨迹、设置重影、烘焙动画的方法。

01 启动中文版Maya 2024，单击“多边形建模”工具架中的“多边形圆柱体”按钮，如图8-19所示。

图8-19

02 在场景中创建一个圆柱体模型，如图8-20所示。

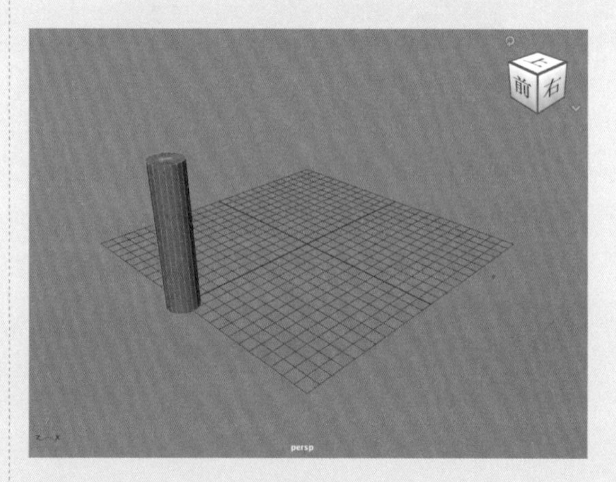

图8-20

03 在第1帧，单击“动画”工具架中的“设置平移关键帧”按钮，如图8-21所示，为其平移的相关属性设置关键帧。设置完成后，在“属性编辑器”面板中可以看到“平移”属性后面的参数背景颜色呈红色，如图8-22所示。

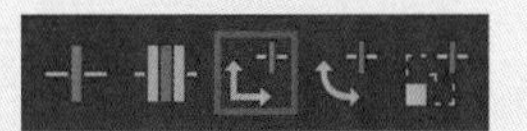

图8-21

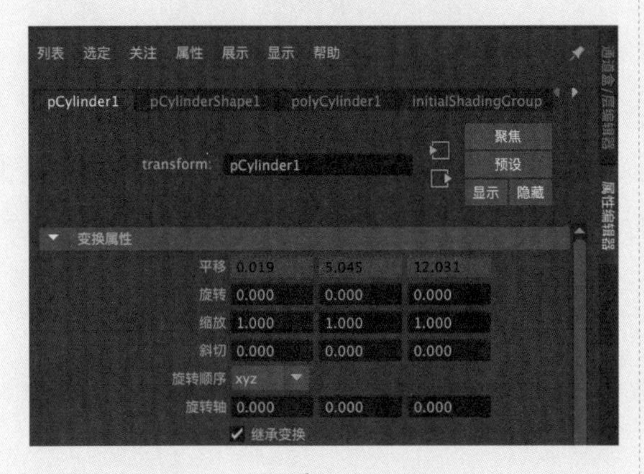

图8-22

04 在第20帧，调整圆柱体模型的位置，如图8-23所示。再次单击“动画”工具架中的“设置平移关键帧”按钮，为“平移”属性设置关键帧。这样，一个简单的位移动画就制作完成了。

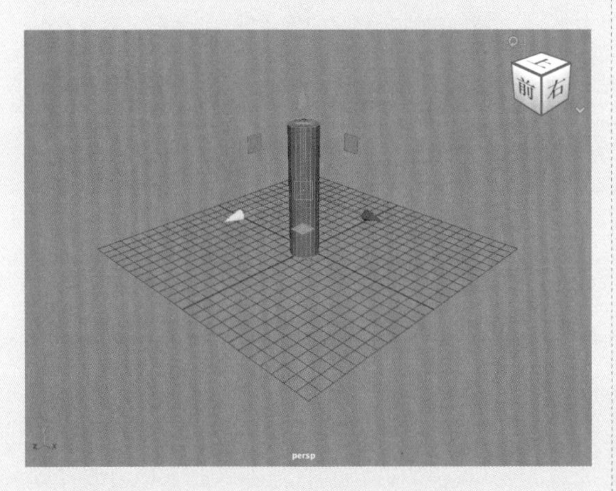

图8-23

05 在第30帧，单击“动画”工具架中的“设置旋转关键帧”按钮，如图8-24所示。

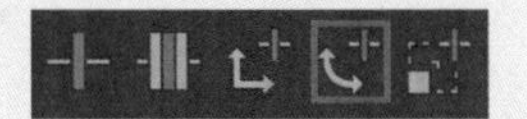

图8-24

06 在第50帧，旋转圆柱体模型的角度，如图8-25所示。再次单击“动画”工具架中的“设置旋转关键帧”按钮，为“旋转”属性设置关键帧。这样，一个简单的旋转动画就制作完成了。

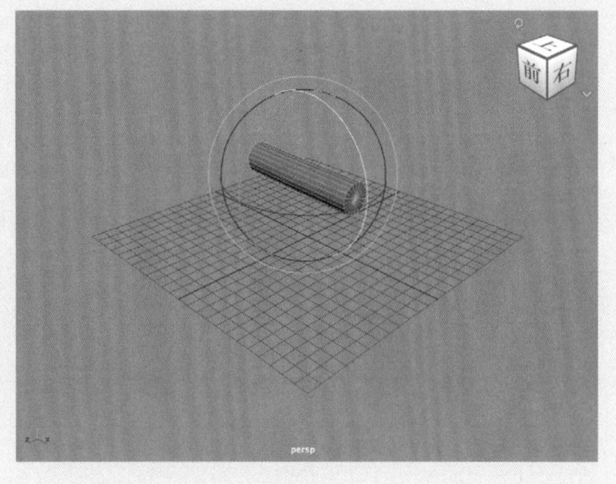

图8-25

07 单击“动画”工具架中的“播放预览”按钮，如图8-26所示，即可看到Maya开始生成动画预览，预览完成后，会自动弹出本机上的播放器播放预览动画，如图8-27所示。

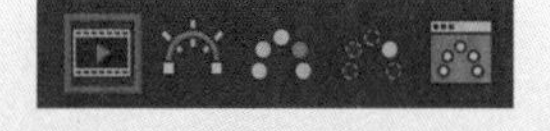

图8-26

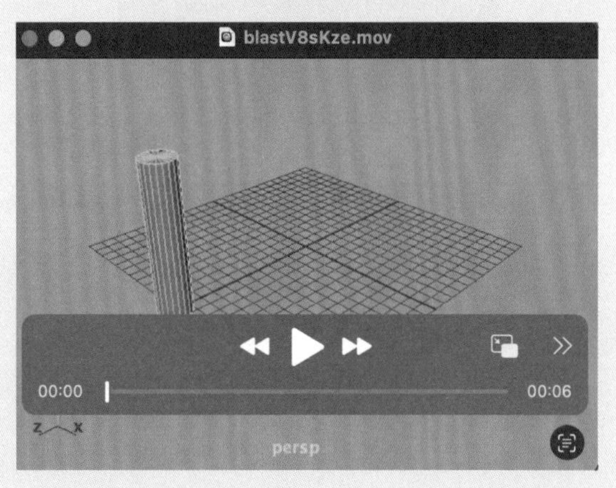

图8-27

08 单击“动画”工具架中的“运动轨迹”按钮，如图8-28所示。即可在视图中显示圆柱体的运动轨迹，其中运动轨迹上红色的部分代表已经发生的运动轨迹，蓝色的部分代表将要移动的运动轨迹，如图8-29所示。

图8-28

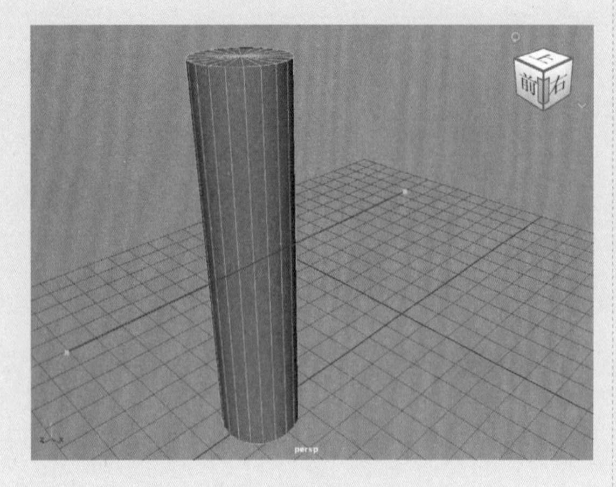

图8-29

09 在“大纲视图”面板中，可以观察到场景中多了一条运动轨迹，如图8-30所示。如果不想显示该运动轨迹，则需要在“大纲视图”面板中选中该对象并删除。

图8-30

10 单击“动画”工具架中的“为选定对象生成重影”按钮，如图8-31所示。可以在视图中显示圆柱体的重影效果，如图8-32和图8-33所示。

图8-31

11 单击“动画”工具架中的“取消选定对象的重影”按钮，如图8-34所示。可以在视图中取消显示圆柱体的重影效果。

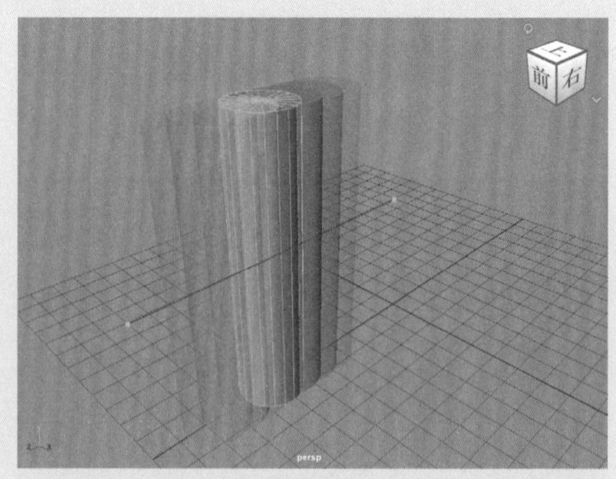

图8-32

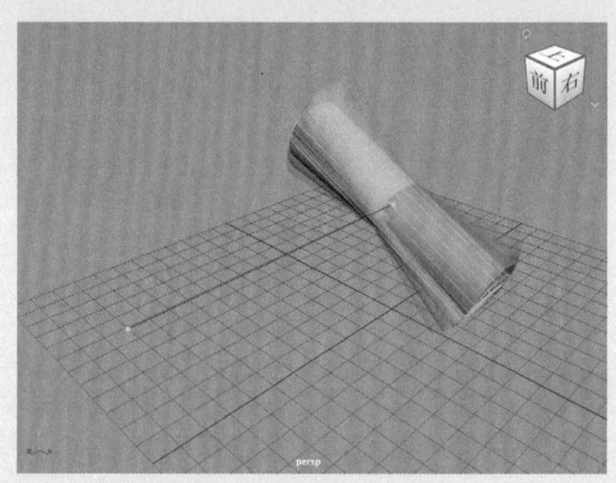

图8-33

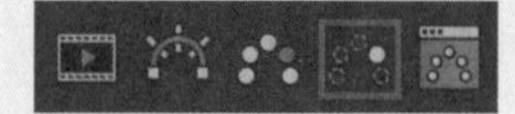

图8-34

12 单击“动画”工具架中的“打开重影编辑器窗口”按钮，如图8-35所示。可以打开“重影编辑器”面板，如图8-36所示。

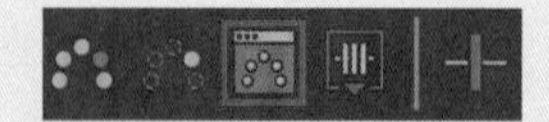

图8-35

13 可以在“重影编辑器”面板中更改重影的颜色及透明度等属性，如图8-37所示为随意更改了重影颜色后的视图显示结果。

14 单击“动画”工具架中的“烘焙动画”按钮，如图8-38所示。可以为圆柱体的每一帧都生成一个关键帧，如图8-39和图8-40所示为单击“烘焙动画”按钮前后的动画关键帧对比效果。

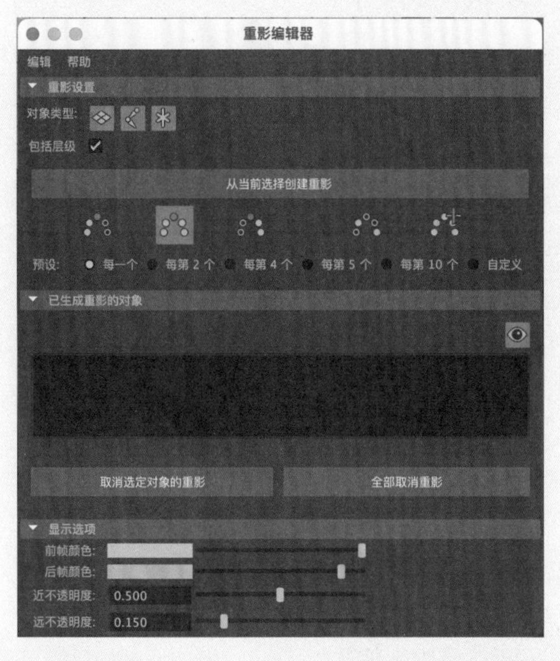

图8-36

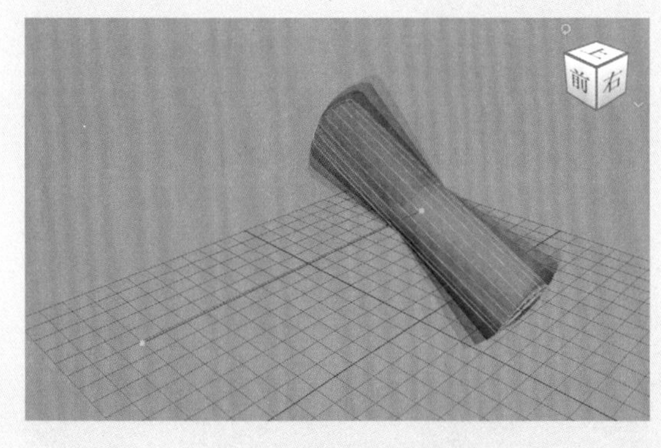

图8-37

图8-38

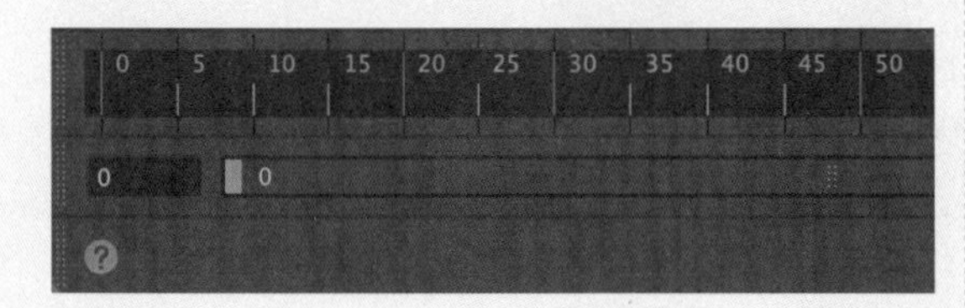

图8-39

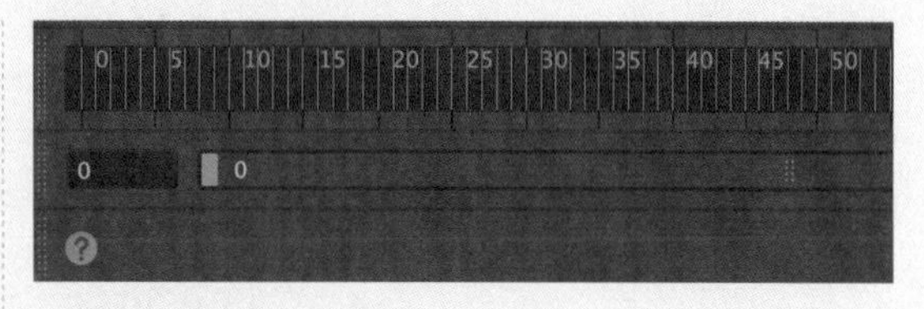

图8-40

8.2.3 实例：制作盒子翻滚动画

本例中将使用关键帧动画技术制作一个立方体盒子在地上翻滚的动画效果，如图 8-41 所示为本例的最终完成效果。

图8-41

图8-41（续）

01 启动中文版Maya 2024，并打开本书配套资源中的“盒子.mb”文件，可以看到场景中有一个设置好材质的立方体盒子模型，如图8-42所示。

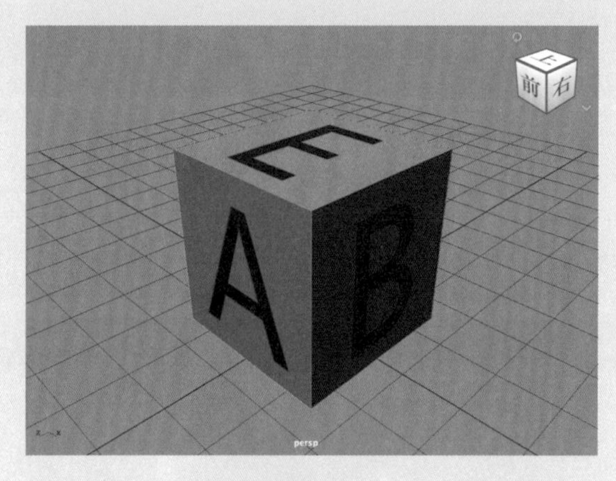

图8-42

02 在“工具栏”上单击“捕捉到点”按钮，开启Maya的“捕捉到点”功能，如图8-43所示。

技巧与提示

启动“捕捉到点”功能的快捷键为V键。

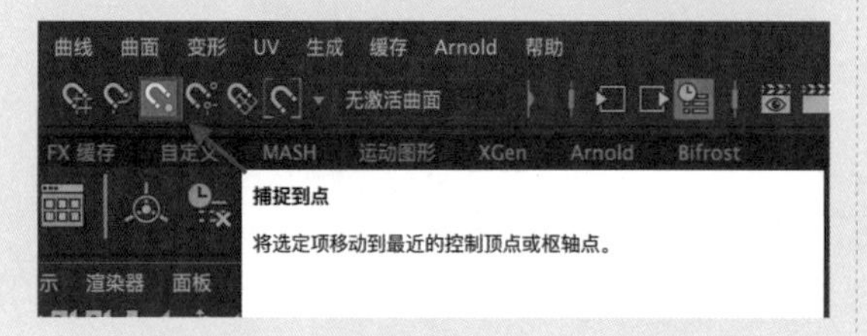

图8-43

03 选择场景中的盒子模型，按D键，移动盒子的坐标轴至如图8-44所示的顶点位置。

图8-44

04 在第1帧，单击“动画”工具架中的“设置旋转关键帧”按钮，如图8-45所示。

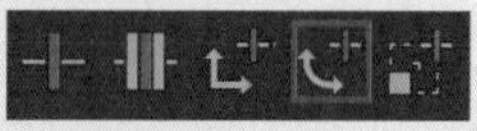

图8-45

05 设置完成后，观察“变换属性”卷展栏中的“旋转”参数，可以看到设置了动画关键帧之后，该参数的背景色显示为红色，如图8-46所示。

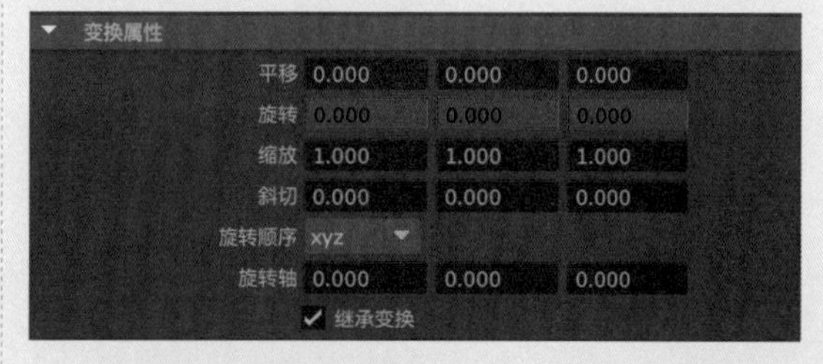

图8-46

06 在第12帧，旋转场景中的盒子模型，如图8-47所示，再次单击“动画”工具架中的“设置旋转关键帧”按钮，设置关键帧，制作出盒子翻滚的动画效果。

07 继续制作盒子往前翻滚的动画。此时，需要读者注意的是，盒子如果再往前翻滚，不可以像上述步骤那样直接更改盒子的坐标轴。在场景中选择盒子模型，按快捷键Ctrl+G，对盒子进行“分组”操作，同时，在“大纲视图”面板中观察盒子模型执行了“分组”操作后的层级关系，如图8-48所示。

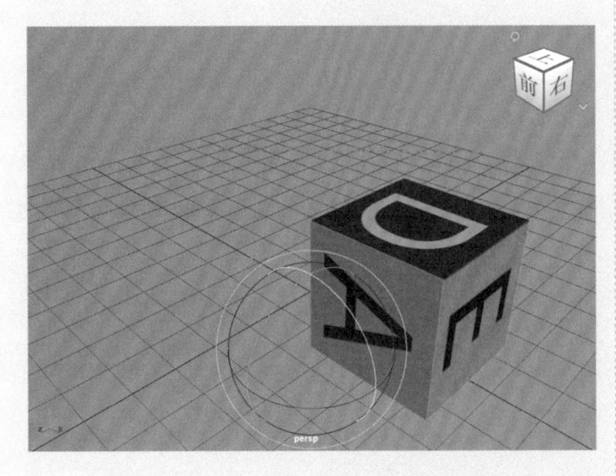
图8-47

图8-48

08 更改组的坐标轴，不会对之前的盒子旋转动画产生影响。按D键，移动组的坐标轴至如图8-49所示的顶点位置。

图8-49

09 在第12帧，为组的“旋转”属性设置关键帧，如图8-50所示。

图8-50

10 设置完成后，移动时间帧至第24帧，旋转场景中的盒子模型，如图8-51所示，再次设置关键帧，制作盒子翻滚的动画效果。

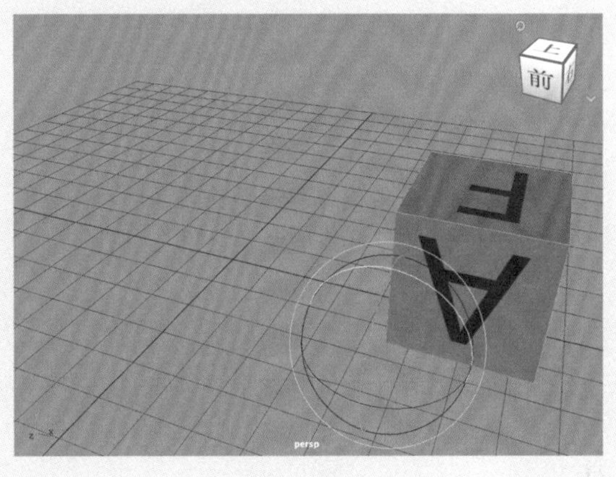
图8-51

11 重复上述步骤，即可制作出盒子在地面上不断翻滚的动画效果，如图8-52所示。

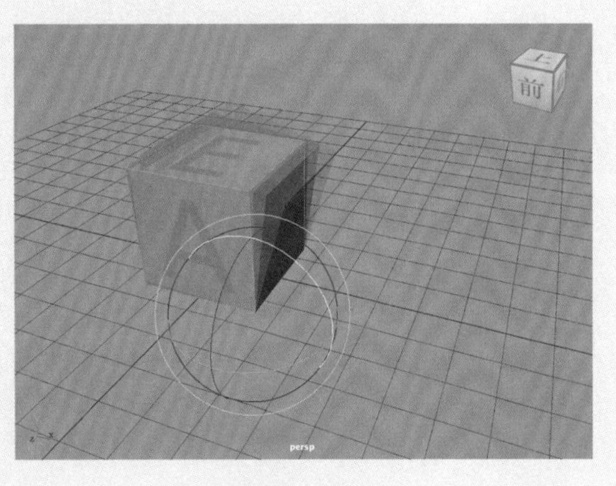
图8-52

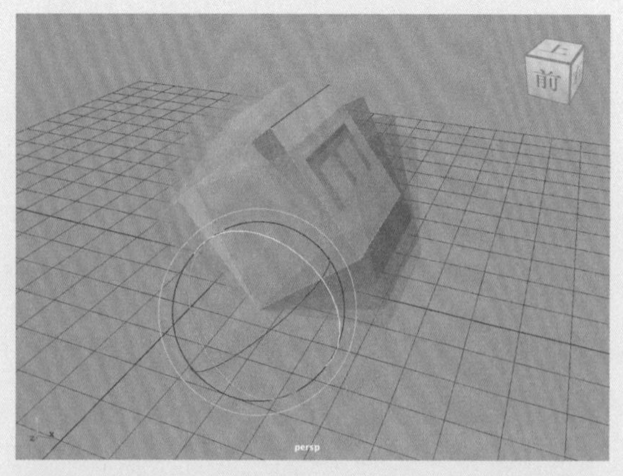

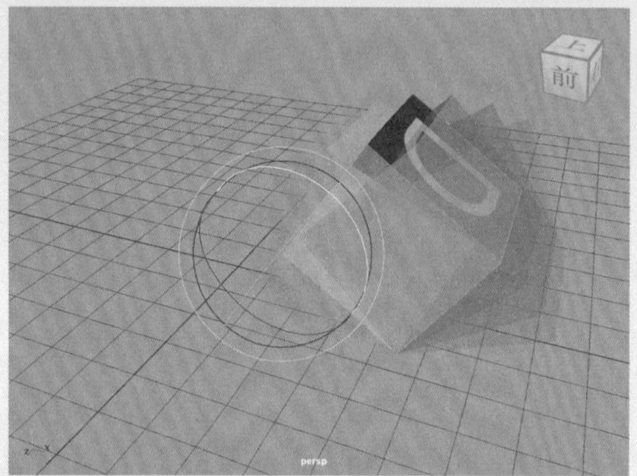

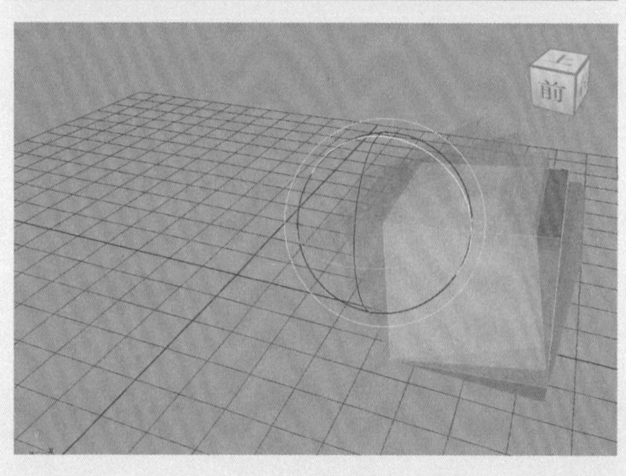

图8-52（续）

8.2.4 实例：制作小球滚动的表达式动画

本例利用表达式制作一个小球在地上滚动的动画效果，如图8-53所示为本例的最终完成效果。

图8-53

01 启动中文版Maya 2024，单击“多边形建模”工具架中的“多边形球体”按钮，如图8-54所示。

图8-54

02 在场景中创建一个多边形小球模型，如图8-55所示。

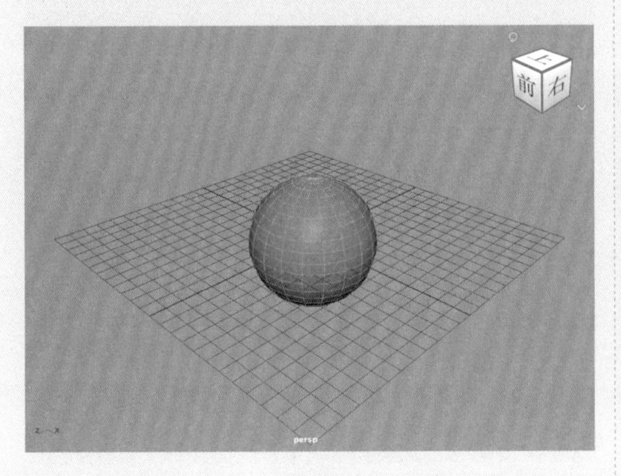

图8-55

03 在“属性编辑器”面板中，展开“多边形球体历史”卷展栏，设置“半径”值为3.000，如图8-56所示。

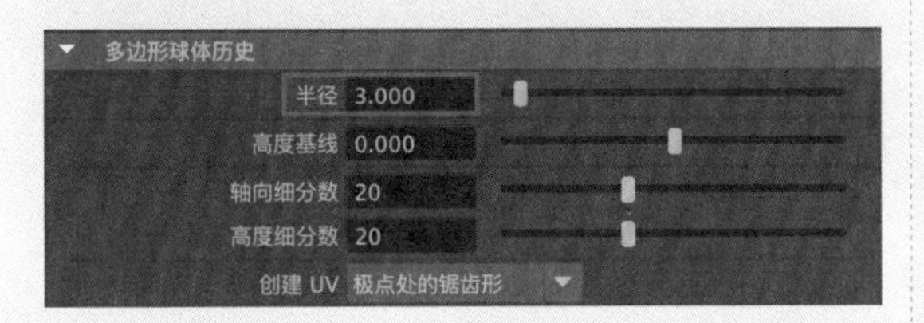

图8-56

04 在“通道盒/层编辑器”面板中，设置“平移X”值为0，“平移Y”值为3，“平移Z”值为0，“旋转X”值为90，如图8-57所示。

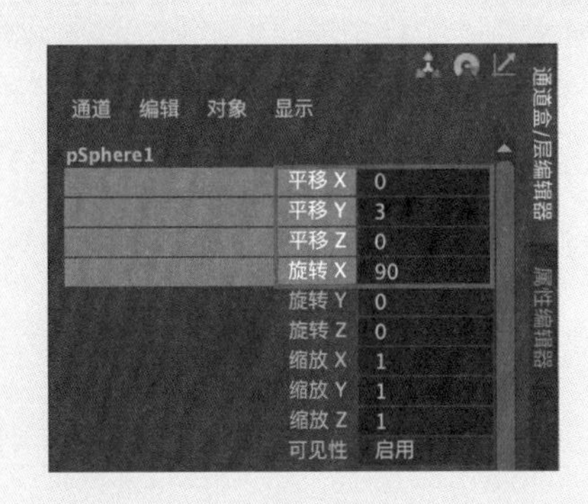

图8-57

05 小球在滚动的同时，随着位置的变换自身还会产生旋转动画，为了保证球体在移动时所产生的旋转动作不会出现打滑现象，需要使用表达式来进行动画设置。将鼠标指针放置于“平移X”值上，右击，并在弹出的快捷菜单中选择“创建新表达式”选项，如图8-58所示。

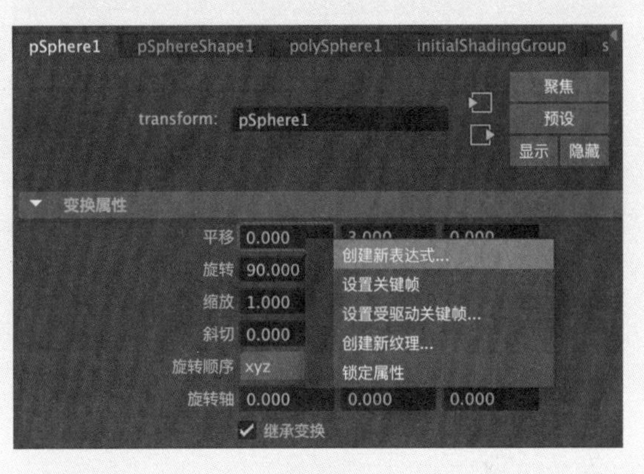

图8-58

06 在弹出的“表达式编辑器”面板中，将代表球体X方向位移属性的表达式复制下来，如图8-59所示。

图8-59

07 同理，找到代表球体半径的表达式，如图8-60所示。

图8-60

08 在“旋转Z”值上右击，在弹出的快捷菜单中选择“创建新表达式”选项，如图8-61所示。

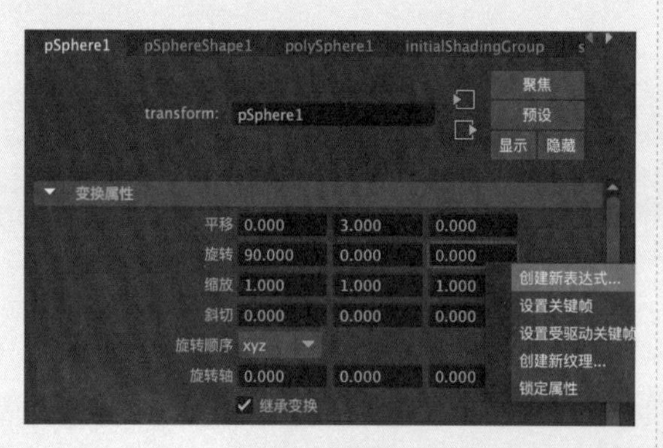

图8-61

09 在弹出的“表达式编辑器”面板的“表达式”文本框中输入：pSphere1.rotateZ=-pSphere1.translateX/polySphere1.radius*180/3.14，如图8-62所示。

10 输入完成后，单击“创建”按钮，执行该表达式，可以看到现在小球“旋转Z”值的背景色呈紫色，如图8-63所示，说明该参数现在受到其他参数影响。

11 设置完成后，在“属性编辑器”面板中，可以看到现在小球还多了一个名称为expression1的选项卡，如图8-64所示。在场景中慢慢沿X轴移动小球，则可以看到小球会产生正确的自旋效果。

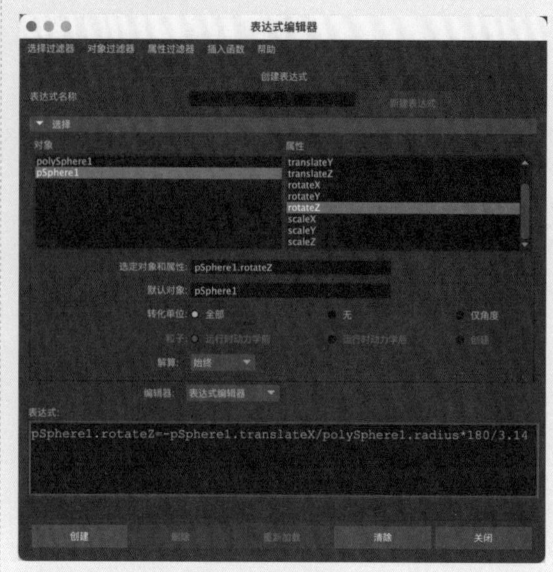

图8-62

图8-63

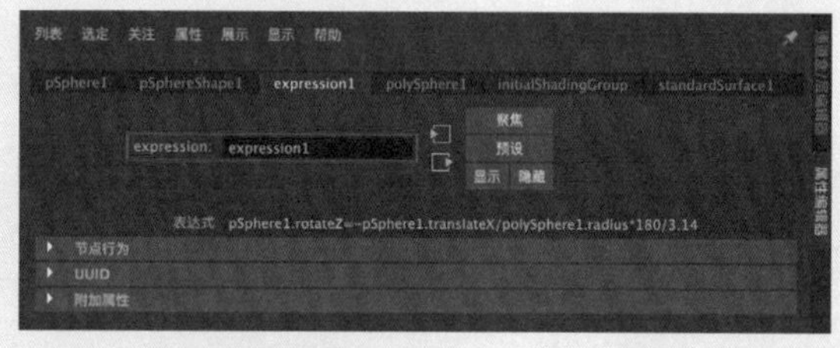

图8-64

12 在第1帧，选择球体模型，在“通道盒/层编辑器”面板中为“平移X”属性设置关键帧，设置完成后，“平移X”属性后面会出现红色方形标记，如图8-65所示。

13 在第100帧，移动球体模型的位置，如图8-66所示。再次为“平移X”属性设置关键帧，如图8-67所示。

图8-65

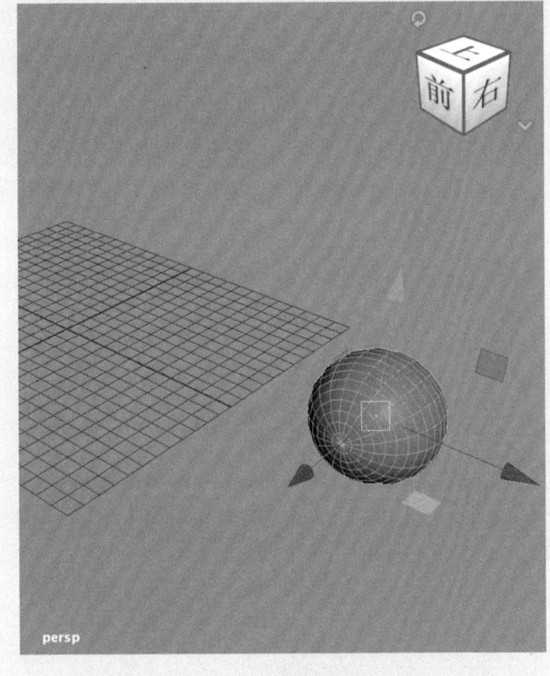

图8-66

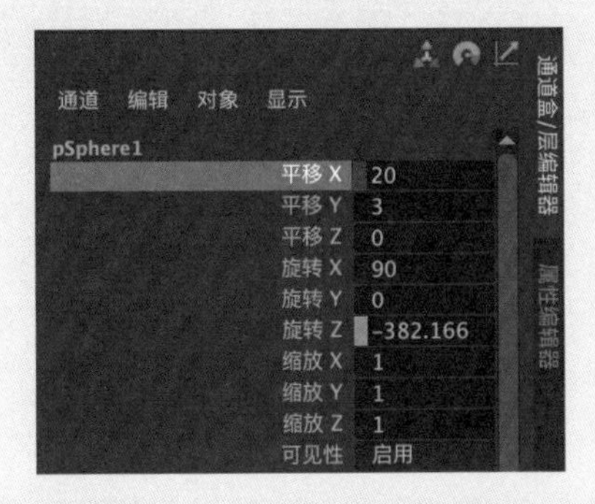

图8-67

14 设置完成后，播放场景动画，可以看到随着小球的移动，球体还会自动产生自旋动画效果，如图8-68所示。

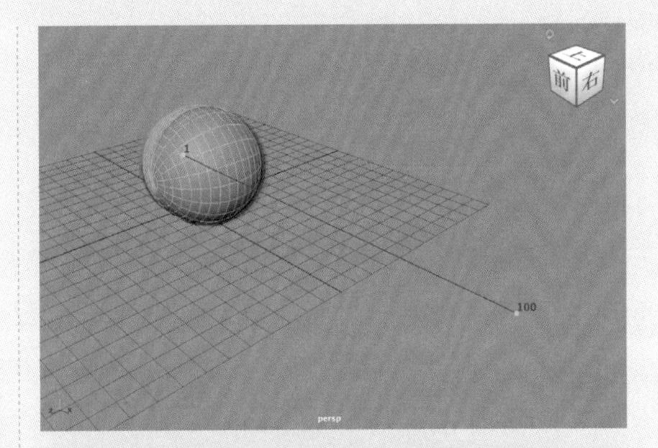

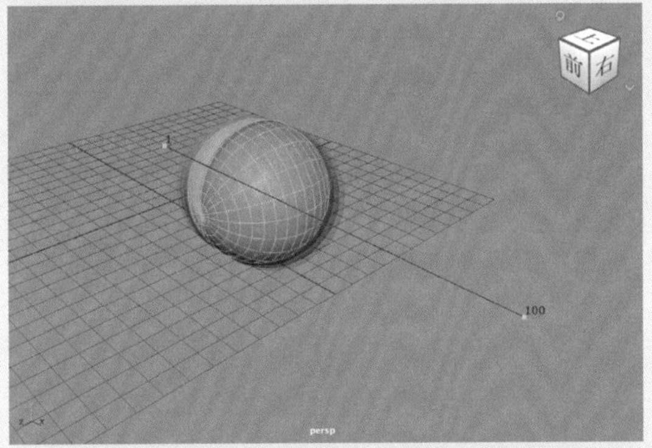

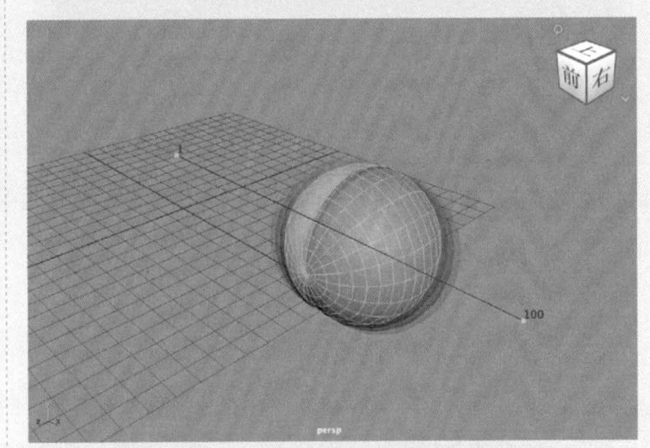

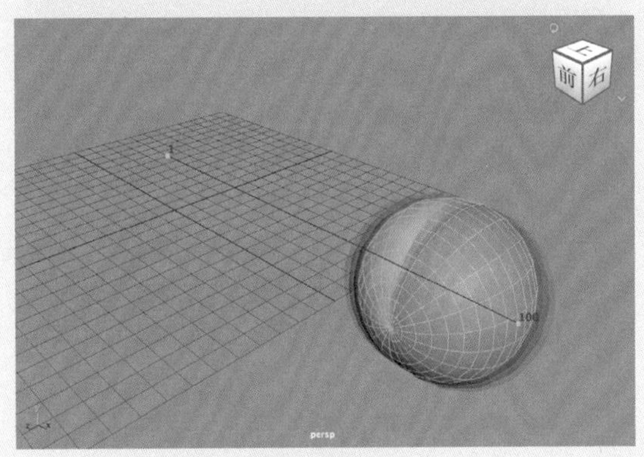

图8-68

8.2.5 实例：制作文字跳跃动画效果

本例制作一个文字跳跃的动画效果，如图8-69所示为本例的最终完成效果。

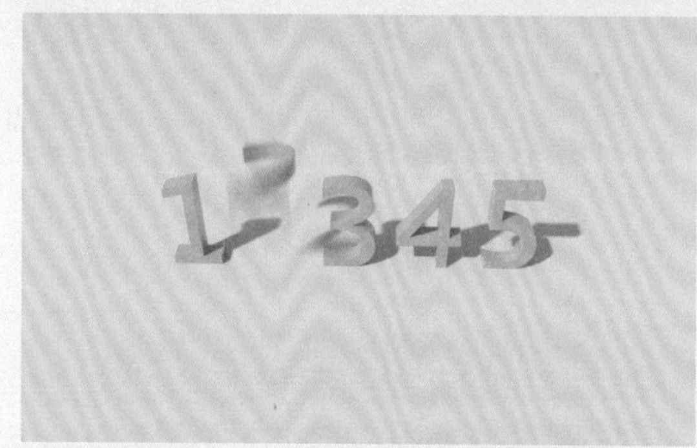

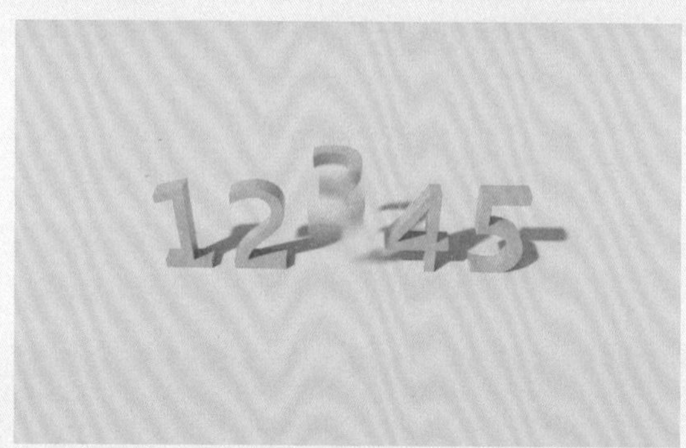

图8-69

01 启动中文版Maya 2024，单击“多边形建模”工具架中的“多边形类型”按钮，如图8-70所示，即可在场景中创建一个文字模型，如图8-71所示。

图8-70

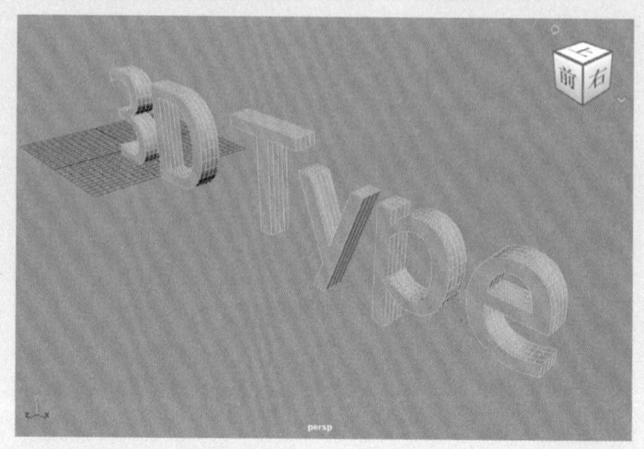

图8-71

02 在“属性编辑器”面板中，设置文字模型的内容为12345，如图8-72所示。

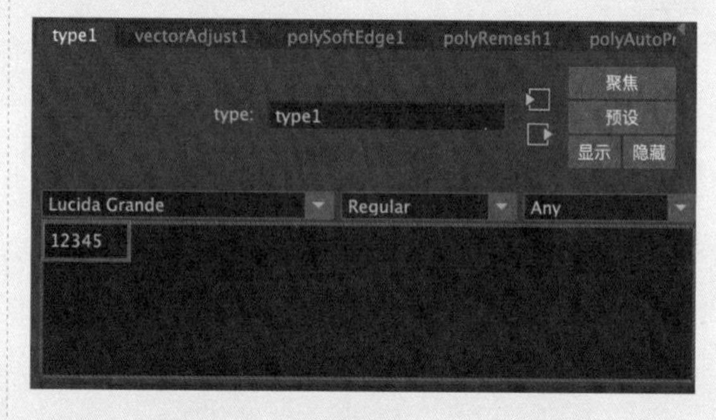

图8-72

03 在“可变形类型”卷展栏中，选中“可变形类型”复选框，这样可以在场景中查看文字模型的布线结构，如图8-73所示。设置完成后，场景中的文字模型显示结果如图8-74所示。

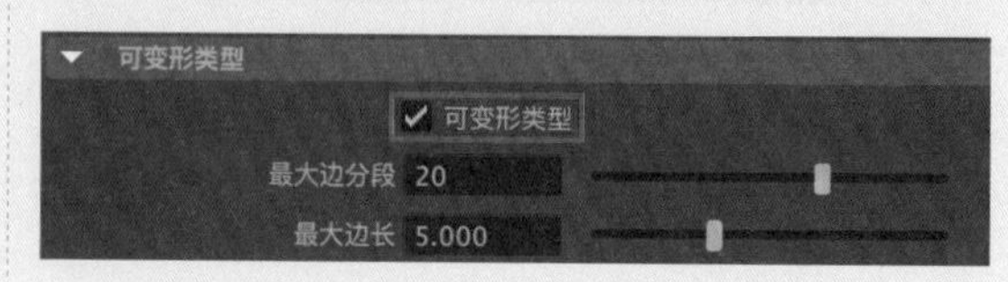

图8-73

图8-74

04 在“动画”选项卡中，选中“动画”复选框，在第1帧，为“平移”的Y值设置关键帧，为“旋转”的X值设置关键帧，如图8-75所示。

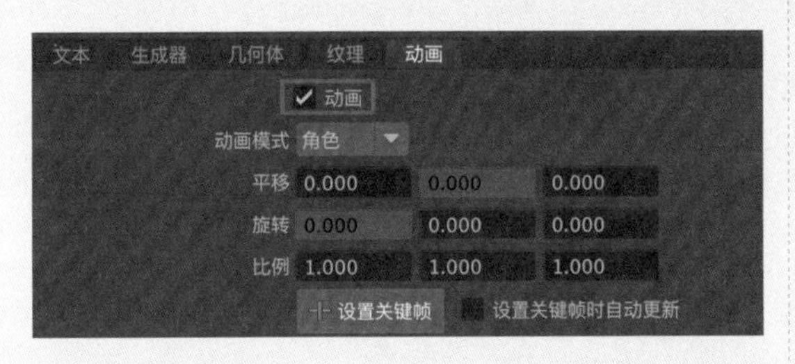

图8-75

05 在第15帧，再次为“平移”的Y值设置关键帧，将“旋转”的X值设置为360.000，并设置关键帧，如图8-76所示。

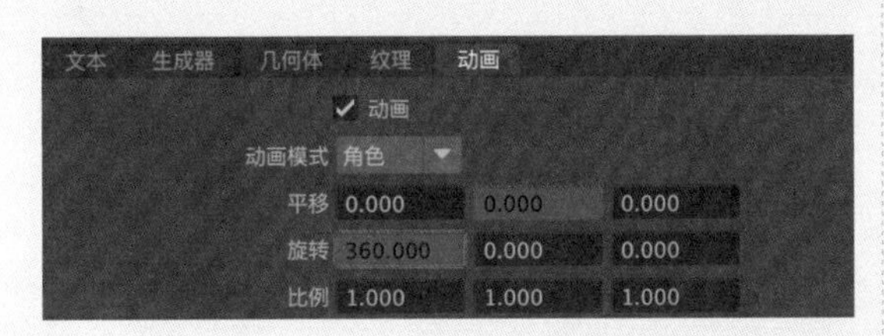

图8-76

06 回到第8帧，仅更改“平移”的Y值为10.000，并设置关键帧，如图8-77所示。

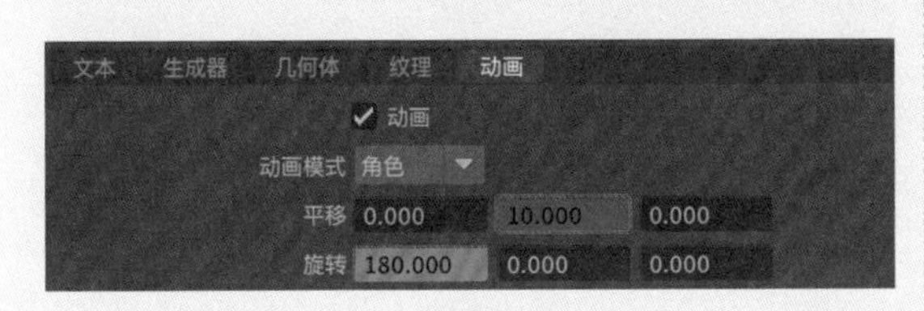

图8-77

07 设置完成后，播放动画，可以看到现在文字模型中的每一个字母跳动的动画效果，如图8-78所示。

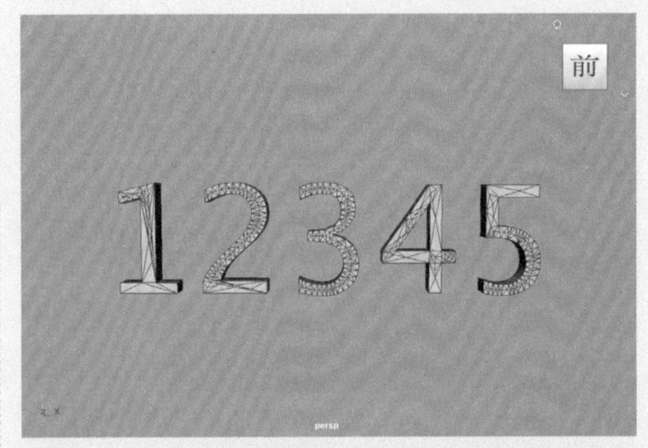

图8-78

8.3 约束动画

中文版 Maya 2024 提供了一系列的“约束”命令供用户解决复杂的动画设置问题，可以在“动画”工具架或“绑定”工具架中找到这些命令按钮，如图 8-79 所示。

图8-79

工具解析

父约束：将一个对象的变换属性约束到另一个对象上。

点约束：将一个对象的位置属性约束到另一个对象上。

方向约束：将一个对象的方向属性约束到另一个对象上。

缩放约束：将一个对象的缩放比例属性约束到另一个对象上。

目标约束：设置一个对象的方向始终朝向另一个对象。

极向量约束：约束 IK 控制柄始终跟随另一个对象。

8.3.1 设置父约束

本例主要演示设置父约束的方法。

01 启动中文版Maya 2024，单击“多边形建模”工具架中的“多边形球体”按钮，如图8-80所示。

图8-80

02 在场景中创建一个球体模型，如图8-81所示。

03 按住Shift键，配合“移动”工具在场景中复制一个球体模型，并调整其位置，如图8-82所示。

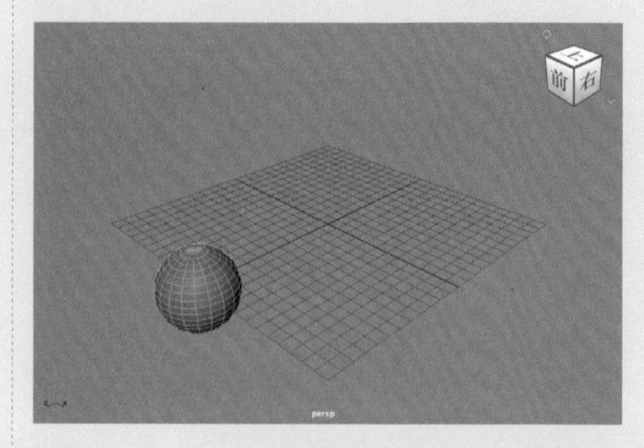

图8-81

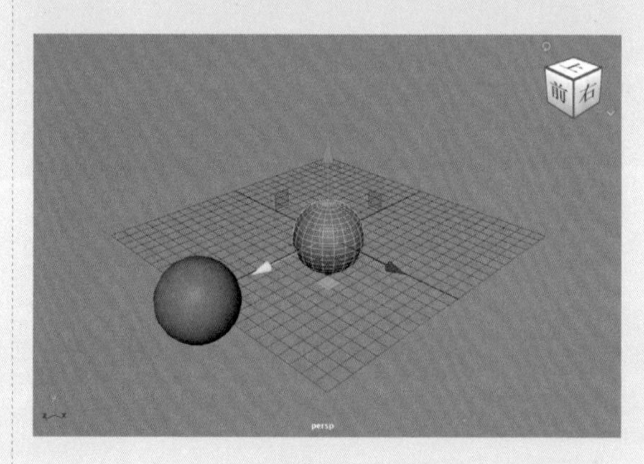

图8-82

04 先选择创建的第一个球体，然后按Shift键加选场景中的第二个球体，如图8-83所示。

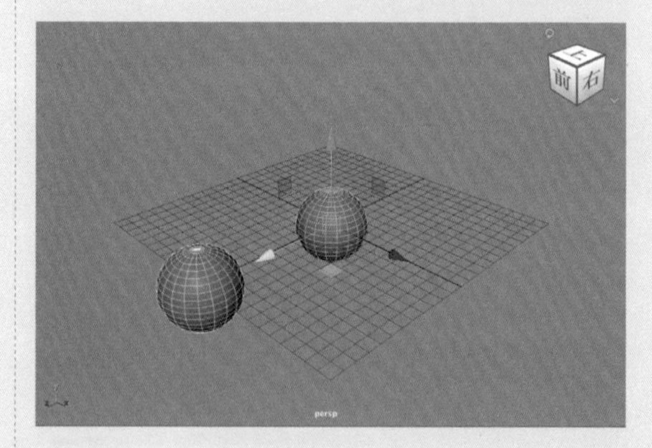

图8-83

技巧与提示

在Maya中选中多个对象时，最后一个被选中的对象的线框颜色为绿色显示状态。

05 单击“动画”工具架中的“父约束”按钮，如图8-84所示，即可将后选中的球体父约束至先选择的球体模型上。在“大纲视图”面板中，也可以看到场景中的第二个球体模型名称下方所出现的约束对象，如图8-85所示。

图8-84

图8-85

06 现在可以在场景中尝试对第一个球体进行位移操作，可以看到第二个球体的位置也会随之发生变化，如图8-86所示。

图8-86

07 如果对第一个球体进行旋转操作，第二个球体也会受其影响进行相应的旋转，如图8-87所示。

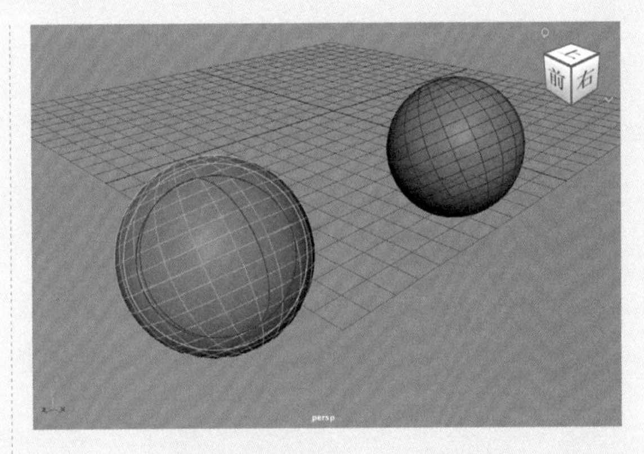

图8-87

8.3.2 实例：制作蝴蝶飞舞动画

本例讲解在中文版Maya 2024中如何制作蝴蝶飞舞的动画效果，如图8-88所示为本例的最终完成效果。

01 打开本书配套场景资源中的“蝴蝶.mb”文件，其中有一个蝴蝶的模型，并且设置好了材质，如图8-89所示。

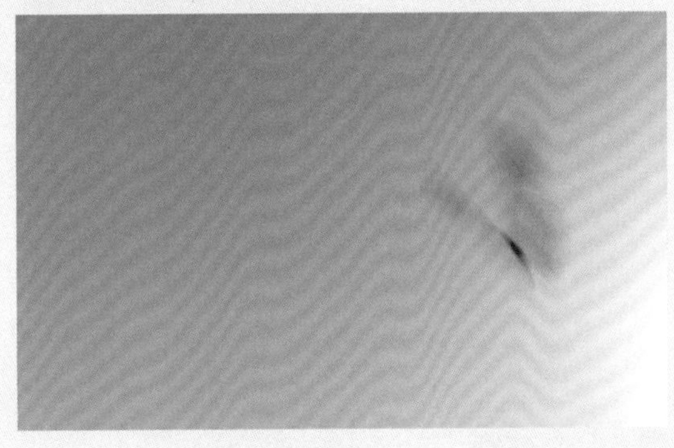

图8-88

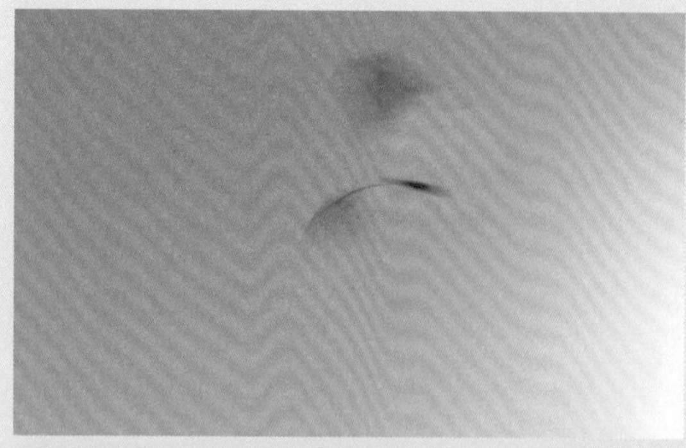

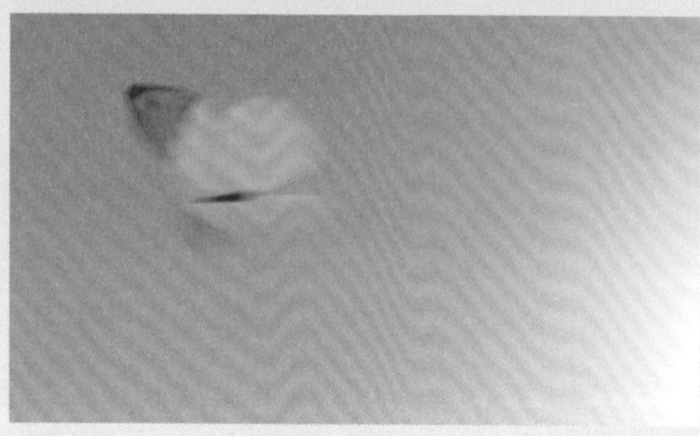

图8-88（续）

图8-89

02 在第1帧，选择如图8-90所示的蝴蝶翅膀模型。

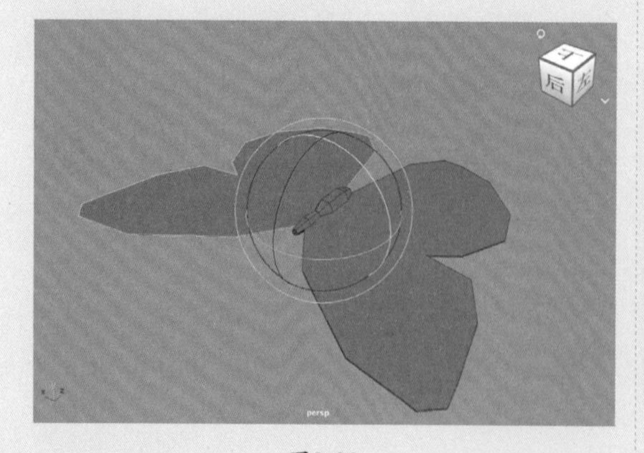

图8-90

03 在“通道盒/层编辑器”面板中，设置“旋转Z”值为-30，并为其设置关键帧，设置完成后，该属性后面会出现醒目的红色方形标记，如图8-91所示。

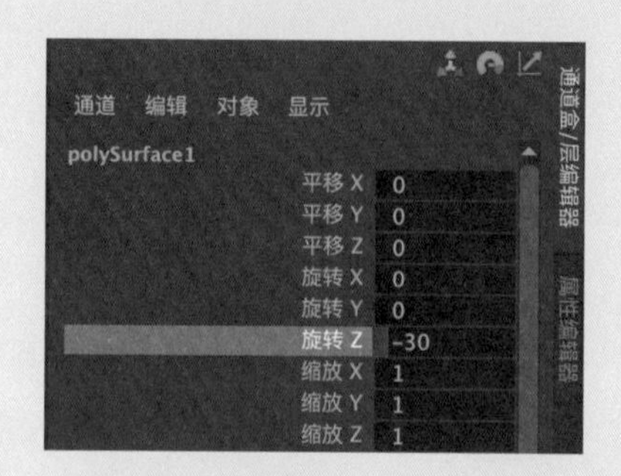

图8-91

04 在第12帧，调整“旋转Z”值为80，并再次为该属性设置关键帧，如图8-92所示。

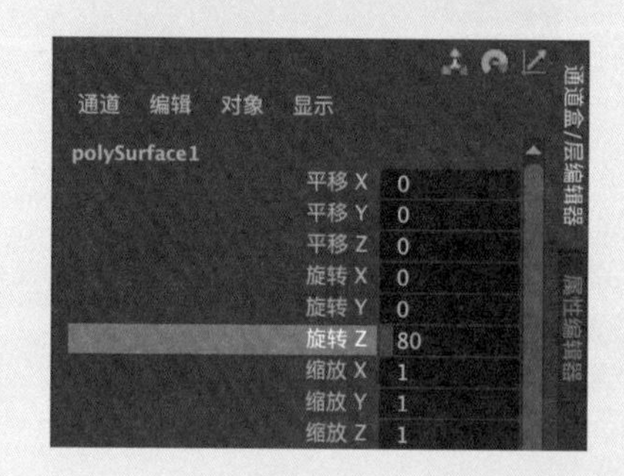

图8-92

05 以同样的方式对另一只翅膀也设置好关键帧后，开始为蝴蝶的翅膀设置循环动画效果。执行“窗口”|“动画编辑器”|“曲线图编辑器”命令，打开“曲线图编辑器”面板，如图8-93所示。

图8-93

06 在“曲线图编辑器”面板中，执行“曲线”|“后方无限”|“往返”命令，如图8-94所示，设置完成后，拖动时间滑块，即可看到蝴蝶的翅膀有了不断扇动的动画效果。

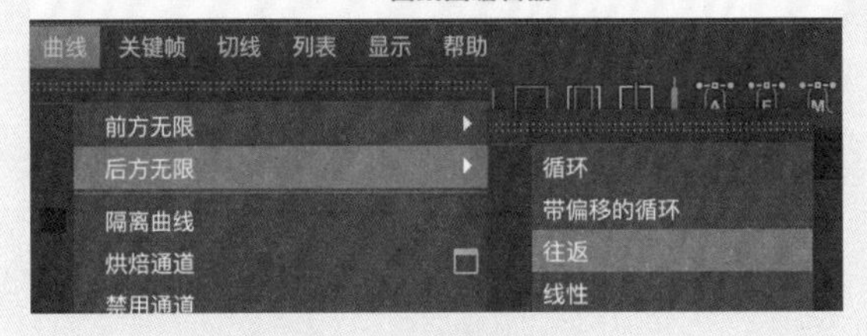

图8-94

07 单击“绑定”工具架中的“创建定位器”按钮，如图8-95所示。

图8-95

08 在场景中创建一个定位器，如图8-96所示。

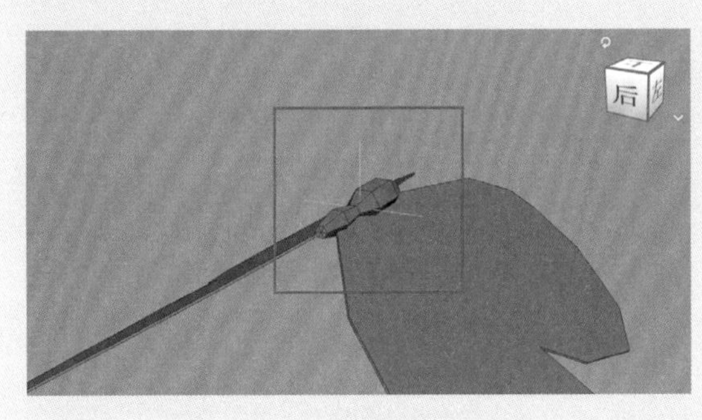

图8-96

09 在“大纲视图”面板中，将蝴蝶模型设置为定位器的子对象，如图8-97所示。

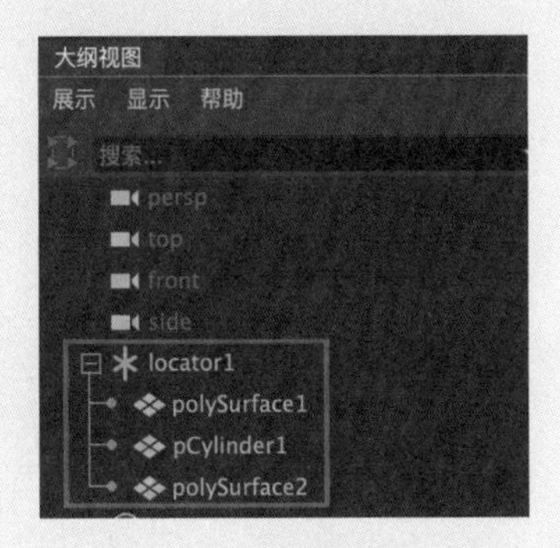

图8-97

10 单击“曲线”工具架中的“EP曲线工具”按钮，如图8-98所示。

图8-98

11 在场景中绘制一条曲线，如图8-99所示。

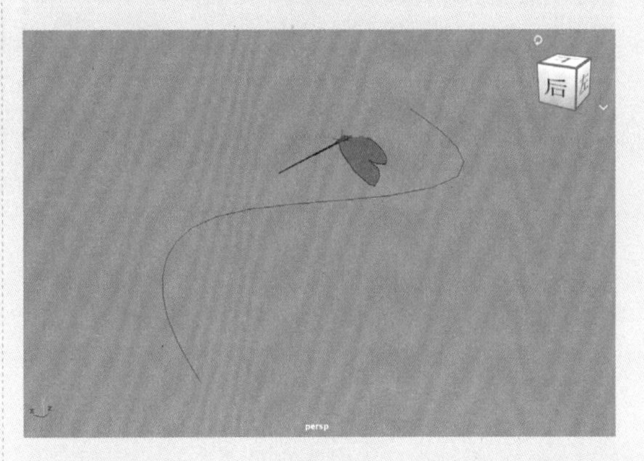

图8-99

12 选择定位器，再加选曲线，执行“约束”|“运动路径”|“连接到运动路径”命令，使蝴蝶模型沿绘制好的曲线移动，如图8-100所示。

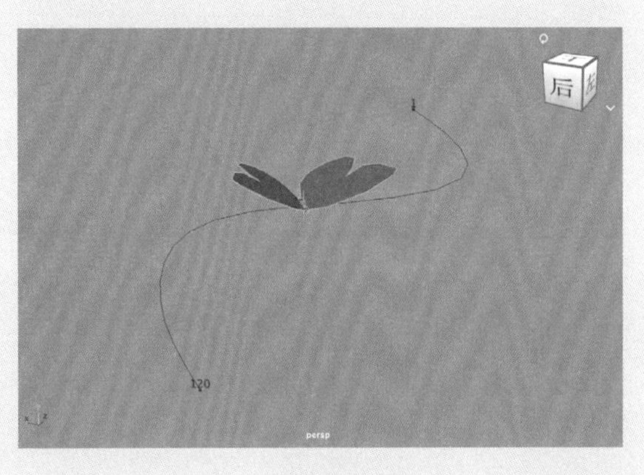

图8-100

13 在默认状态下，蝴蝶的移动方向并非与路径相一致，此时需要修改蝴蝶的运动方向。在“属性编辑器”面板中找到motionPath1选项卡，在“运动路径属性”卷展栏内，将“前方向轴”选项更改为Z，并选中“反转前方向”复选框，如图8-101所示。

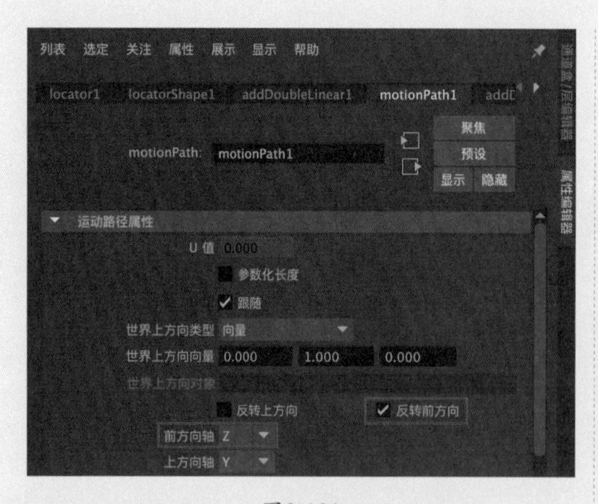

图8-101

14 设置完成后，拖动时间滑块，可以看到现在蝴蝶模型的运动方向就与路径的方向相匹配了，如图8-102所示。

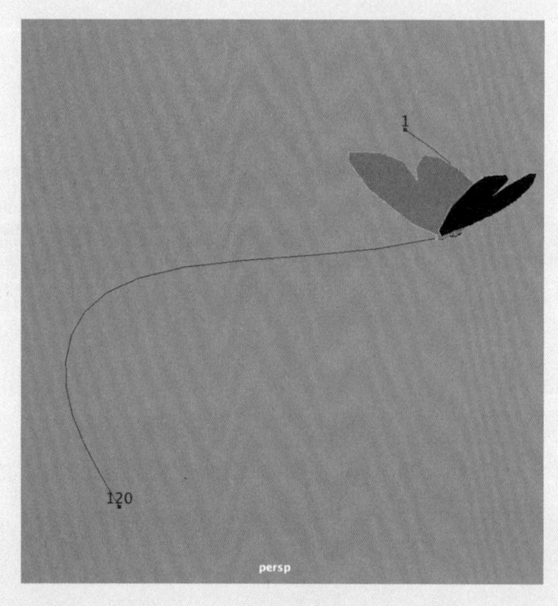

图8-102

15 单击“动画”工具架中的“为选定对象生成重影”按钮，如图8-103所示。

图8-103

16 在场景中观察蝴蝶的运动重影效果，本例的最终动画效果如图8-104所示。

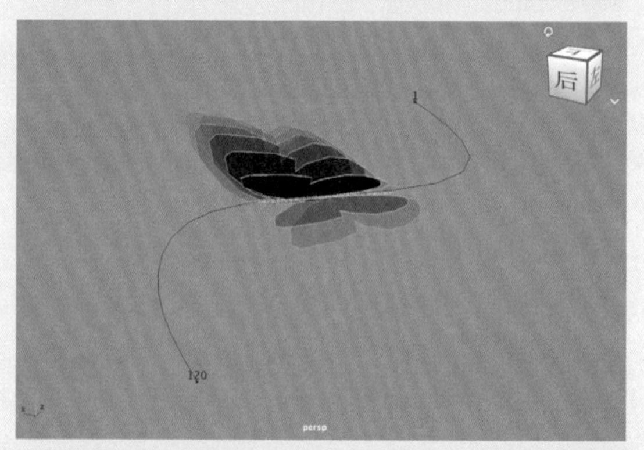

图8-104

8.3.3 实例：制作直升机飞行动画

本例通过制作一架直升机飞行的动画来讲解多种约束工具的搭配使用方法，最终完成效果如图 8-105 所示。

图8-105

01 启动中文版Maya 2024，打开本书配套资源场景中的“直升机.mb”文件，其中有一个直升机的模型，如图8-106所示。

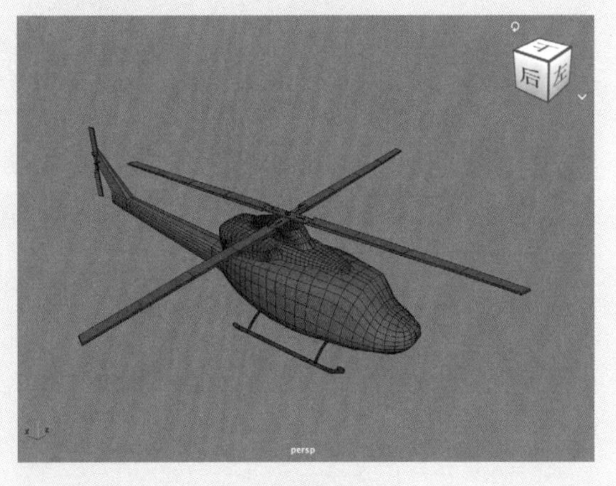

图8-106

02 单击“绑定”工具架中的“创建定位器”按钮，如图8-107所示，在场景中创建一个定位器。

图8-107

03 在“大纲视图”面板中，将直升机模型的各个组成部分均设置为定位器的子对象，如图8-108所示。

图8-108

04 选中直升机上方的螺旋桨模型，如图8-109所示。

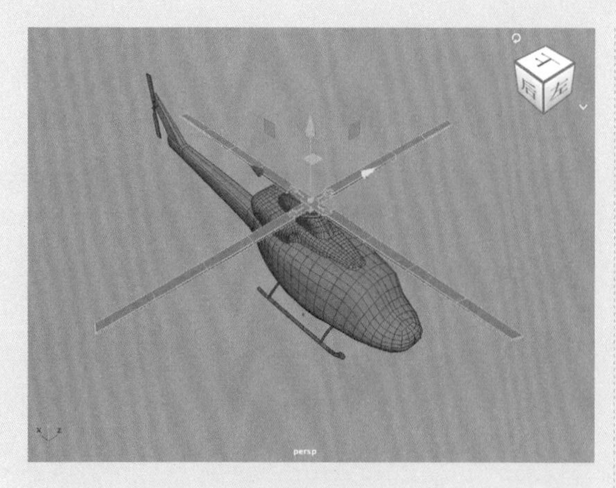

图8-109

05 在"属性编辑器"面板中，展开"变换属性"卷展栏，将鼠标指针放置在"旋转"的Y轴参数上并右击，在弹出的快捷菜单中选择"创建新表达式"选项，如图8-110所示。

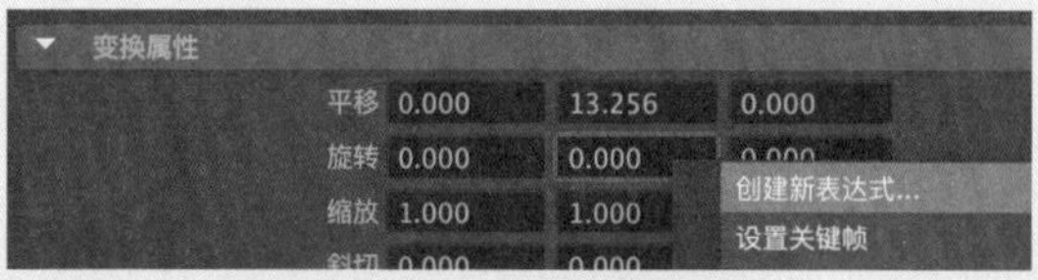

图8-110

06 在"表达式编辑器"面板下方的"表达式"文本框内输入：aa1.rotateY=time*300，单击"创建"按钮，如图8-111所示。

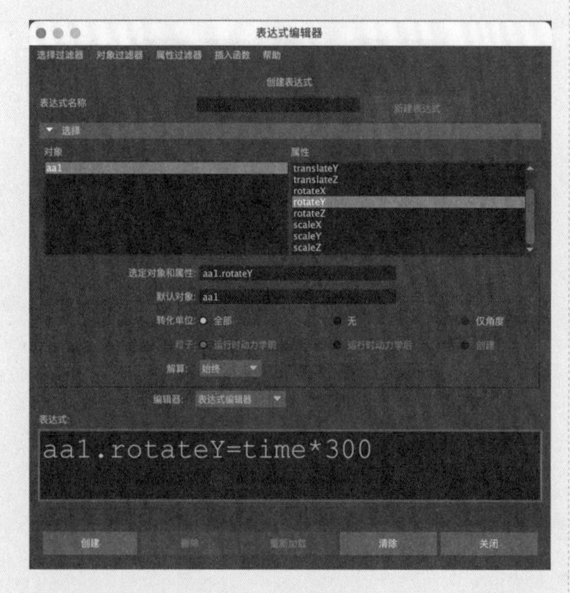

图8-111

07 设置完成后，关闭"表达式编辑器"面板。播放场景动画，此时可以看到直升机的螺旋桨会随着时间滑块的移动进行旋转。单击"动画"工具架中的"重影"按钮，如图8-112所示，可以在视图中观察到，直升机螺旋桨因旋转所产生的重影效果，如图8-113所示。

图8-112

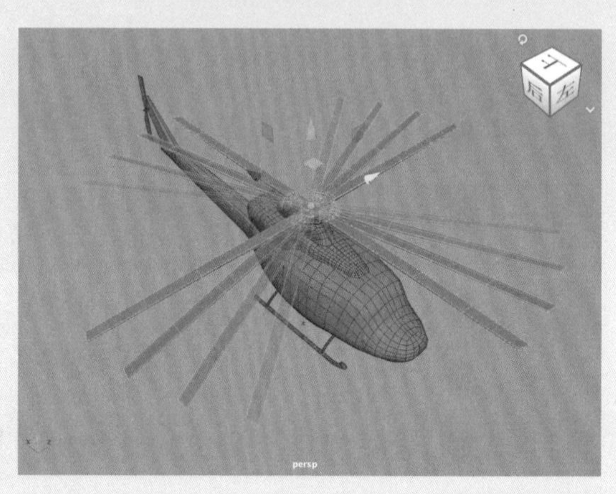

图8-113

08 采用同样的操作步骤，为直升机尾部的螺旋桨也设置旋转动画，效果如图8-114所示。

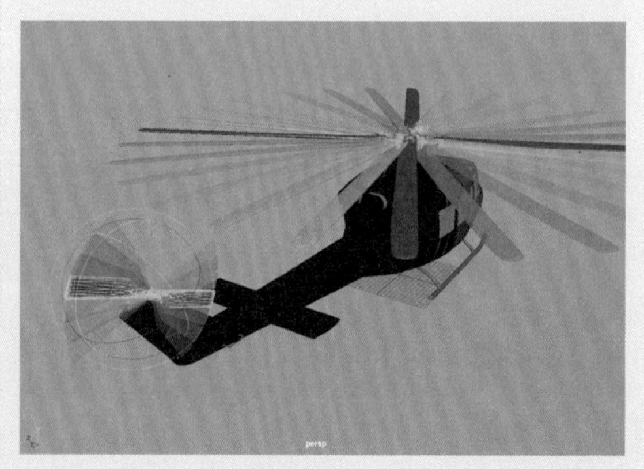

图8-114

09 单击"曲线"工具架中的"EP曲线工具"按钮，如图8-115所示。在前视图中绘制一条曲线，作为直升机飞行的路径，如图8-116所示。

图8-115

图8-116

10 先选择定位器，再加选曲线，执行“约束”|“运动路径”|“连接到运动路径”命令，使直升机模型沿绘制好的曲线进行移动，如图8-117所示。

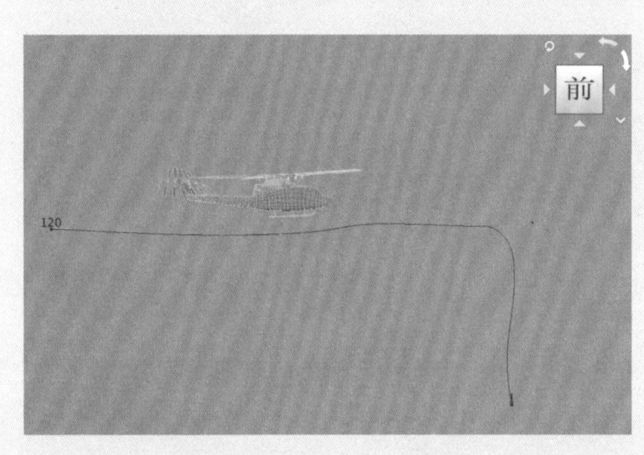

图8-117

11 在默认状态下，直升机行进的方向并非与路径一致，而且，直升机在上升时，方向也不正确，如图8-118所示。这是因为在默认状态下，运动路径约束会影响被约束对象的“位移”和“旋转”属性。在“属性编辑器”面板中，可以看到这两个属性的背景色为黄色，如图8-119所示。

12 在“运动路径属性”卷展栏中，取消选中“跟随”复选框，如图8-120所示，即可解除运动路径约束对被约束对象的“旋转”参数影响。

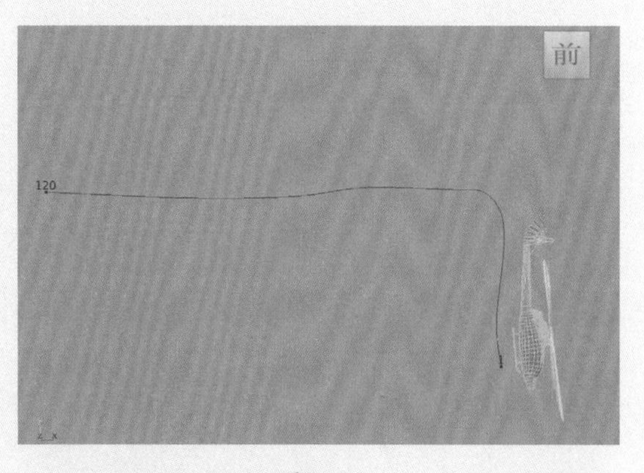

图8-118

图8-119

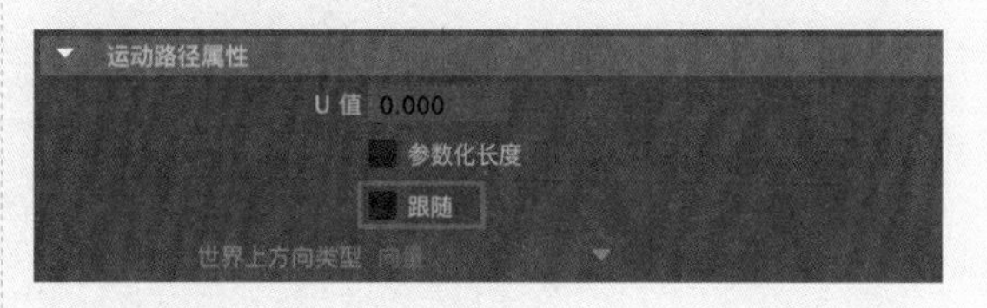

图8-120

13 在“通道盒/层编辑器”面板中，将定位器的“旋转X”“旋转Y”和“旋转Z”值都设置为0，如图8-121所示，即可恢复直升机的初始方向。

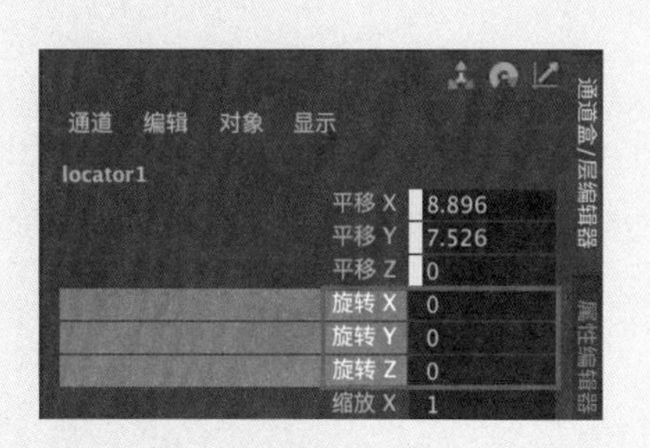

图8-121

14 设置完成后，播放场景动画，本例的最终动画完成效果如图8-122所示。

图8-122

8.3.4 实例：制作文具盒打开动画

本例通过制作一个文具盒打开的动画，讲解多种约束工具的搭配使用方法，最终完成效果如图 8-123 所示。

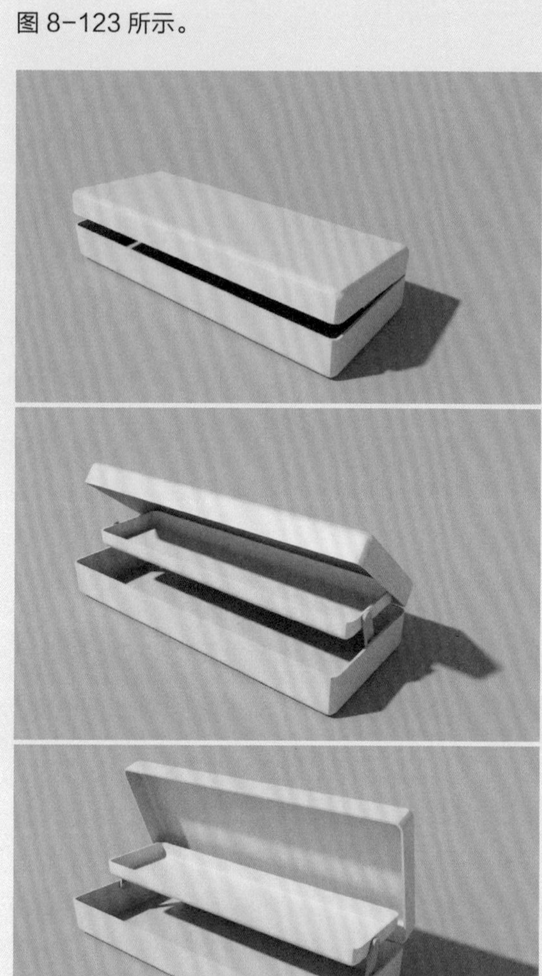

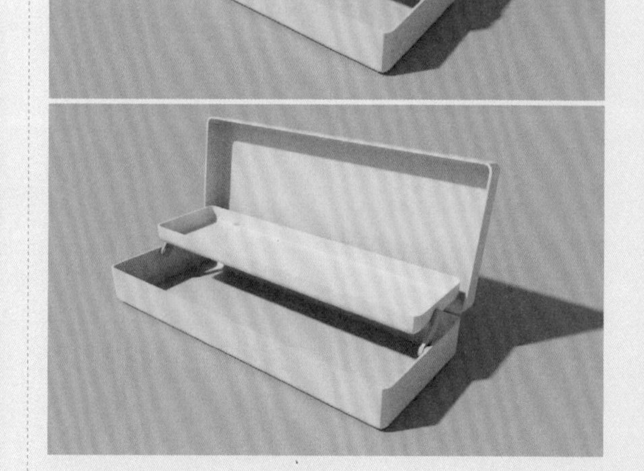

图8-123

01 启动中文版Maya 2024，打开本书配套资源中的“文具盒.mb”文件，其中有一个双层文具盒的模型，如图8-124所示。

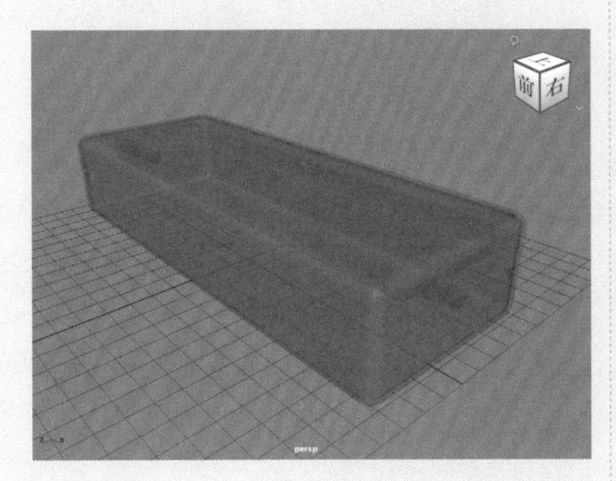

图8-124

02 选择文具盒盖子上如图8-125所示的顶点。

图8-125

03 执行“约束”｜“铆钉”命令，即可在选中顶点附近的位置创建一个定位器，如图8-126所示。

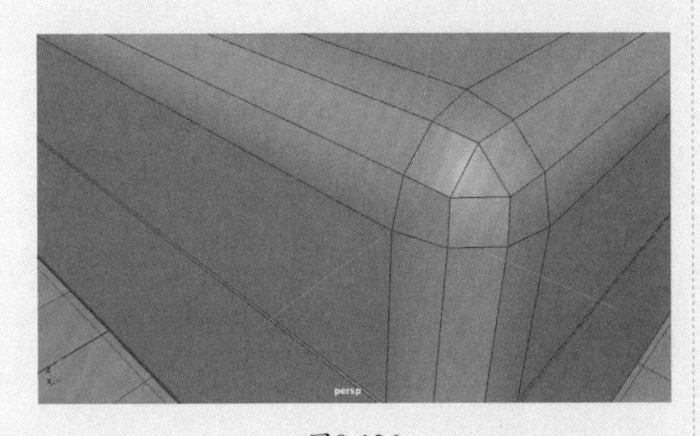

图8-126

04 在右视图中，调整定位器的位置，如图8-127所示。

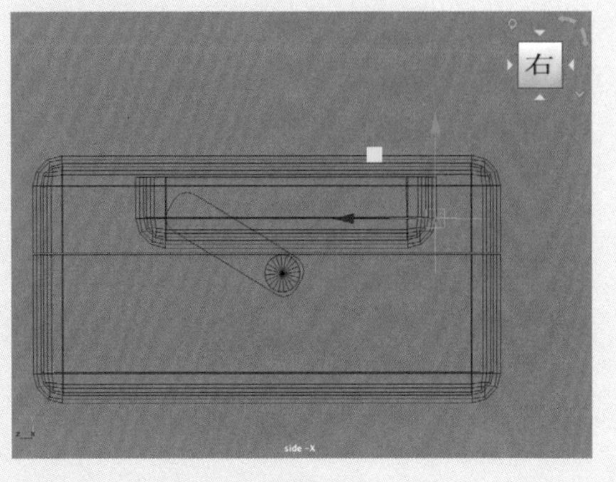

图8-127

05 先选择定位器，再加选文具盒中的夹层模型，如图8-128所示。

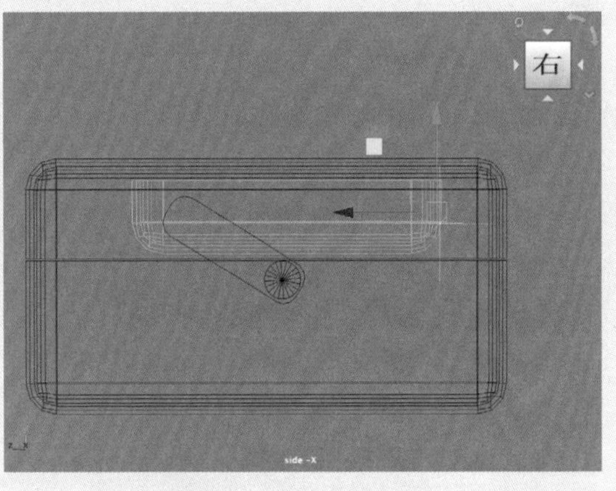

图8-128

06 单击“绑定”工具架中的“点约束”按钮，如图8-129所示。

图8-129

07 设置完成后，旋转文具盒盖子模型，可以看到其中的夹层也会随之产生位移动画，如图8-130所示。

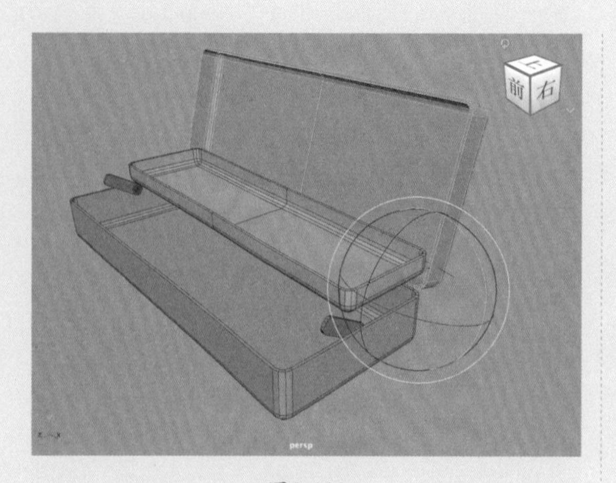

图8-130

技巧与提示

现在我们仍然可以通过调整定位器的位置来更改夹层的高度。

08 在第0帧，在“通道盒/层编辑器”面板中，设置“旋转X”值为0，并为其设置关键帧，此时可以看到“旋转X”参数后会出现红色的方形标记，如图8-131所示。

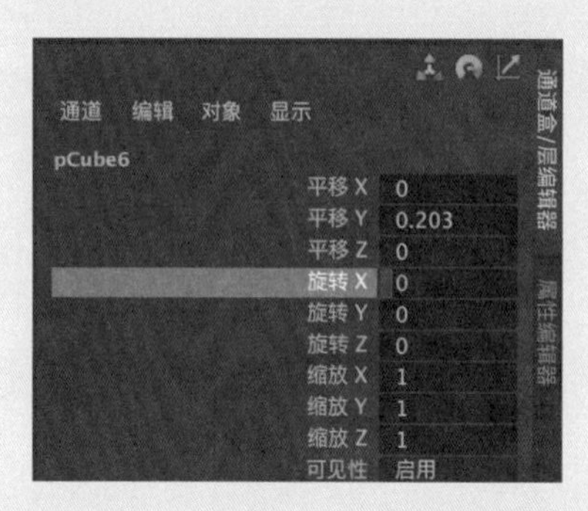

图8-131

09 在第80帧，在“通道盒/层编辑器”面板中，设置“旋转X”值为-100，并再次为其设置关键帧。选择“旋转Y”和“旋转Z”参数，并将其锁定，此时可以看到这两个参数后面出现蓝灰色的方形标记，如图8-132所示，制作出文具盒打开的动画效果。

10 先选中文具盒盖子模型，再加选夹层支架模型，如图8-133所示。

11 单击“绑定”工具架中的“方向约束”按钮，如图8-134所示。设置完成后，夹层支架的旋转角度如图8-135所示。

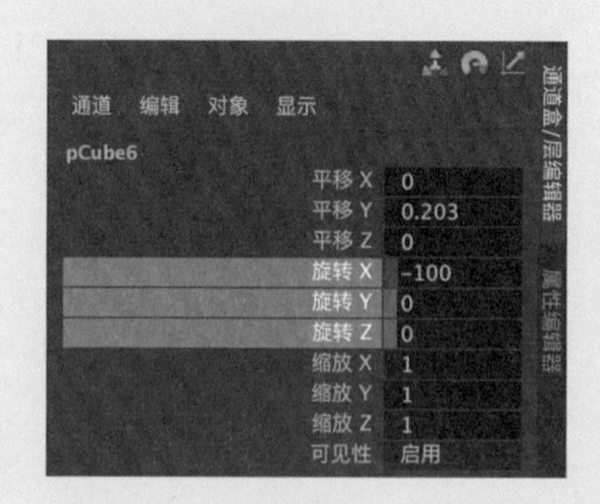

图8-132

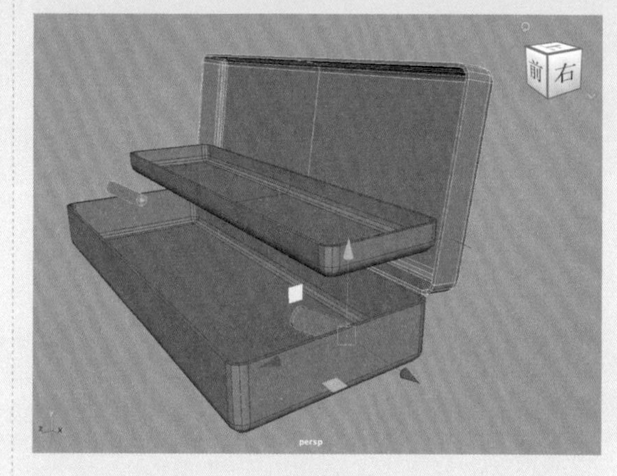

图8-133

图8-134

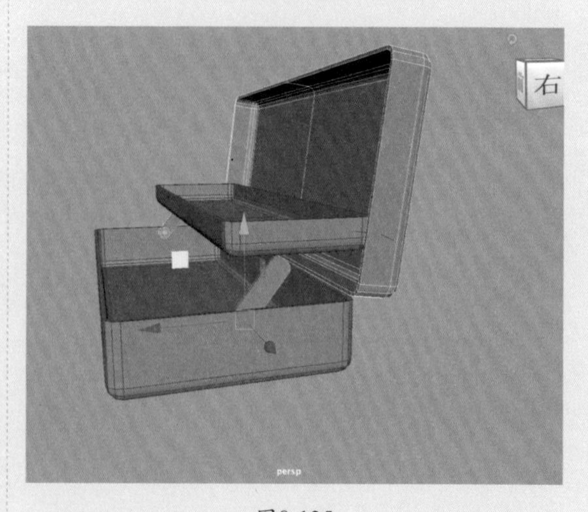

图8-135

12 在场景中微调定位器和夹层支架的位置后，文具盒的打开效果如图8-136所示。

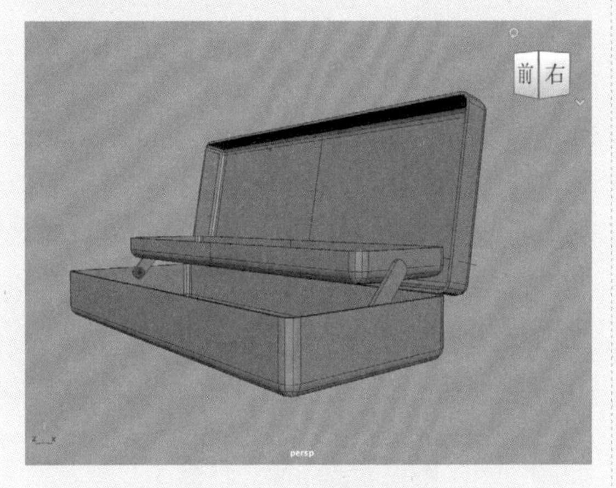

图8-136

13 在“曲线”工具架中单击“NURBS圆形”按钮，如图8-137所示。在场景中创建一个圆形，用来当作文具盒的移动控制器。

图8-137

14 先选中场景中的文具盒模型，最后加选圆形图形，如图8-138所示。按P键，为其设置父子关系。设置完成后，本例动画的最终完成效果如图8-139所示。

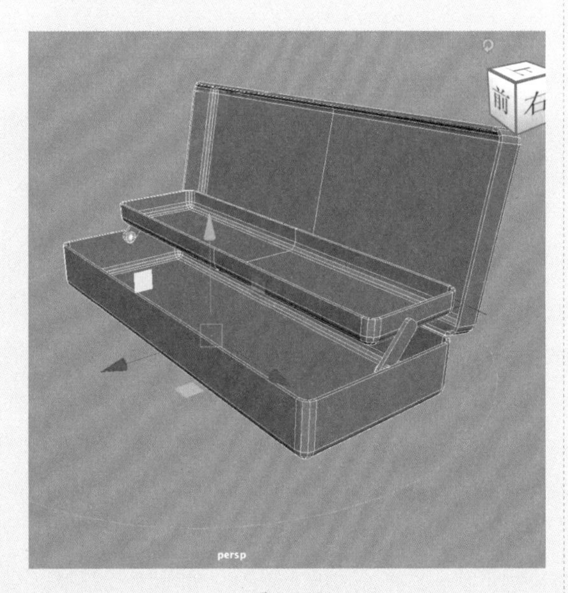

图8-138

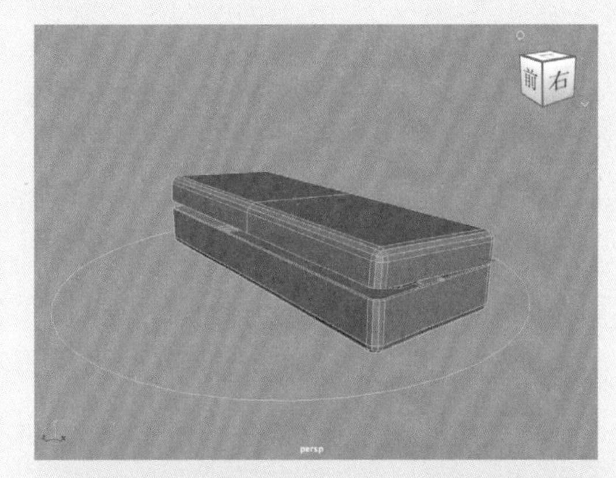

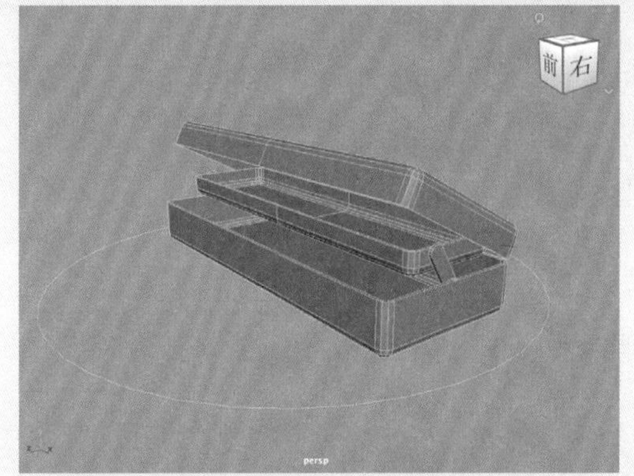

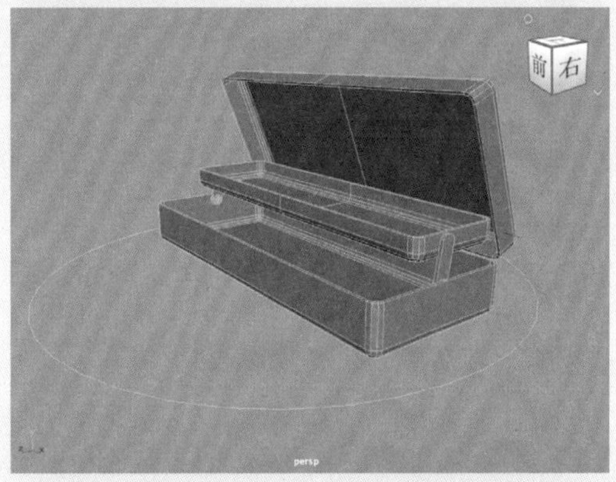

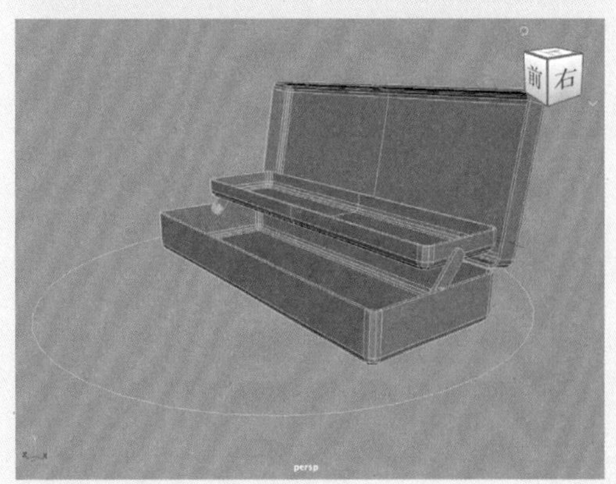

图8-139

> **技巧与提示**
> 本例中使用了三种约束工具，分别是铆钉、点约束和方形约束。

8.4 骨架动画

中文版 Maya 2024 提供了一系列与骨架动画设置相关的工具，可以在“绑定”工具架中找到这些工具按钮，如图 8-140 所示。

图8-140

工具解析

创建定位器：单击以创建一个定位器。

创建关节：单击以创建一个关节。

创建 IK 控制柄：在关节上创建 IK 控制柄。

绑定蒙皮：为角色设置绑定蒙皮。

快速绑定：打开“快速绑定”面板。

Human IK：显示角色控制面板。

8.4.1 手臂骨架绑定技术

本例主要演示创建关节、创建 IK 控制柄、绑定蒙皮、极向量约束的方法。

01 启动中文版Maya 2024，打开本书配套资源中的“手臂.mb”文件，其中有一个手臂模型，如图8-141所示。

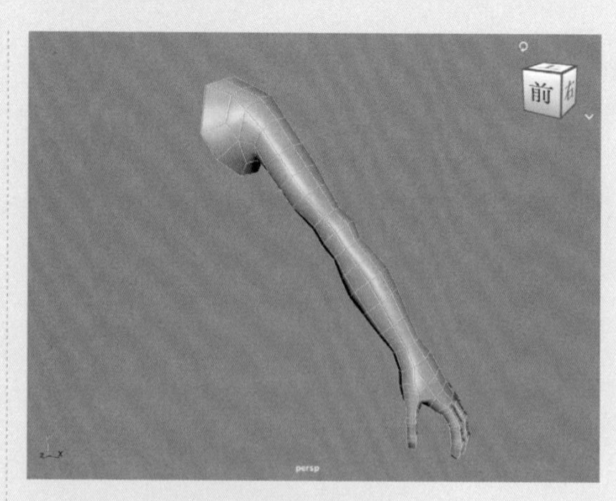

图8-141

02 单击“绑定”工具架中的“创建关节”按钮，如图8-142所示。

图8-142

03 在前视图中创建如图8-143所示的一段骨架。

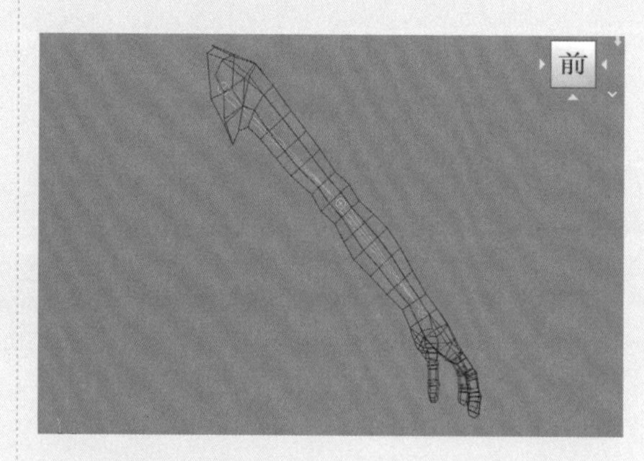

图8-143

04 在右视图中微调骨骼的位置，如图8-144所示，使骨骼的位置完全处于手臂模型中。

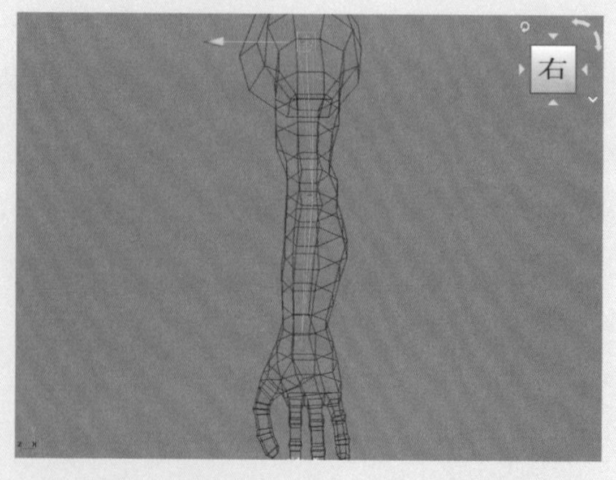

图8-144

05 单击“绑定”工具架中的“创建IK控制柄”按钮，如图8-145所示。

图8-145

06 在场景中单击骨架的两个端点，创建骨架的IK控制柄，如图8-146所示。

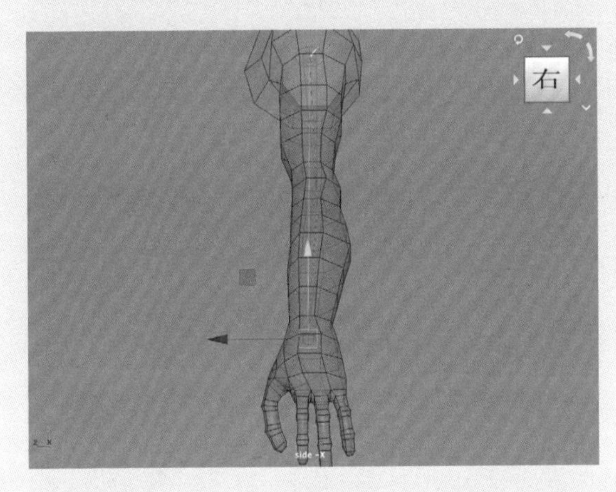

图8-146

07 移动骨架IK控制柄的位置，可以看到，骨骼的形态已经开始受到IK控制柄的影响，如图8-147所示。

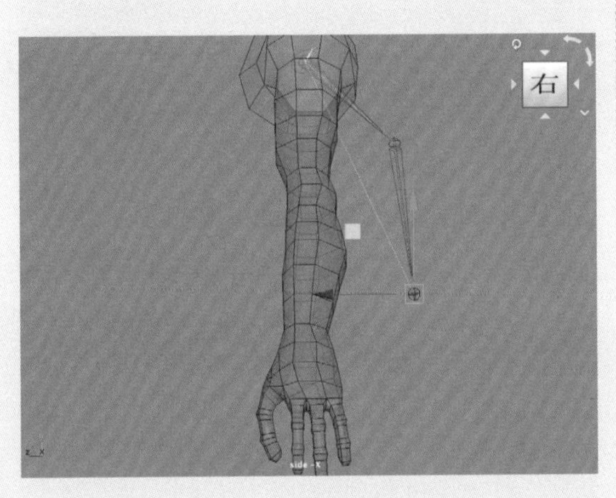

图8-147

08 单击“绑定”工具架中的“创建定位器”按钮，如图8-148所示，在场景中创建一个定位器。

图8-148

09 移动定位器至如图8-149所示的手肘模型后方的位置。

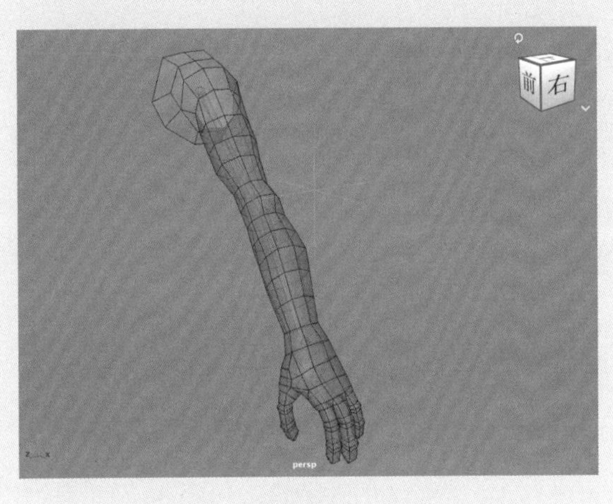

图8-149

10 先选择场景中的定位器，按住Shift键，加选场景中的IK控制柄，如图8-150所示。

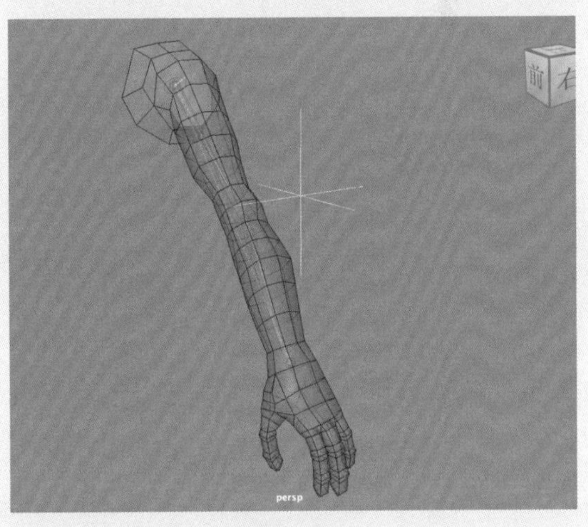

图8-150

11 单击“绑定”工具架中的“极向量约束”按钮，如图8-151所示。对骨骼的方向进行设置，此时可以看到IK控制柄与定位器之间会出现一条连线，如图8-152所示。

图8-151

12 选择场景中的骨骼对象，按住Shift键，加选手臂模型，如图8-153所示。

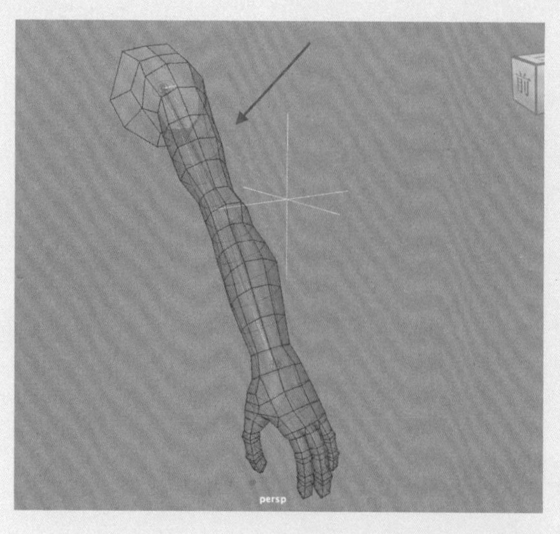

图8-152

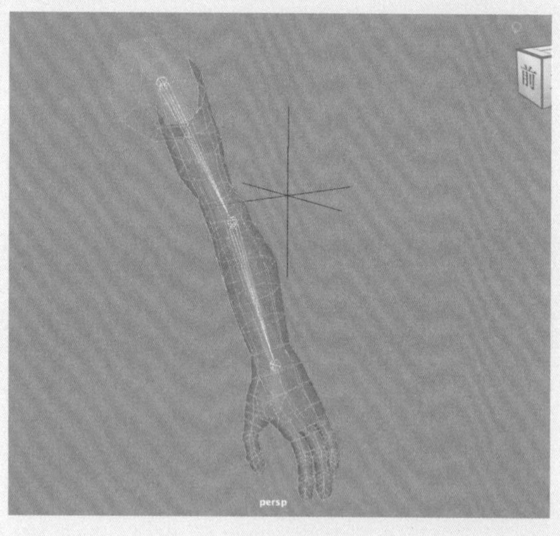

图8-153

13 单击“绑定”工具架中的“绑定蒙皮”按钮，如图8-154所示，对手臂模型进行蒙皮处理。

图8-154

14 设置完成后，再次移动IK控制柄，可以看到现在手臂模型也会随着骨骼的位置产生形变，如图8-155所示。

15 调整场景中的定位器位置，可以看到手臂的弯曲方向也随之发生了变化，如图8-156所示。

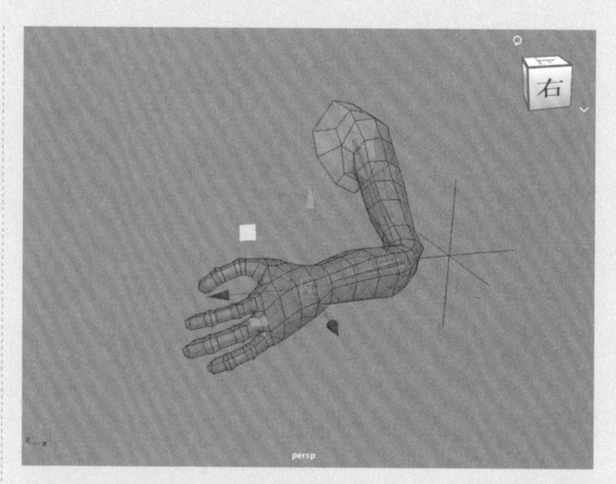

图8-155

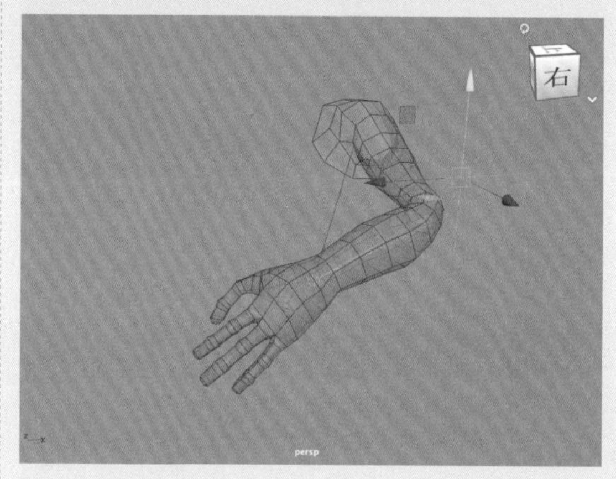

图8-156

8.4.2 实例：制作台灯绑定装置

本例将使用“骨架”工具绑定一个台灯模型，如图 8-157 所示为本例的最终完成效果。

图8-157

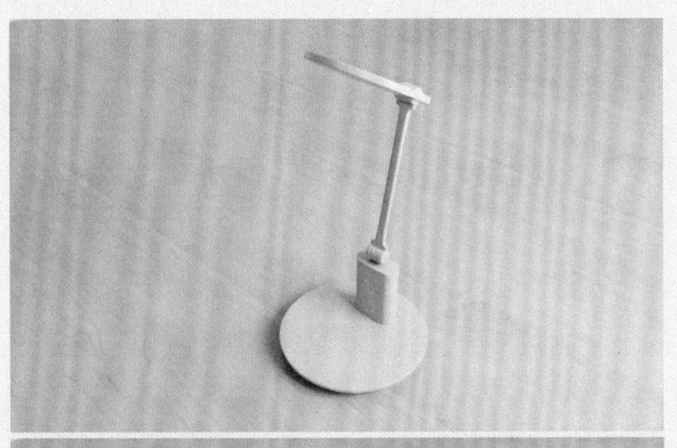

图8-157（续）

01 启动中文版Maya 2024，打开本书配套资源中的“台灯.mb”文件，其中有一个台灯模型，如图8-158所示。

图8-158

02 单击“绑定”工具架中的“创建关节”按钮，如图8-159所示。

图8-159

03 在右视图中如图8-160所示的位置，为台灯的支撑部分创建骨架。

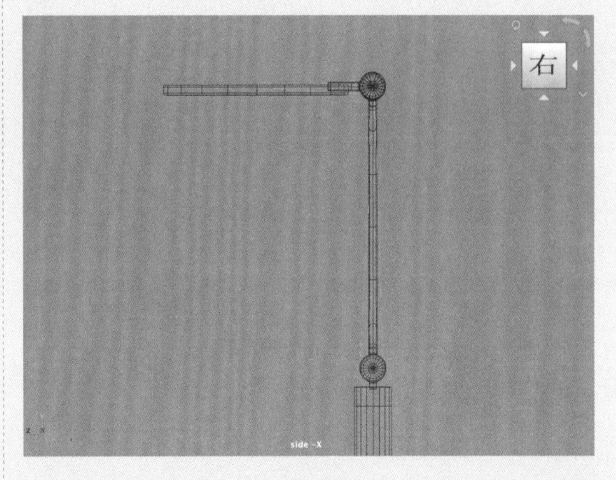

图8-160

04 单击“绑定”工具架中的“创建IK控制柄”按钮，如图8-161所示。

图8-161

05 在场景中单击骨架的两个端点，创建骨架的IK控制柄，如图8-162所示。

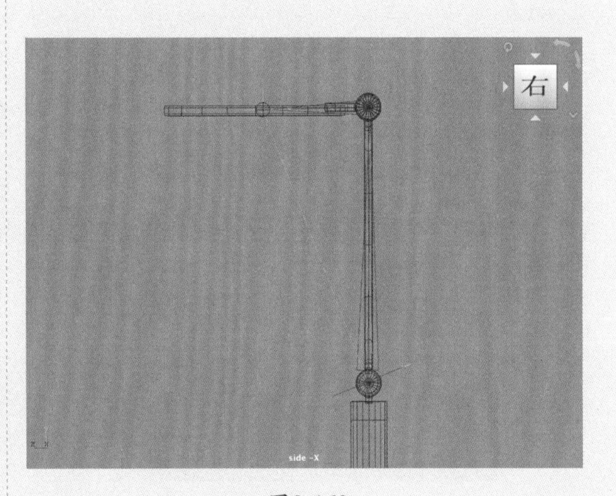

图8-162

06 单击“曲线”工具架中的“NURBS圆形”按钮，如图8-163所示，在场景中绘制一个圆形。

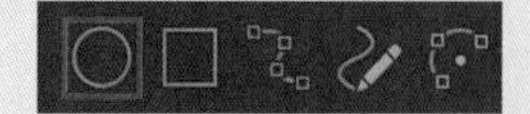

图8-163

07 在“通道盒/层编辑器”面板中，设置“半径”值为9，如图8-164所示。设置完成后，圆形在视图中的显示效果如图8-165所示。

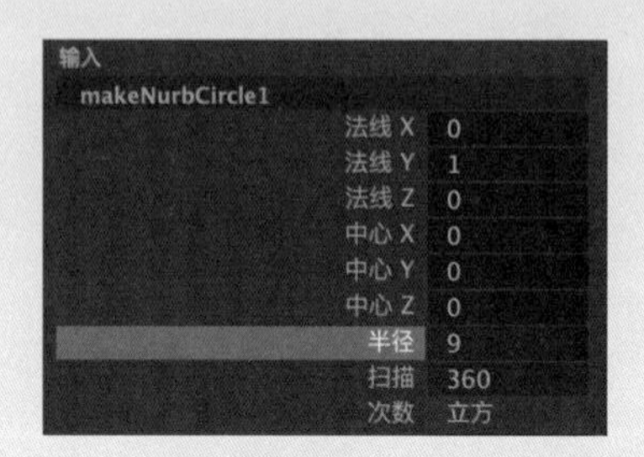

图8-164

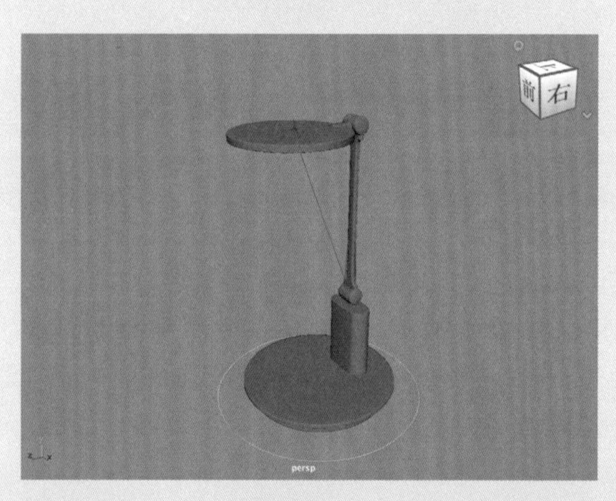

图8-165

08 以同样的方式再创建一个半径为7的圆形，在“通道盒/层编辑器”面板中，调整圆形的“平移X”“平移Y”“平移Z”值，如图8-166所示。

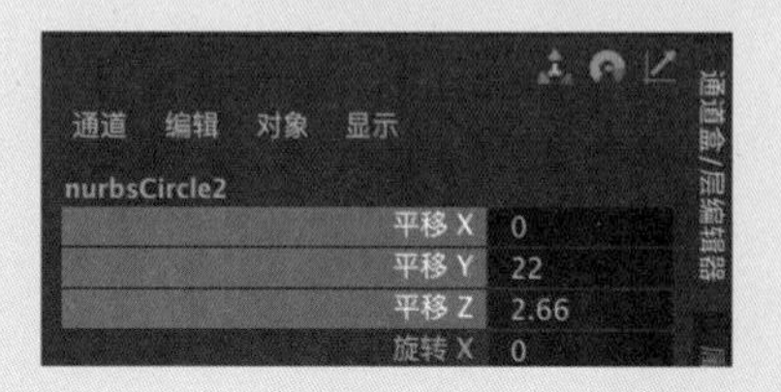

图8-166

09 在场景中先选中台灯灯盘位置的圆形，再加选IK控制柄，如图8-167所示。

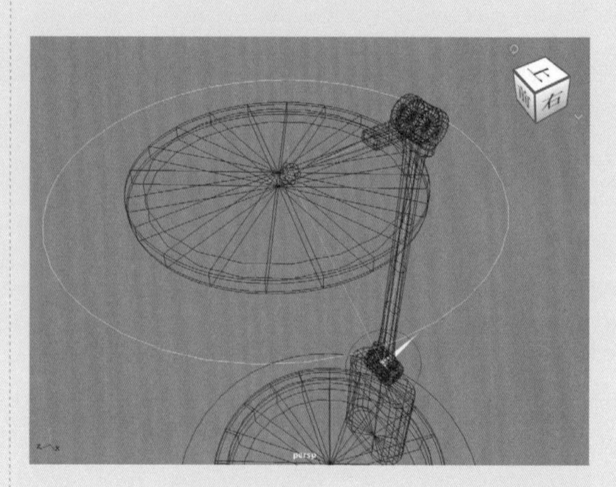

图8-167

10 单击“绑定”工具架中的“父约束”按钮，如图8-168所示。

图8-168

11 选中如图8-169所示的模型，将其设置为台灯底座位置圆形的子对象。

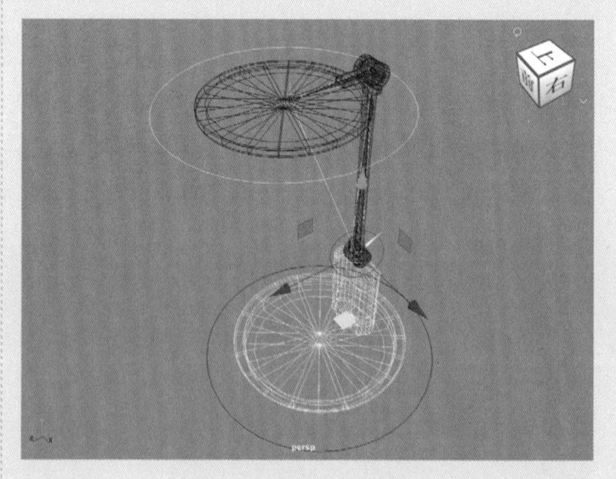

图8-169

12 先选中场景中的骨架，再加选灯盘模型，如图8-170所示。

13 单击“绑定”工具架中的“绑定蒙皮”按钮，如图8-171所示，对灯盘模型进行蒙皮操作。

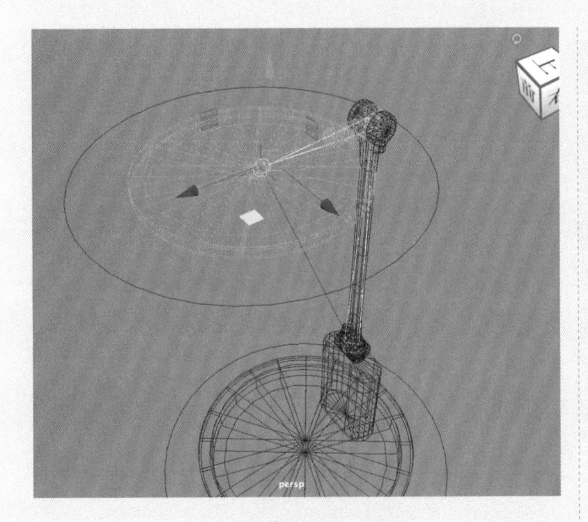

图8-170

图8-171

14 先选中场景中的骨架，再加选灯架模型，如图8-172所示。单击“绑定”工具架中的“绑定蒙皮”按钮，对灯架模型进行蒙皮操作。

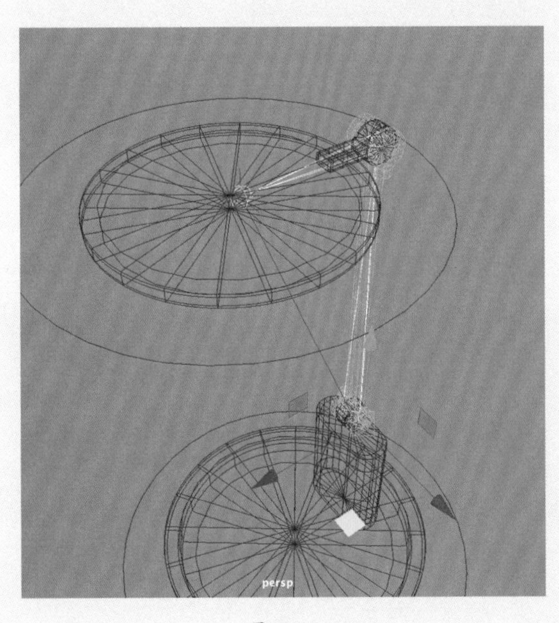

图8-172

15 选择灯盘模型，如图8-173所示。

16 单击菜单栏“蒙皮”|“绘制蒙皮权重”命令后面的方形图标，如图8-174所示。

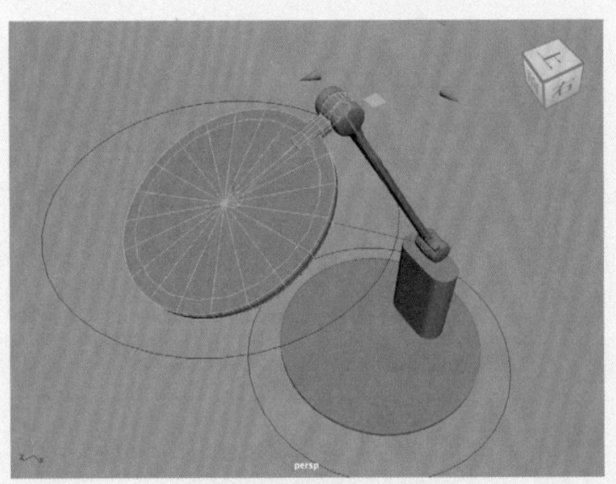

图8-173

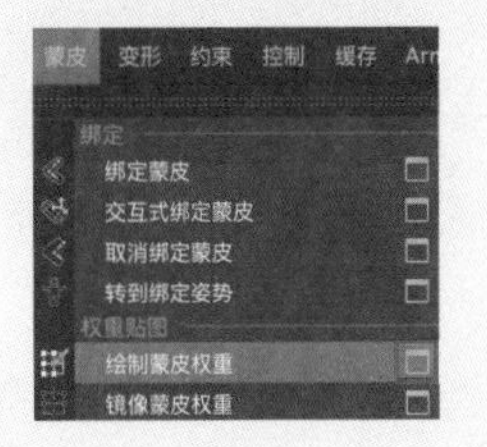

图8-174

17 在弹出的“工具设置”面板中，选择控制灯盘模型的骨架，并设置“剖面”为“硬笔刷”，如图8-175所示。

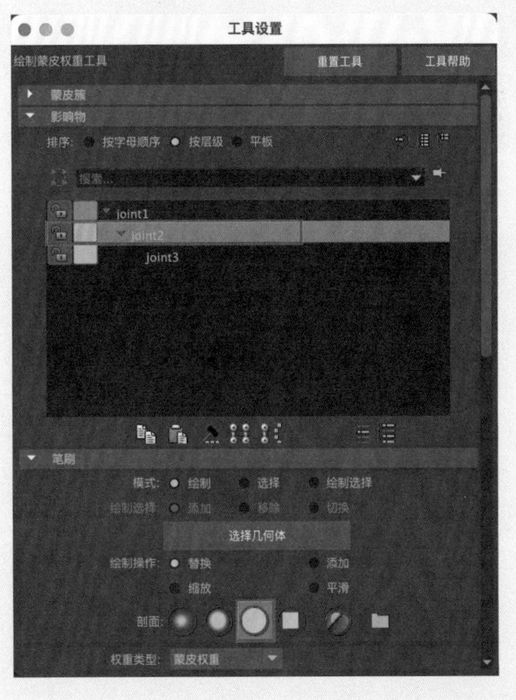

图8-175

18 在场景中对灯盘模型绘制蒙皮权重，如图8-176所示。

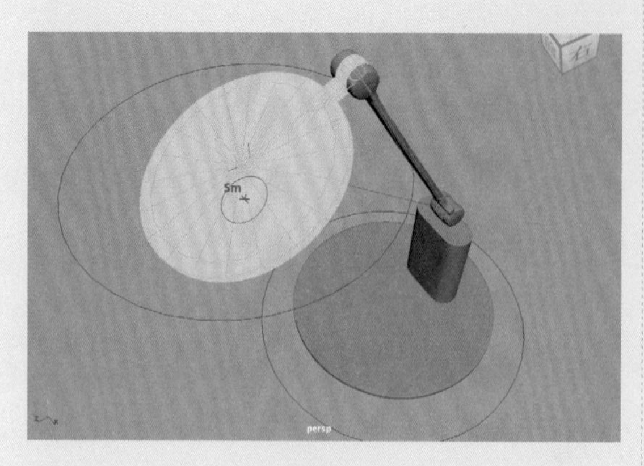

图8-176

19 以同样的操作方法，对灯架模型绘制蒙皮权重，如图8-177所示。

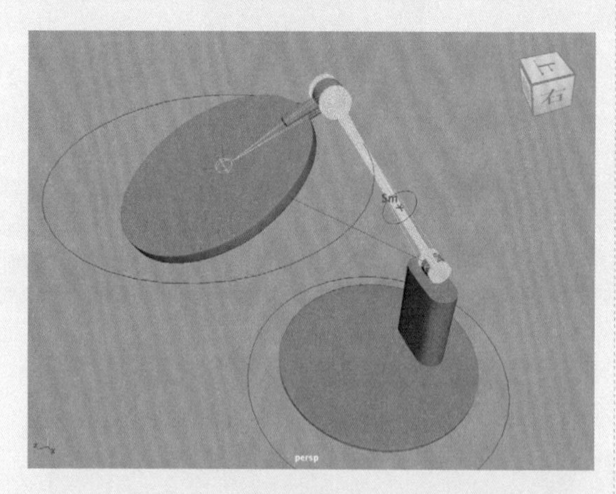

图8-177

20 单击“绑定”工具架中的“创建定位器”按钮，如图8-178所示，在场景中创建一个定位器，并调整其位置和大小，如图8-179所示。

图8-178

21 先选择场景中的定位器，按住Shift键，加选场景中的IK控制柄，如图8-180所示。

22 单击“绑定”工具架中的“极向量约束”按钮，如图8-181所示，并将定位器设置为灯底座控制器的子对象。

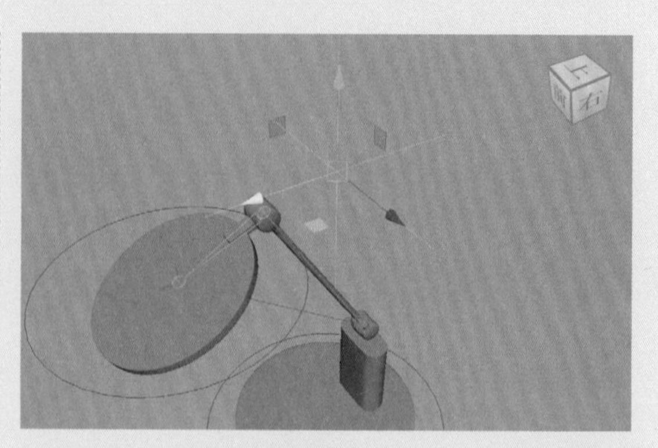

图8-179

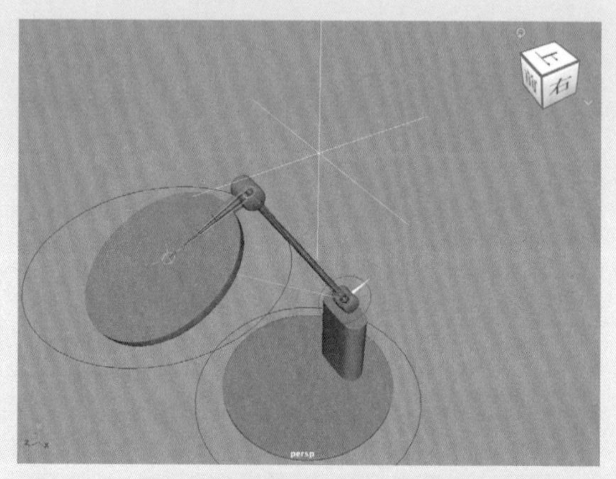

图8-180

图8-181

23 设置完成后，随意调整灯盘控制器的位置，本例的最终绑定效果如图8-182所示。

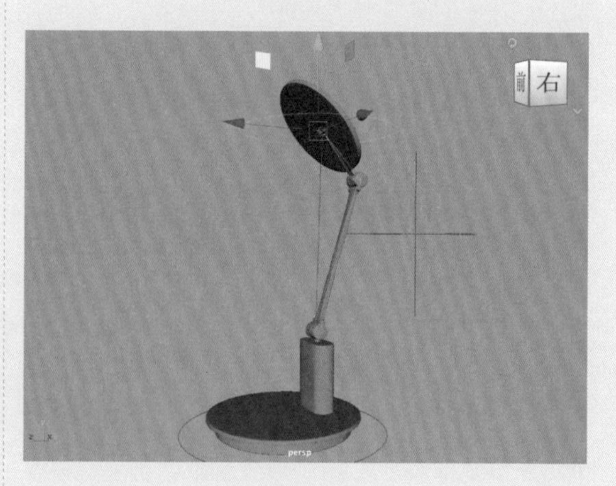

图8-182

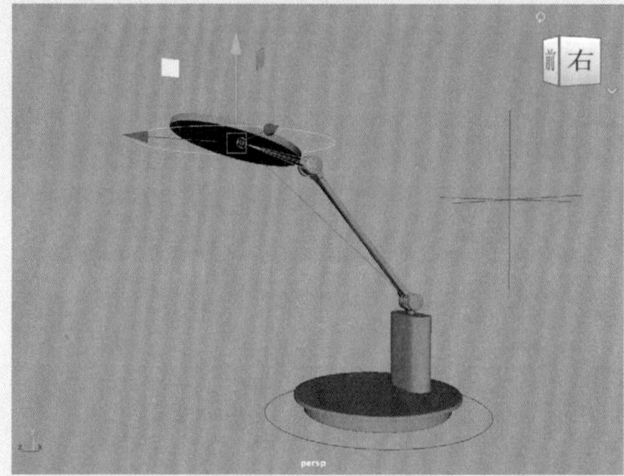

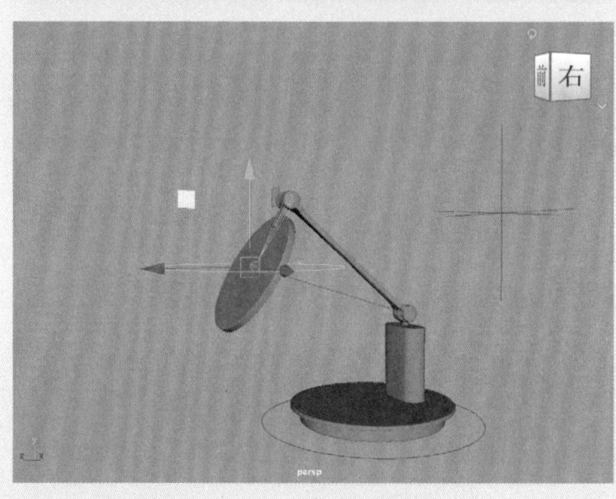

图8-182（续）

8.5 综合实例：角色运动动画

本例将使用“快速绑定”工具绑定一个人物角色模型，如图 8-183 所示为本例的最终完成效果。

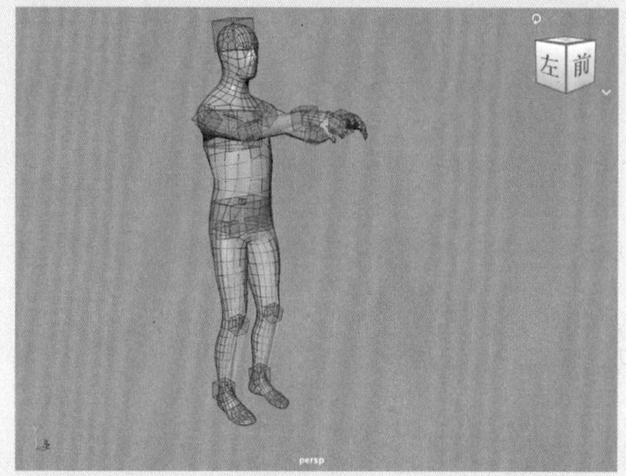

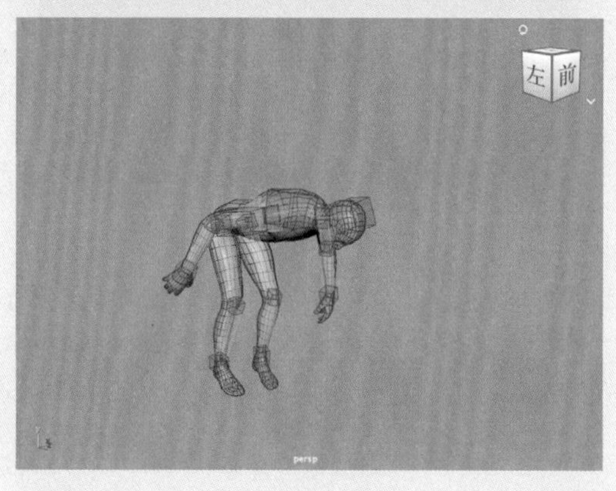

图8-183

8.5.1 使用"快速绑定"工具绑定角色

01 打开本书配套资源中的"角色.mb"文件，其中有一个简易的人体角色模型，如图8-184所示。

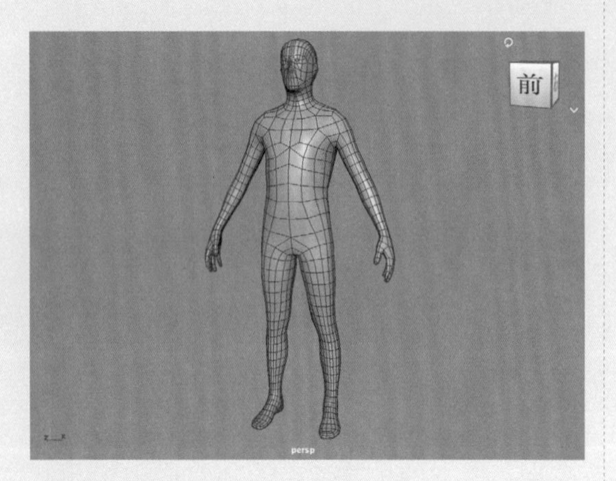

图8-184

02 单击"绑定"工具架中的"快速绑定"按钮，如图8-185所示。

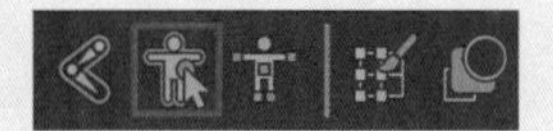

图8-185

03 在弹出的"快速绑定"面板中，将快速绑定方式设置为"分步"，如图8-186所示。

图8-186

04 在"快速绑定"面板中，单击"创建新角色"按钮，激活"快速绑定"面板中的选项，如图8-187所示。

05 选择场景中的角色模型，在"几何体"卷展栏中，单击"添加选定的网格"按钮，将场景中选中的角色模型添加至下方的文本框中，如图8-188所示。

图8-187

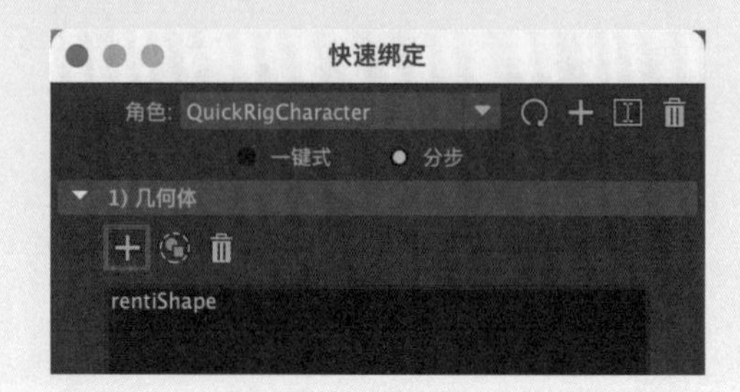

图8-188

06 在"导向"卷展栏内，设置"分辨率"值为512。在"中心"卷展栏中，设置"颈部"值为2，如图8-189所示。

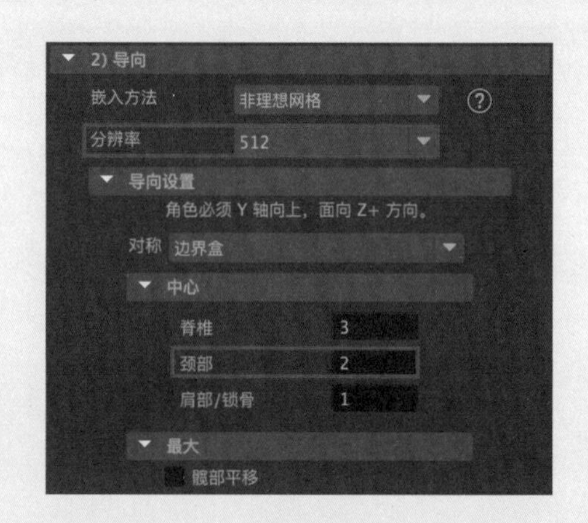

图8-189

07 设置完成后，单击"导向"卷展栏中的"创建/更新"按钮，即可在透视视图中看到角色模型上添加了多个导向，如图8-190所示。

08 在透视视图中，仔细观察默认状态下生成的导向，可以发现手肘及肩膀处的导向位置略低，这就需要在场景中将它们选中并调整其位置。先选择肩膀、颈部及头部处的导向，将其位置调整至如图8-191所示的位置。

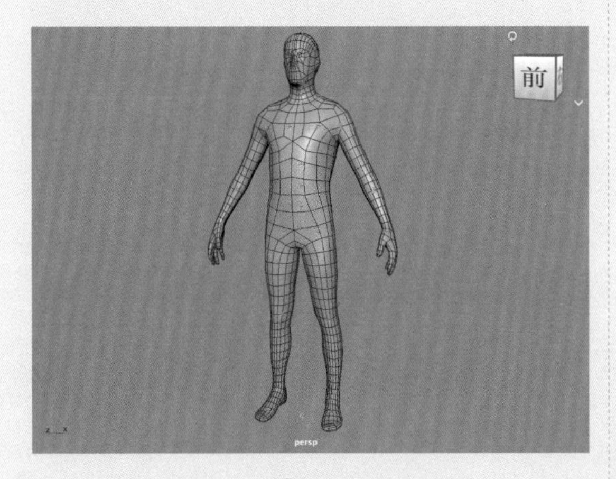

图8-190

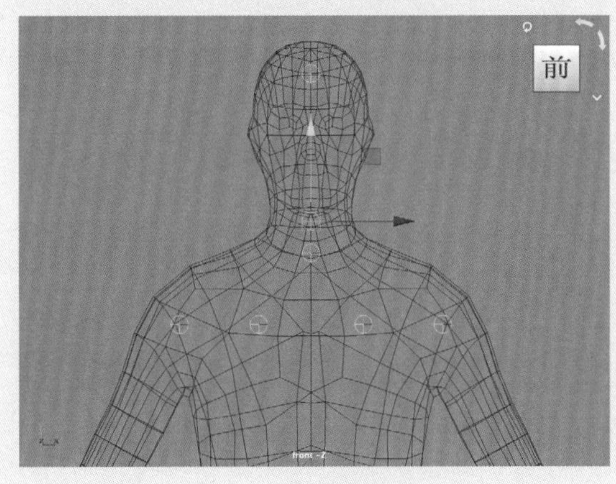

图8-191

09 选中手肘处的导向，先将其中一个的位置调整至如图8-192所示的位置。

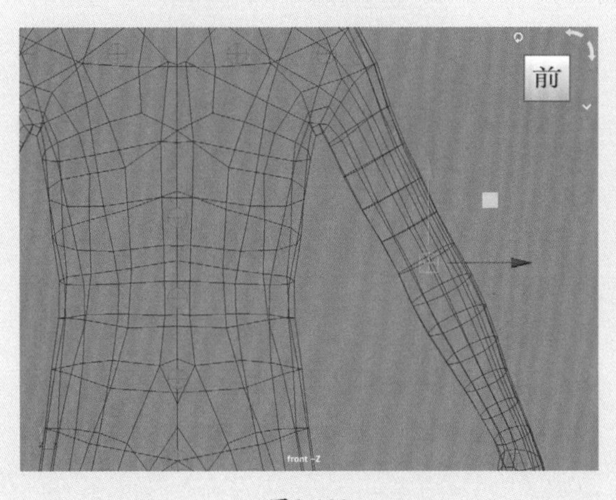

图8-192

10 单击展开“用户调整导向”卷展栏，单击“从左到右镜像”按钮，如图8-193所示。可以将其位置对称至另一侧的手肘导向，如图8-194所示。

图8-193

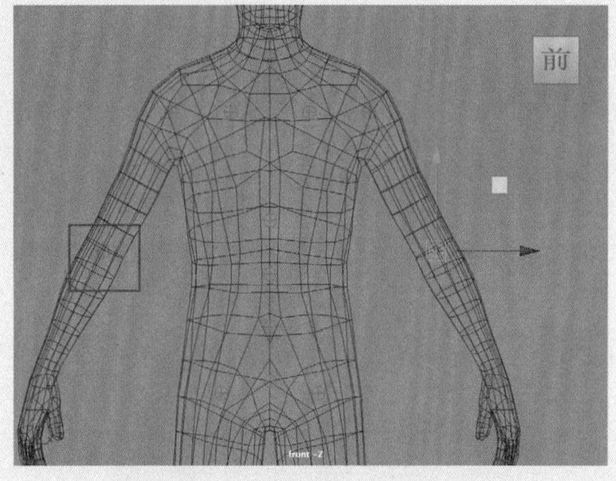

图8-194

11 调整导向后，展开“骨架和装备生成”卷展栏，单击“创建/更新”按钮，即可在透视视图中根据之前所调整的导向位置生成骨架，如图8-195所示。

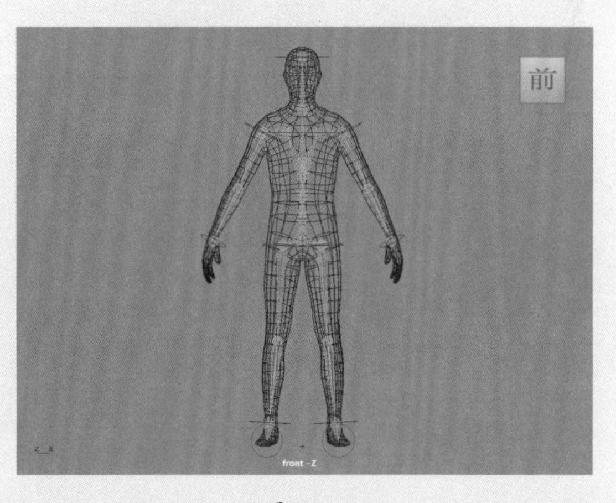

图8-195

12 此时应当注意现在场景中的骨架并不会对角色模型产生影响。展开“蒙皮”卷展栏，单击“创建/更新”按钮，即可为当前角色蒙皮，如图8-196所示。只有当蒙皮计算完成后，骨架的位置才会影响角色的外形。

图8-196

13 设置完成后，角色的快速绑定操作就结束了，可以通过Maya的Human IK面板中的图例，快速选择角色的骨骼来调整角色的姿势，如图8-197所示。

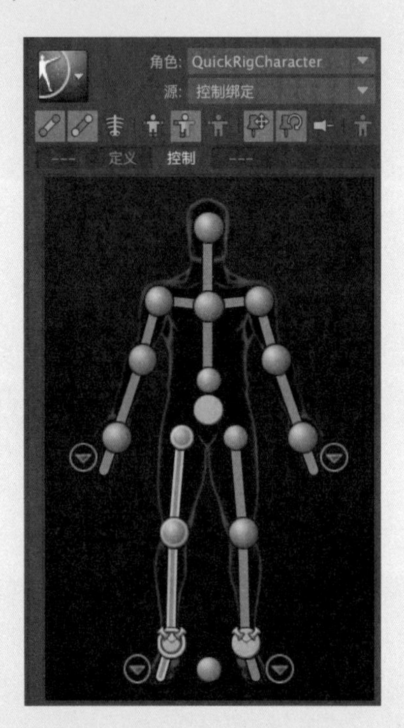

图8-197

8.5.2 绘制蒙皮权重

01 在Human IK面板中，设置“源”为“初始”，如图8-198所示。

02 此时，可以看到角色两侧的部分肌肉以及角色的手指均产生了不正常的变形，如图8-199所示。也就是说，“快速绑定”面板中的蒙皮效果有时候会产生一些不太理想的效果。所以，接下来，尝试通过“绘制蒙皮权重”命令来改善角色的蒙皮。

图8-198

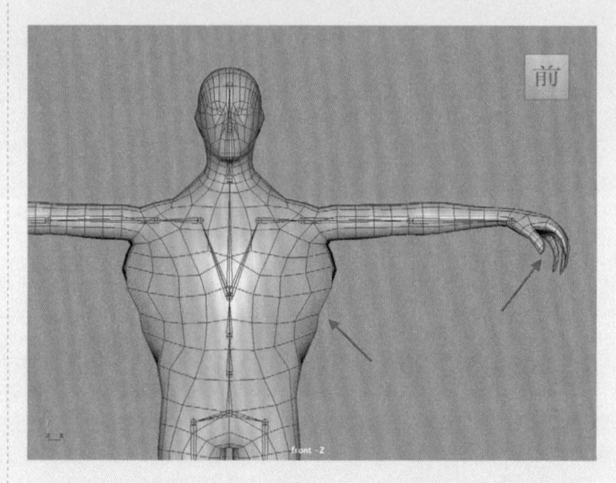

图8-199

03 单击菜单栏“蒙皮”|“绘制蒙皮权重”命令后面的方形图标，如图8-200所示。

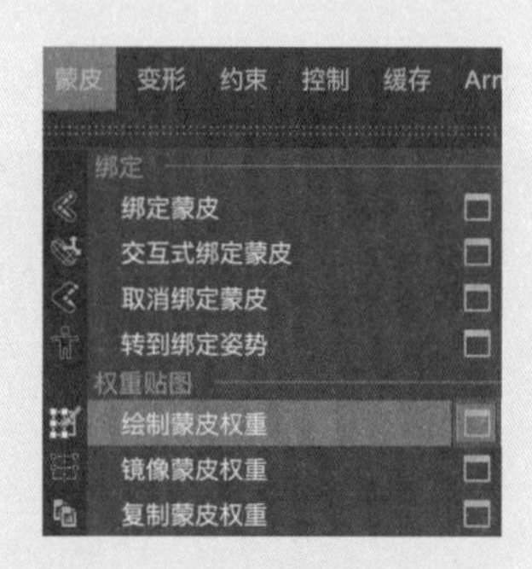

图8-200

04 在弹出的“工具设置”面板中，选择角色左上臂位置的骨架，设置“剖面”为“硬笔刷”，如图8-201所示。

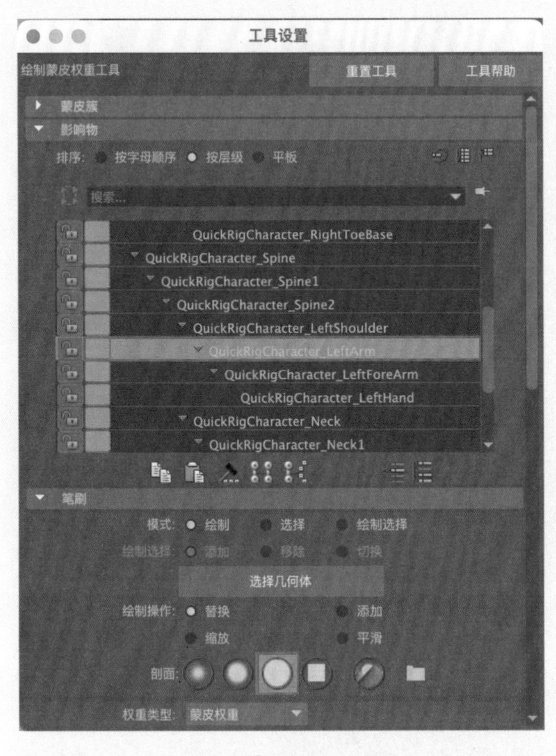

图8-201

05 在“几何体颜色”卷展栏中，选中“颜色渐变”复选框，如图8-202所示。此时，可以通过观察角色的颜色来判断骨架对其的影响程度，如图8-203所示。

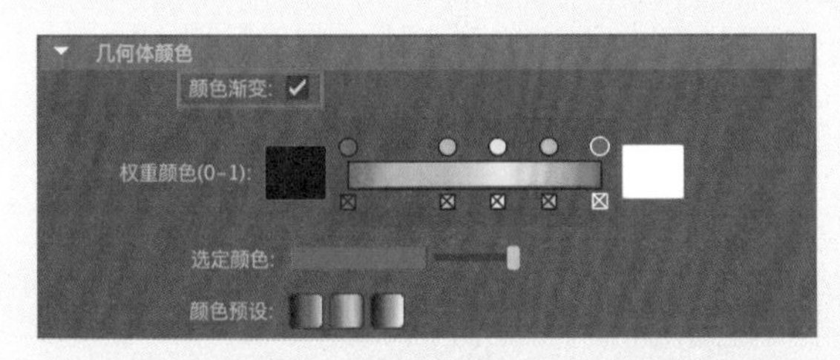

图8-202

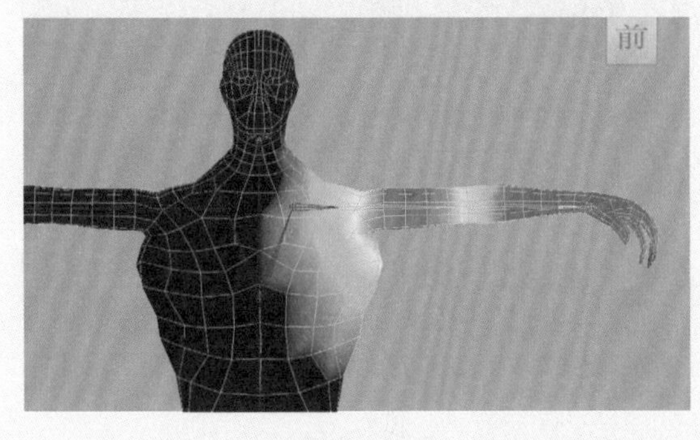

图8-203

06 在“笔划”卷展栏中，设置“半径（U）”值为5.0000，如图8-204所示。

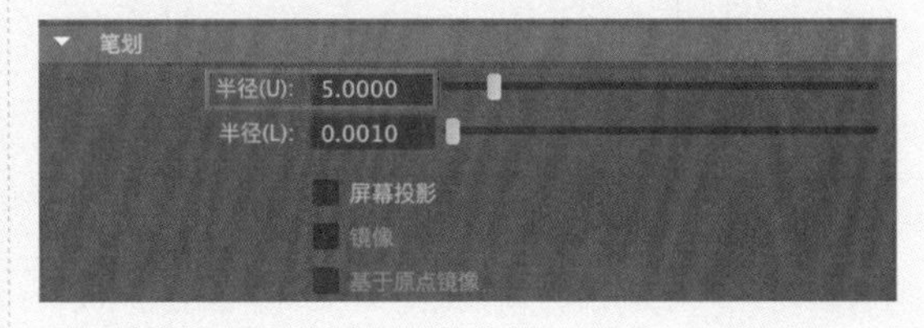

图8-204

07 按住Ctrl键，绘制角色左侧的顶点，使其不再受角色左上臂骨架影响，如图8-205所示。

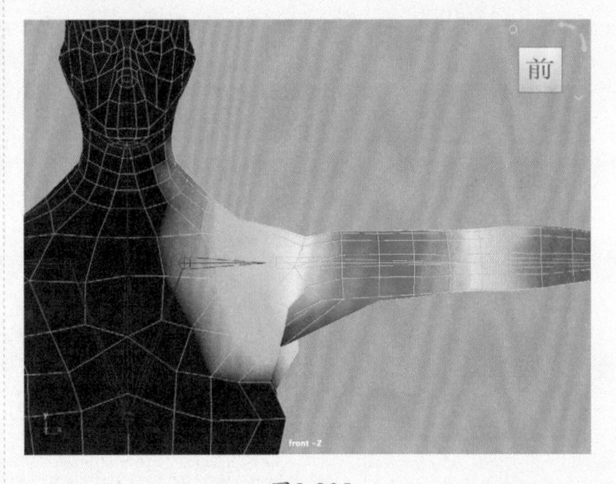

图8-205

08 使用同样的操作步骤检查角色身体其他位置的骨架，并对其进行权重绘制，角色身体权重调整完成后的效果如图8-206所示。

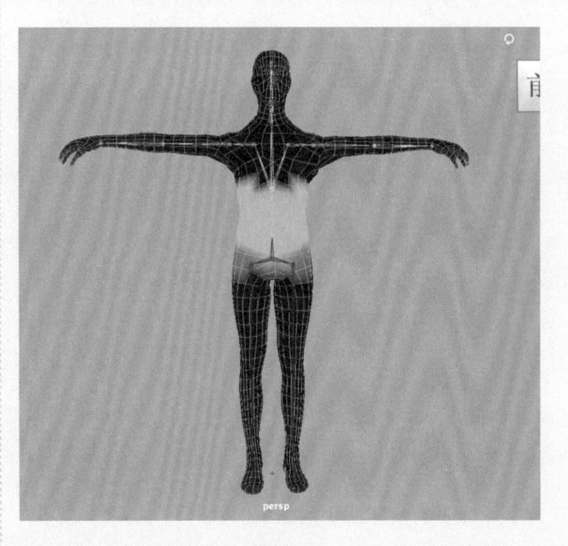

图8-206

8.5.3 为角色添加动作

01 单击“多边形建模”工具架中的“内容浏览器”按钮，如图8-207所示。

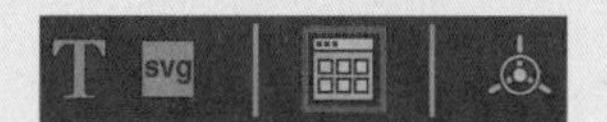

图8-207

02 在弹出的“内容浏览器”面板中，从软件自带的动作库中选择任意一个动作文件，右击并在弹出的快捷菜单中选择“导入”选项，如图8-208所示。

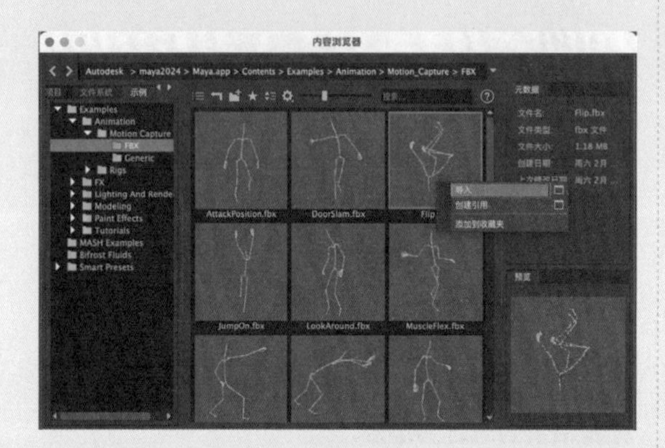

图8-208

03 导入完成后，可以看到一具完整的带有动作的骨架出现在当前场景中，如图8-209所示。

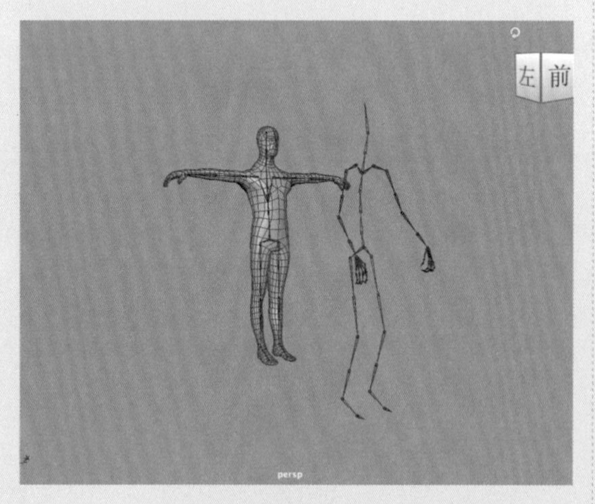

图8-209

04 在Human IK面板中，设置“源”为Flip1，如图8-210所示。

图8-210

05 播放场景动画，可以看到现在角色的骨架会自动匹配到从动作库导入进来的带有动作的骨架上，如图8-211所示。

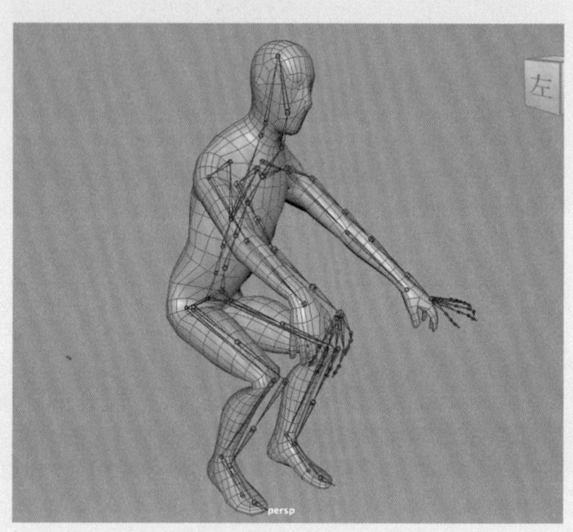

图8-211

06 在Human IK面板中，执行“烘焙”|“烘焙到控制绑定”命令，如图8-212所示。执行完成后，就可以删除场景中从动作库中导入的骨架了，这样，场景中只需保留角色本身的骨架即可，如图8-213所示。

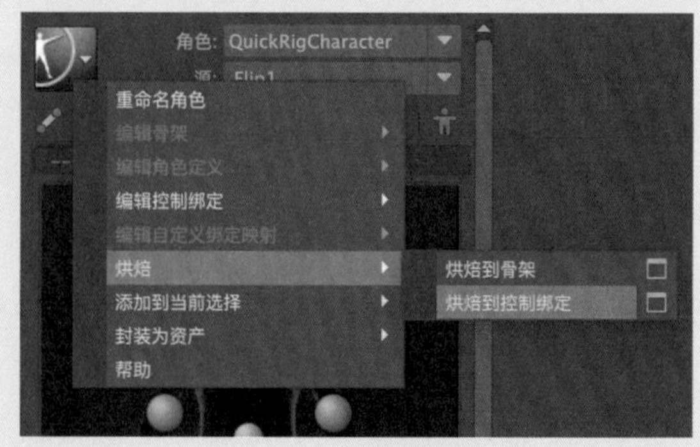

图8-212

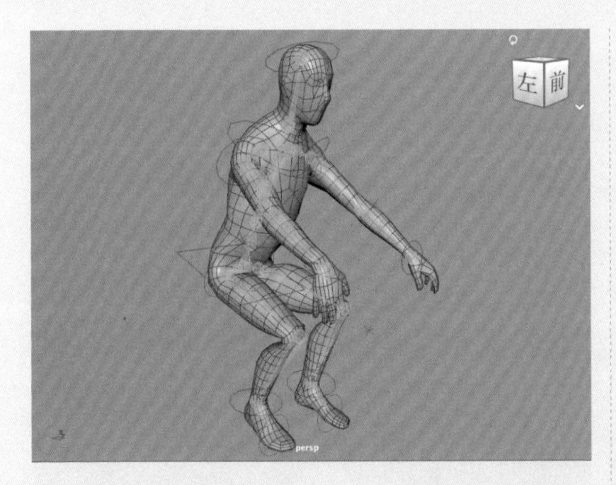

图8-213

07 在Human IK面板中，执行“编辑控制绑定”|“绑定外观”|“长方体”命令，如图8-214所示，还可以更改角色控制器的外观，如图8-215所示。

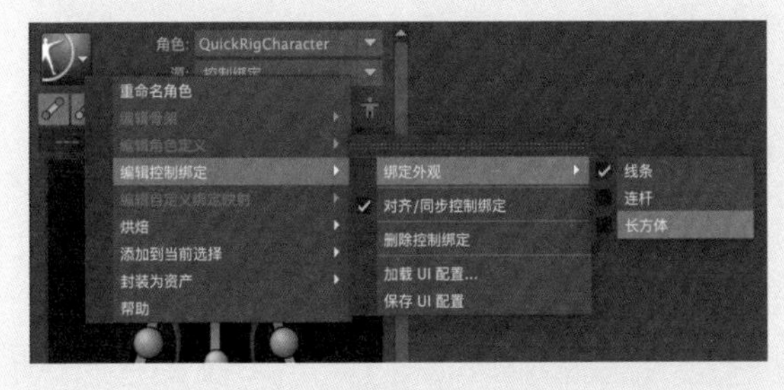

图8-214

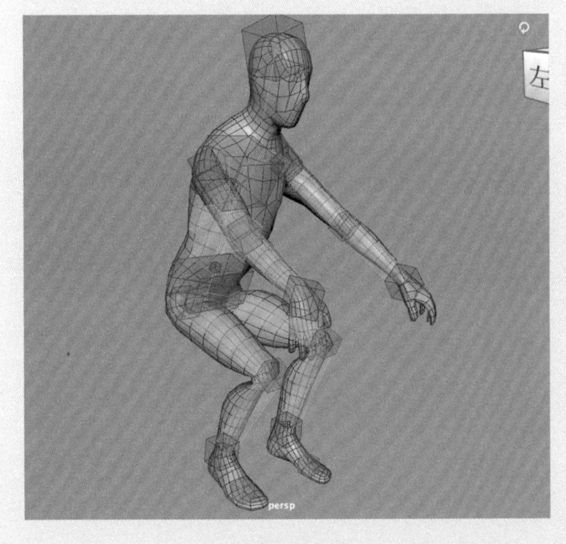

图8-215

08 本例角色的最终动画效果如图8-216所示。

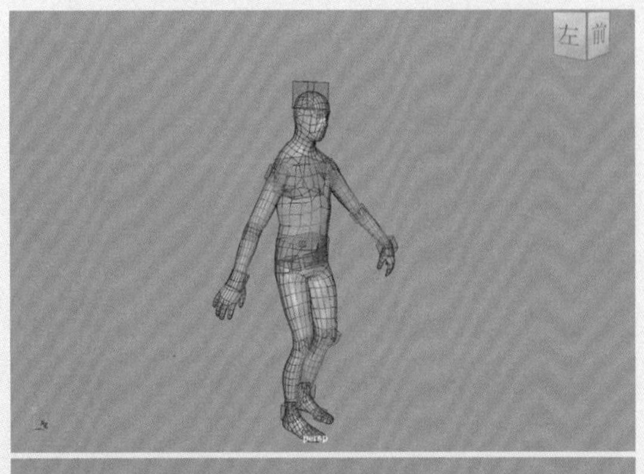

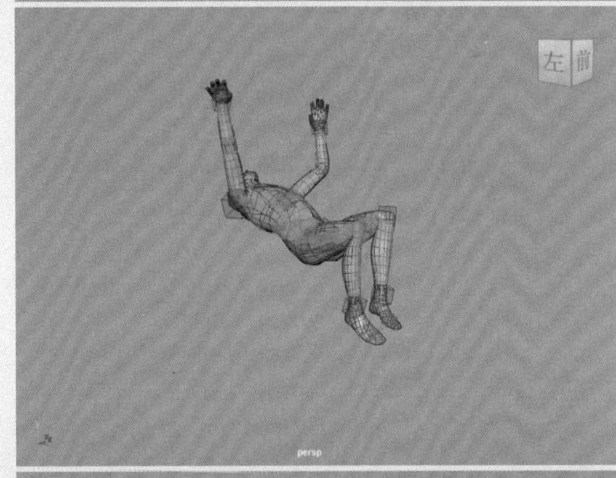

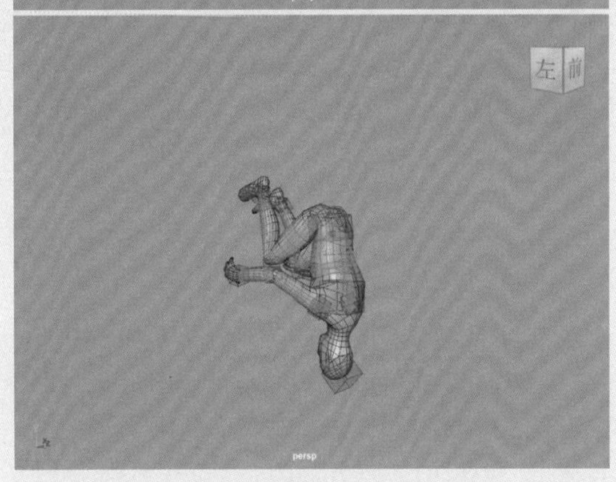

图8-216

第9章

流体动画技术

9.1 流体概述

中文版 Maya 2024 的流体效果模块，可以为特效动画师提供一种实现真实模拟和渲染流体运动的动画技术，主要用来解决在三维软件中实现大气、燃烧、爆炸、水面、烟雾、雪崩等特效的表现。但是，如果用户想要制作出较为真实的流体动画效果，仍然需要在日常生活中处处留意身边的流体运动，如图 9-1 和图 9-2 所示为笔者所拍摄的一些用于制作流体特效时参考用的照片。

图9-1

图9-2

无论是想学好特效动画制作的技术人员，还是想使用特效动画技术的项目负责人，如果希望可以在自己的工作中，将中文版 Maya 2024 的特效能力完全发挥出来，必须对三维特效动画技术有足够的重视及尊敬。我们之所以能够使用这些特效功能，完全是基于软件工程师耗费大量的时间，将复杂的数学公式与软件编程技术融合应用所创造出来的可视化工具。即便如此，制作特效仍需要我们在三维软件中进行大量的节点及参数调试，才有可能制作出效果真实的动画结果。中文版 Maya 2024 提供了多种流体工具用来制作流体特效动画，下面将分别举例讲解这些工具的使用方法。

9.2 流体动画

在 FX 工具架中可以找到与“流体”相关的工具按钮，如图 9-3 所示。

图9-3

工具解析

3D流体容器：创建带有发射器的3D流体容器。

2D流体容器：创建带有发射器的2D流体容器。

从对象发射流体：设置流体从选中的模型上发射。

使碰撞：设置流体与场景中的模型进行碰撞的状态。

9.2.1 使用2D流体容器制作燃烧动画

本例主要演示流体动画的基本设置方法。

01 启动中文版Maya 2024，将工具架切换至FX工具架，单击"2D流体容器"按钮，如图9-4所示。

图9-4

02 在场景中创建一个带有发射器的2D流体容器，如图9-5所示。

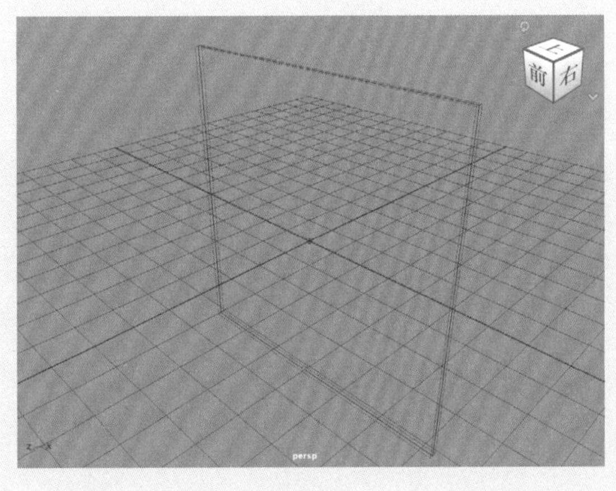

图9-5

03 在场景中选择发射器，并调整其位置，如图9-6所示。

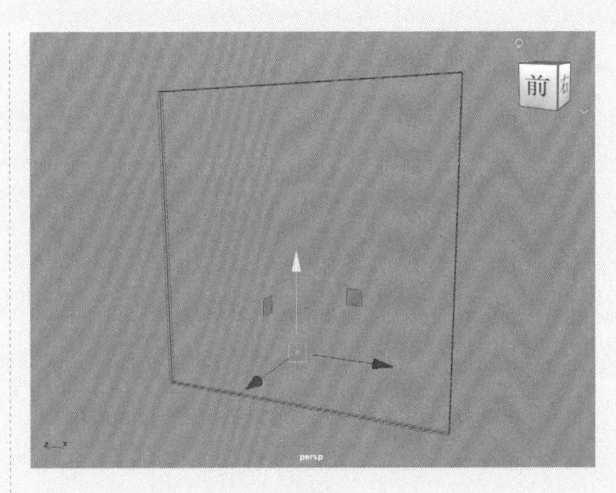

图9-6

04 播放动画，可以在透视视图中观察默认状态下2D流体容器所产生的动画效果如图9-7和图9-8所示。

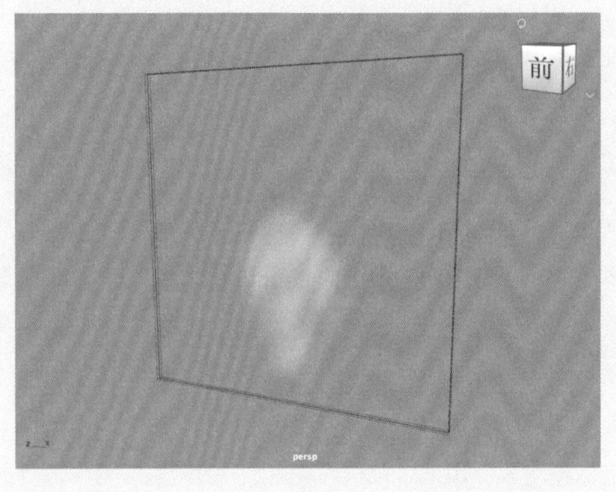

图9-7

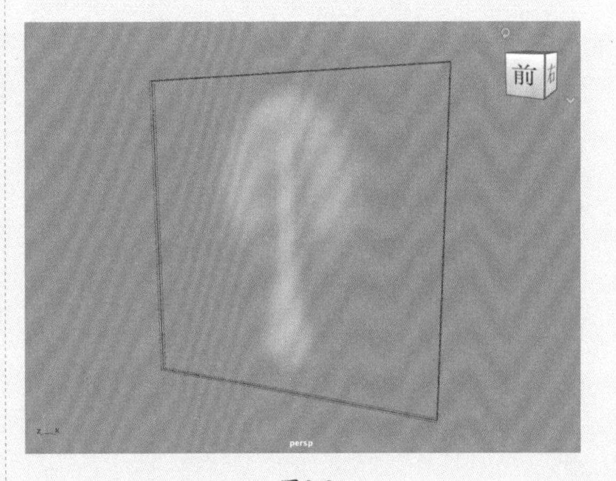

图9-8

05 在“属性编辑器”中，展开“容器特性”卷展栏，设置“基本分辨率”值为200，如图9-9所示。

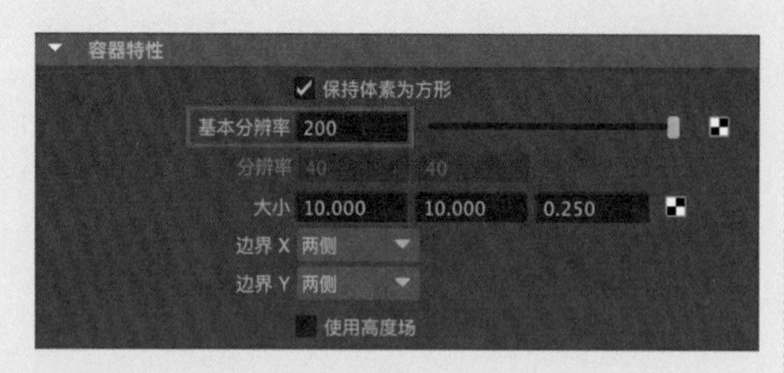

图9-9

06 再次播放动画，此时可以看到流体容器的流体动画效果精度有了明显的提高，如图9-10和图9-11所示。

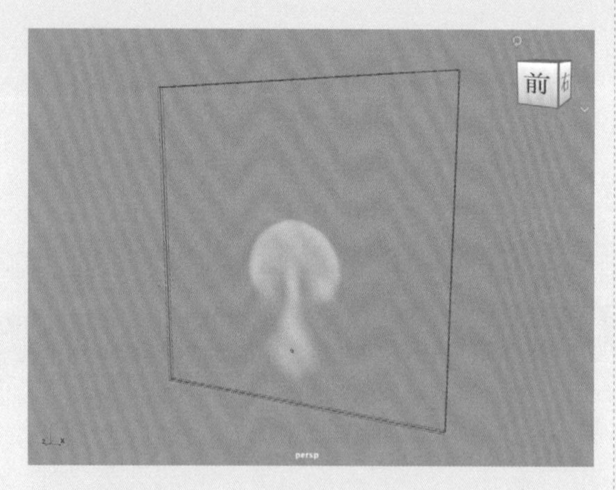

图9-10

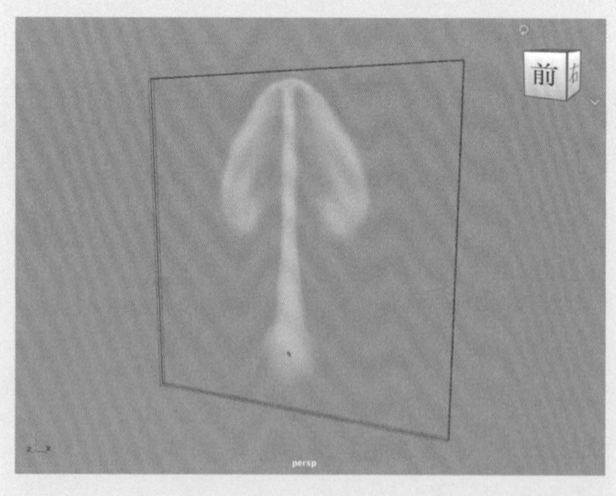

图9-11

07 展开“速度”卷展栏，设置“漩涡”值为5.000，“噪波”值为0.050，如图9-12所示。

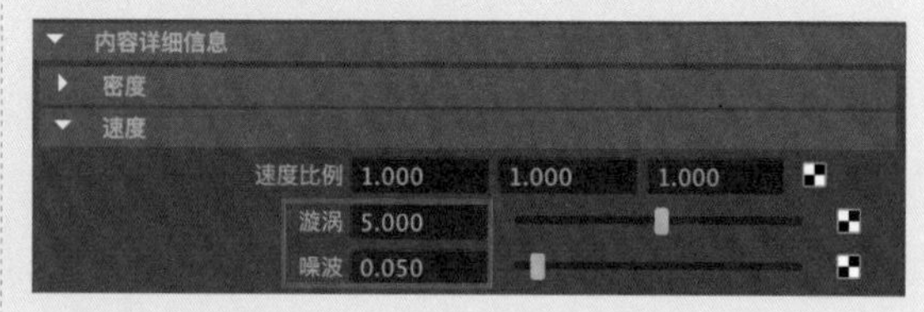

图9-12

08 播放动画，可以看到白色的烟雾在上升的过程中产生了更为随机的动画效果，如图9-13所示。

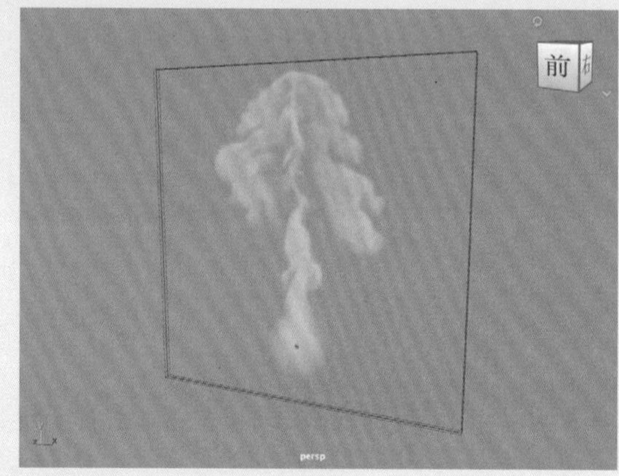

图9-13

09 展开“颜色”卷展栏，设置“选定颜色”值为黑色，如图9-14所示。

图9-14

10 展开“白炽度”卷展栏，设置白炽度的黑色、橙色和黄色的“选定位置”值分别如图9-15~图9-17所示，并设置“白炽度输入”为“密度”，“输入偏移”值为0.500。

11 设置完成后，观察透视视图中的流体颜色效果，如图9-18所示。

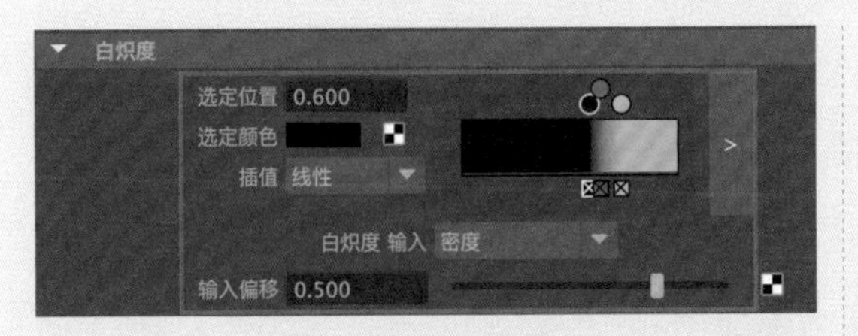

图9-15

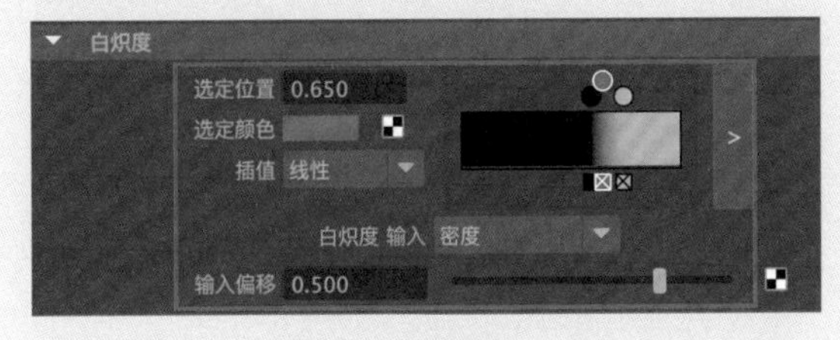

图9-16

图9-17

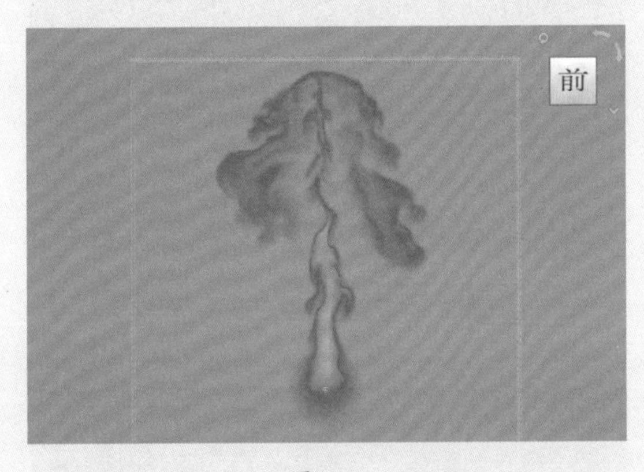

图9-18

12 在“着色”卷展栏中，调整“透明度”的颜色为深灰色，如图9-19所示。可以看到，此时场景中的流体效果要明显很多，如图9-20所示。

图9-19

13 在“着色质量”卷展栏中，设置“质量”值为5.000，如图9-21所示。

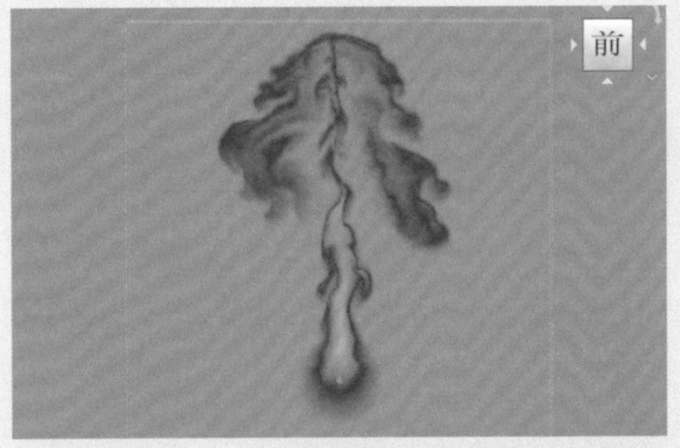

图9-20

图9-21

14 在fluidEmitter1选项卡中，展开“基本发射器属性”卷展栏，设置“速率（百分比）”值为200.000，如图9-22所示，增加火焰燃烧的程度，如图9-23所示。本例的最终动画效果如图9-24所示。

图9-22

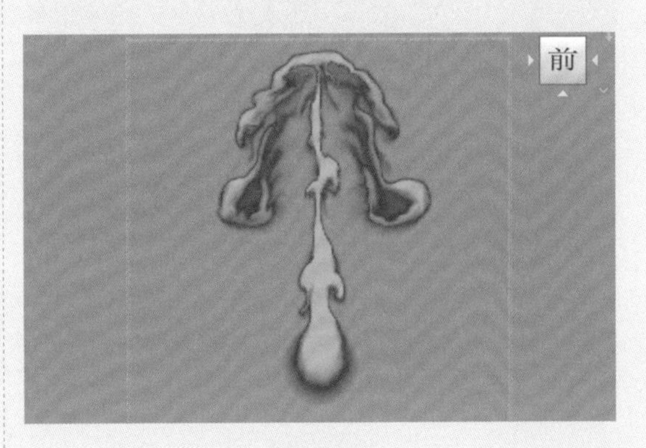

图9-23

技巧与提示

读者学习完本小节的内容后，可以尝试使用3D流体容器制作燃烧动画。

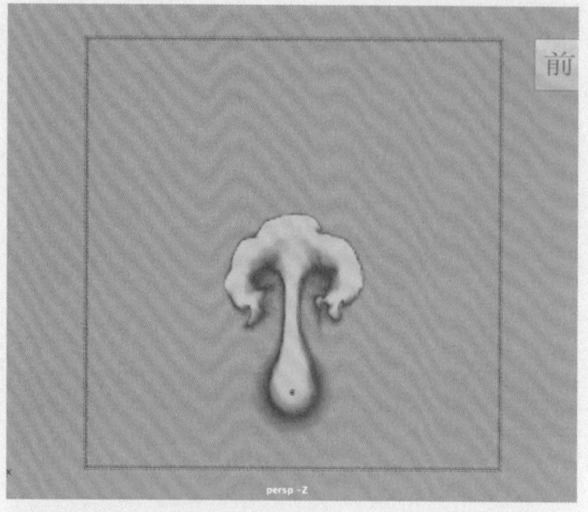

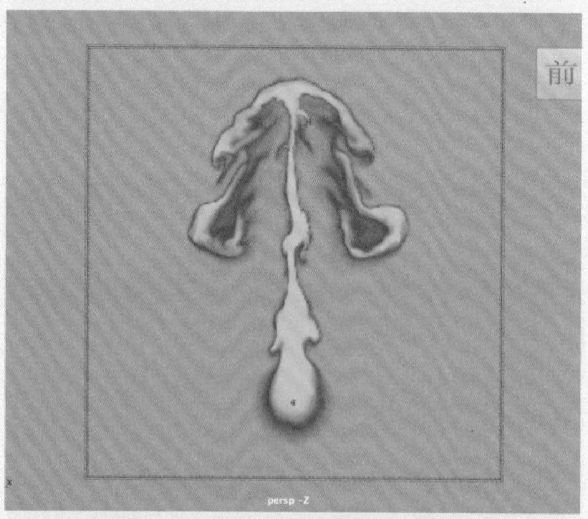

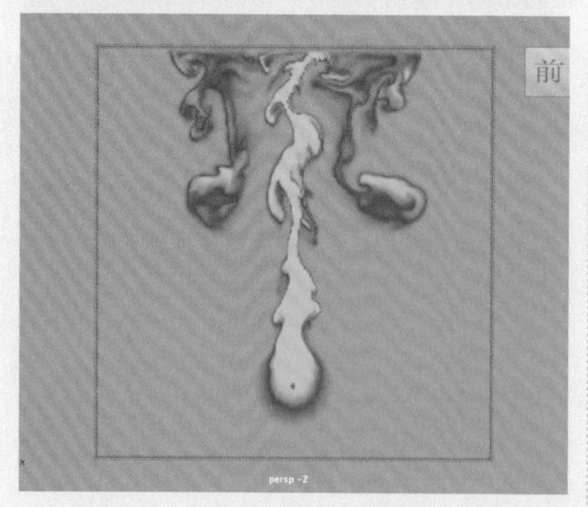

图9-24

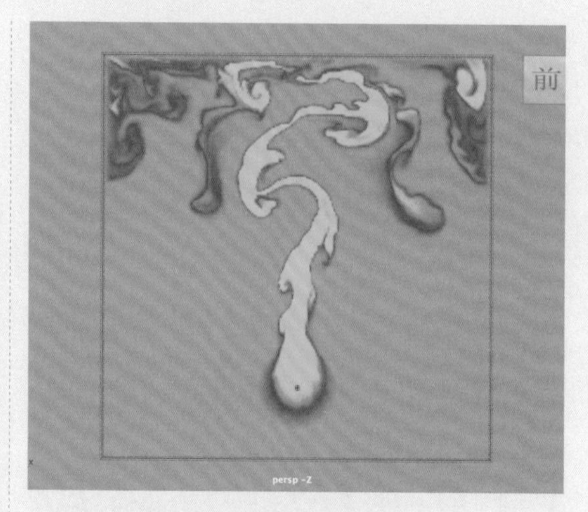

图9-24（续）

9.2.2 实例：制作蒸汽升腾动画

本例中将使用“3D 流体容器”制作面包表面蒸汽升腾的动画效果，如图 9-25 所示为本例的最终完成效果。

图9-25

图9-25（续）

01 启动中文版Maya 2024，打开本书配套资源中的“面包.mb”文件，该场景中有一个面包模型，并已经设置好材质和摄影机，如图9-26所示。

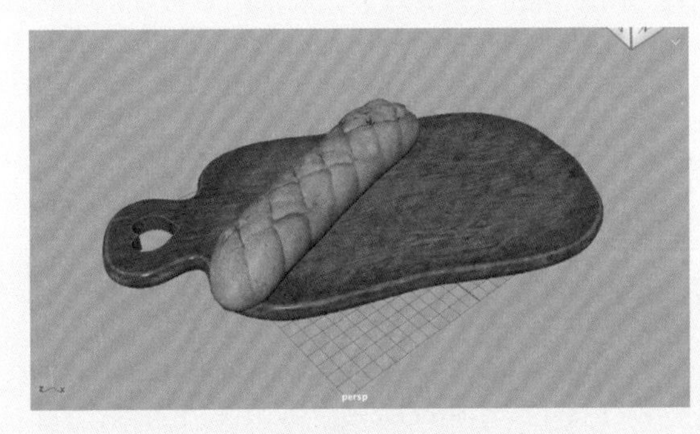

图9-26

02 将工具架切换至FX工具架，单击“3D流体容器”按钮，如图9-27所示。

图9-27

03 在场景中创建一个带有发射器的3D流体容器，如图9-28所示。

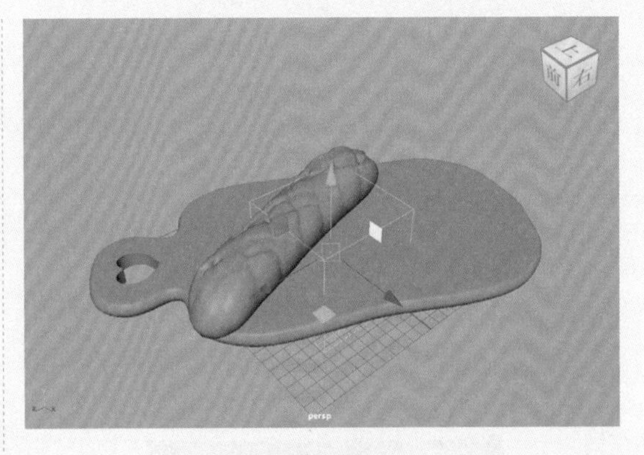

图9-28

04 在“大纲视图”面板中，选择场景中的流体发射器，如图9-29所示，并将其删除。

图9-29

05 选择场景中的面包碎块模型，再加选3D流体容器，如图9-30所示。

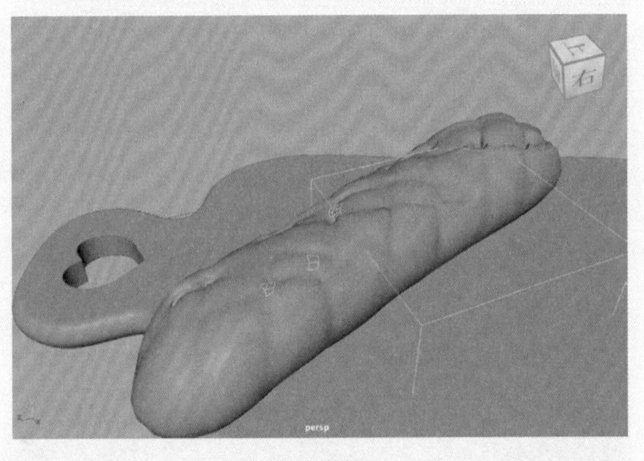

图9-30

06 单击FX工具架中的“从对象发射流体”按

钮，如图9-31所示，并设置面包模型为流体发射器。

图9-31

07 设置完成后，在“大纲视图”面板中可以看到面包模型节点下产生了一个流体发射器，如图9-32所示。

图9-32

08 选择场景中的3D流体容器，在“属性编辑器”面板中展开“容器特性”卷展栏，设置其中的参数，如图9-33所示。

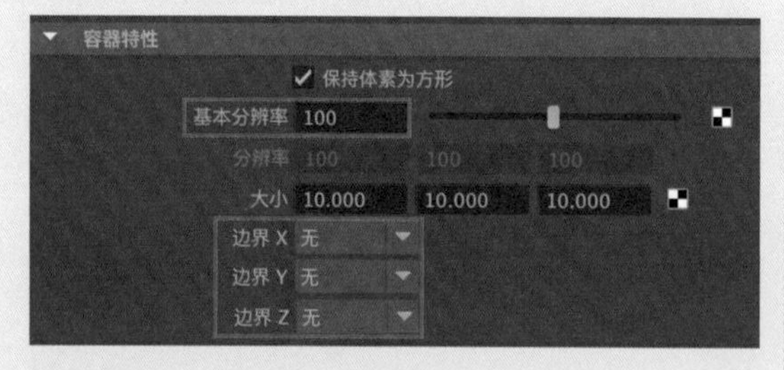

图9-33

09 在“自动调整大小”卷展栏中，选中“自动调整大小”复选框，如图9-34所示。

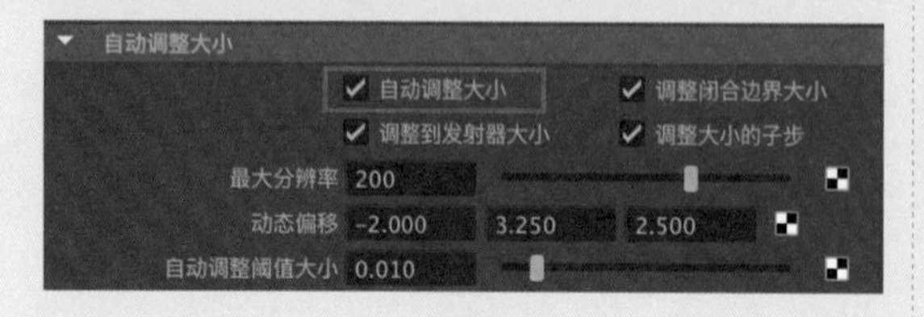

图9-34

10 播放场景动画，可以看到面包模型上产生的烟雾效果，如图9-35所示。

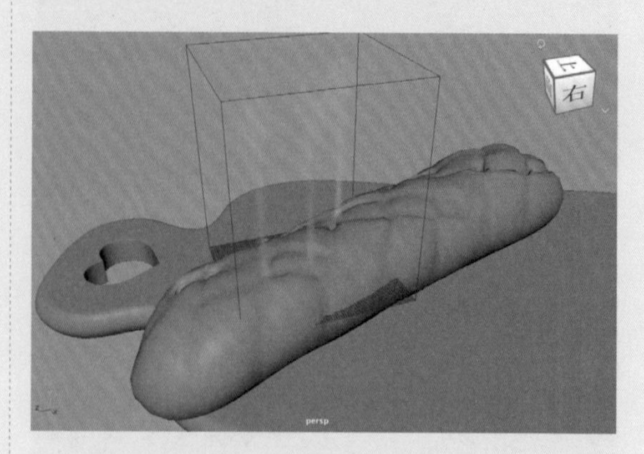

图9-35

11 在“密度”卷展栏中，设置“浮力”值为35.000，“消散”值为0.100，如图9-36所示。

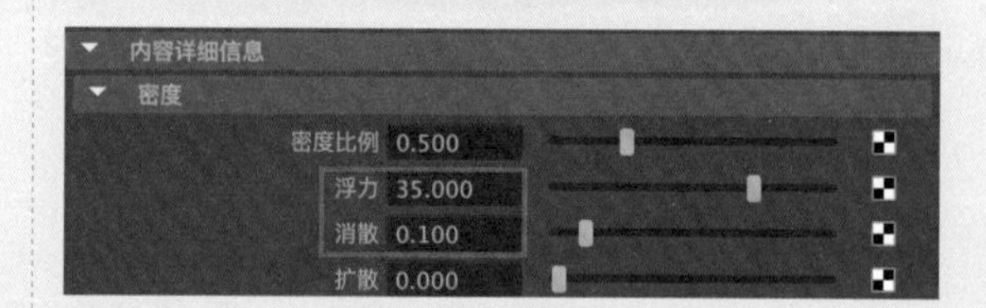

图9-36

12 在“着色”卷展栏中，设置“透明度”为深灰色，如图9-37所示。播放场景动画，模拟出来的烟雾效果如图9-38所示。

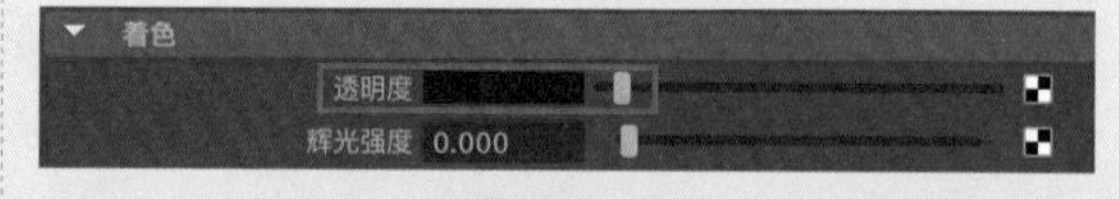

图9-37

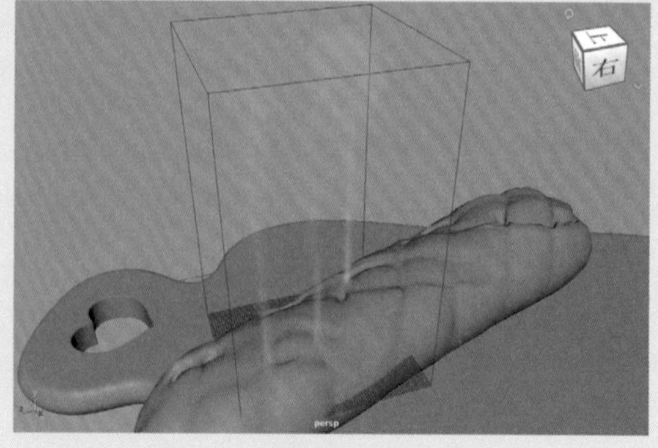

图9-38

13 在“动力学模拟”卷展栏中，设置“粘度”值为0.100，“高细节解算”为“所有栅格”，“子步”值为2，“解算器质量”值为100，“模拟速率比例”值为2.000，如图9-39所示。

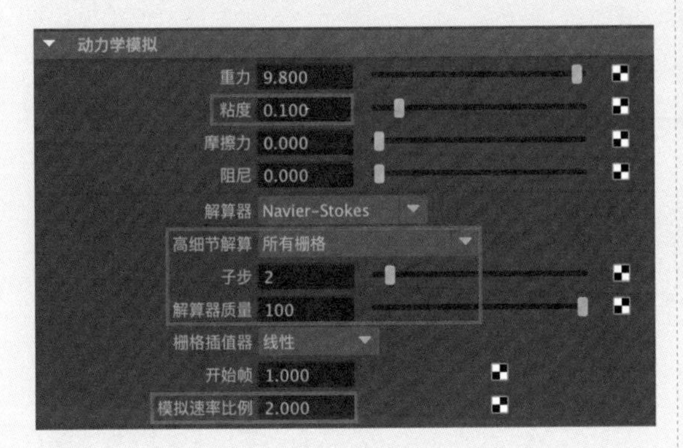

图9-39

14 在“基本发射器属性”卷展栏中，设置“速率（百分比）”值为200.000，如图9-40所示。播放场景动画，模拟出来的烟雾效果如图9-41所示。

图9-40

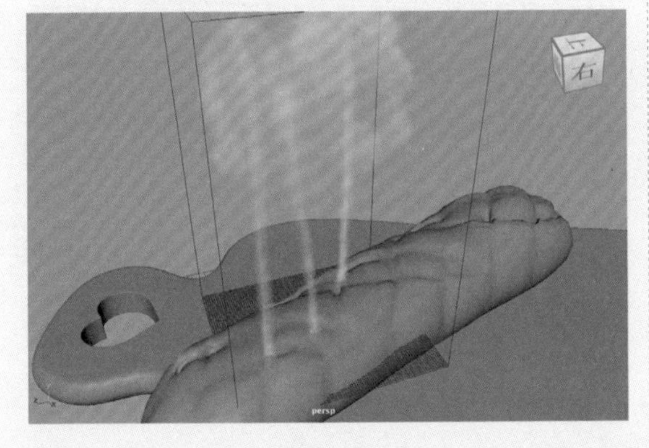

图9-41

15 在“速度”卷展栏中，设置“漩涡”值为3.000，在“湍流”卷展栏中，设置“强度”值为0.200，如图9-42所示，增加烟雾上升时的形态细节。播放场景动画，模拟出来的烟雾效果如图9-43所示。

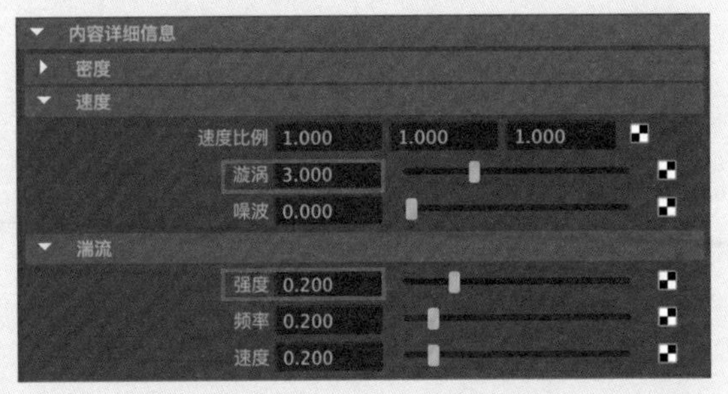

图9-42

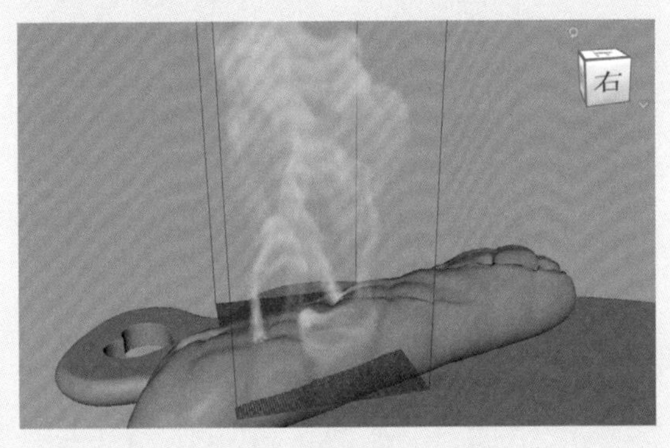

图9-43

16 选择流体容器，单击“FX缓存”工具架中的“创建缓存”按钮，如图9-44所示。本例制作完成后的蒸汽升腾动画效果如图9-45所示。

图9-44

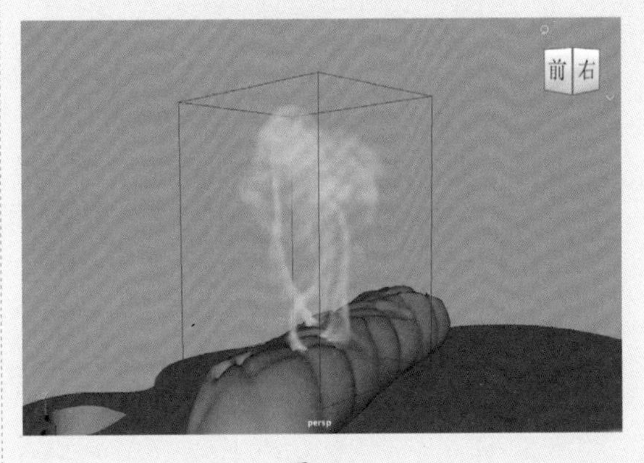

图9-45

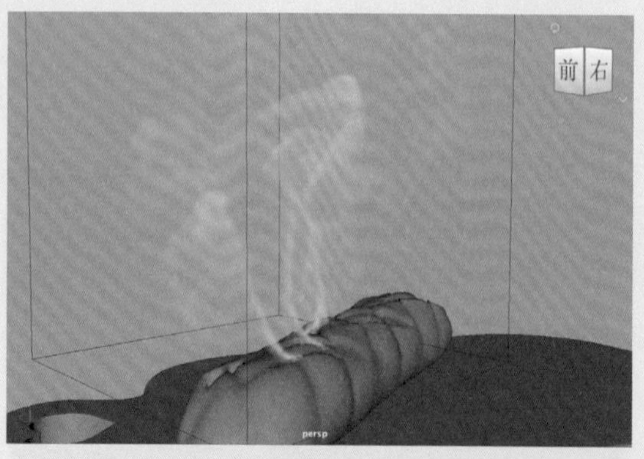

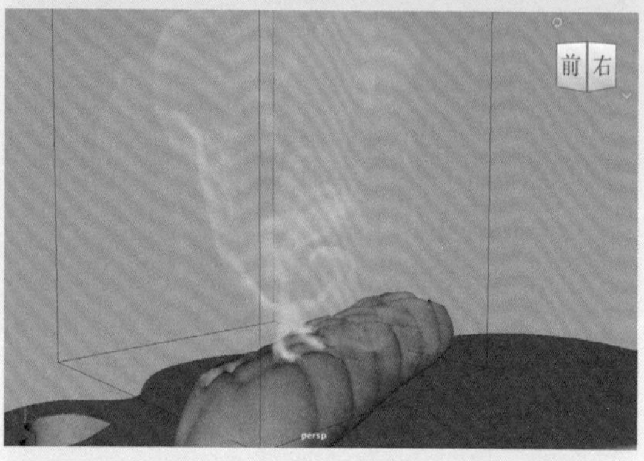

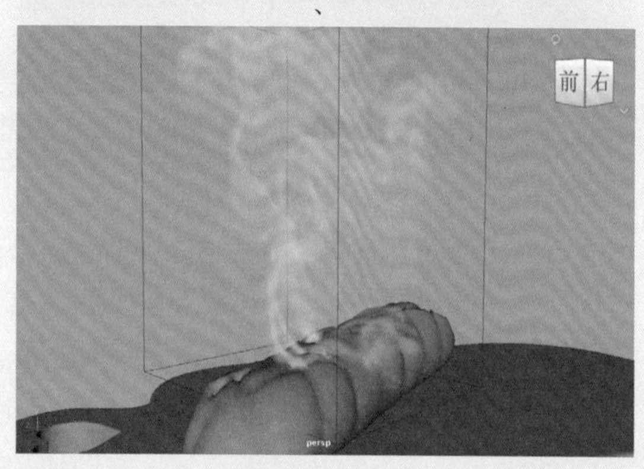

图9-45（续）

9.2.3 实例：制作导弹拖尾动画

本例通过制作导弹的烟雾拖尾动画特效来详细讲解“3D 流体容器”的使用技巧，最终动画完成的效果，如图 9-46 所示。

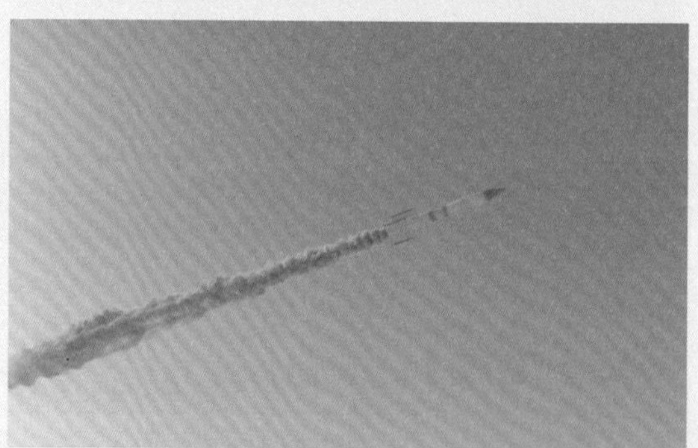

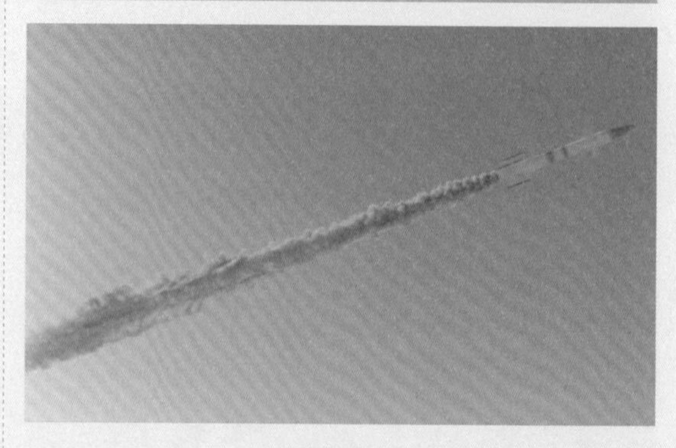

图9-46

01 启动中文版Maya 2024，打开本书配套资源场景中的“导弹.mb”文件，如图9-47所示，其中有一个导弹的简易模型。

02 首先，制作导弹的飞行动画，选择导弹模型，在第1帧设置“平移X”值为15，并为其设置关键帧，如图9-48所示。

图9-47

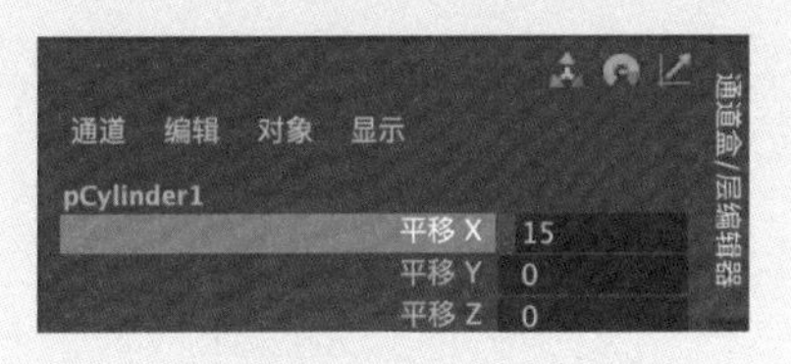

图9-48

03 在第120帧，设置“平移X”值为200，并为其设置关键帧，如图9-49所示。

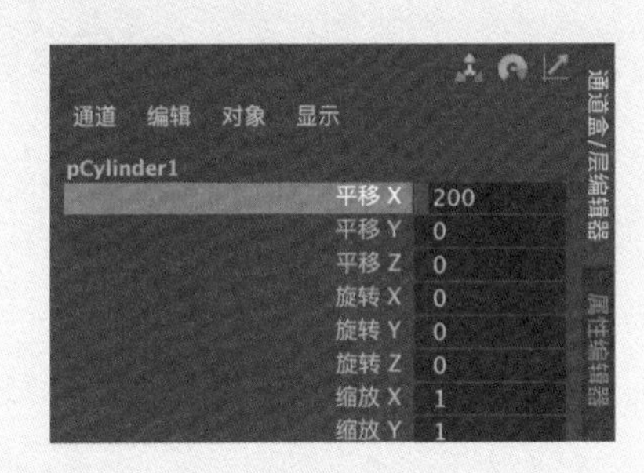

图9-49

04 执行“窗口”|“动画编辑器”|“曲线图编辑器”命令，打开“曲线图编辑器”面板，如图9-50所示。

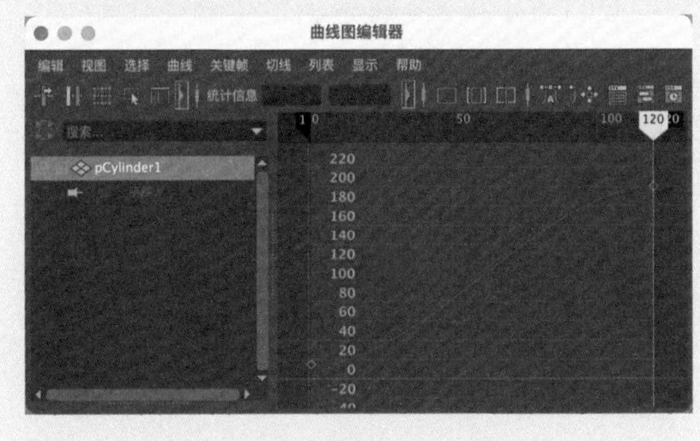

图9-50

05 选择“平移X”属性的动画曲线，单击“线性切线”按钮，并调整曲线的形态，如图9-51所示。

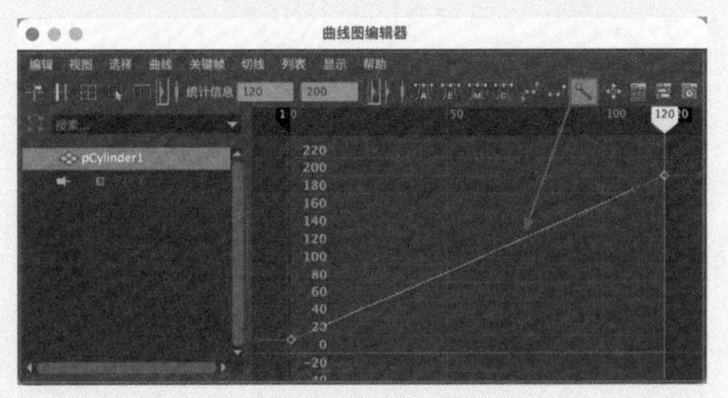

图9-51

06 单击FX工具架中的“3D流体容器”按钮，如图9-52所示。

图9-52

07 在场景中创建一个流体容器，如图9-53所示。

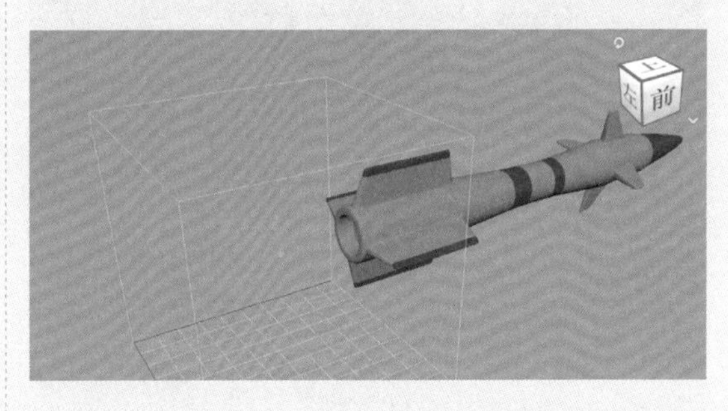

图9-53

08 选择流体发射器，在“属性编辑器”面板中，展开“基本发射器属性”卷展栏，设置“发射器类型”为“体积”，如图9-54所示。

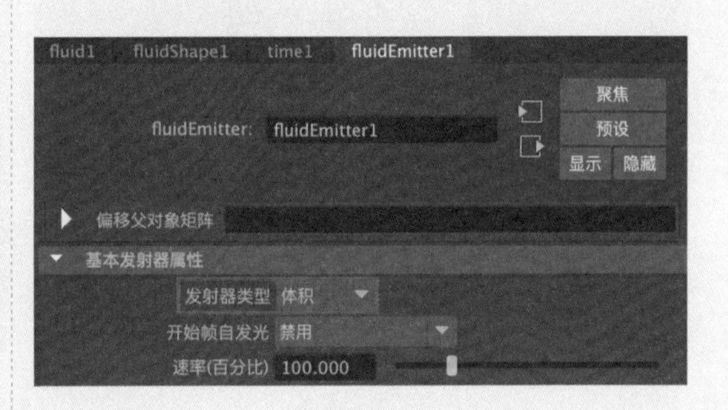

图9-54

09 在视图中可以看到，发射器的图标变成了一个立方体的形状，如图9-55所示。

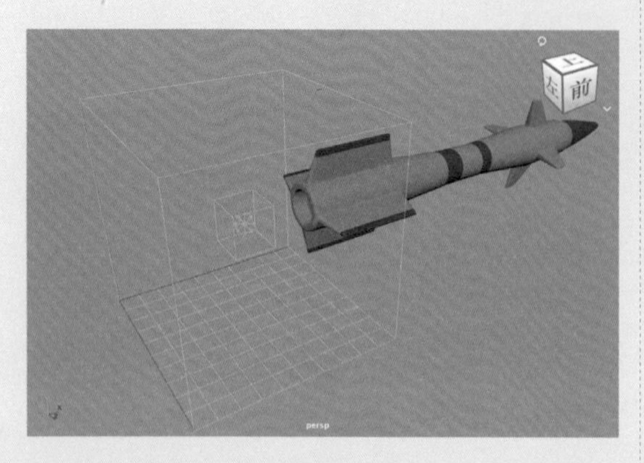

图9-55

10 在“体积发射器属性”卷展栏中，设置“体积形状”为“圆柱体”，如图9-56所示。此时可以看到发射器的图标变成了圆柱体，如图9-57所示。

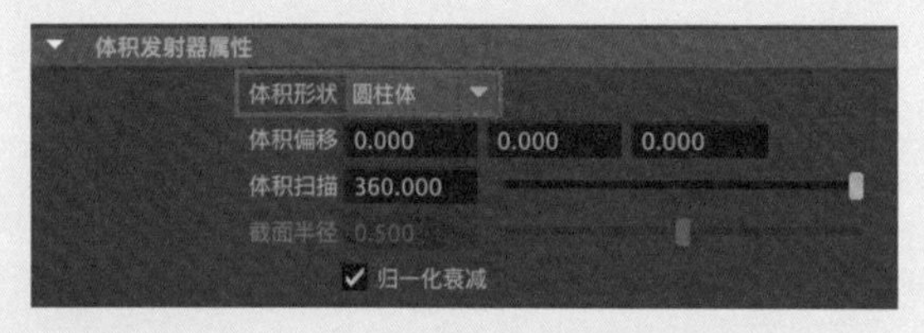

图9-56

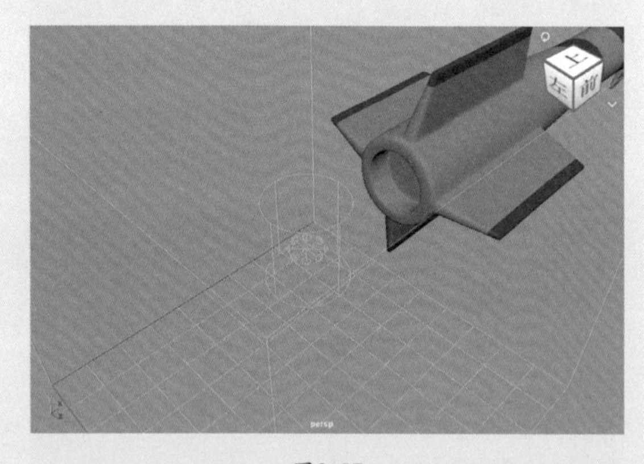

图9-57

11 调整流体发射器的方向和位置至导弹模型的尾部，如图9-58所示。

12 先选择导弹模型，再加选流体发射器，如图9-59所示。

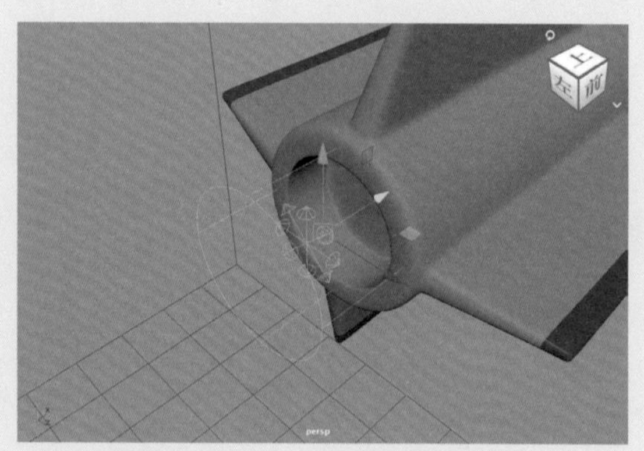

图9-58

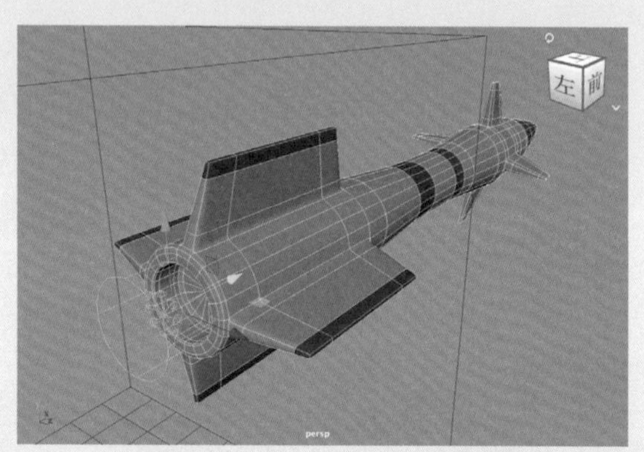

图9-59

13 单击“绑定”工具架中的“父约束”按钮，如图9-60所示。为选中的两个对象之间建立父约束关系。这样，流体发射器的位置会随着导弹模型的运动而产生变化。

图9-60

14 设置完成后，在“属性编辑器”面板中观察流体发射器“变换属性”卷展栏内的“平移”和“旋转”参数，可以看到其对应参数的背景色自动变为天蓝色，如图9-61所示。

图9-61

15 选择3D流体容器，在“容器特性”卷展栏中，设置“基本分辨率”值为50，“边界X”和“边界Y”均为“无”，如图9-62所示。

图9-62

16 展开“自动调整大小”卷展栏，选中“自动调整大小”复选框，设置“最大分辨率”值为400，如图9-63所示。

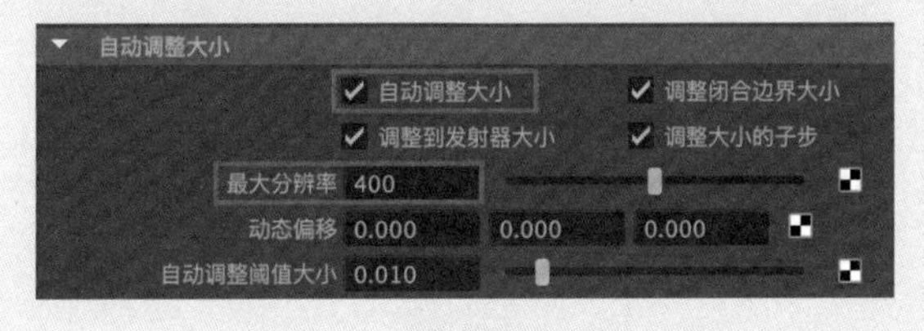

图9-63

17 设置完成后，播放动画，可以看到随着流体发射器的移动，3D流体容器的长度也随之增加，如图9-64所示。

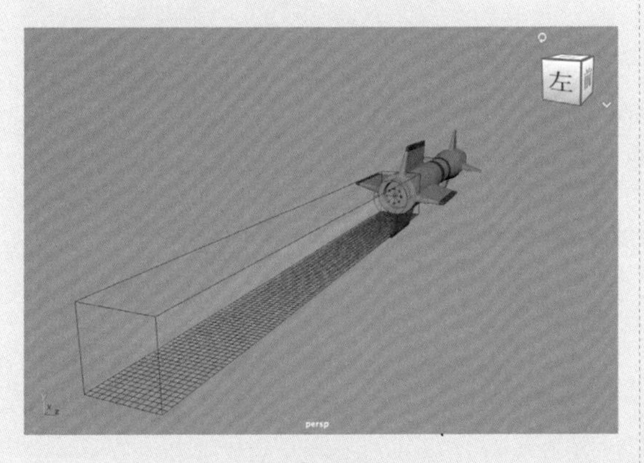

图9-64

18 在“基本发射器属性”卷展栏中，设置“速率（百分比）”值为600.000，如图9-65所示。播放动画，此时可以看到导弹的尾部烟雾比之前要多一些，如图9-66所示。

图9-65

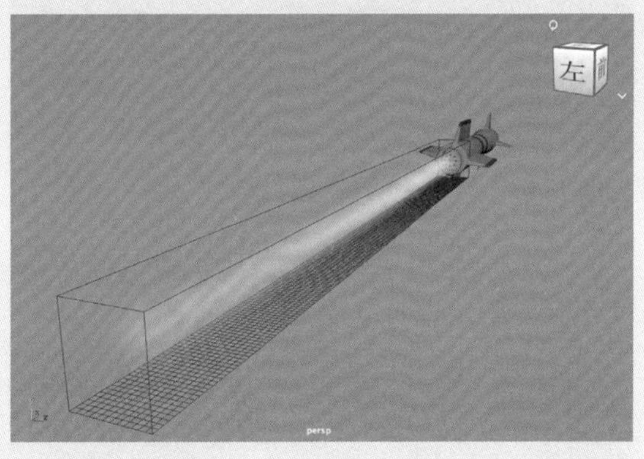

图9-66

19 选择3D流体容器，展开“着色”卷展栏，调整“透明度”为深灰色，如图9-67所示，使烟雾更清晰，如图9-68所示。

图9-67

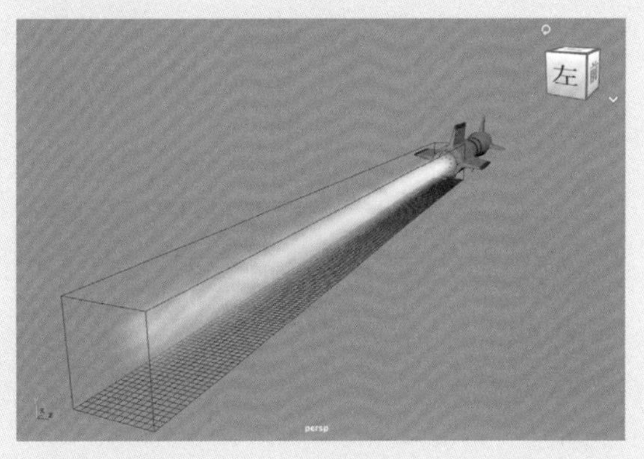

图9-68

20 选择流体发射器，在“属性编辑器”面板中展开“自发光速度属性”卷展栏，设置“速度方法”为“添加”，“继承速度”值为50.000，如图9-69所示。

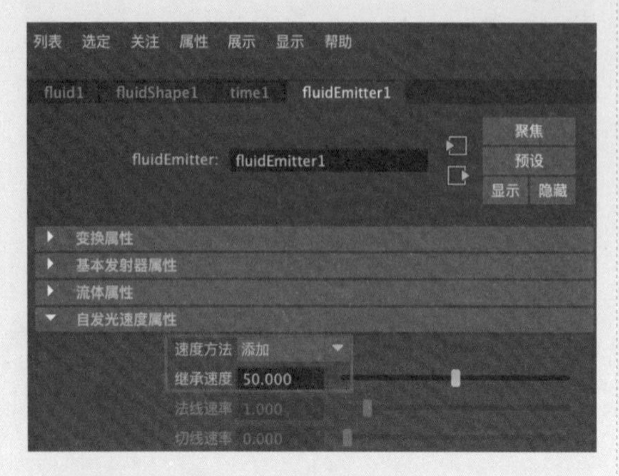

图9-69

21 在“流体属性”卷展栏中，设置“密度/体素/秒”值为6.000，如图9-70所示。

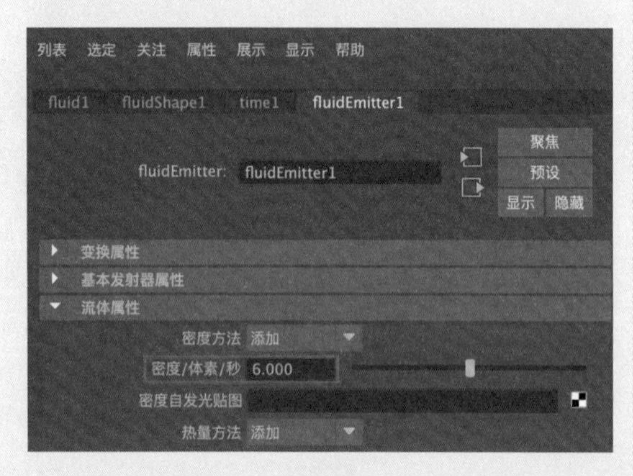

图9-70

22 在“显示”卷展栏中，设置“边界绘制”为“边界盒”，如图9-71所示。播放动画，导弹的拖尾烟雾模拟效果如图9-72所示。

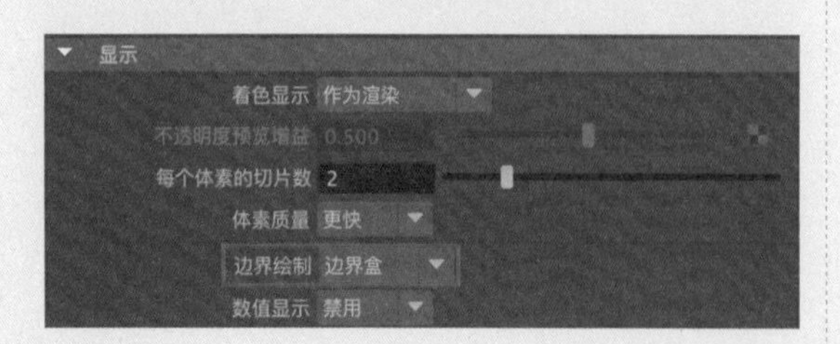

图9-71

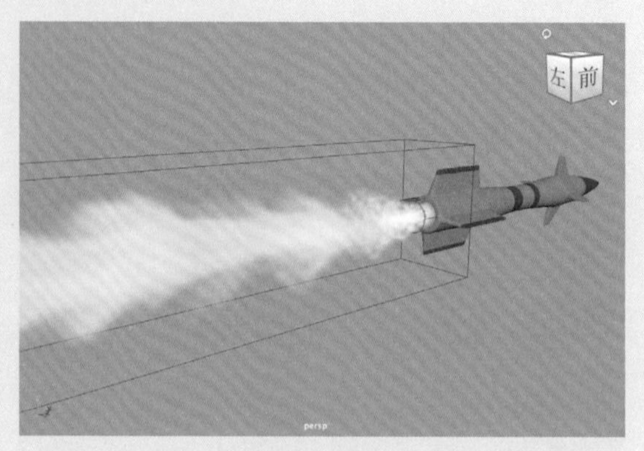

图9-72

23 选择3D流体容器，展开“湍流”卷展栏，设置“强度”值为1.000，如图9-73所示。播放动画，导弹的拖尾烟雾模拟效果因为“湍流”的“强度”值的变化，产生了一定的扩散效果，如图9-74所示。

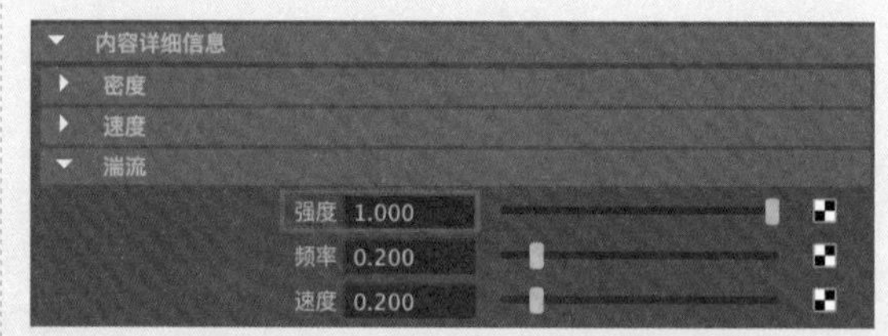

图9-73

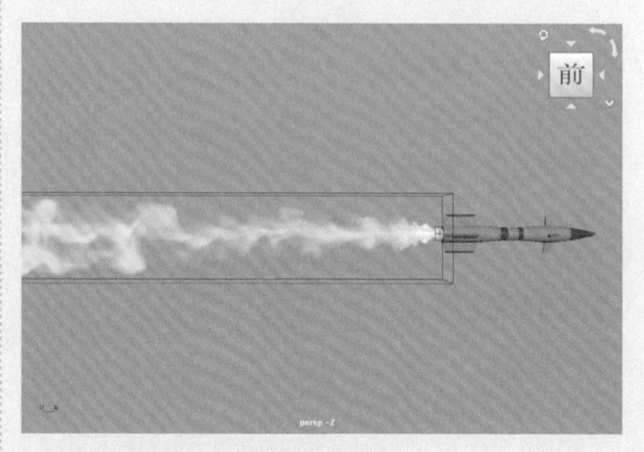

图9-74

24 在“照明”卷展栏中，选中“自阴影”复选框，如图9-75所示，导弹的拖尾烟雾会产生阴影效果，使烟雾显得更加立体，如图9-76所示。

25 在“动力学模拟”卷展栏中，设置“阻尼”值为0.020，“高细节解算”为“所有栅格”，“子步”值为2，以得到细节更加丰富的计算模拟结果，如图9-77所示。

图9-75

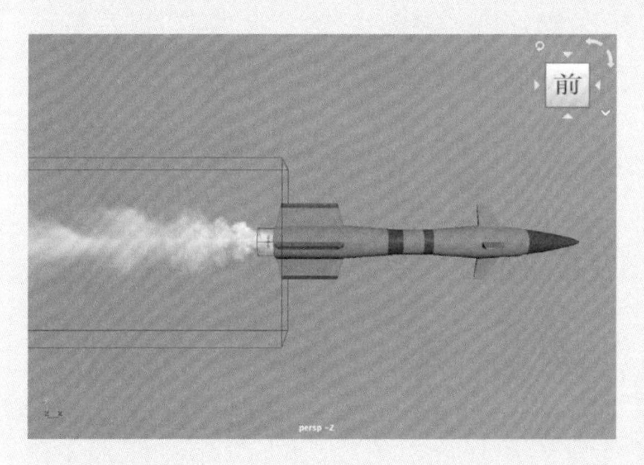

图9-76

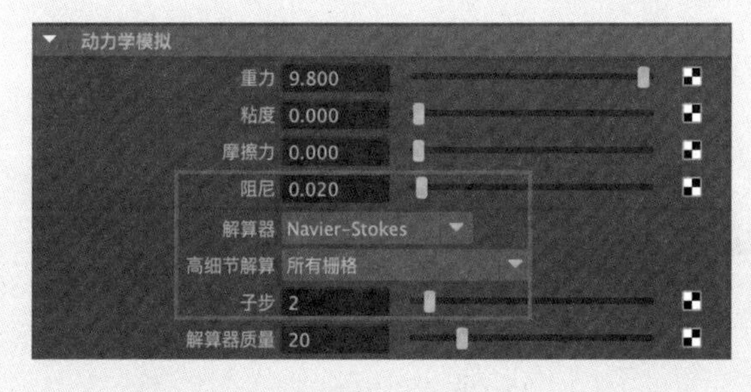

图9-77

26 单击“FX缓存”工具架中的“创建缓存”按钮，如图9-78所示。创建完缓存后，播放动画，本例制作完成后的导弹拖尾动画效果如图9-79所示。

图9-78

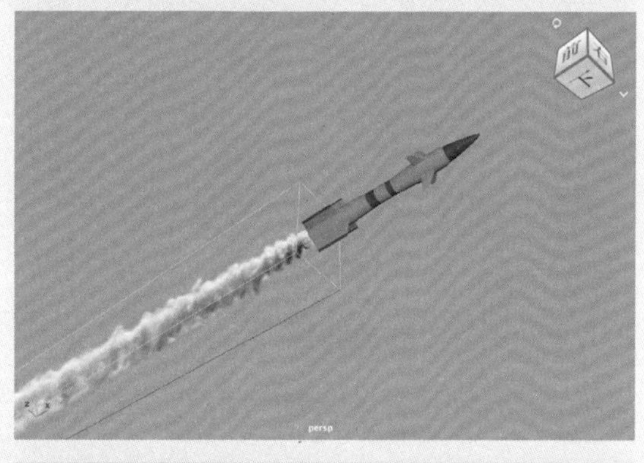

图9-79

27 单击Arnold工具架中的Create Physical Sky

（创建物理天空）按钮，如图9-80所示，为场景设置灯光。

图9-80

28 在“属性编辑器”面板中，展开Physical Sky Attributes（物理天空属性）卷展栏，设置Elevation（海拔）值为35.000，Azimuth（方位）值为120.000，Intensity（强度）值为4.000，提高物理天空灯光的强度，如图9-81所示。渲染场景，渲染结果如图9-82所示。

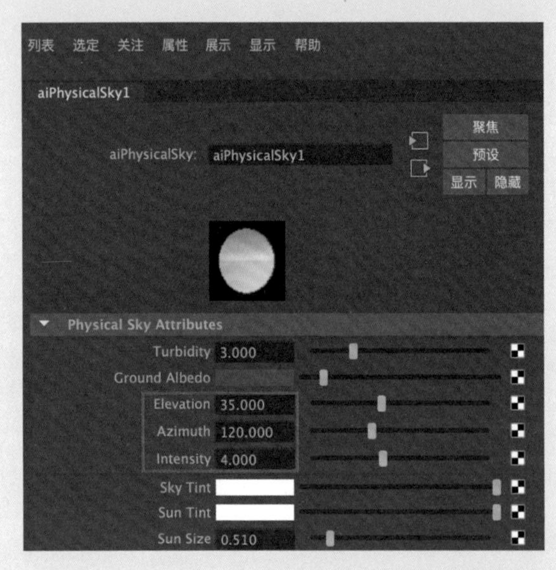

图9-81

图9-82

9.3 Bifrost 流体

Bifrost 流体是一种全新的流体动画模拟系统，该系统通过 FLIP（流体隐式粒子）解算器可以获得高质量的流体效果。Bifrost 工具架中的工具按钮如图 9-83 所示。

图9-83

工具解析

液体：创建液体容器。

Aero：将选中的多边形对象设置为 Aero 发射器。

发射器：将选中的多边形对象设置为发射器。

碰撞对象：将选中的多边形对象设置为碰撞对象。

泡沫：模拟泡沫。

导向：将选中的多边形对象设置为导向网格。

发射区域：将选中的多边形对象设置为发射区域。

场：创建场。

Bifrost Graph Editor：单击该按钮，打开 Bifrost Graph Editor 面板进行事件编辑。

Bifrost Browser：单击该按钮，打开 Bifrost Browser 面板以获取 Bifrost 实例。

9.3.1 模拟液体下落动画

本例主要演示学习 Bifrost 流体的基本设置方法。

01 单击“多边形建模”工具架中的“多边形球体”按钮，如图9-84所示。在场景中创建一个球体模型。

图9-84

02 在“通道盒/层编辑器”面板中，设置球体的“半径”值为1，“平移X”值为0，“平移Y”值为10，“平移Z”值为0，如图9-85所示。设置完成后，球体模型位于场景的位置，如图9-86所示。

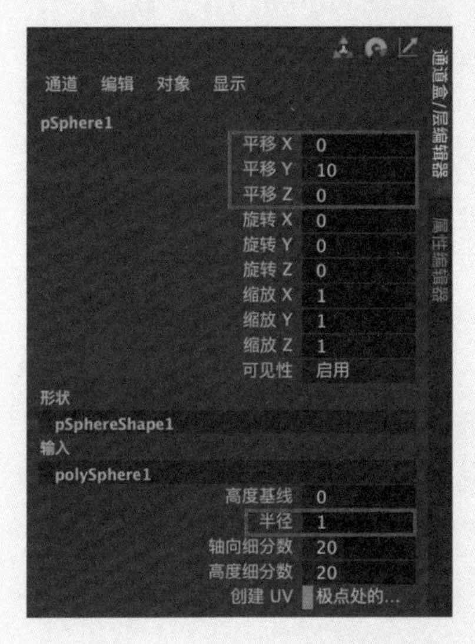

图9-85

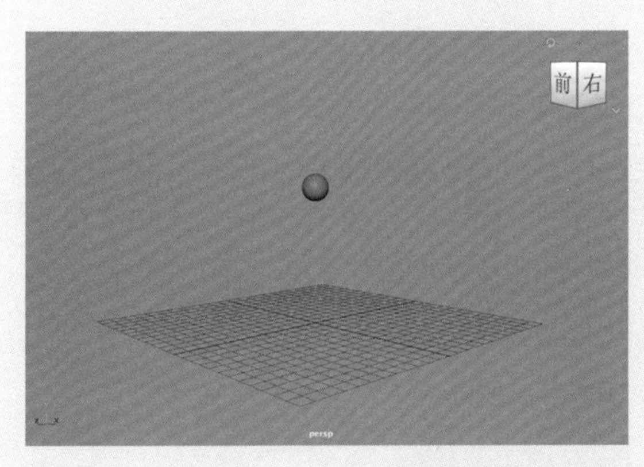

图9-86

03 选择球体模型，在Bifrost工具架中单击“液体”按钮，如图9-87所示，将该网格对象设置为液体发射器。

04 设置完成后，观察“大纲视图”面板，可以看到场景中多出了许多Bifrost流体节点，如图9-88所示。

图9-87

图9-88

05 播放场景动画，此时可以看到场景中出现了球体形状的液体，并且该液体受自身重力的影响开始向下坠落，如图9-89所示。

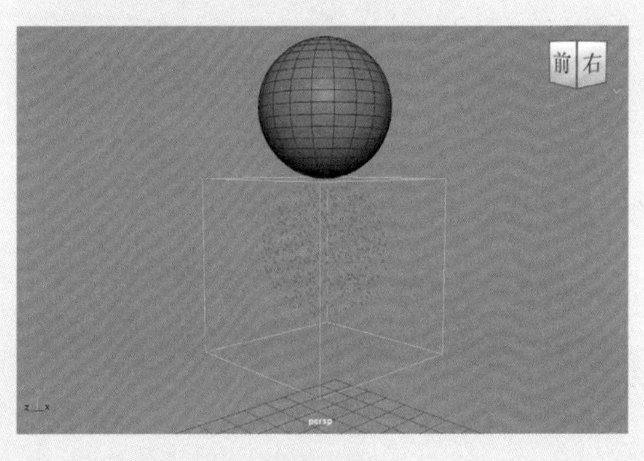

图9-89

06 在“属性编辑器”面板中，展开“显示”卷展栏，选中“体素”复选框，如图9-90所示，使液体以实体的方式显示，如图9-91所示。

07 展开“特性”卷展栏，选中“连续发射”复选框，如图9-92所示。再次播放场景动画，可以看到现在液体不断从球体上发射出来，如图9-93所示，这样，一个液体下落的动画就制作完成了。

图9-90

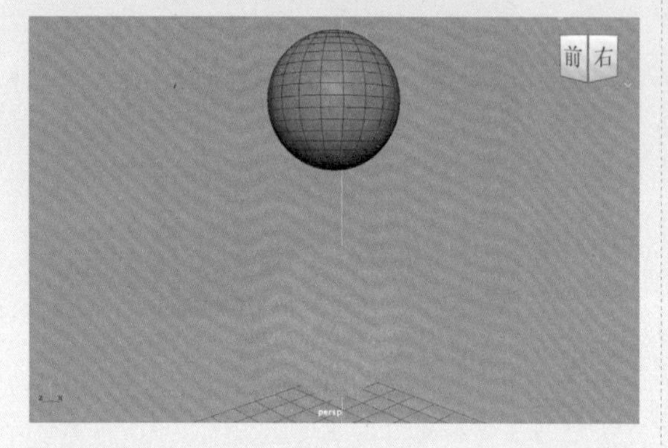

图9-91

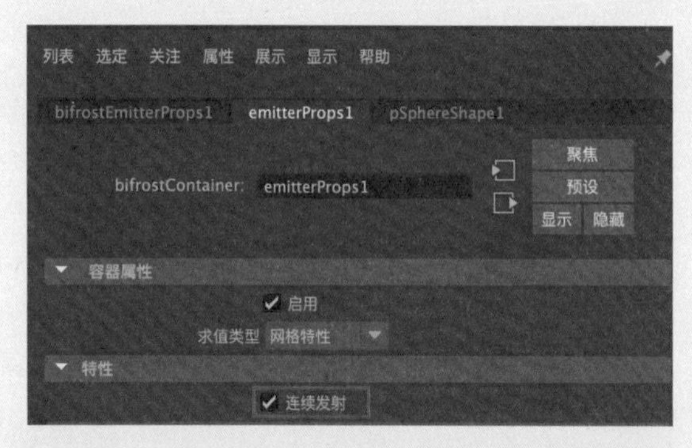

图9-92

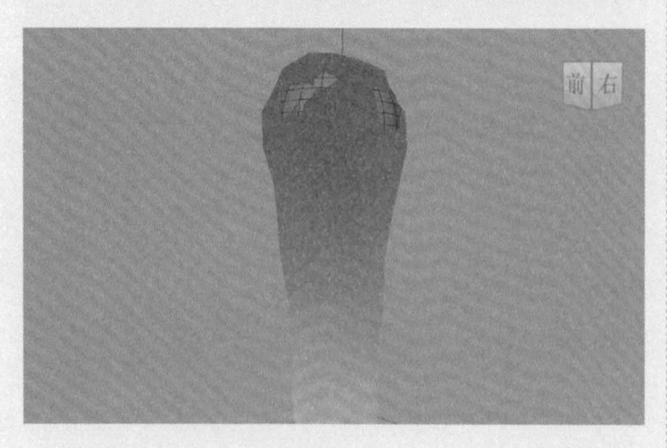

图9-93

9.3.2 实例：制作倒入牛奶动画

本例讲解使用 Bifrost 流体制作倒入牛奶动画效果的方法，最终的渲染动画效果如图 9–94 所示。

图9-94

01 启动中文版Maya 2024，打开本书配套资源中的“杯子.mb”文件，如图9-95所示，其中有一个杯子的模型。

图9-95

02 单击“多边形建模”工具架中的“多边形球体”按钮，如图9-96所示。

图9-96

03 在杯子模型旁边创建一个球体模型，如图9-97所示。

图9-97

04 在“通道盒/层编辑器”面板中，调整球体模型的“平移X”值为91，“平移Y”值为98，“平移Z”值为-193，如图9-98所示。

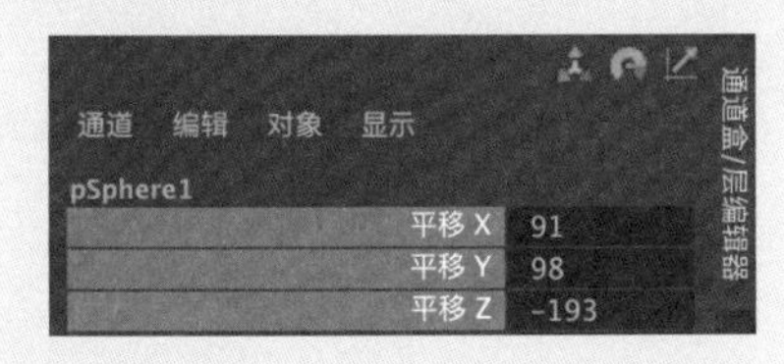

图9-98

05 设置完成后，观察场景中球体的位置，如图9-99所示。

图9-99

06 选择球体模型，单击Bifrost工具架中的“液体”按钮，如图9-100所示，将球体模型设置为液体发射器。

图9-100

07 在“属性编辑器”面板中，展开“特性”卷展栏，选中“连续发射”复选框，如图9-101所示。

图9-101

08 展开“显示”卷展栏，选中“体素”复选框，如图9-102所示，方便在场景中观察液体的形态。设置完成后，播放场景动画，液体的模拟效果如图9-103所示。

09 选择液体与场景中的杯子模型，单击Bifrost工具架中的“碰撞对象”按钮，如图9-104所示，设置液体可以与场景中的杯子发生碰撞。

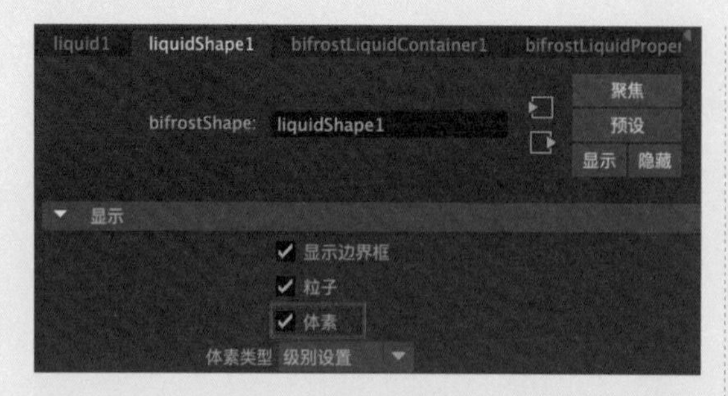

图9-102

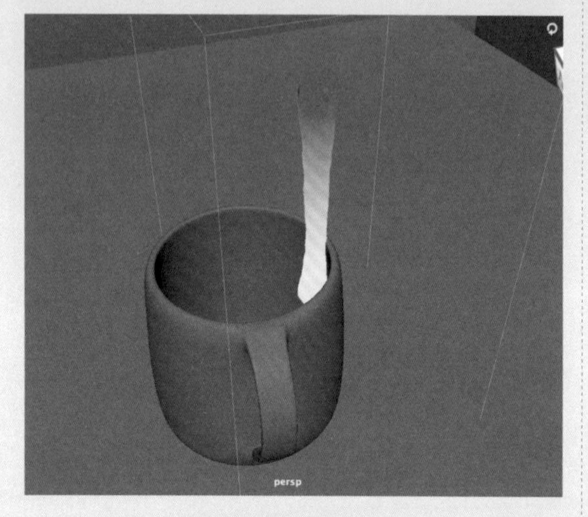

图9-103

图9-104

10 在场景中选择液体，单击Bifrost工具架中的“场”按钮，如图9-105所示。

图9-105

11 在前视图中，对场对象进行缩放，以方便观察。使用“对齐”工具将场对象对齐至场景中球体模型的位置，并调整方向，如图9-106所示。

12 在“通道盒/层编辑器”面板中，设置“旋转Y”值为180，“缩放X”“缩放Y”和“缩放Z”值均为5，如图9-107所示，调整大小后的场视图显示效果如图9-108所示。播放场景动画，可以看到液体同时受到重力和场的影响，向斜下方运动，如图9-109所示。

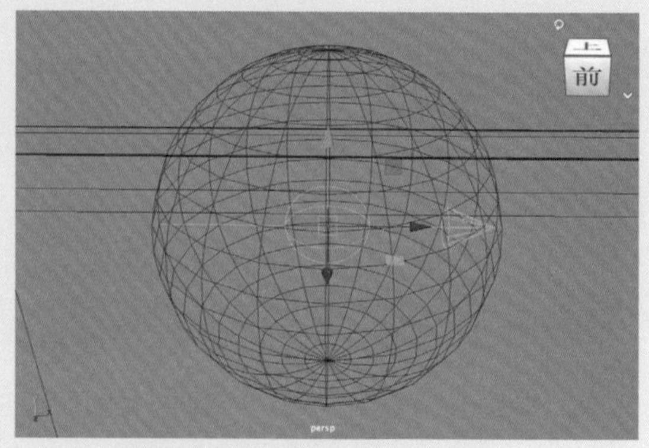

图9-106

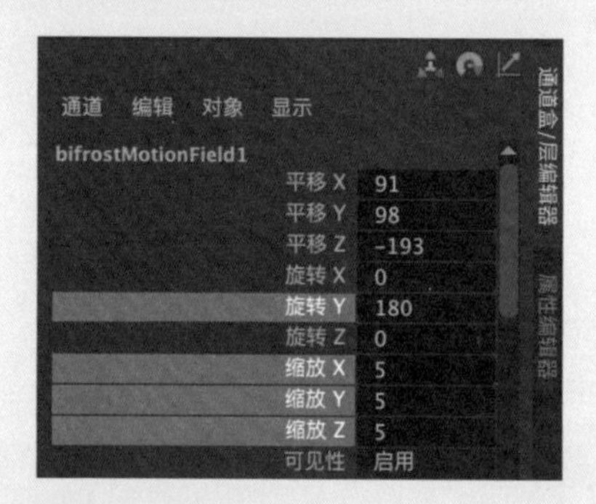

图9-107

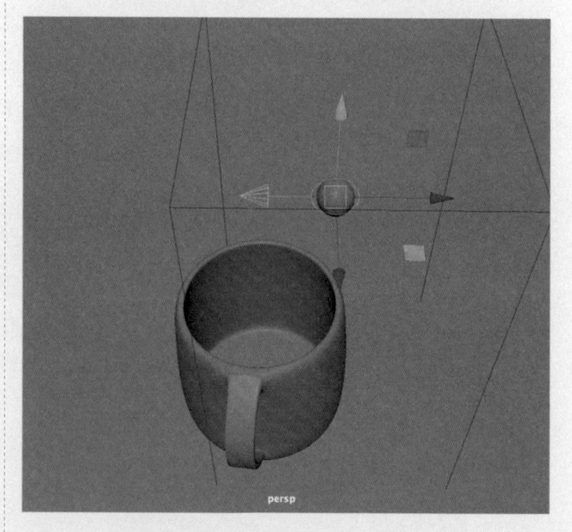

图9-108

13 在“属性编辑器”面板中，展开“运动场特性”卷展栏，设置Magnitude值为0.200，如图9-110所示。

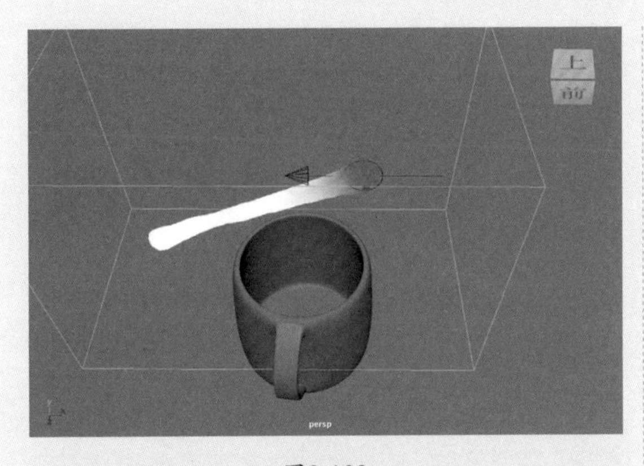

图9-109

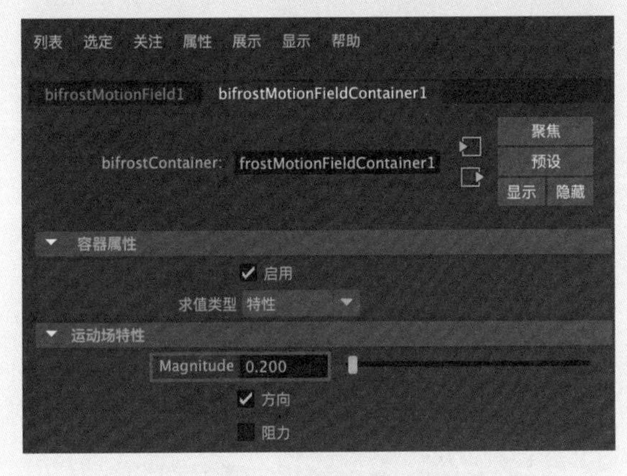

图9-110

14 再次播放动画，观察液体与杯子的碰撞模拟效果，如图9-111所示。仔细观察液体与杯子碰撞的地方，发现目前的液体计算效果不太精确，如图9-112所示。

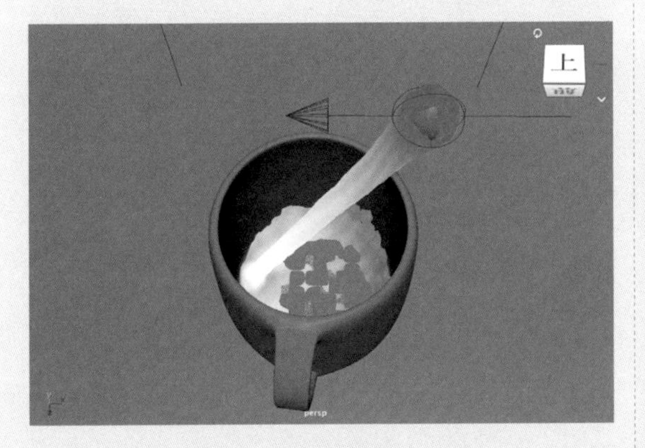

图9-111

15 展开“分辨率”卷展栏，设置“主体素大小”值为0.100，如图9-113所示。

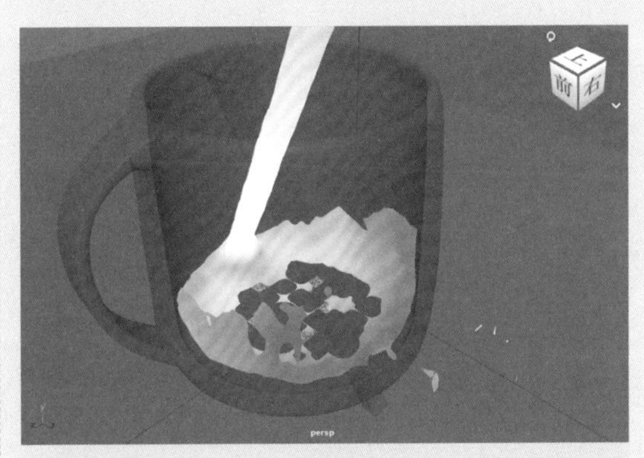

图9-112

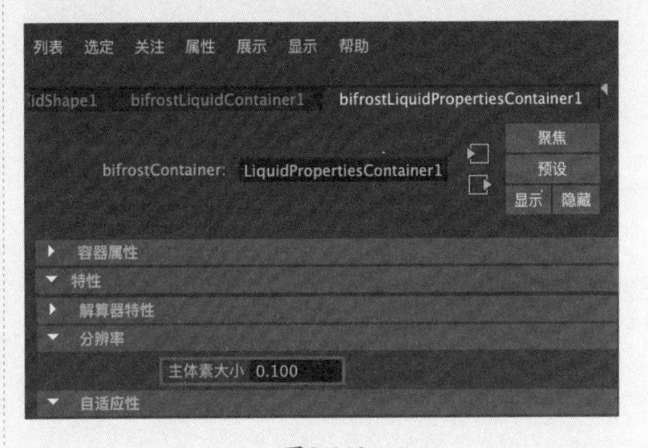

图9-113

16 设置完成后，计算动画，液体的模拟效果如图9-114所示。此时可以看到减小“主体素大小”值后，计算时间明显增长，得到的液体形态细节更多，液体与杯子模型的贴合也更紧密了。但是，这里出现了一个问题，就是有少量的液体穿透了杯子模型。

图9-114

17 展开“自适应性”卷展栏内的“传输”卷展

栏，设置“传输步长自适应性”值为0.500，如图9-115所示。再次播放场景动画，此时可以看到液体的碰撞计算更加精确了，没有出现液体穿透杯子模型的问题，如图9-116所示。

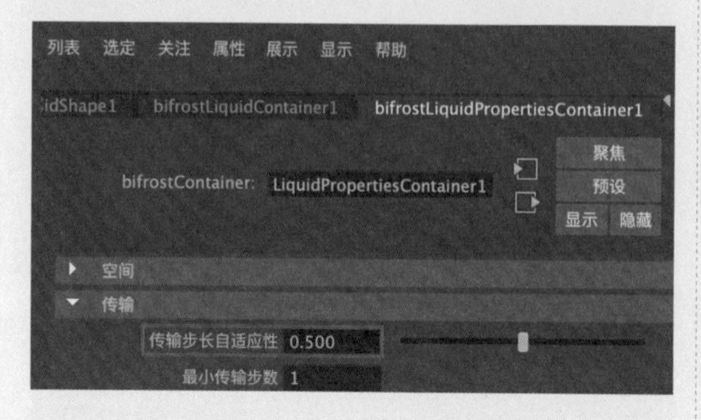

图9-115

图9-116

18 执行“Bifrost流体”|“计算并缓存到磁盘“命令，本例的最终完成效果如图9-117所示。

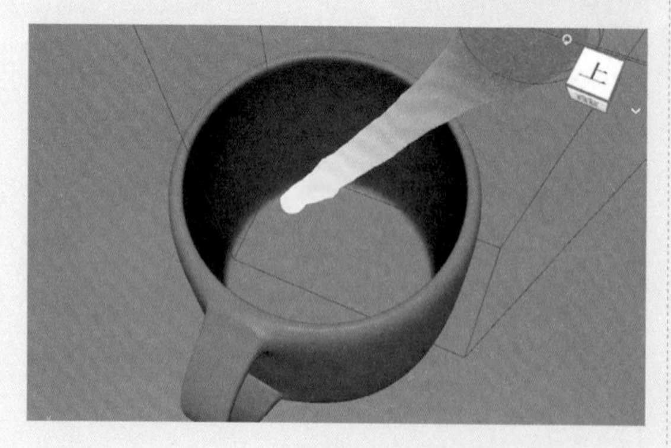

图9-117

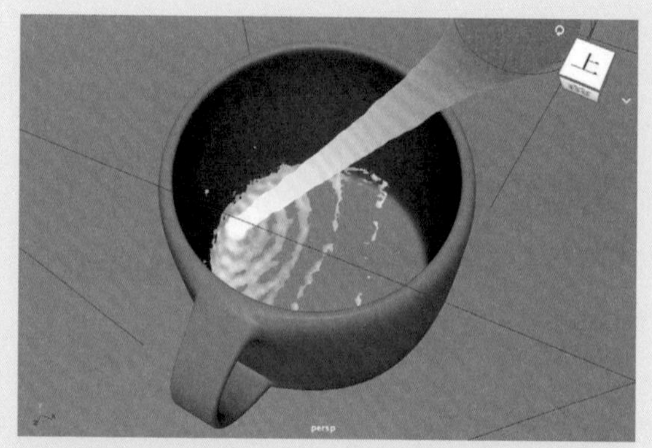

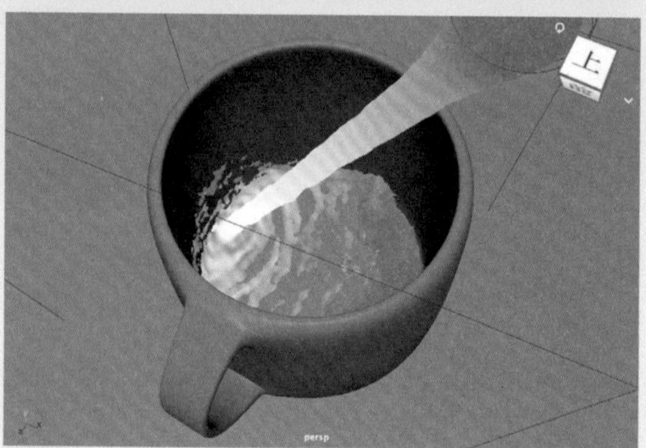

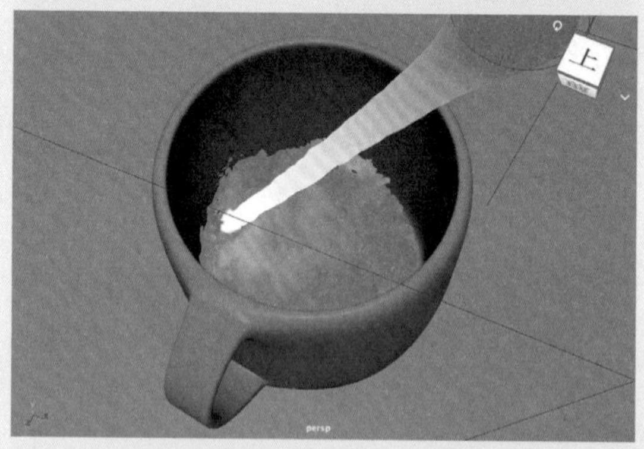

图9-117（续）

19 渲染场景，如图9-118所示，此时可以看到模拟的液体在默认状态下的材质效果比较接近清水。

20 接下来设置牛奶的材质。选择液体，单击“渲染”工具架中的“标准曲面”按钮，如图9-119所示。

21 展开“基础”卷展栏，设置“颜色”为白色，如图9-120所示。

图9-118

图9-119

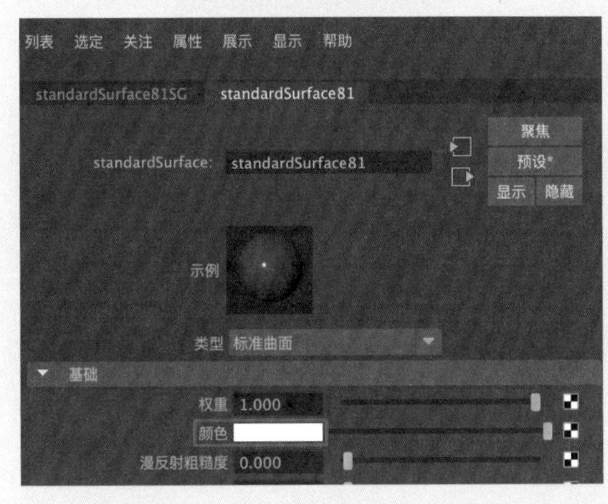

图9-120

22 展开“镜面反射”卷展栏，设置“粗糙度”值为0.250，如图9-121所示。

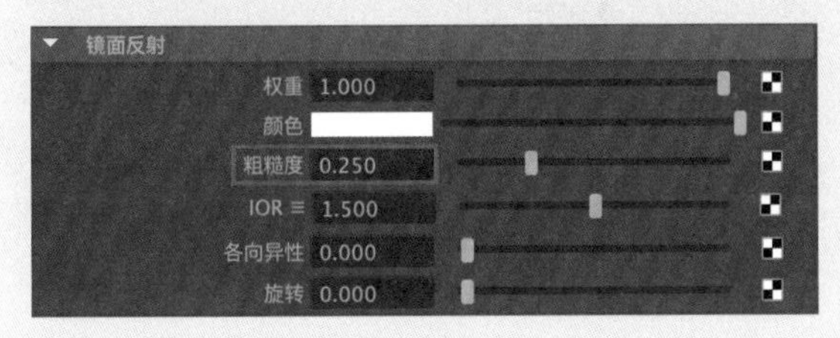

图9-121

23 展开“次表面”卷展栏，设置“权重”值为0.500，如图9-122所示。再次渲染场景，本例的最终渲染效果如图9-123所示。

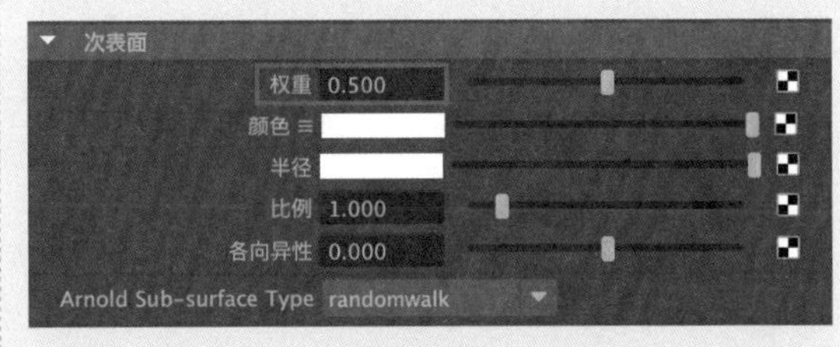

图9-122

图9-123

9.4 综合实例：制作游艇浪花动画

本例讲解Bifrost流体和Boss系统相互配合使用，制作游艇在水面上滑行所产生的浪花飞溅的动画效果，最终的渲染动画效果如图9-124所示。

图9-124

图9-124（续）

9.4.1 制作海洋动画

01 启动中文版Maya 2024，打开本书配套场景资源中的“游艇.mb”文件，可以看到该文件中有一只游艇的模型，如图9-125所示。

02 在“大纲视图”面板中，观察场景模型，可以看到该游艇模型由三个模型组成，另外，场景中还有一个用于计算动力学动画的简易模型和一条曲线，但这两个对象处于隐藏的状态，如图9-126所示。

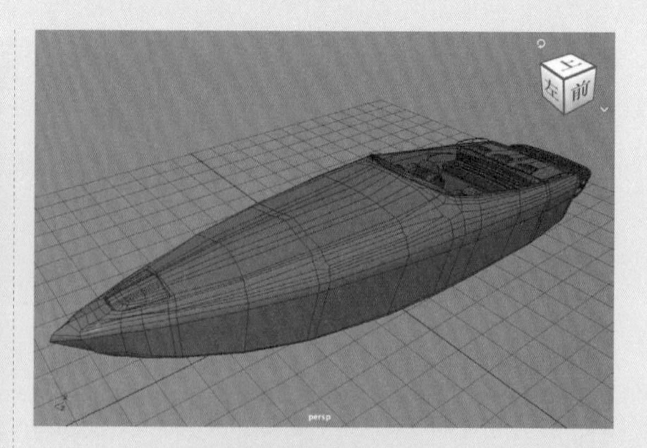

图9-125

图9-126

03 将场景中隐藏的简易模型设置为显示状态后，选择场景中的所有模型，如图9-127所示。

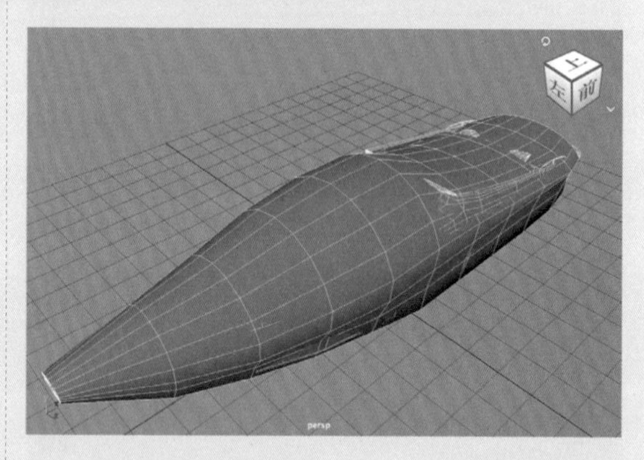

图9-127

04 按快捷键Ctrl+G，将选中的模型“分组”。设置完成后，可以在“大纲视图”面板中看到场景中构成游艇的四个模型现在成了一个组合，如图9-128所示。这样，有利于接下来的动画制作。

05 单击“多边形建模”工具架中的“多边形平面”按钮，如图9-129所示。在场景中创建一个平面模型用来制作海洋。

图9-128

图9-129

06 在“通道盒/层编辑器”面板中，设置平面模型的“平移X”“平移Y”和“平移Z”值均为0，如图9-130所示。

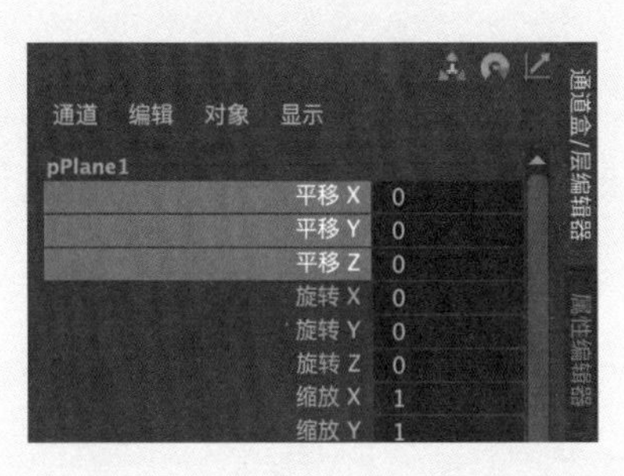

图9-130

07 设置“宽度”和“高度”值为150，“细分宽度”和“高度细分数”值为200，如图9-131所示。设置完成后，场景中的平面模型如图9-132所示。

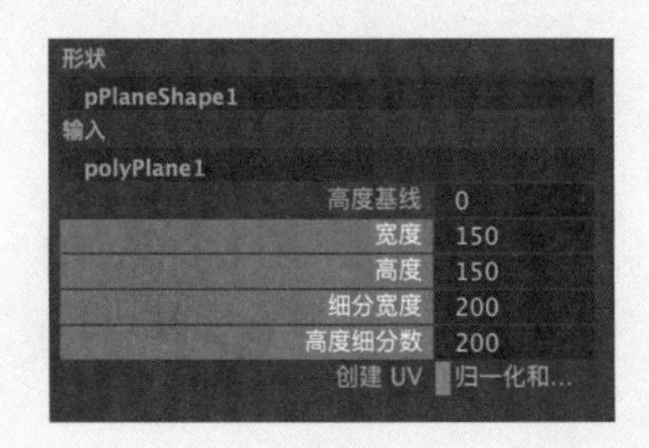

图9-131

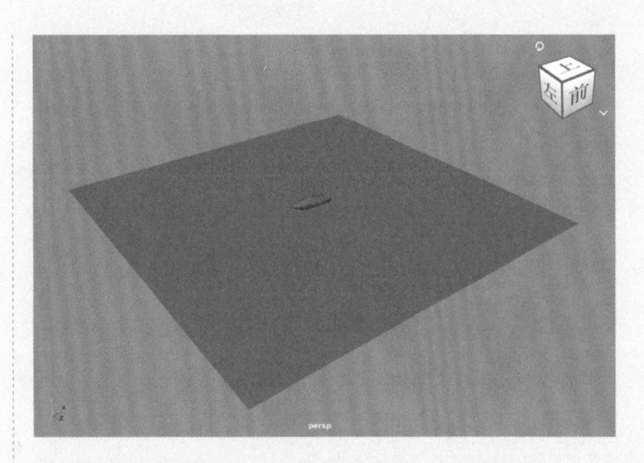

图9-132

08 执行Boss|“Boss编辑器”命令，打开Boss Ripple/Wave Generator面板，如图9-133所示。

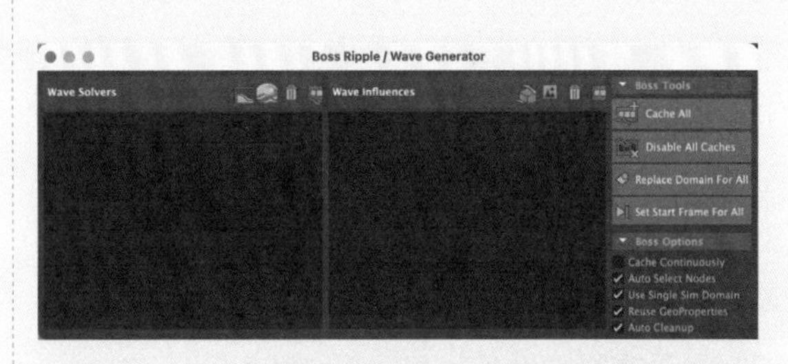

图9-133

技巧与提示

在中文版Maya 2024软件中，Boss Ripple/Wave Generator面板中的参数仍然为英文显示。

09 选择场景中的平面模型，单击Boss Ripple/Wave Generator面板中的Create Spectral Waves（创建光谱波浪）按钮，如图9-134所示。

图9-134

10 在“大纲视图”面板中可以看到，Maya可以根据之前选中的平面模型的大小及细分情况创建一个用于模拟区域海洋的新模型并命名为BossOutput，同时，隐藏场景中原有的多边形平面模型，如图9-135所示。

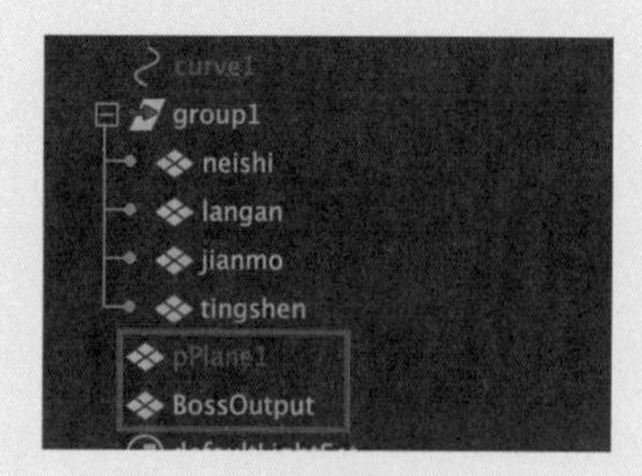

图9-135

11 在默认情况下，新生成的BossOutput模型与原有的多边形平面模型相同。拖动时间滑块，即可看到从第2帧起，BossOutput模型可以模拟出非常真实的海洋波浪运动效果，如图9-136所示。

图9-136

12 在“属性编辑器”面板中找到BossSpectral Wave1选项卡，在“全局属性”卷展栏中，设置“开始帧”值为1，“面片大小X（m）”值为150.000，“面片大小Z（m）”值为150.000，如图9-137所示。

13 展开“模拟属性”卷展栏，设置“波高度”值为1.000，选中“使用水平置换”复选框，“波大小”值为3.500，如图9-138所示。调整完成后，播放场景动画，可以看到模拟出来的海洋波浪效果，如图9-139所示。

14 在“大纲视图”面板中选择平面模型，展开“多边形平面历史”卷展栏，将“细分宽度”和“高度细分数”值均设置500，如图9-140所示。此时，中文版Maya 2024会弹出一个对话框，询问是否需要继续使用这么高的细分值，如图9-141所示，单击该对话框中的“是，不再询问”按钮即可。

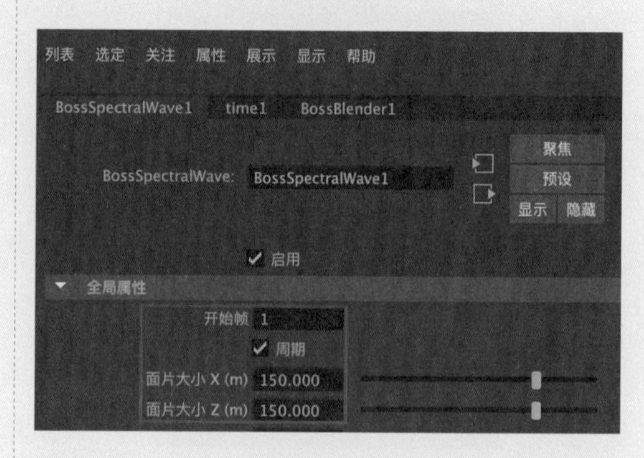

图9-137

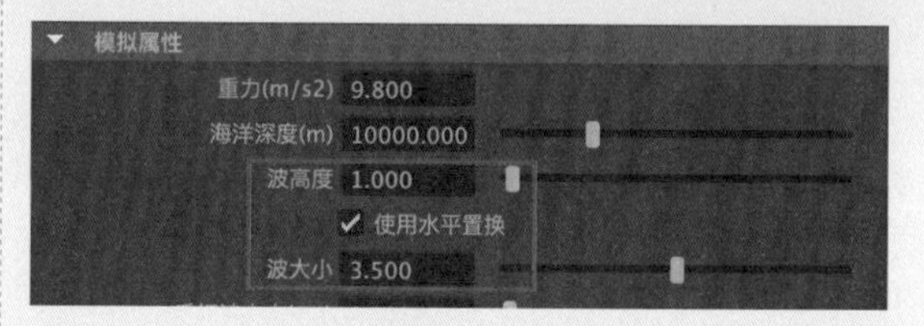

图9-138

图9-139

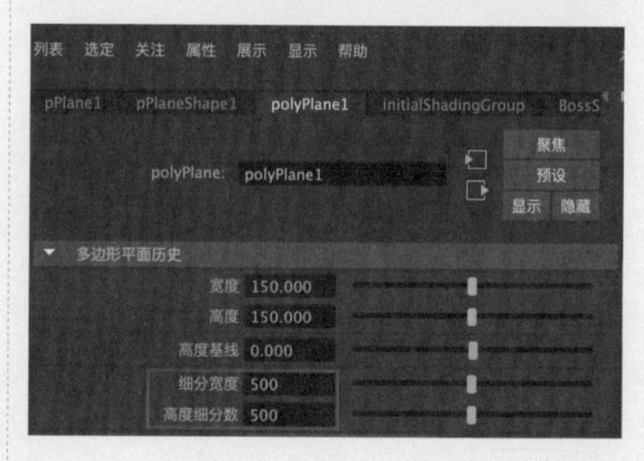

图9-140

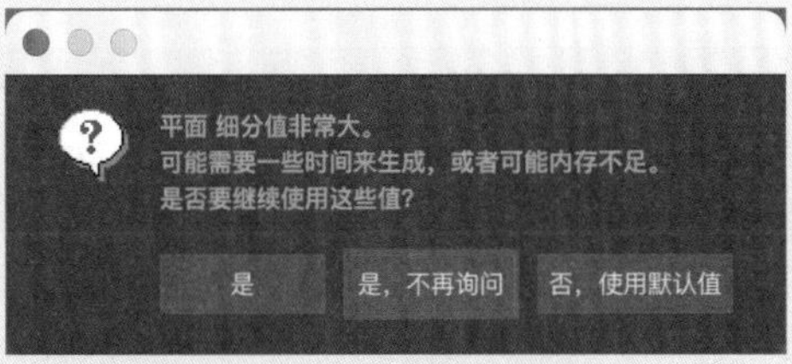

平面 细分值非常大。
可能需要一些时间来生成，或者可能内存不足。
是否要继续使用这些值?

是　是，不再询问　否，使用默认值

图9-141

15 设置完成后，在视图中观察海洋模型，可以看到模型的细节已大幅提升，如图9-142所示。

图9-142

9.4.2 制作游艇航行动画

01 在“大纲视图”面板中选择被隐藏的曲线，如图9-143所示。

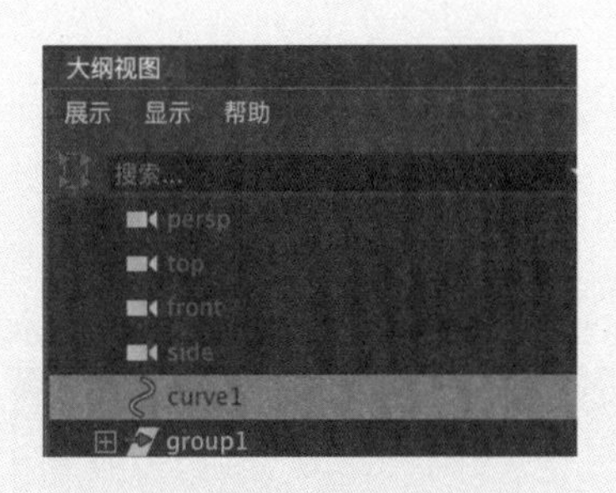

图9-143

02 按快捷键Shift+H，将其在场景中显示出来，如图9-144所示。

03 将时间帧数设置为200，如图9-145所示。

04 先选中组对象，再加选刚刚显示出来的曲线，如图9-146所示。

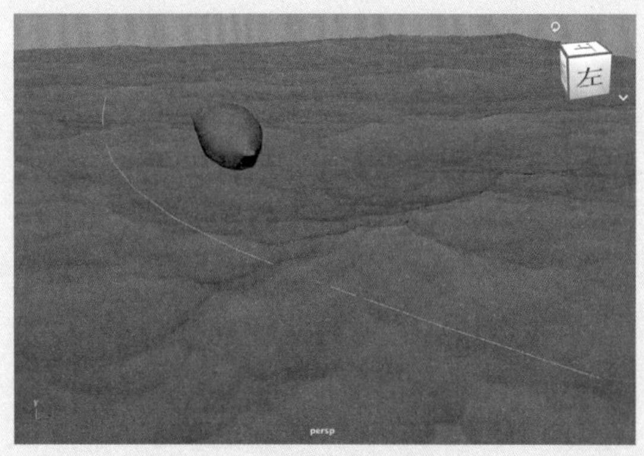

图9-144

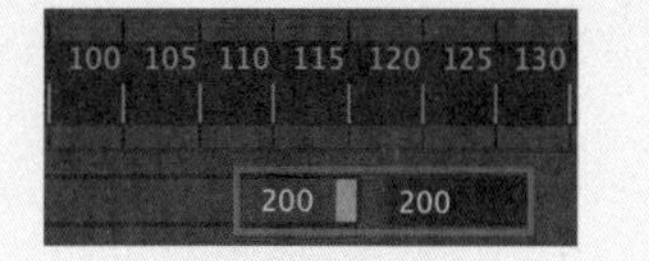

图9-145

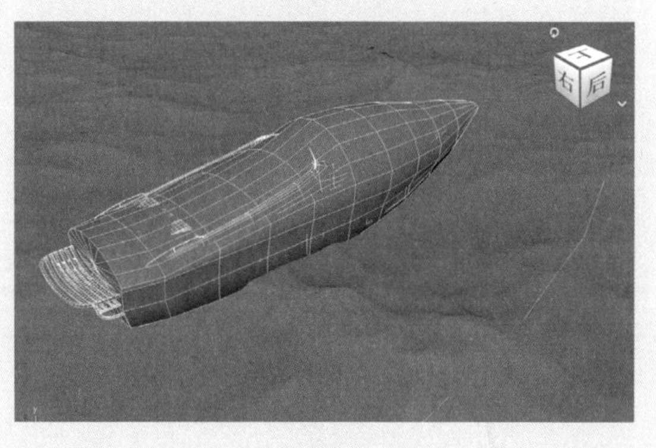

图9-146

05 执行“约束”|“运动路径”|“连接到运动路径”命令，如图9-147所示。设置完成后，可以看到游艇模型已经约束至场景中的曲线上，如图9-148所示。

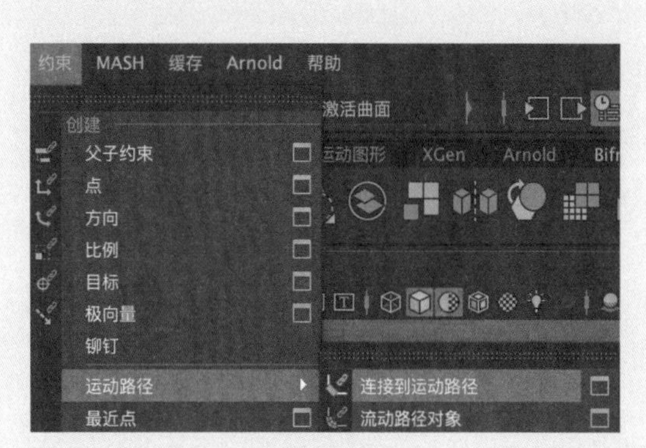

图9-147

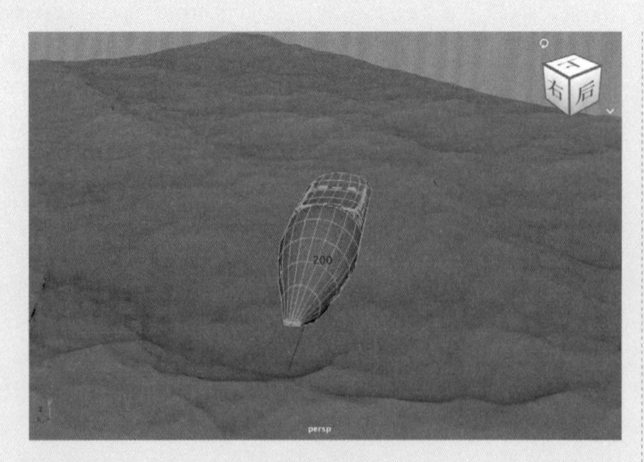

图9-148

06 在“属性编辑器”面板中，展开“运动路径属性”卷展栏，选中“反转前方向”复选框，如图9-149所示，即可调整游艇的前进方向，如图9-150所示。

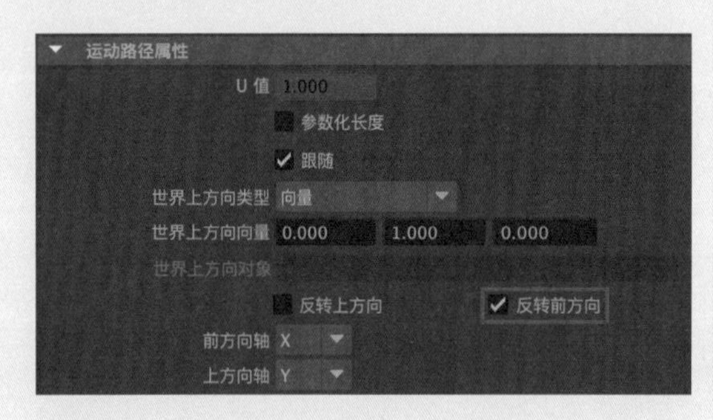

图9-149

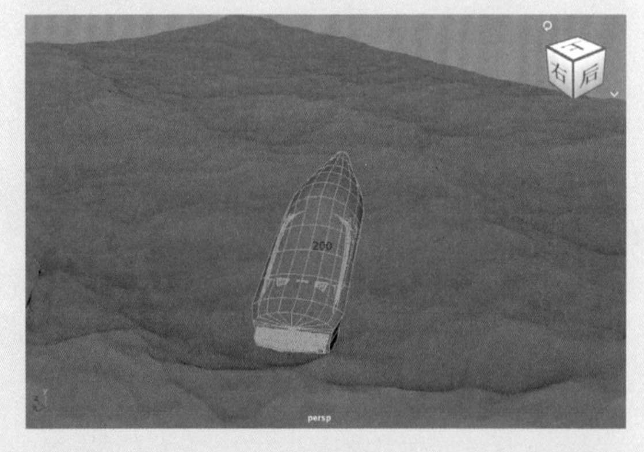

图9-150

07 选择组对象，执行“窗口”|“动画编辑器”|“曲线图编辑器”命令，打开“曲线图编辑器”面板，观察组对象的动画曲线，如图9-151所示。

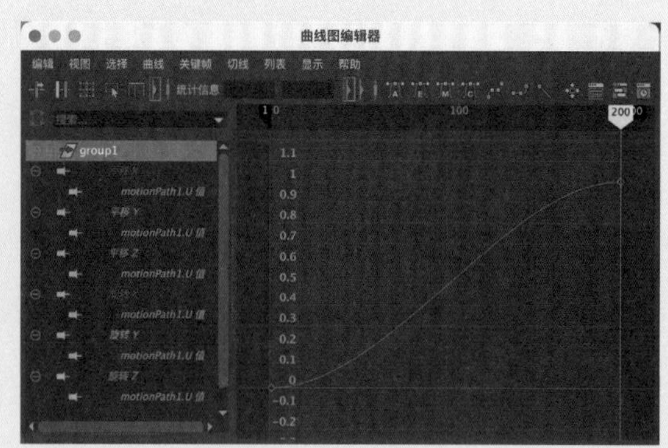

图9-151

08 选中“曲线图编辑器”面板中的两个曲线节点，单击“线性切线”按钮，得到如图9-152所示的动画曲线。

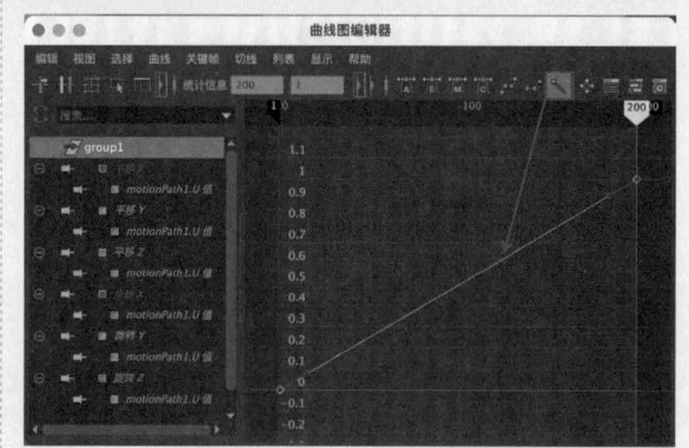

图9-152

09 选择场景中的曲线，在“通道盒/层编辑器”面板中，设置“平移Y”值为-0.3，如图9-153所示。这样，可以使游艇模型位于水面下方的部分多一些，如图9-154所示，有助于将来计算动力学动画时产生更强烈的游艇尾迹效果。

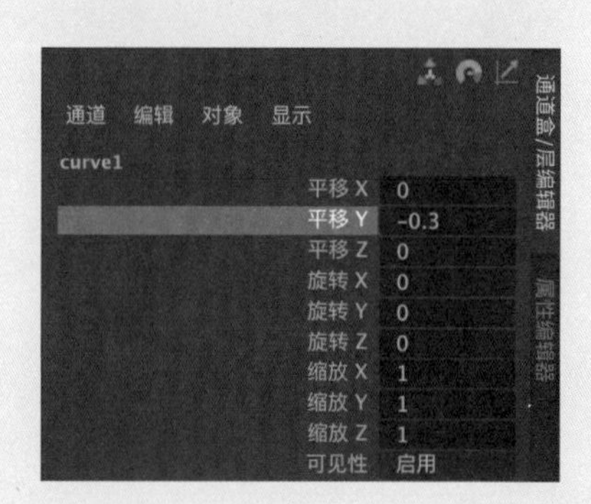

图9-153

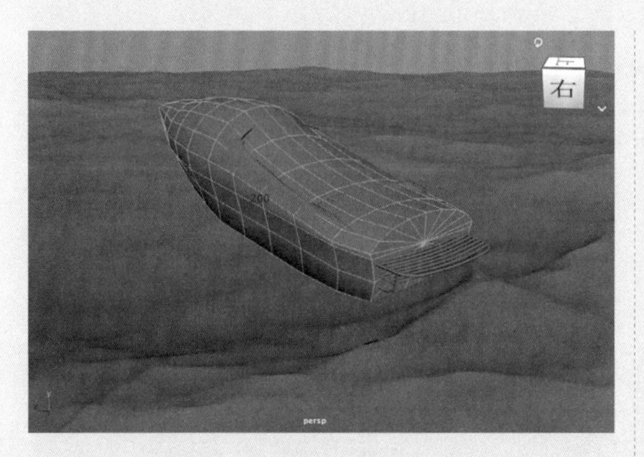

图9-154

10 单击“渲染”面板中的“创建摄影机”按钮，如图9-155所示在场景中创建一台摄影机。

图9-155

11 在第1帧，设置摄影机的“平移X”值为-12，“平移Y”值为43，“平移Z”值为65，“旋转X”值为-36，“旋转Y”值为-10，“旋转Z”值为0，并对以上参数设置关键帧，如图9-156所示。在摄影机视图中观察游艇模型与海面波浪的比例关系，此时会发现波浪略大，如图9-157所示。

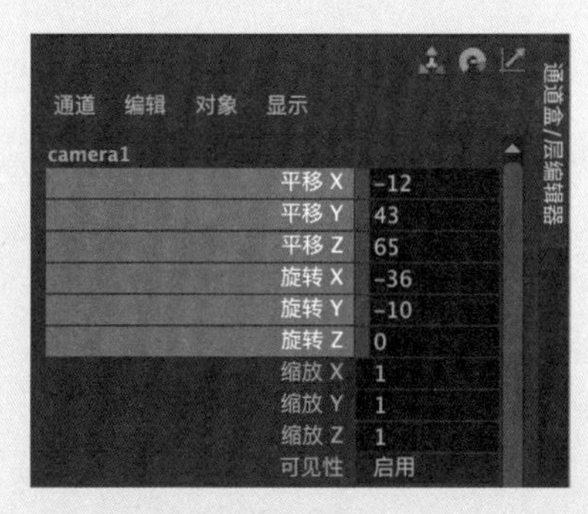

图9-156

12 在“风属性”卷展栏中，设置“风吹程距离（km）”值为20.000，如图9-158所示，这样可以使海面上的波浪小一些，如图9-159所示。设置完成后，播放场景动画，游艇的航行动画，如图9-160所示。

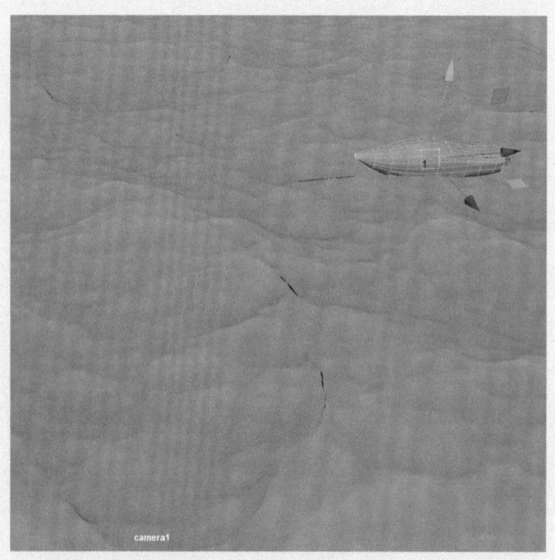

图9-157

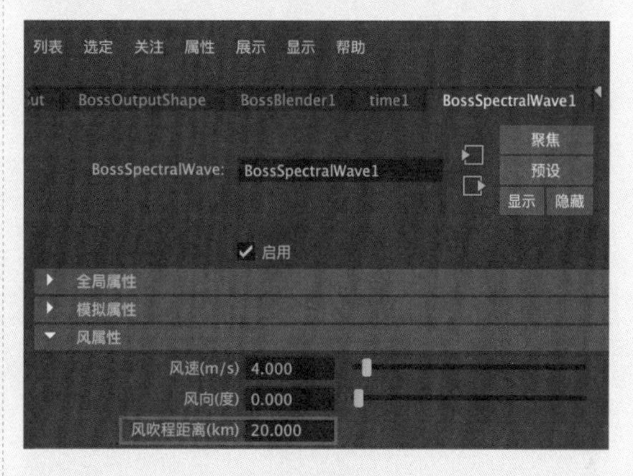

图9-158

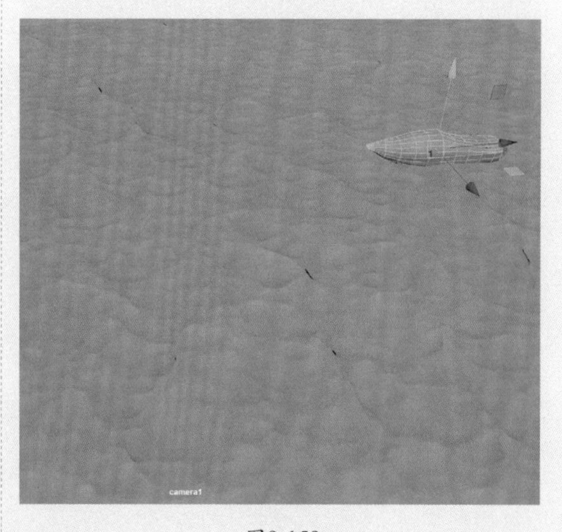

图9-159

图9-160

9.4.3 制作尾迹动画

01 执行Boss|“Boss编辑器”命令，打开Boss Ripple/Wave Generator面板，如图9-161所示。

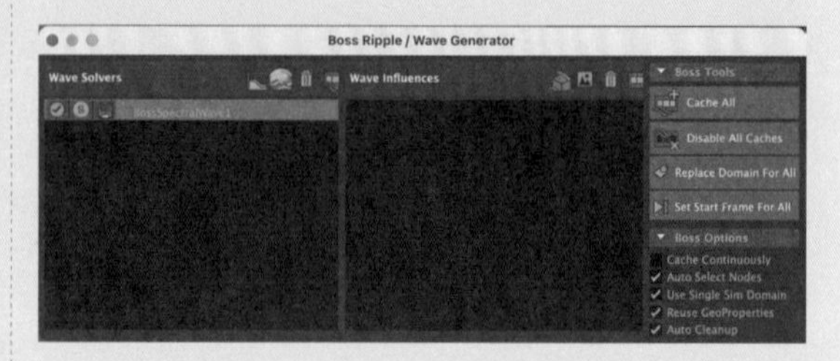

图9-161

02 选择场景中的游艇模型，如图9-162所示。

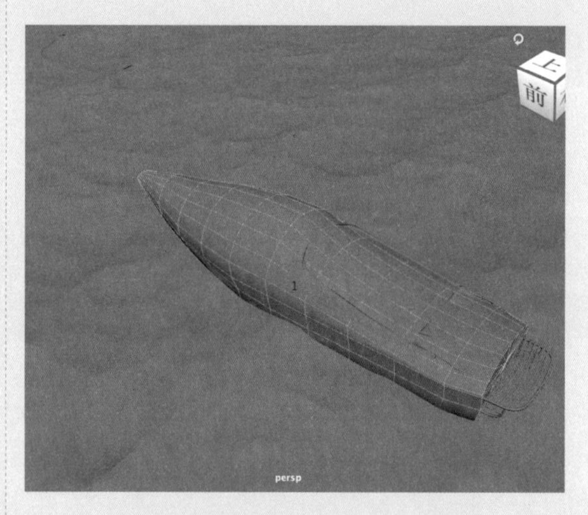

图9-162

03 单击Add geo influence to selected solver按钮，设置游艇模型参与到海洋波浪的形态计算中，如图9-163所示。

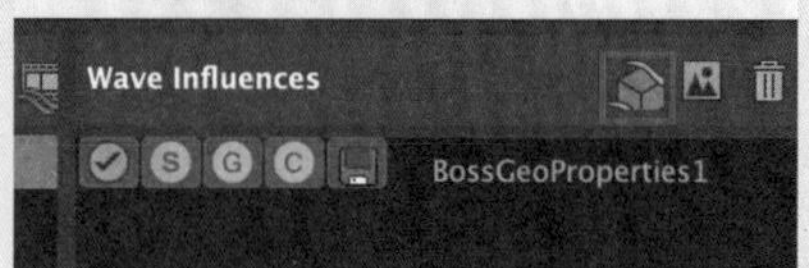

图9-163

04 选择场景中的海洋模型，在“属性编辑器”面板中，展开“反射波属性”卷展栏，调整“反射高度”值为30.000，如图9-164所示。

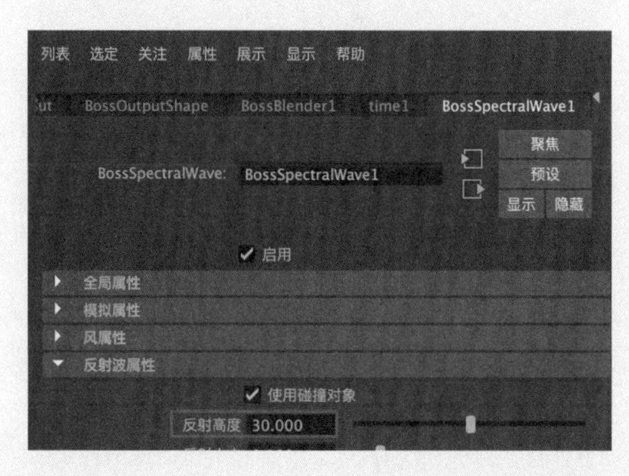

图9-164

05 播放场景动画，即可看到游艇在水面上航行所产生的尾迹动画效果，如图9-165所示。

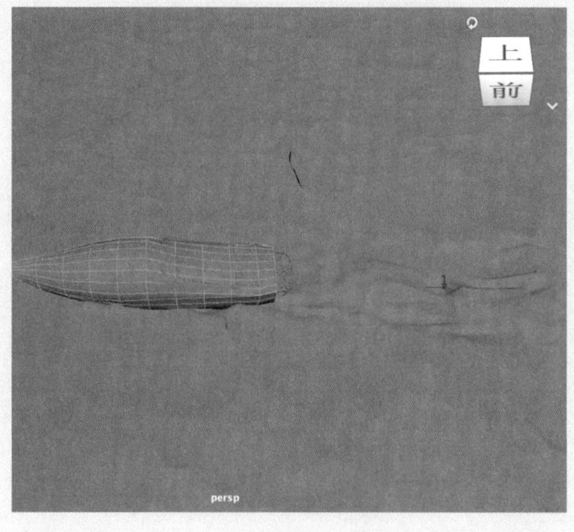

图9-165

06 在Boss Ripple/Wave Generator面板中，单击Cache All按钮，如图9-166所示为海洋动画创建缓存文件。

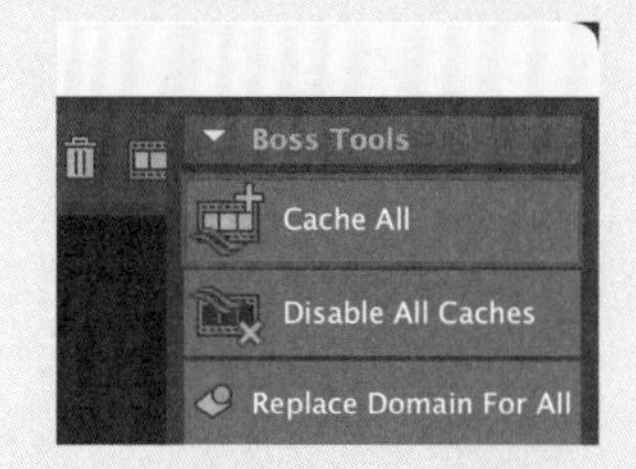

图9-166

07 等待计算机将缓存文件创建完成后，播放场景动画，本例最终制作的尾迹动画效果如图9-167所示。

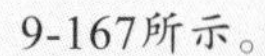

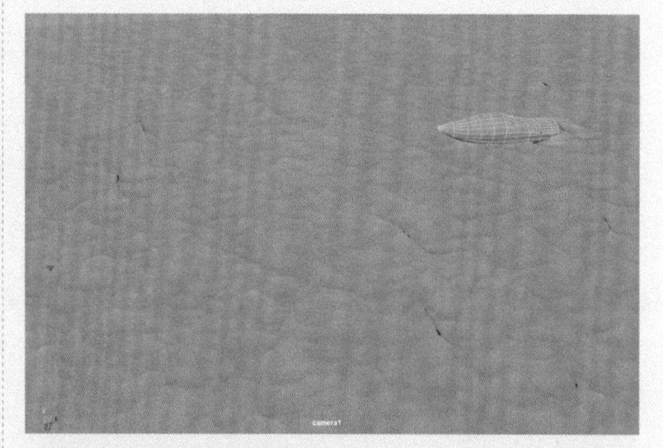

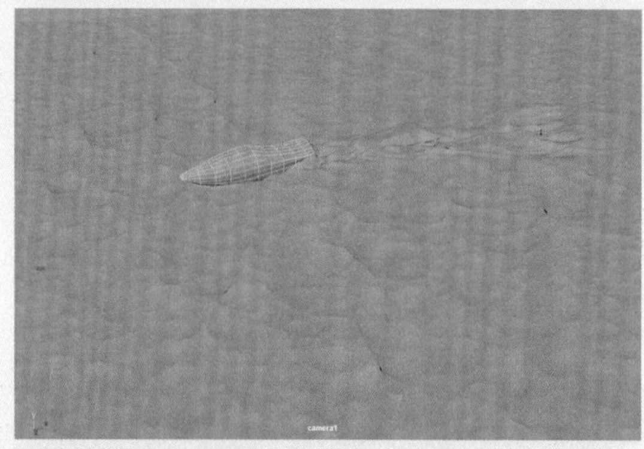

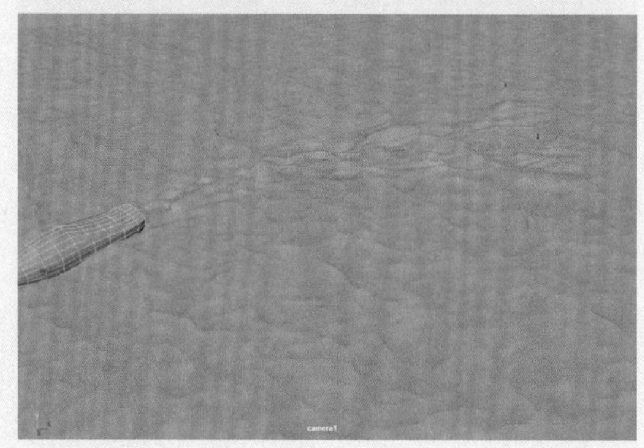

图9-167

9.4.4 制作浪花特效动画

01 制作游艇航行时产生的浪花效果。在第1帧，不要选择场景中的任何对象，单击Bifrost工具架中的“液体”按钮，如图9-168所示，在场景中创建一个液体对象。创建完成后，可以在“大纲视图”面板中看到场景中多了许多的节点，如图9-169所示。

图9-168

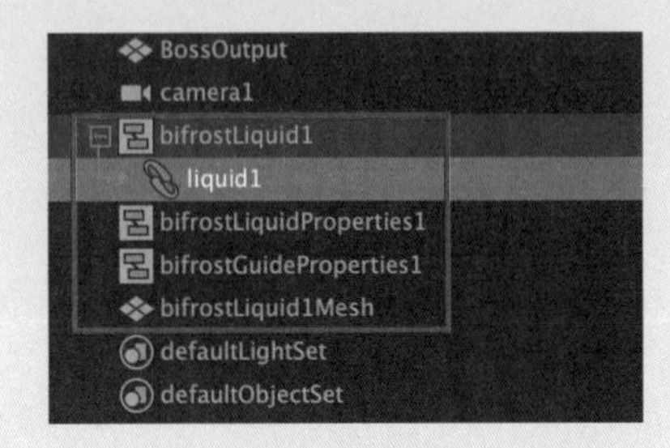

图9-169

02 在场景中先选择游艇模型，如图9-170所示。

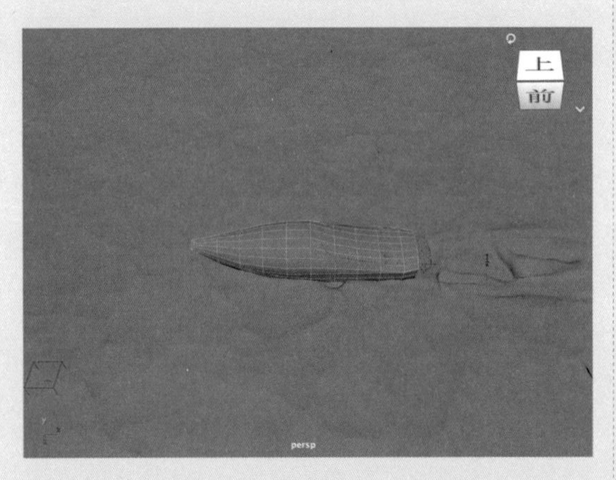

图9-170

03 在“大纲视图”面板中，再加选液体对象，如图9-171所示。

04 单击Bifrost工具架中的“发射区域”按钮，如图9-172所示。

05 在“大纲视图”面板中，先选择海洋对象，再加选液体对象，如图9-173所示。

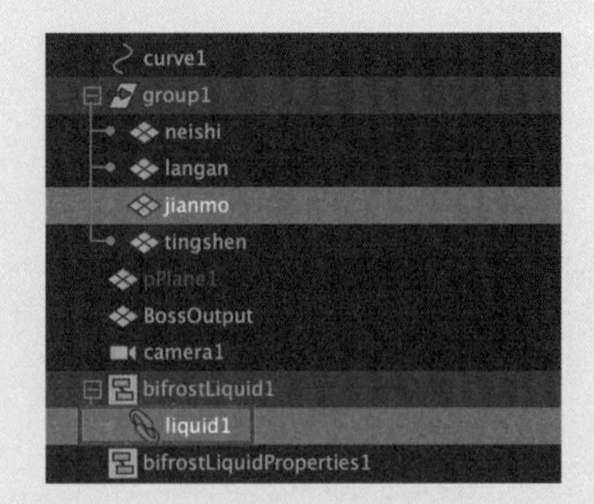

图9-171

图9-172

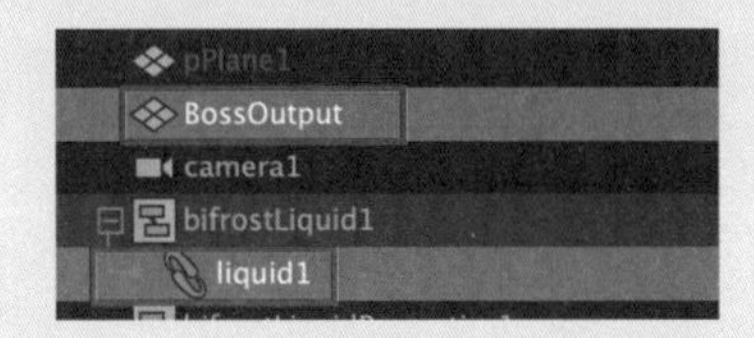

图9-173

06 单击Bifrost工具架中的“导向”按钮，如图9-174所示。

图9-174

07 在“大纲视图”面板中选择液体对象，在“属性编辑器”面板中展开“显示”卷展栏，选中“体素”复选框，如图9-175所示，即可在视图中看到游艇模型与海洋模型的相交处产生了蓝色的液体，如图9-176所示。

图9-175

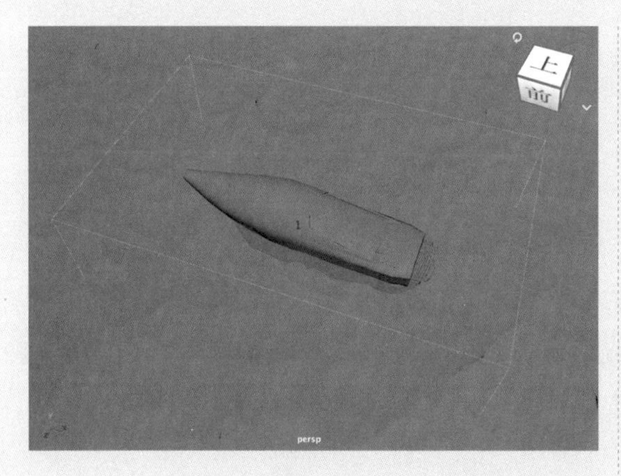

图9-176

08 在“大纲视图”面板中选择液体发射器节点，如图9-177所示。

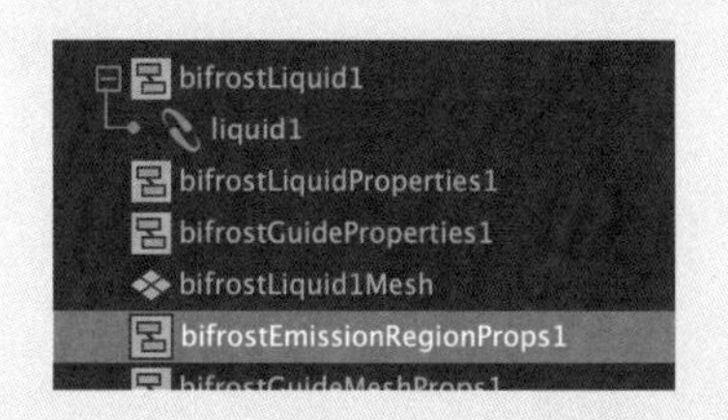

图9-177

09 在“属性编辑器”面板中，设置“厚度”值为1.500，如图9-178所示。设置完成后，即可将场景中的模型隐藏起来，游艇周围液体的生成效果如图9-179所示。

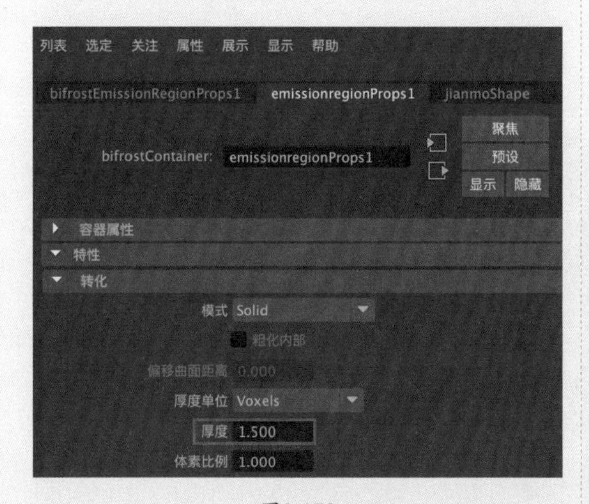

图9-178

10 在“大纲视图”面板中先选中游艇模型，再加选液体对象，如图9-180所示。

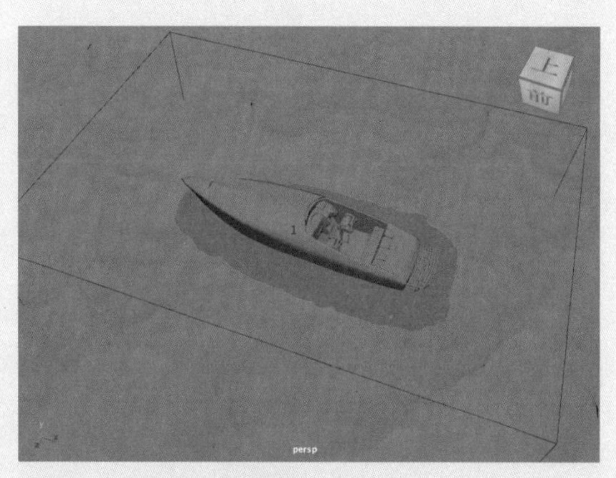

图9-179

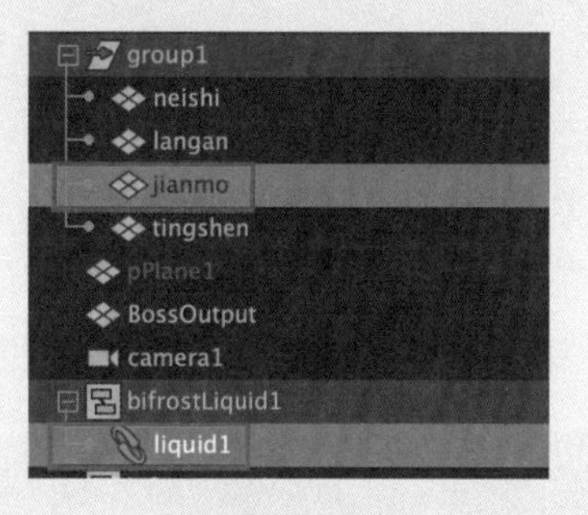

图9-180

11 单击Bifrost工具架中的“碰撞对象”按钮，如图9-181所示，为选中的物体之间设置碰撞关系。设置完成后，观察场景，液体效果如图9-182所示。

图9-181

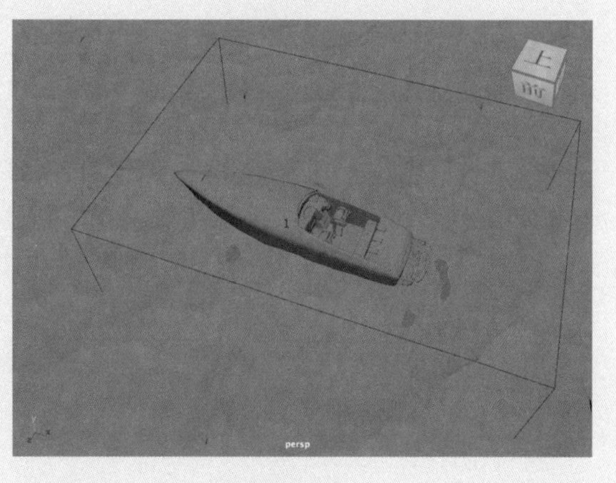

图9-182

12 播放场景动画，游艇的浪花模拟效果如图9-183所示。在默认状态下，视图中模拟出来的浪花效果看起来缺乏细节。在“大纲视图”面板中选择液体对象，在“属性编辑器”面板中，设置“主体素大小”值为0.100，如图9-184所示。

图9-183

图9-184

13 再次播放场景动画，这次可以看到模拟的浪花的细节明显增多了，如图9-185所示，但是模拟所需要的时间也随之大幅增加。本例最终制作完成的浪花动画效果如图9-186所示。

技巧与提示

在学习了9.4.5节制作泡沫特效动画的方法之后，再对游艇的浪花及泡沫效果一起创建缓存文件。

图9-185

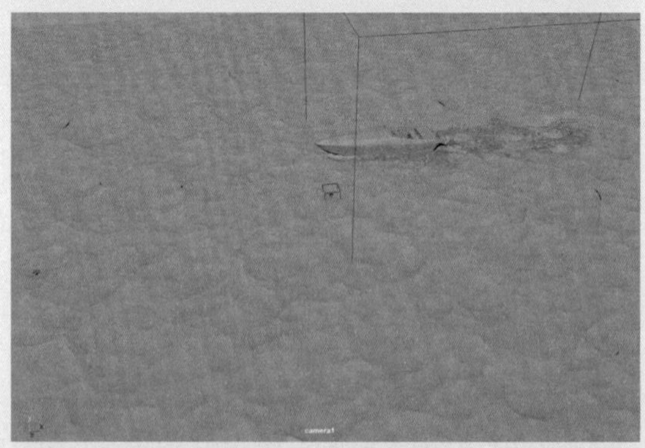

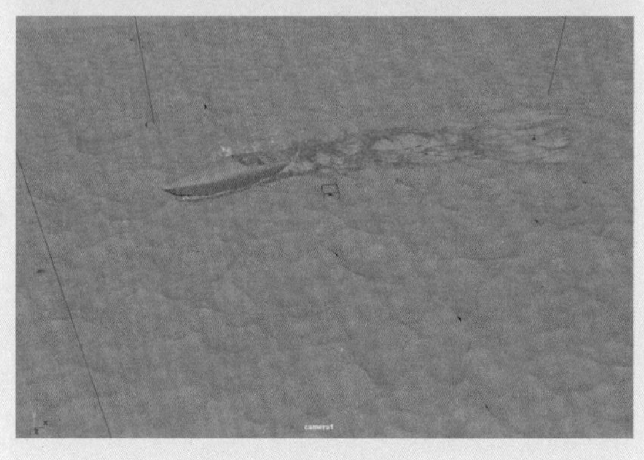

图9-186

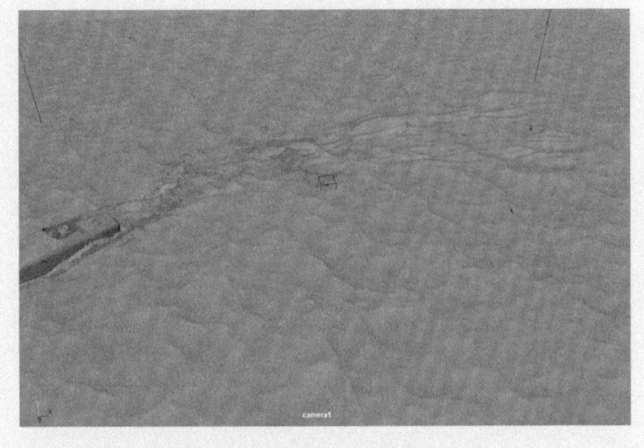

图9-186（续）

9.4.5 制作泡沫特效动画

01 制作泡沫动画效果。在“大纲视图”面板中，选中液体节点，如图9-187所示。

02 单击Bifrost工具架中的“泡沫”按钮，如图9-188所示，即可在该节点下方创建泡沫对象，如图9-189所示。

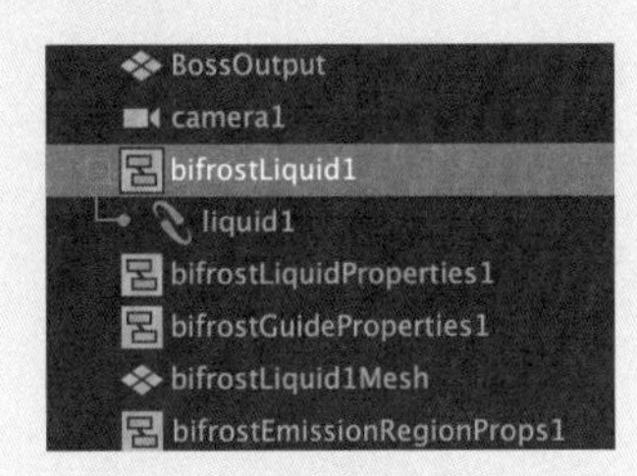

图9-187

图9-188

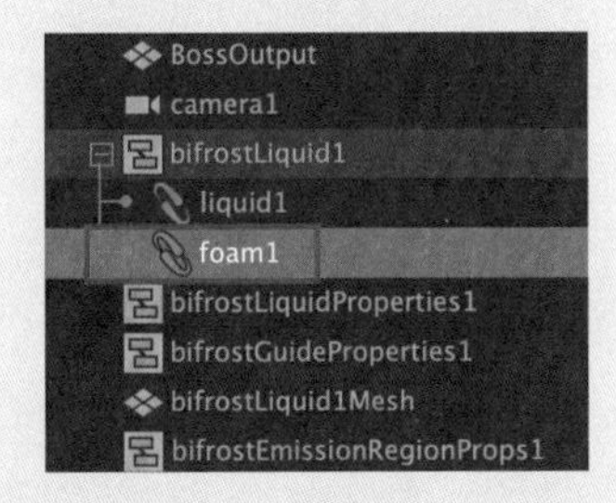

图9-189

03 播放场景动画，可以看到在浪花的位置会产生白色的点状泡沫对象，如图9-190所示。

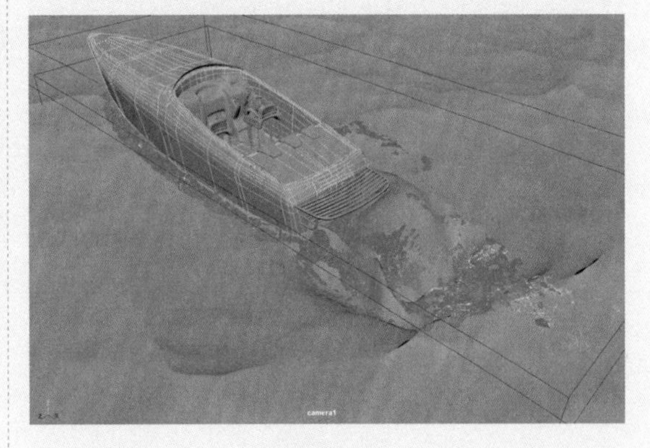

图9-190

04 默认状态下，由于液体产生的泡沫数量较少，可以在“属性编辑器”面板中，设置“自发光速率”值为8000.000，以提高泡沫的产生数量，如图9-191所示。

图9-191

05 设置完成后，执行“Bifrost液体”|“计算并缓存到磁盘”命令，生成浪花和泡沫缓存文件，如图9-192所示。添加了泡沫特效前后的视图显示结果对比，如图9-193所示。

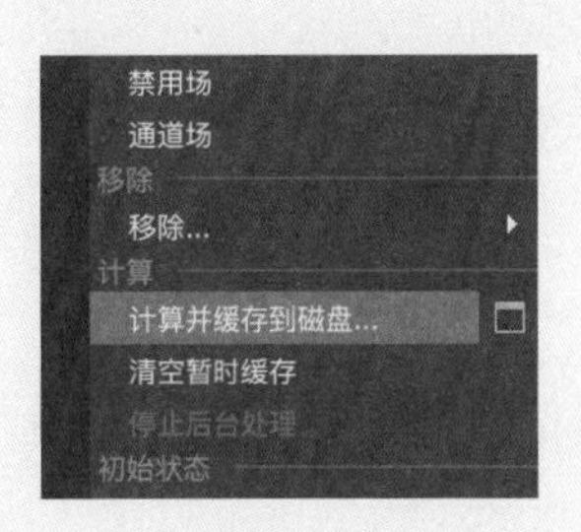

图9-192

图9-193

06 将时间滑块设置到第140帧，观察场景，可以清晰地看到游艇在水面上转弯时所溅起的浪花和泡沫，如图9-194所示。本例最终制作完成的泡沫动画效果如图9-195所示。

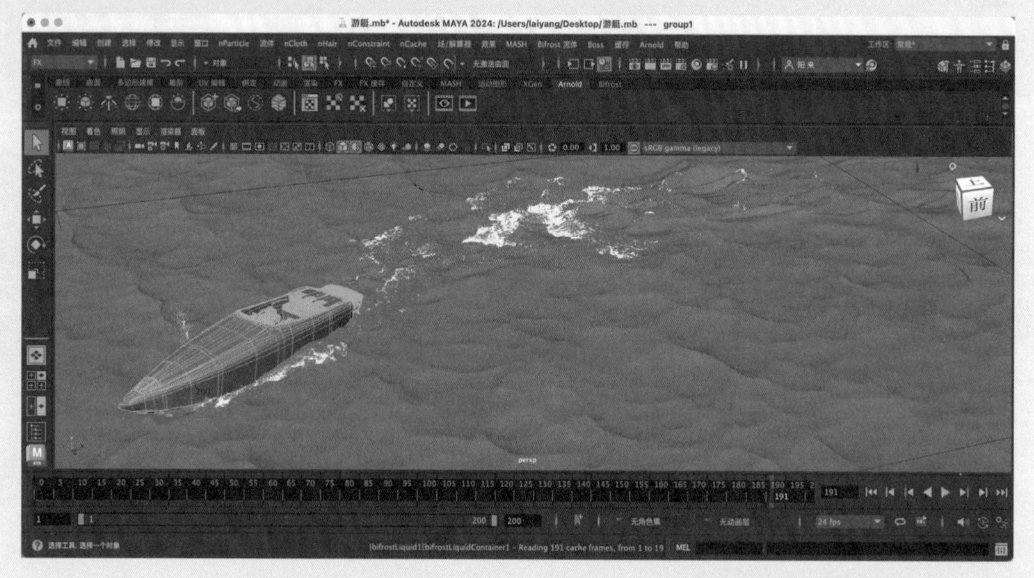

图9-194

图9-195

图9-195（续）

9.4.6　渲染输出

01 设置海水材质及渲染参数，选择海洋模型，如图9-196所示。

图9-196

02 单击“渲染”工具架中的“标准曲面材质”按钮，为其指定“渲染”工具架中的“标准曲面材质”，如图9-197所示。

图9-197

03 在“属性编辑器”面板中，设置“基础”卷展栏中的“颜色”为深蓝色，如图9-198所示，“颜色”的参数设置如图9-199所示。

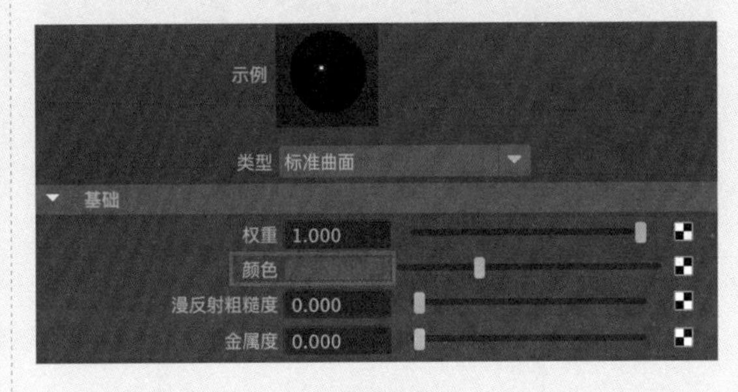

图9-198

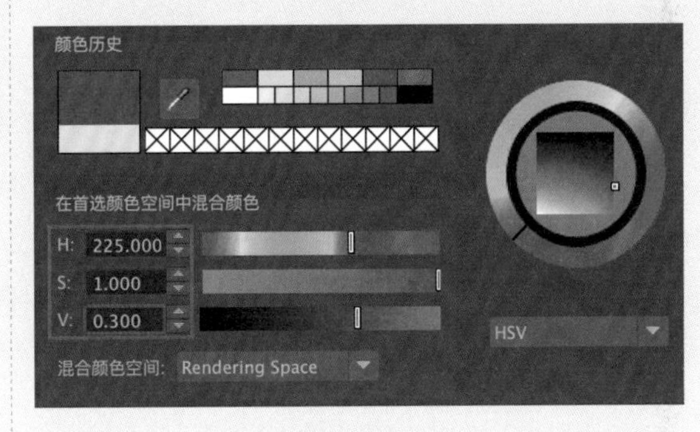

图9-199

04 展开“镜面反射”卷展栏，设置“粗糙度”值为0.100，如图9-200所示。

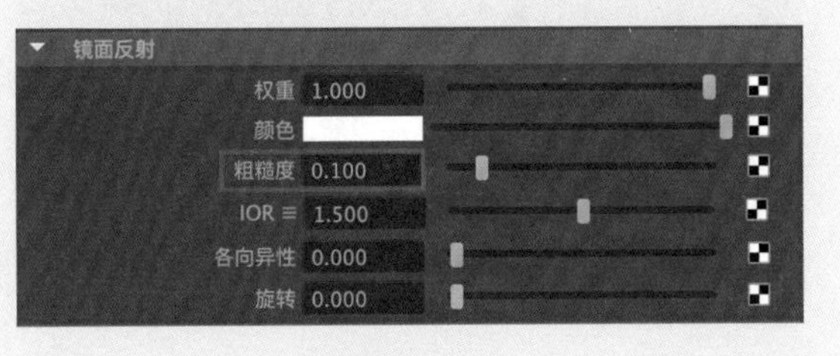

图9-200

05 展开“透射”卷展栏，设置“权重”值为0.700，“颜色”为深绿色，如图9-201所示，“颜色”的参数设置如图9-202所示。

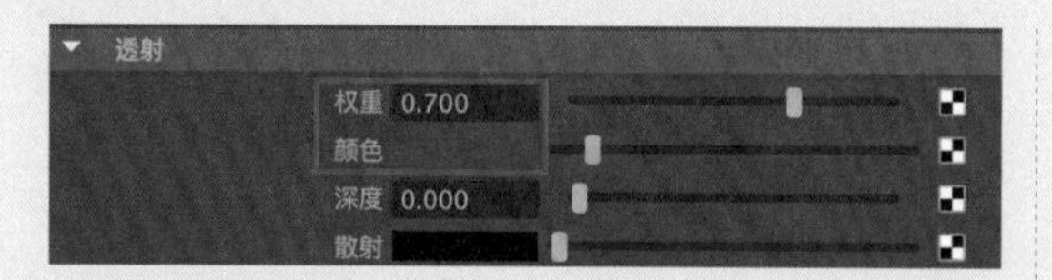

图9-201

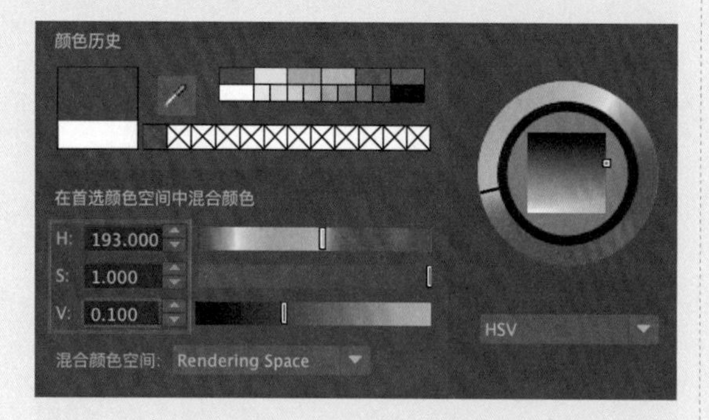

图9-202

06 材质设置完成后，为场景创建灯光。单击Arnold工具架中的Create Physical Sky（创建物理天空）按钮，在场景中创建物理天空灯光，如图9-203所示。

图9-203

07 在Physical Sky Attributes（物理天空属性）卷展栏中，设置Elevation（海拔）值为25.000，Azimuth（方位）值为200.000，Intensity（强度）值为6.000，如图9-204所示。

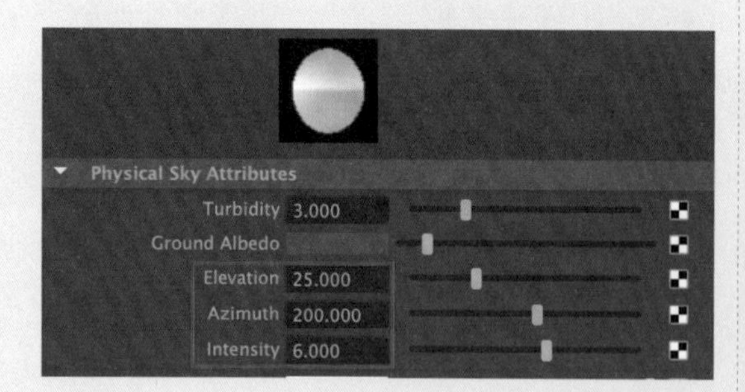

图9-204

08 选择场景中隐藏的平面模型，在“通道盒/层编辑器”面板中，设置“细分宽度”和“高度细分数”值均为2000，如图9-205所示，可以得到细节更丰富的海洋表面纹理。

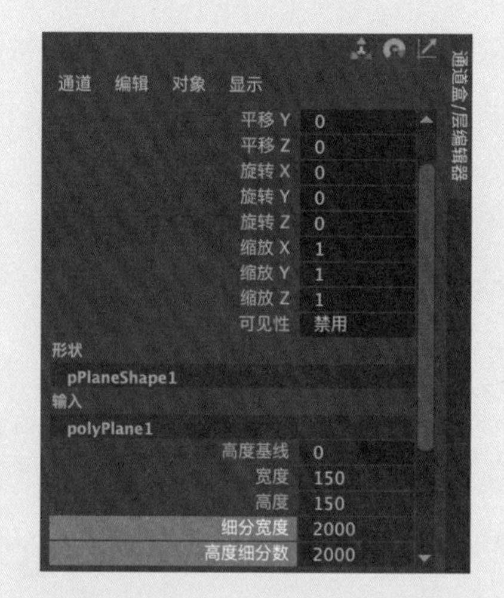

图9-205

09 设置完成后，选择几个自己喜欢的角度来渲染场景，添加了材质和灯光的海洋波浪最终渲染结果如图9-206~图9-208所示。

图9-206

图9-207

Arnold RenderView
File Window View Render
Beauty
perspShape
1:1
00:02:27 | 1300x800 | CPU | perspShape (70%) | samples 9/2/2/2/2/2 | 11724 MB

图9-208

第10章

粒子动画技术

10.1 粒子特效概述

粒子特效一直在众多影视特效中占据首位，无论是烟雾特效、爆炸特效、光特效，还是群组动画特效等，在这些特效中都可以看到粒子特效的影子，也就是说，粒子特效是融合在这些特效中的，它们不可分割，却又自成一体。如图 10-1 所示，是一个导弹发射烟雾拖尾的特效，从外观形状上看，这属于烟雾特效，但是从制作技术角度看，又属于粒子特效。

图10-1

10.2 粒子动画

将工具架切换至 FX，即可看到有关设置粒子发射器的两个按钮，一个是“发射器”按钮，一个是“添加发射器”按钮，如图 10-2 所示。

图10-2

工具解析

发射器：创建粒子发射器。

添加发射器：根据选中的对象创建粒子发射器。

10.2.1 粒子发射器形态设置

本例主要演示创建粒子发射器以及粒子发射器基本参数设置的方法。

01 启动中文版Maya 2024，单击FX工具架中的“发射器”按钮，如图10-3所示，即可在场景中创建一个粒子发射器，如图10-4所示。

图10-3

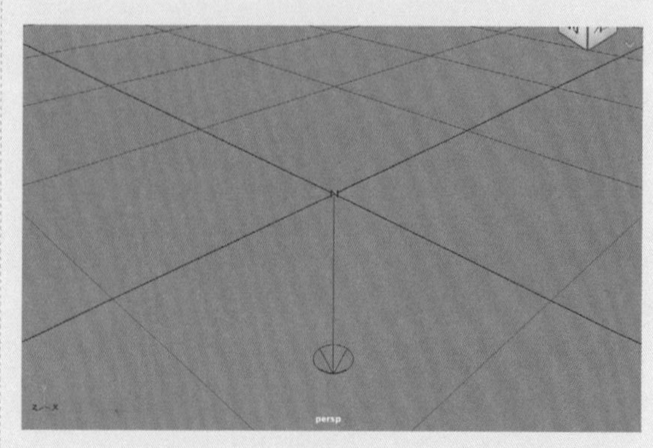

图10-4

02 观察“大纲视图”面板，可以看到该粒子系统由一个粒子发射器、一个粒子对象和一个动力学对象组成，如图10-5所示。

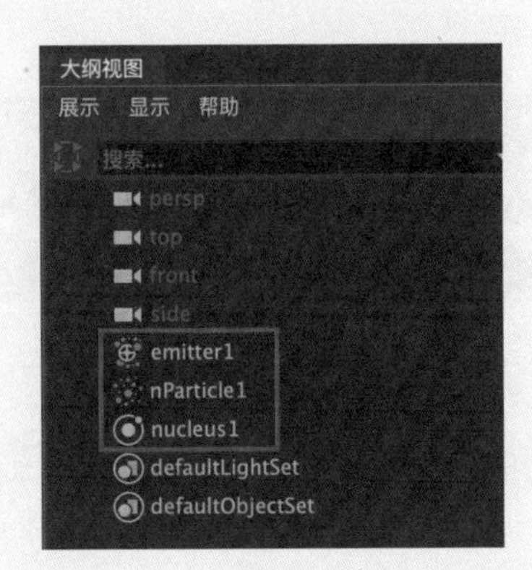

图10-5

03 拖动时间滑块，即可看到粒子发射器所发射的粒子，由于受到场景中动力学的影响，而向场景的下方移动，如图10-6所示。

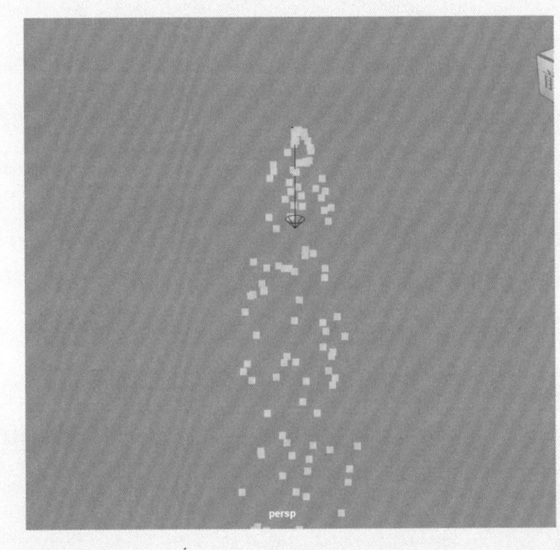

图10-6

04 在“属性编辑器”面板中，展开“基本发射器属性”卷展栏，将“发射器类型”设置为“体积”，如图10-7所示。此时可以看到，视图中的粒子发射器呈立方体，如图10-8所示。

05 在“体积发射器属性”卷展栏中，设置“体积形状”为“球形”，如图10-9所示，可以看到视图中的粒子发射器呈球形，如图10-10所示。

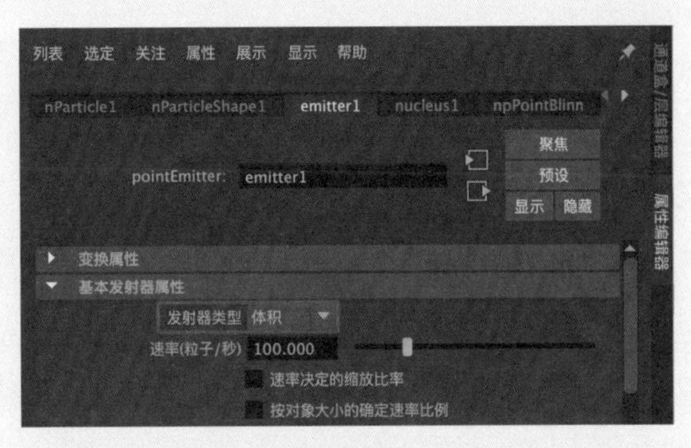

图10-7

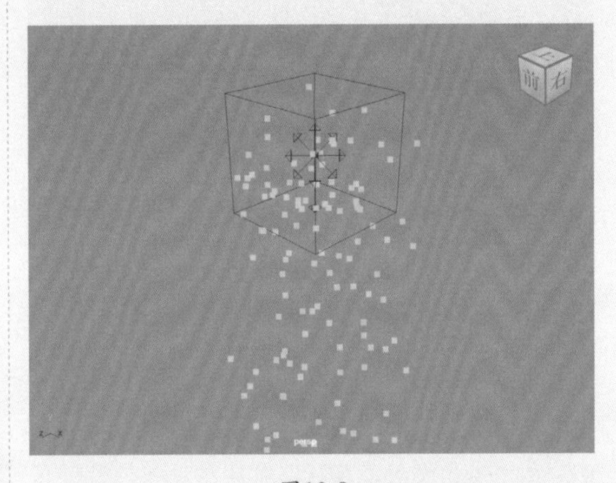

图10-8

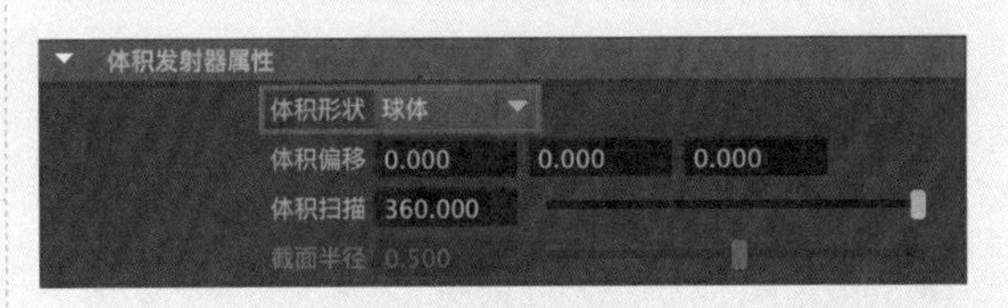

图10-9

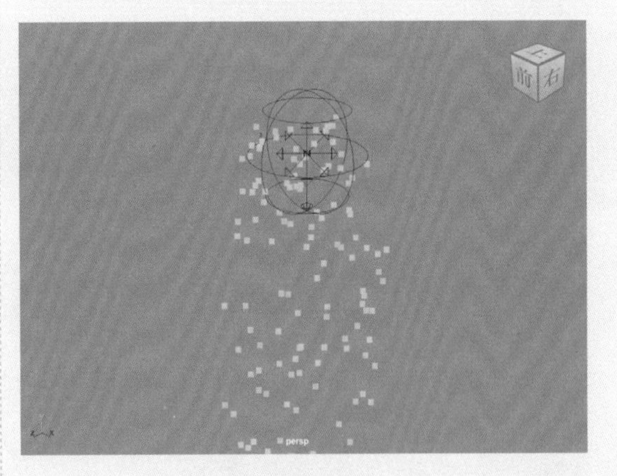

图10-10

06 在“体积发射器属性”卷展栏中，设置“体积形状”为“圆柱体”，如图10-11所示，可以看到视图中的粒子发射器呈圆柱形，如图10-12所示。

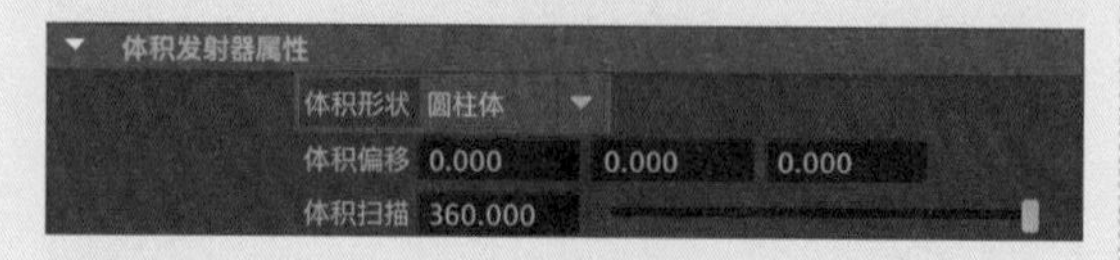

图10-11

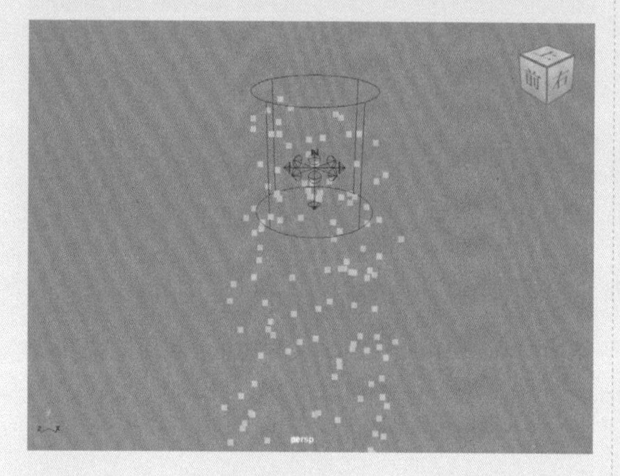

图10-12

07 在“体积发射器属性”卷展栏中，设置“体积形状”为“圆锥体”，如图10-13所示，可以看到视图中的粒子发射器呈圆锥形，如图10-14所示。

图10-13

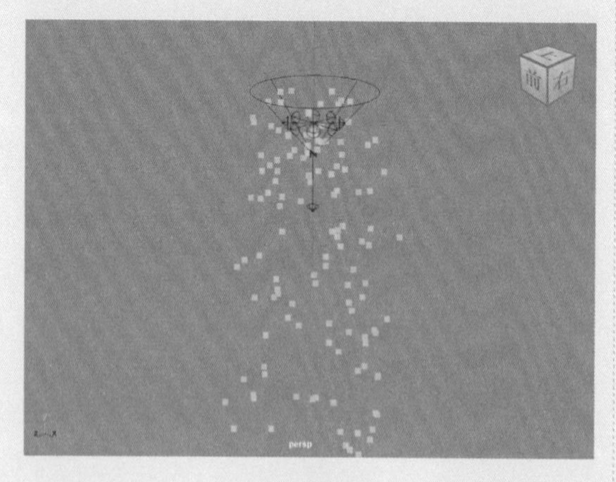

图10-14

08 在“体积发射器属性”卷展栏中，设置“体积形状”为“圆环”，如图10-15所示，可以看到视图中的粒子发射器呈圆环形，如图10-16所示。

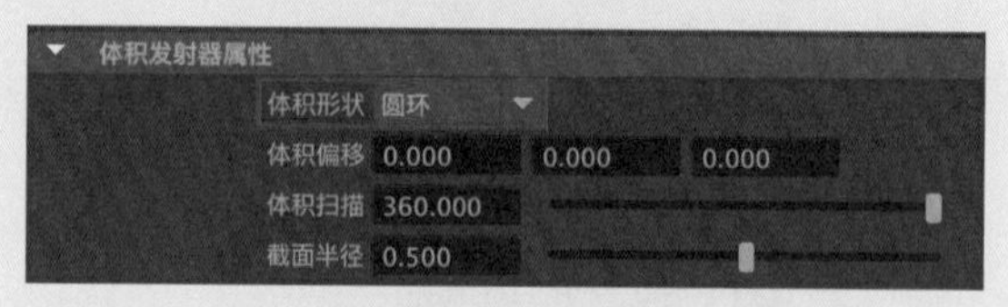

图10-15

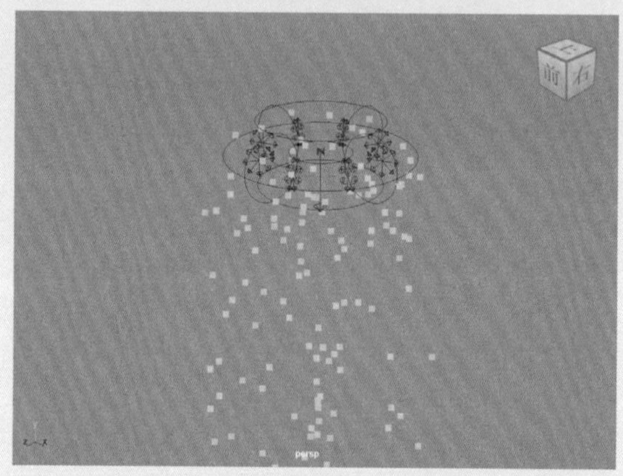

图10-16

10.2.2 模拟喷泉动画

本例主要演示创建粒子发射器，以及粒子发射器基本参数设置的方法。

01 启动中文版Maya 2024，单击FX工具架中的“发射器”按钮，如图10-17所示，在场景中创建一个粒子发射器，如图10-18所示。

图10-17

02 拖动时间滑块，查看粒子的默认运动状态为泛方向发射并受重力的影响向下运动，如图10-19所示。

03 由于喷泉大多是由一个点向上喷射出水花，受重力影响，当水花到达一定高度时，会产生下落的运动过程。那么，这需要改变粒子发射器的发射状态得到相应效果。单击展开粒子发射器的“基本发射器属性”卷展栏，设置“发射器类型”为“方向”，如图10-20所示。

图10-18

图10-19

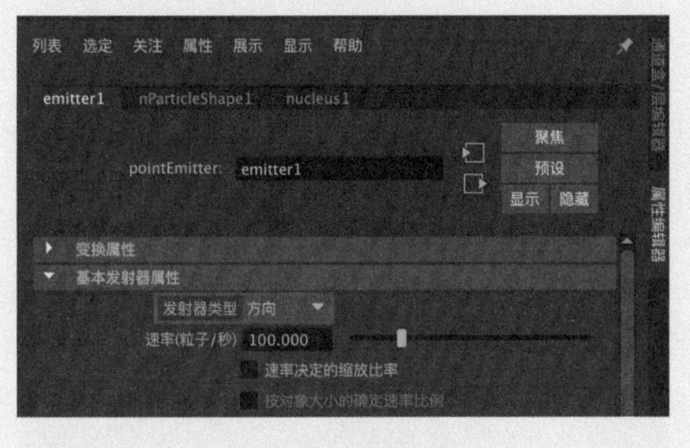

图10-20

04 调整完成后，单击“动画播放”按钮，可以看到粒子的发射状态如图10-21所示。

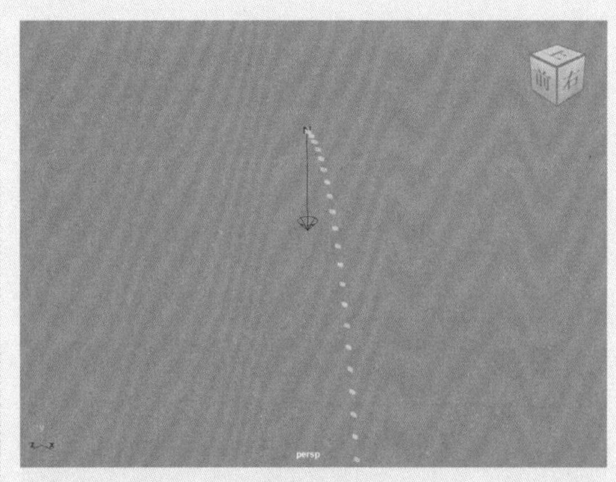

图10-21

05 在“距离/方向属性”卷展栏中，设置“方向X”值为0.000，“方向Y”值为1.000，“方向Z”值为0.000，“扩散”值为0.350，如图10-22所示。

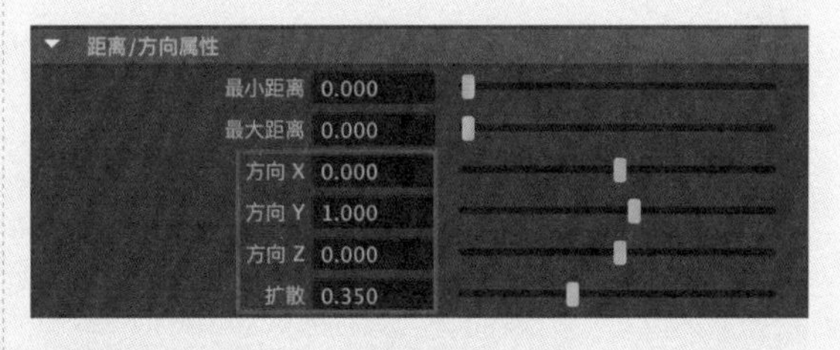

图10-22

06 设置完成后，再次拖动时间滑块，观察粒子的动画效果，如图10-23所示。

图10-23

07 在“基础自发光速率属性”卷展栏中，设置粒子的“速率”值为10.000，提高粒子向上的发射速度，如图10-24所示。

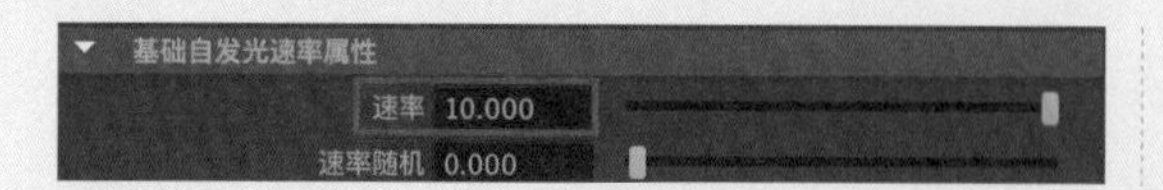

图10-24

08 在“基本发射器属性”卷展栏中，设置“速率（粒子/秒）”值为600.000，提高粒子单位时间的发射数量，如图10-25所示。设置完成后，再次观察场景，粒子的动画效果如图10-26所示。

图10-25

图10-26

09 在“寿命”卷展栏中，设置粒子的“寿命模式”为“恒定”，“寿命”值为1.500，如图10-27所示。这样，粒子在下落的过程中随着时间的变化会逐渐消失。

图10-27

10 在“着色”卷展栏中，设置“粒子渲染类型”为“球体”，如图10-28所示。在场景中观察粒子的形态，如图10-29所示。

11 在“粒子大小”卷展栏中，设置粒子的“半径”值为0.100，如图10-30所示。播放场景动画，本例的最终动画效果如图10-31所示。

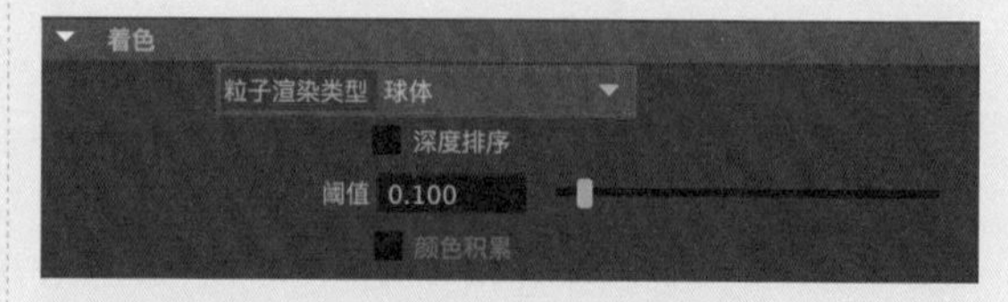

图10-28

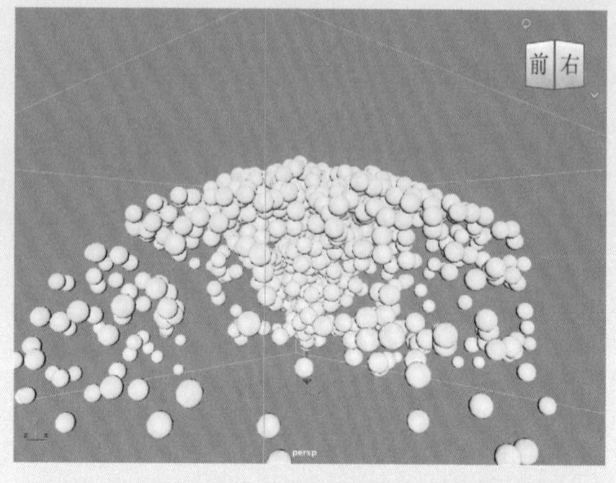

图10-29

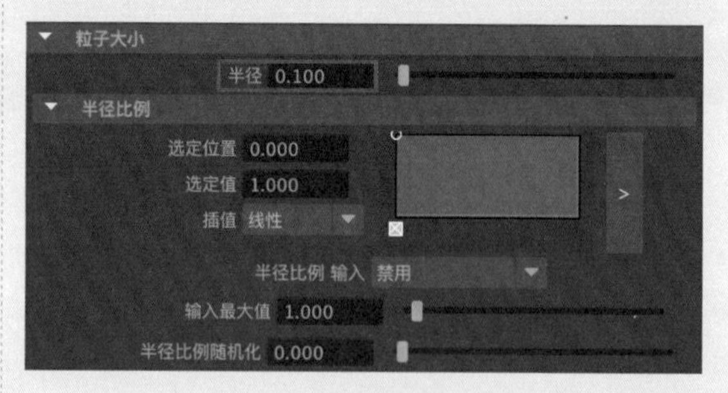

图10-30

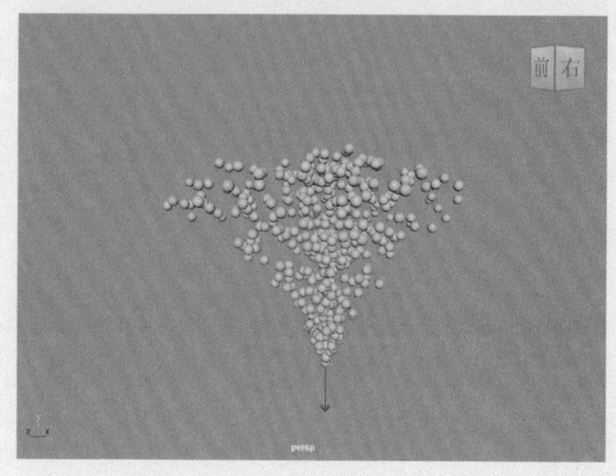

图10-31

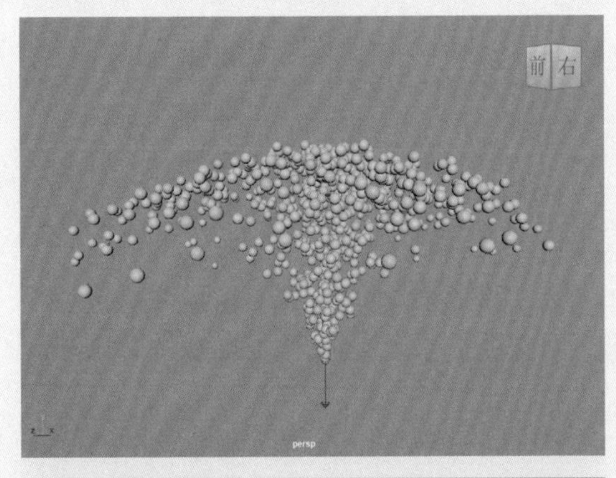

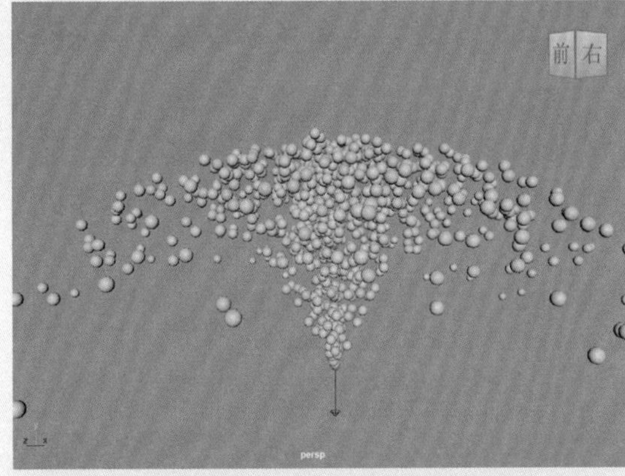

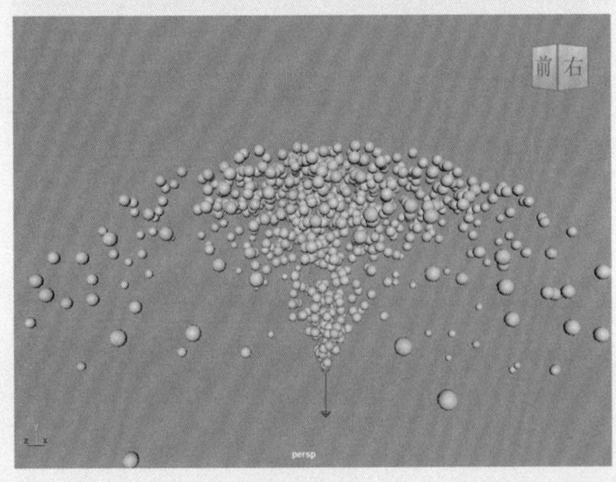

图10-31（续）

10.2.3 实例：制作树叶飘落动画

本例主要讲解如何使用粒子系统制作树叶飘落的动画效果，最终的渲染效果如图 10-32 所示。

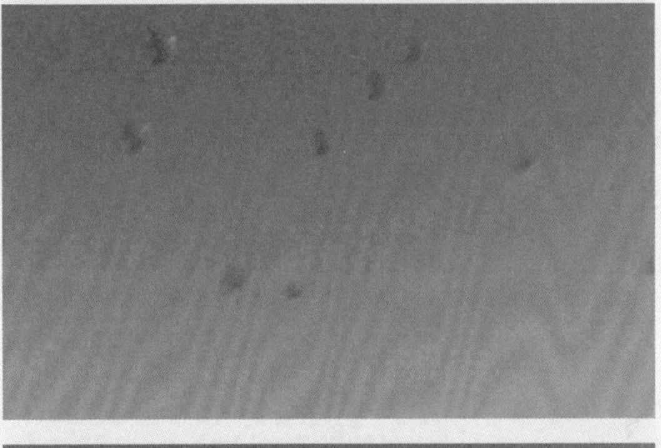

图10-32

01 启动中文版Maya 2024，打开本书配套资源中的“树叶.mb”文件，如图10-33所示，其中有一个添加好叶片材质的树叶模型。

图10-33

02 单击FX工具架中的“发射器”按钮，如图10-34所示，即可在“大纲视图”面板中创建出一个粒子发射器、一个粒子对象和一个力学对象，如图10-35所示。

图10-34

图10-35

03 在“大纲视图”面板中选择粒子发射器，在“属性编辑器”面板中，将“发射器类型”设置为“体积”，“速率（粒子/秒）”值为6.000，如图10-36所示。

04 在“变换属性”卷展栏中，对粒子发射器的“平移”和“缩放”参数进行调整，如图10-37所示。播放场景动画，可以看到粒子的运动效果，如图10-38所示。

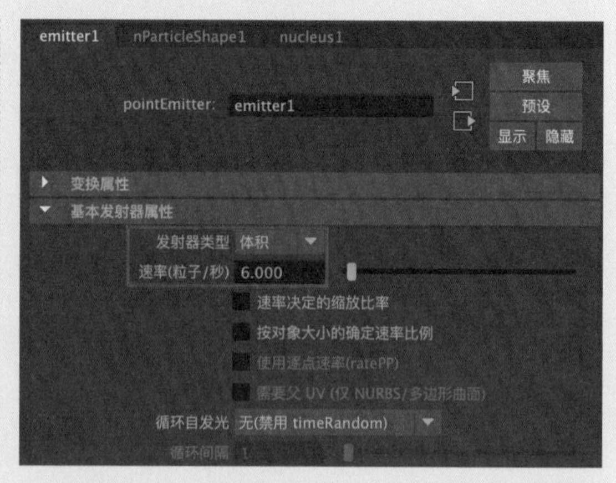

图10-36

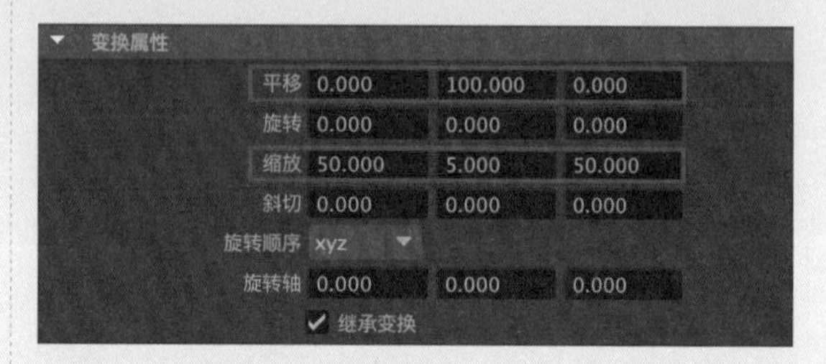

图10-37

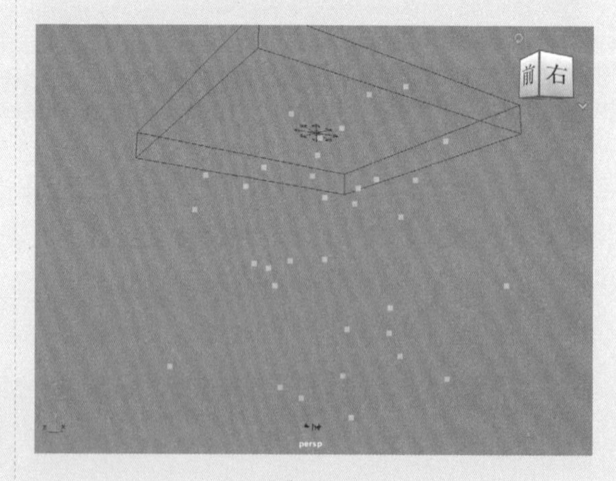

图10-38

05 选择场景中的树叶模型，单击nParticle |“实例化器”命令后面的方形图标，如图10-39所示。

06 在弹出的“粒子实例化器选项”面板中，单击“创建”按钮，如图10-40所示。这样，可以在视图中看到所有的粒子形态都变成了树叶模型，如图10-41所示。

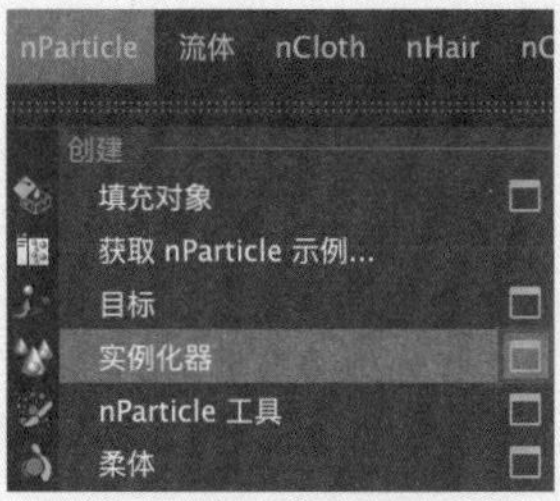

图10-39

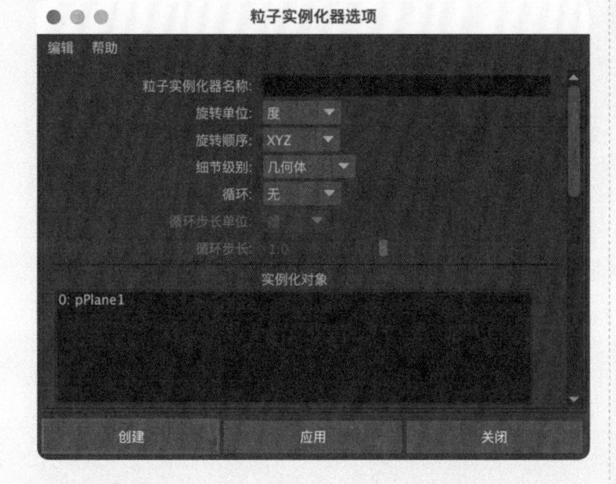

图10-40

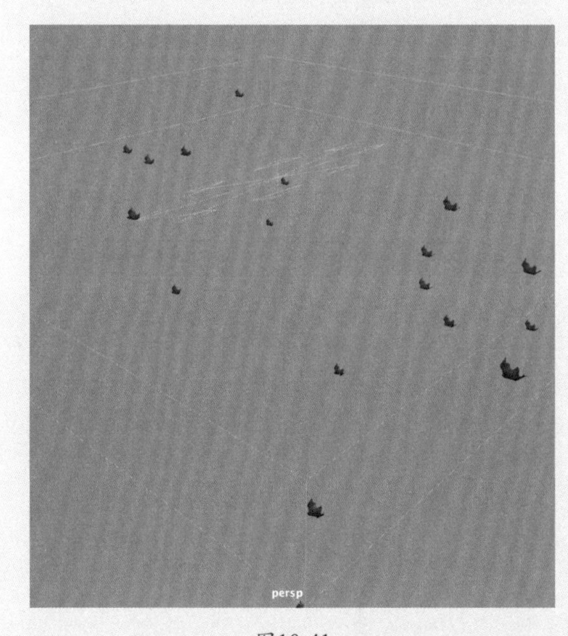

图10-41

07 在“大纲视图”面板中选中力学对象，在“属性编辑器”面板中，设置“风速”值为50.000，“风噪波”值为1.000。

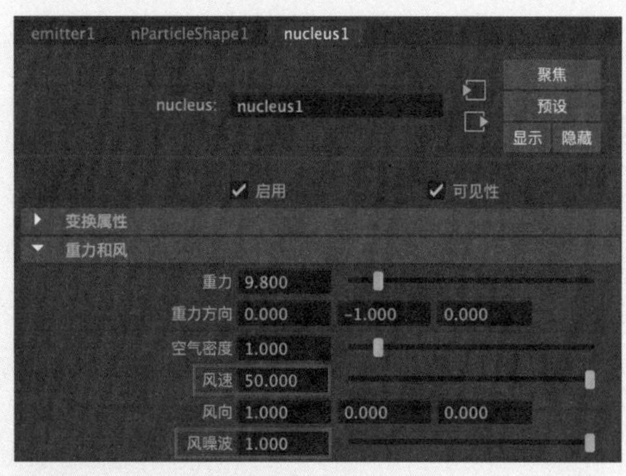

图10-42

08 播放动画，现在看到场景中的树叶方向都是相同的，看起来非常不自然，如图10-43所示。

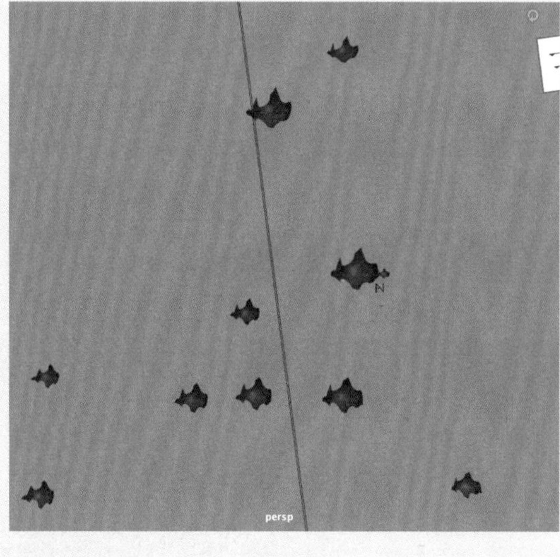

图10-43

09 在“旋转选项”卷展栏中，设置“旋转”为“位置”，如图10-44所示。再次播放动画，场景中的树叶方向看起来自然多了，如图10-45所示。

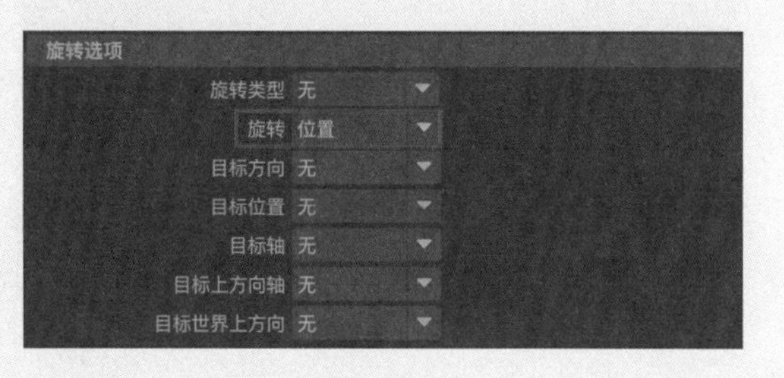

图10-44

图10-45

10 单击Arnold工具架中的Create Physical Sky按钮，为场景添加物理天空灯光，如图10-46所示。

图10-46

11 在“属性编辑器”面板的Physical Sky Attributes（物理天空属性）卷展栏中，设置Elevation（海拔）值为25.000，Azimuth（方位）值为150.000，调整阳光的照射角度；设置Intensity（强度）值为5.000，增加阳光的亮度；设置Sun Size（太阳尺寸）值为3.000，增加太阳的半径，如图10-47所示。

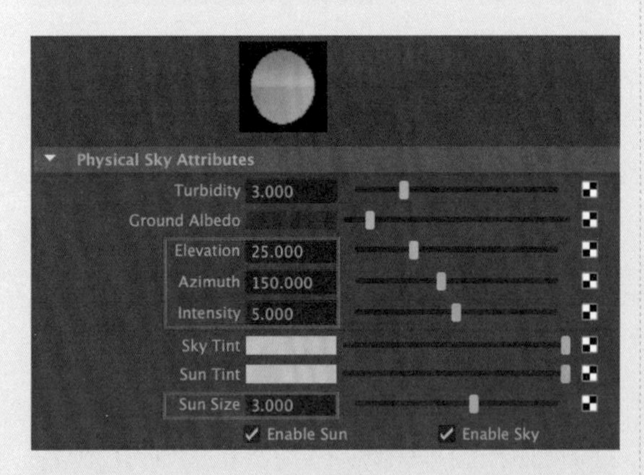

图10-47

12 选择一个合适的仰视角度，渲染场景，渲染结果如图10-48所示。

图10-48

13 选择粒子对象，单击“FX缓存”工具架中的“将选定的nCloth模拟保存到nCache文件”按钮，如图10-49所示，为粒子创建缓存文件。

图10-49

技巧与提示

只有为粒子对象创建了缓存文件后，才能渲染出粒子对象的运动模糊效果。

14 打开“渲染设置”面板，在Motion Blur（运动模糊）卷展栏中，选中Enable（启用）复选框，如图10-50所示，开启运动模糊计算。再次渲染场景，本例的最终渲染结果如图10-51所示。

图10-50

图10-51

10.2.4　实例：制作汇聚文字动画

本例讲解如何在中文版 Maya 2024 中使用粒子系统制作粒子汇聚成文字的动画特效，如图10-52所示为本例的最终渲染效果。

图10-52

01 启动中文版Maya 2024，打开本书配套资源中的“地面.mb”文件，如图10-53所示，其中只有一个地面模型。

图10-53

02 在“多边形建模”工具架中，单击“多边形类型”按钮，如图10-54所示。

图10-54

03 在场景中创建出一个文字模型，如图10-55所示。

图10-55

04 在“属性编辑器”面板中，设置文字的内容为ABCD，并调整“字体大小”值为10.000，如图10-56所示。

05 选中文字模型，单击nParticle | “填充对象”

后面的方块按钮，如图10-57所示。

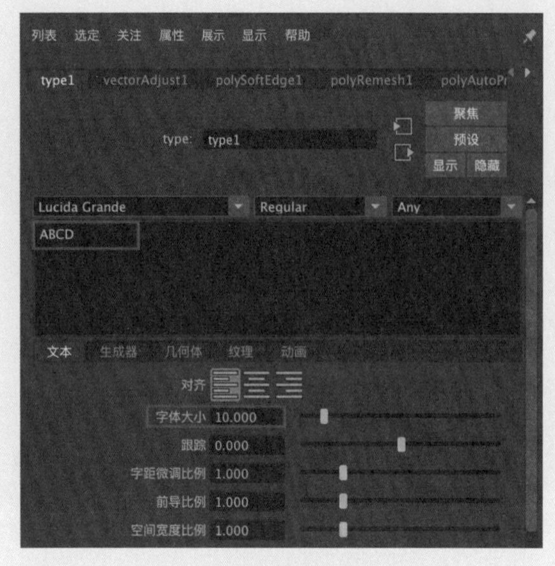

图10-56

图10-57

06 在弹出的“粒子填充选项”面板中，设置“分辨率”值为100，并单击“粒子填充”按钮，如图10-58所示。

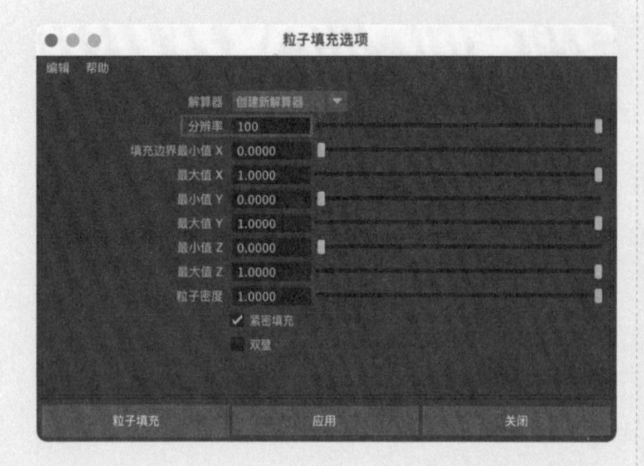

图10-58

07 粒子填充完成后，将视图设置为“线框”显示，观察粒子在文字模型中的填充情况，如图10-59所示。

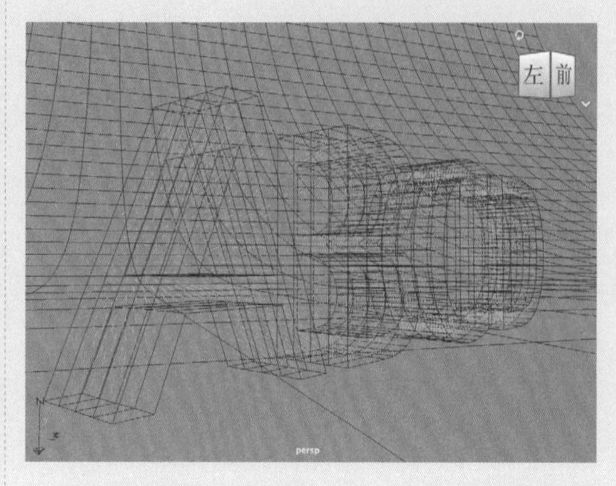

图10-59

08 将文字模型隐藏后，选择粒子，在“属性编辑器”面板中，设置“粒子渲染类型”为“球体”，如图10-60所示。观察场景，此时粒子呈球形，如图10-61所示。

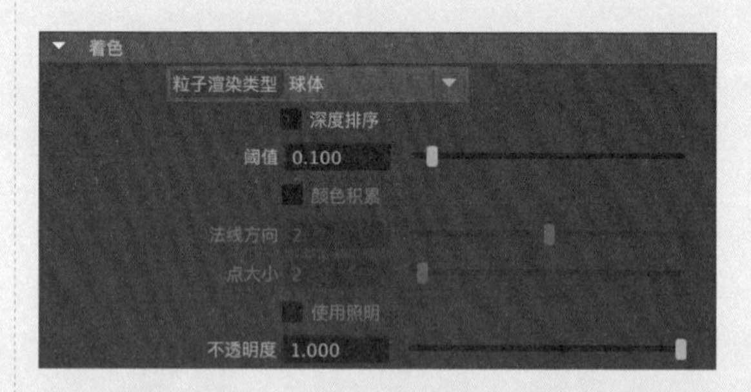

图10-60

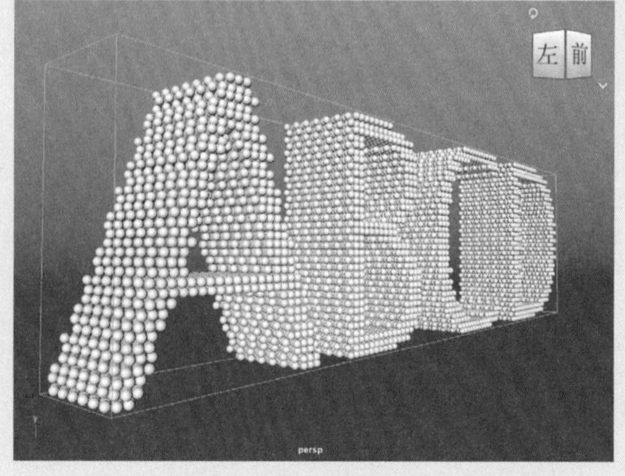

图10-61

09 播放场景动画，可以看到在默认状态下，粒子受到重力影响会产生下落并穿透地面模型的情况，如图10-62所示。

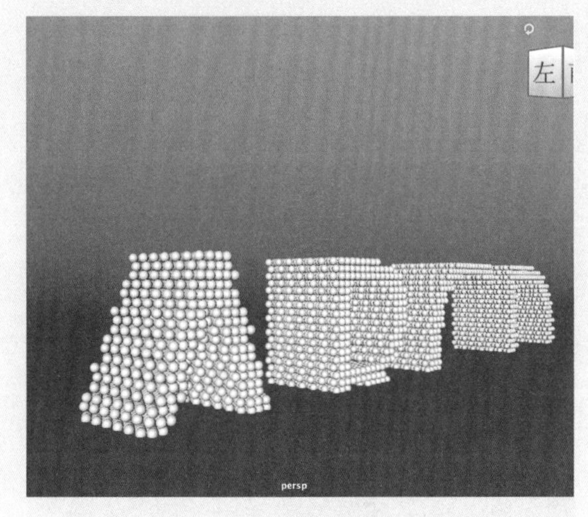

图10-62

10 选择地面模型，单击FX工具架中的“创建被动碰撞对象”按钮，如图10-63所示，即可为粒子与地面之间建立碰撞关系。

图10-63

11 展开“碰撞”卷展栏，设置“厚度”值为0.000，如图10-64所示。再次播放动画，可以看到这次地面会阻挡住正在下落的粒子，如图10-65所示。

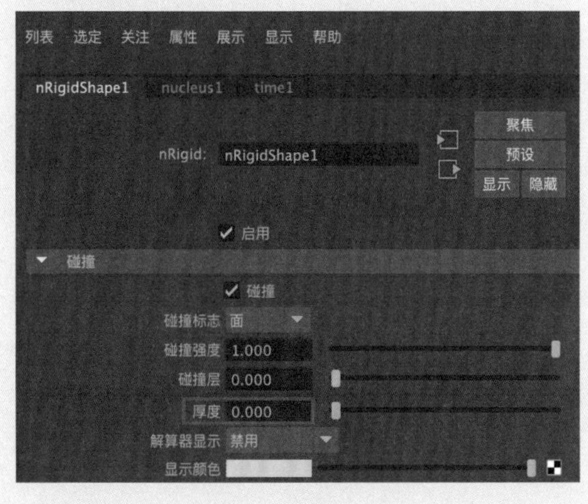

图10-64

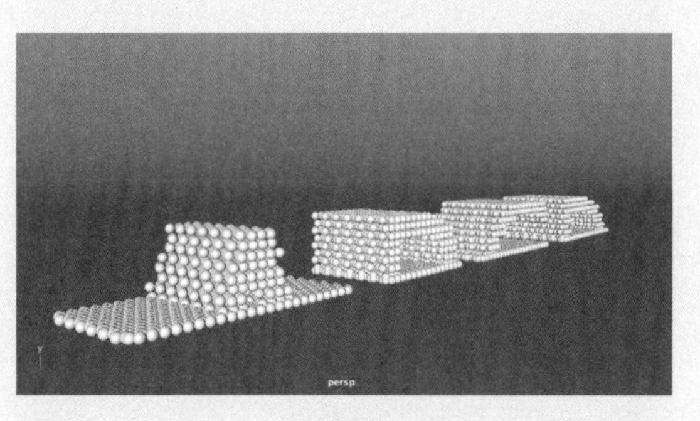

图10-65

12 选择粒子对象，在“属性编辑器”面板中，展开“碰撞”卷展栏，选中“自碰撞”复选框，如图10-66所示。

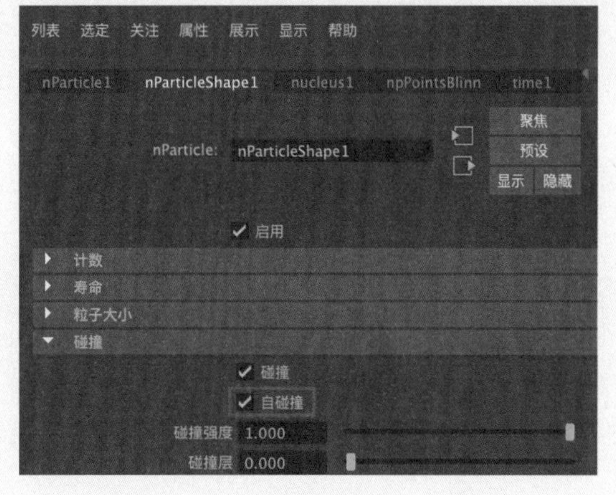

图10-66

13 播放场景动画，可以看到粒子之间由于产生了碰撞，在地面上会呈现四处散开的效果，如图10-67~图10-70所示。

图10-67

图10-68

图10-69

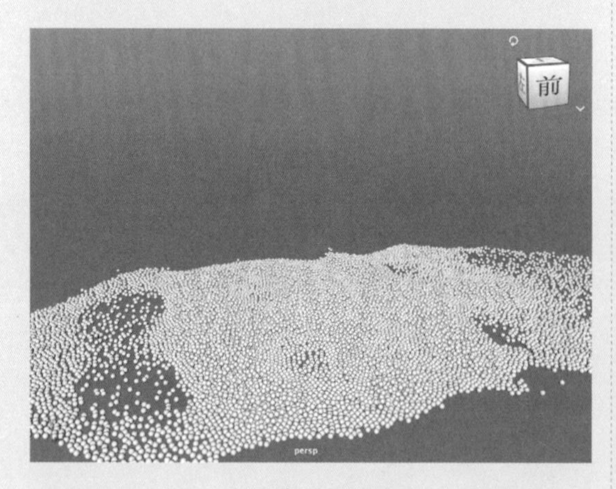

图10-70

14 选择粒子对象，单击“FX缓存”工具架中的“将选定的nCloth模拟保存到nCache文件”按钮，如图10-71所示。

图10-71

15 创建缓存完成后，在“属性编辑器”面板的“缓存文件”卷展栏中选中“反向”复选框，如图10-72所示。

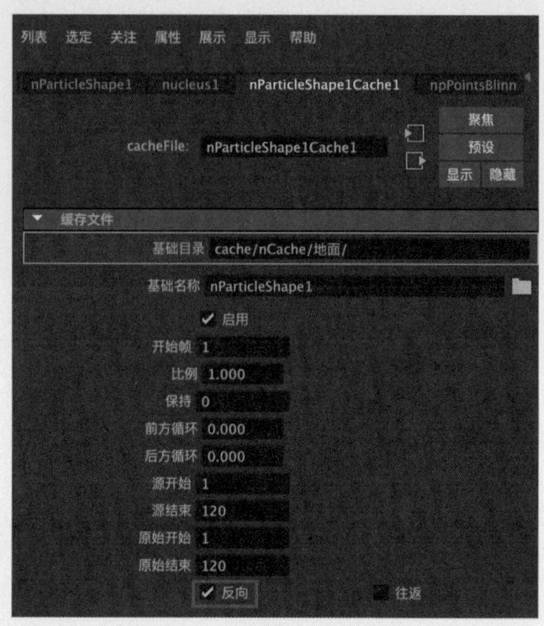

图10-72

16 再次播放场景动画，可以看到散落在地面上的粒子慢慢汇聚成一个文字的动画效果，如图10-73所示。

图10-73

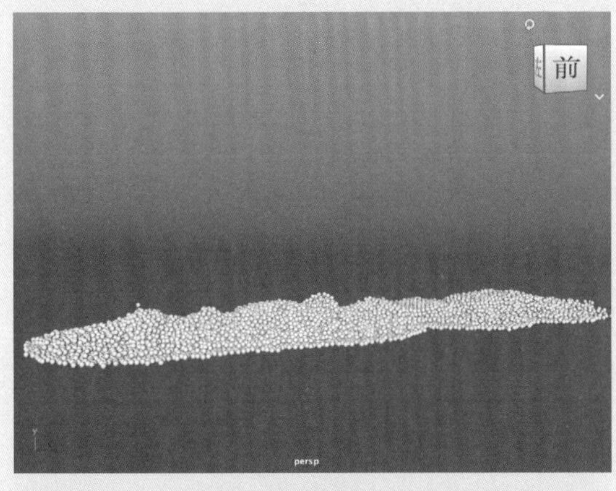

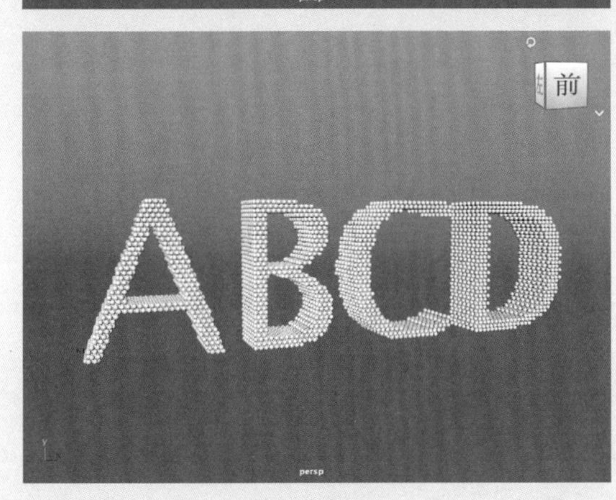

图10-73（续）

17 选择粒子，单击“渲染”工具架中的“标准曲面材质”按钮，如图10-74所示，为粒子添加材质。

图10-74

18 在“属性编辑器”面板中，展开“基础”卷展栏，设置粒子的“颜色”为红色。展开“镜面反射”卷展栏，设置“粗糙度”值为0.050，如图10-75所示。

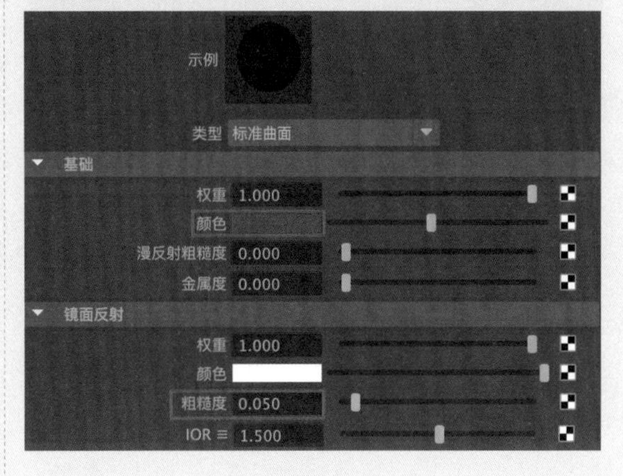

图10-75

19 单击Arnold工具架中的Create SkyDome Light（创建穹顶灯光）按钮，如图10-76所示，在场景中创建一个天光。

图10-76

20 在“属性编辑器”面板中，设置Intensity（强度）值为2.000，如图10-77所示。

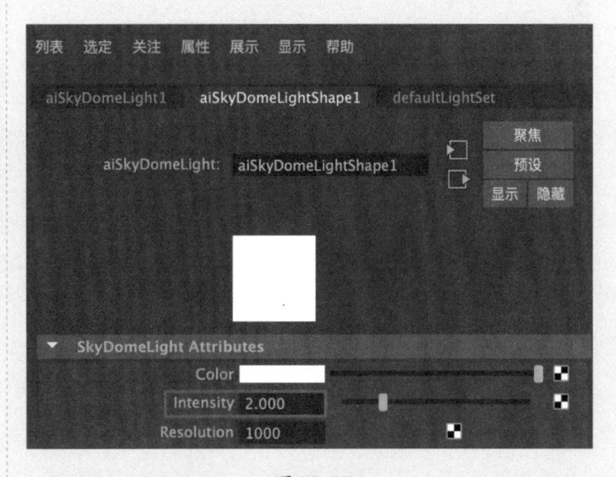

图10-77

21 在“渲染设置”面板中，展开Motion Blur（运动模糊）卷展栏，选中Enable（启用）复选框，开启运动模糊计算，如图10-78所示。

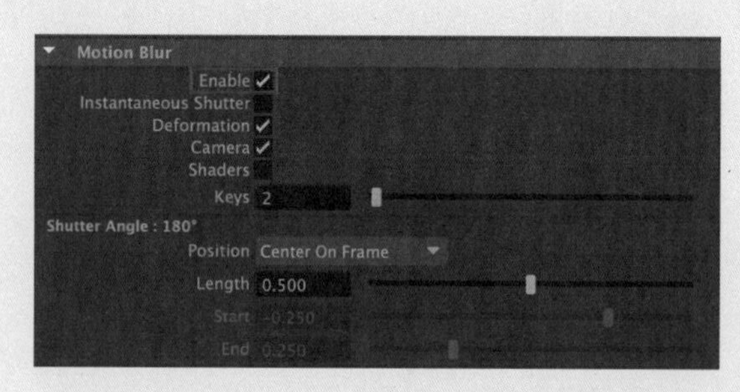

图10-78

22 设置完成后，渲染场景，本例的渲染效果如图10-79所示。

图10-79

第11章

布料动画技术

11.1 nCloth 概述

布料运动属于一类很特殊的动画技术。由于布料在运动中会产生大量不同形态的随机褶皱，使动画师很难使用传统的对物体设置关键帧动画的调整方式，制作布料运动的动画。所以，如何制作逼真、自然的布料动画一直是众多三维软件生产商所共同面对的一项技术难题。在中文版 Maya 2024 中使用的 nCloth，是一项生产真实布料运动特效的高级技术，它可以稳定、迅速地模拟动态布料的形态，主要应用于模拟布料和环境产生交互作用的动态效果，其中包括碰撞对象（如角色）和力学（如重力和风），并且，nCloth 在模拟动画上有着很大的灵活性，在动画制作上还可以用于解决其他类型的动画难题，如树叶飘落或彩带飞舞等这样的动画效果。在学习使用布料动画技术前，建议先观察生活中的布料形态及质感表现，如图 11−1 和图 11−2 所示。

图11-1

图11-2

11.2 布料装置设置

中文版 Maya 2024 提供了多种与布料模拟相关的工具，在 FX 工具架的后半部分可以找到这些工具按钮，如图 11−3 所示。

图11-3

工具解析

从选定网格 nCloth：将场景中选定的模型设置为 nCloth 对象。

创建被动碰撞对象：将场景中选定的模型设置为可以被 nCloth 或 n 粒子碰撞的对象。

移除 nCloth：将场景中的 nCloth 对象还原为普通模型。

显示输入网格：将 nCloth 对象在视图中恢复为布料动画计算之前的几何形态。

显示当前网格：将 nCloth 对象在视图中恢复为布料动画计算之后的当前几何形态。

11.2.1 模拟布料下落动画

本例主要演示创建布料对象以及布料动画的基本设置方法。

01 启动中文版Maya 2024，单击“多边形建模”工具架中的“多边形平面”按钮，如图11-4所示，在场景中创建一个平面模型。

图11-4

02 在“通道盒/层编辑器”面板中，设置平面模型的“平移Y”值为10，“宽度”和“高度”值均为30，“细分宽度”和“高度细分数”值均为60，如图11-5所示。

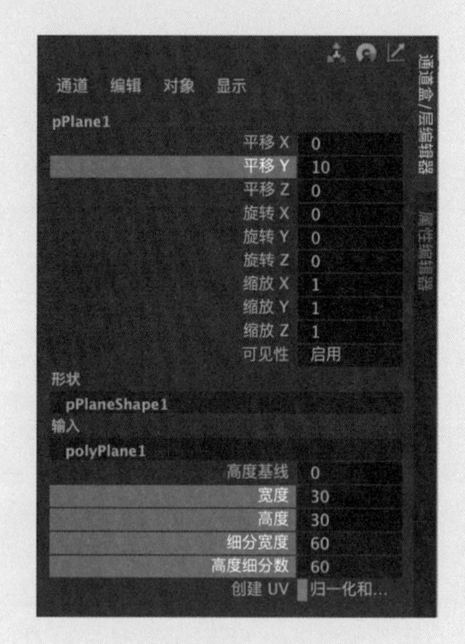

图11-5

03 单击“多边形建模”工具架中的“多边形圆柱体”按钮，如图11-6所示，在场景中创建一个圆柱体模型。

图11-6

04 在“通道盒/层编辑器”面板中，设置圆柱体模型的“半径”值为10，“高度”值为2，如图11-7所示。设置完成后，场景中的模型显示结果如图11-8所示。

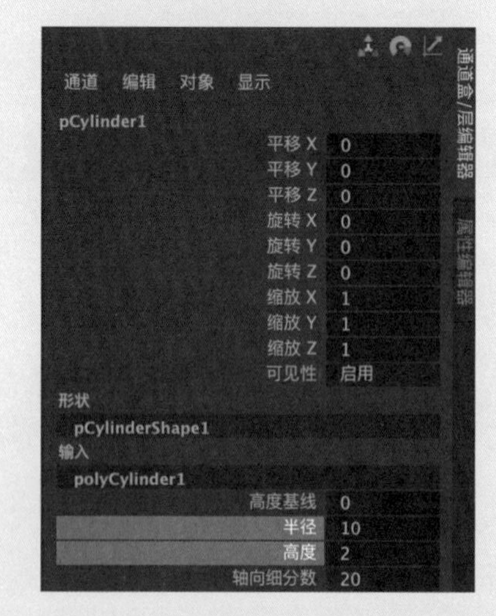

图11-7

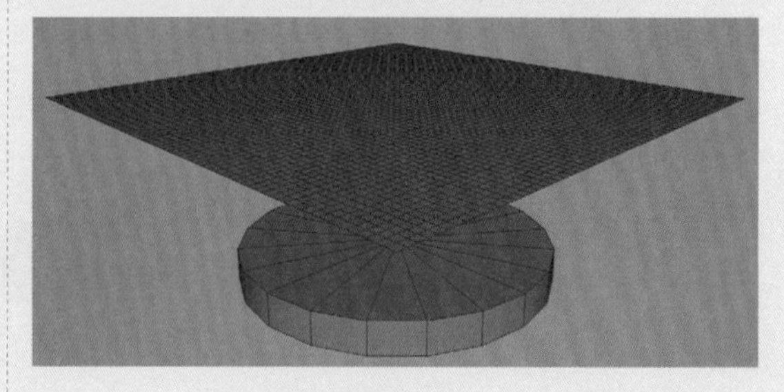

图11-8

05 选择当前场景中的平面模型，在FX工具架中单击“创建nCloth”按钮，如图11-9所示，将平面模型设置为布料对象。

图11-9

06 选择圆柱体模型，在FX工具架中单击“创建被动碰撞对象”按钮，如图11-10所示，将圆柱体模型设置为可以被nCloth对象碰撞的物体。设置完成后，在“大纲视图”面板中观察场景中的对象数量，如图11-11所示。

图11-10

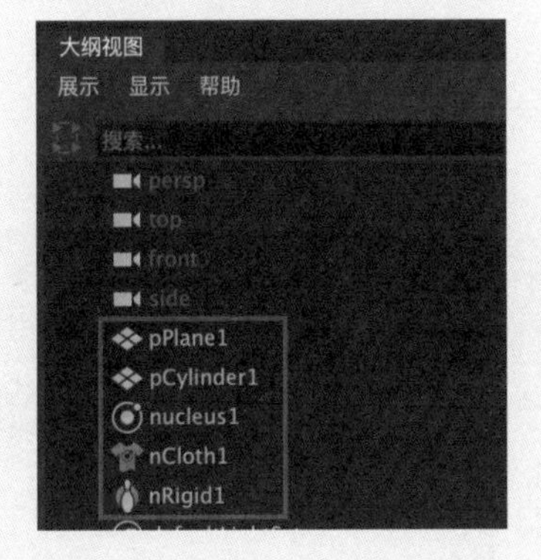

图11-11

07 播放场景动画，可以看到平面模型在默认状态下受到重力的影响自由下落，被圆柱体模型接住后产生了一个造型自然的桌布效果，如图11-12所示。

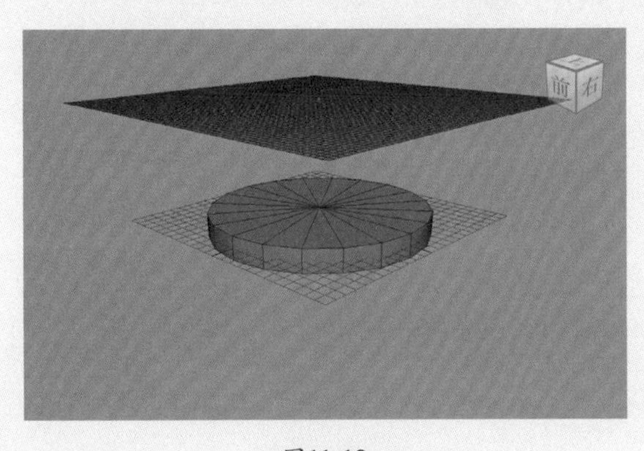

图11-12

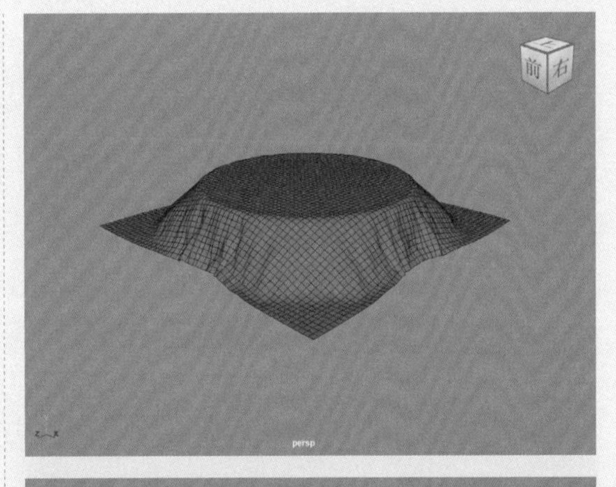

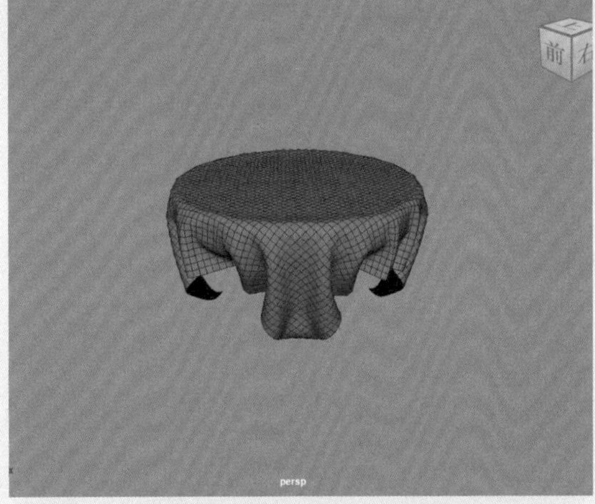

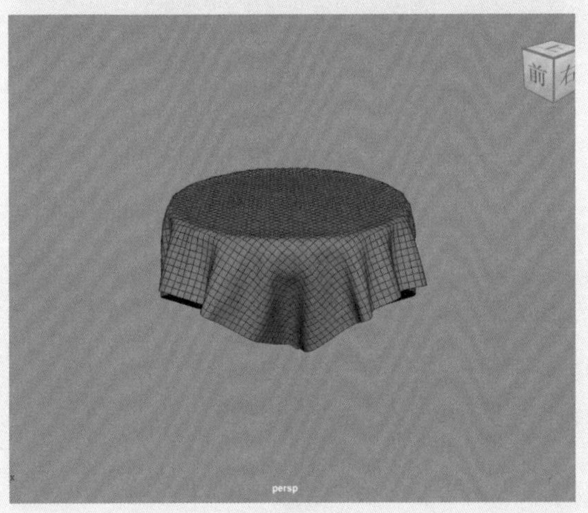

图11-12（续）

11.2.2 实例：制作小旗飘动动画

本例将制作一个红色小旗被风吹动的动画效果，如图11-13所示为本例的最终完成效果。

图11-13

01 启动中文版Maya 2024，打开本书配套资源中的“小旗.mb”文件，如图11-14所示，其中是一个简单的小旗模型，并且已经设置好了材质及灯光。

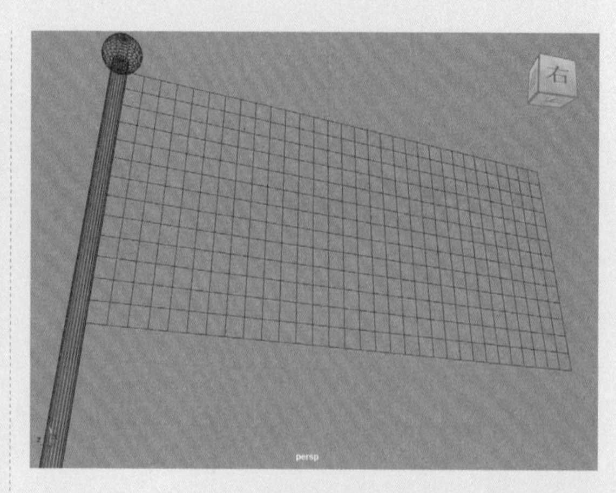

图11-14

02 选择旗模型，在FX工具架中单击“创建nCloth”按钮，如图11-15所示，将小旗模型设置为布料对象，如图11-16所示。

图11-15

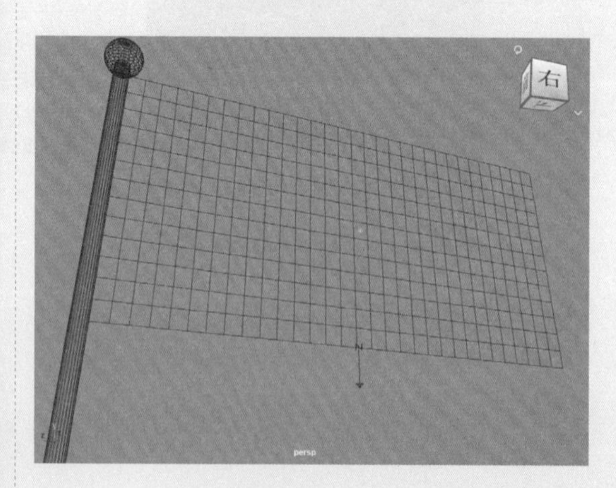

图11-16

03 右击并在弹出的快捷菜单中选择“顶点”选项，如图11-17所示。

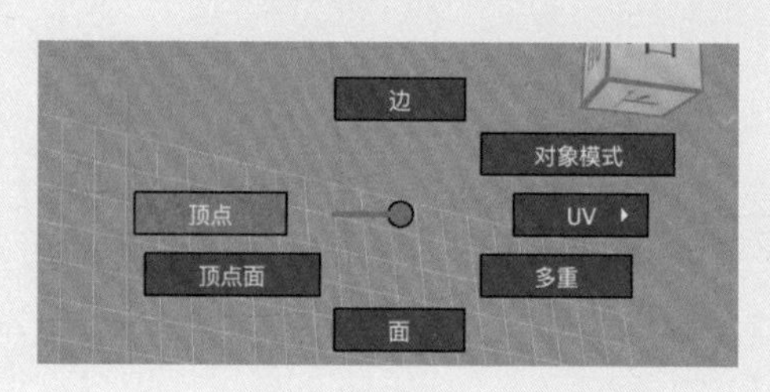

图11-17

04 选择如图11-18所示的两个顶点，执行nConstraint|“变换约束”命令，如图11-19所示。

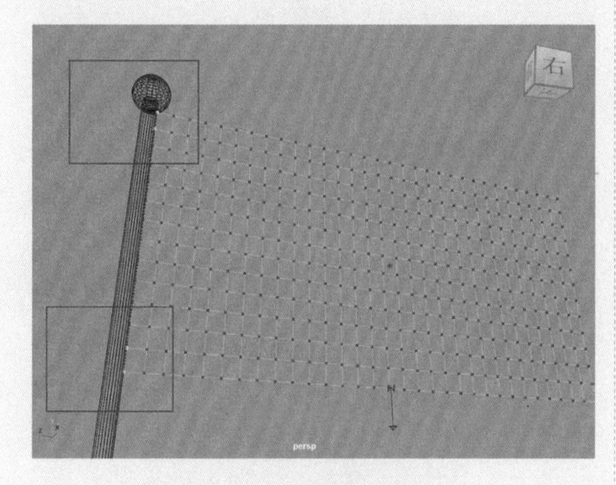

图11-18

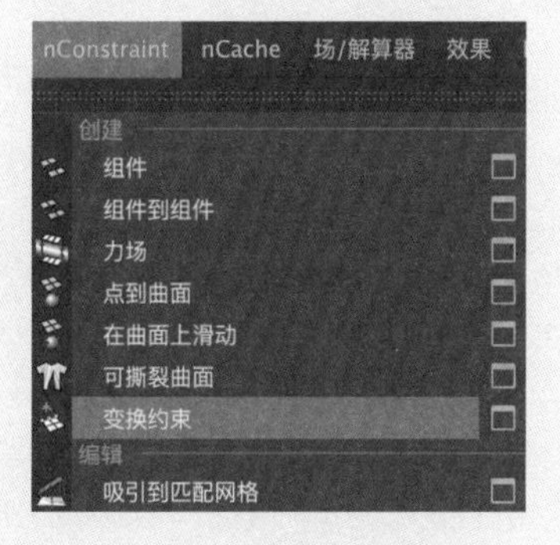

图11-19

05 将选中的点约束到世界空间中，设置完成后的效果如图11-20所示。

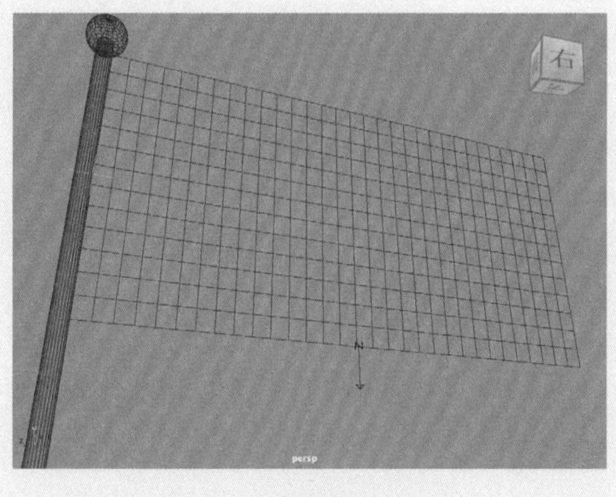

图11-20

06 选择小旗模型，在其“属性编辑器”中选择nucleus选项卡，展开“重力和风”卷展栏，设置“风速”值为30.000，并设置“风向”为0.000,0.000,-1.000，如图11-21所示。

图11-21

07 设置完成后，播放场景动画，即可看到小旗随风飘动的布料动画，最终的动画效果如图11-22所示。

> **技巧与提示**
>
> 布料动画制作完成后，可以按3键，得到更加平滑的布料显示结果。

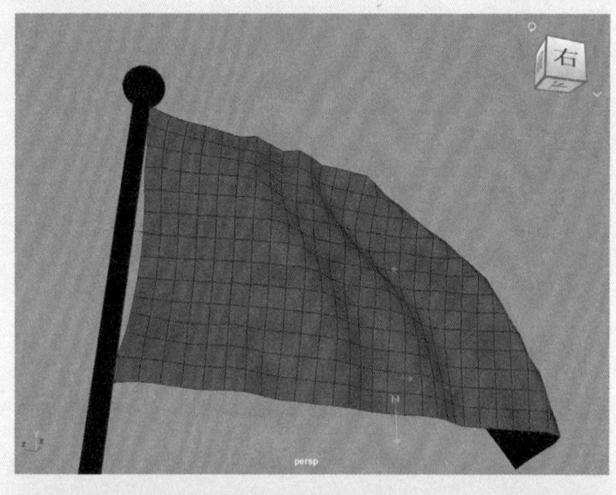

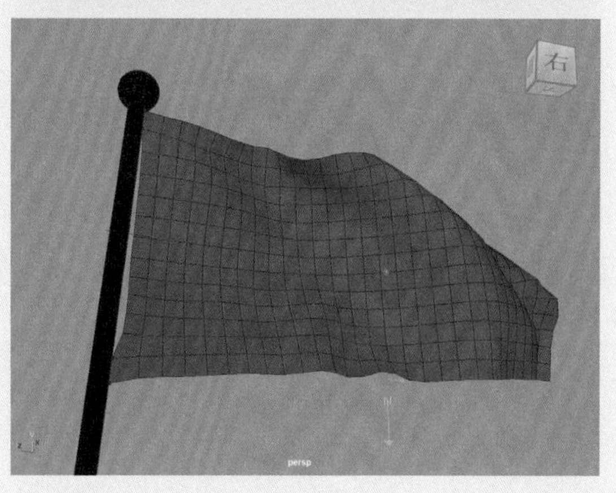

图11-22

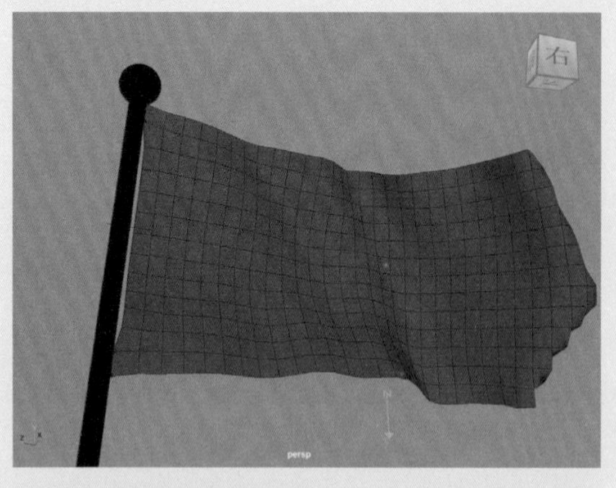

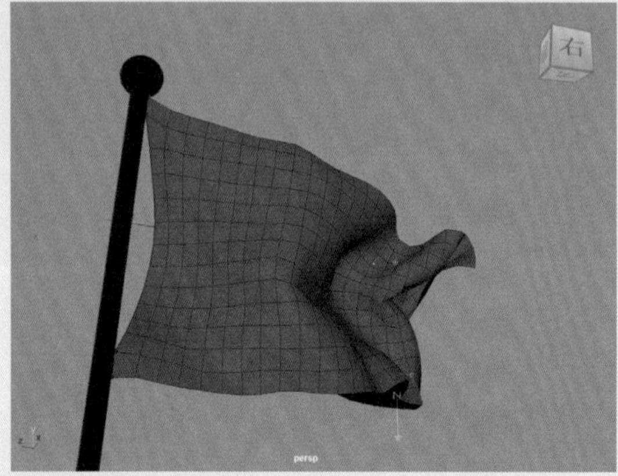

图11-22（续）

11.2.3　实例：制作树叶飘落动画

本例将制作一个叶片飘落的场景动画，如图11-23所示为本例的最终完成效果。

01 启动中文版Maya 2024，打开本书配套场景资源中的“植物.mb”文件，如图11-24所示。

图11-23

图11-23（续）

图11-24

02 选择叶片模型，右击并在弹出的快捷菜单中选择“节点”选项，进入其面节点，选择如图11-25所示的植物叶片。

图11-25

03 在“多边形”工具架中单击“提取”按钮，如图11-26所示，将选中的叶片单独提取出来。

图11-26

04 在场景中，选中被提取出来的所有叶片模型，如图11-27所示。

图11-27

05 在“多边形”工具架中单击“结合”按钮，如图11-28所示，将选中的叶片模型合成为一个模型。

图11-28

06 观察“大纲视图”，可以看到由于之前的操作，在“大纲视图”面板中生成了很多无用的多余节点，如图11-29所示。

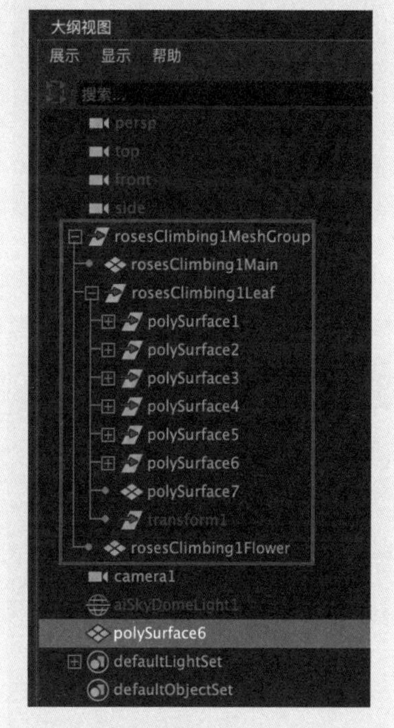

图11-29

07 在场景中选择植物叶片模型，单击“多边形建模”工具架中的“按类型删除：历史”按钮，如图11-30所示，可以看到“大纲视图”面板中的对象被清除了许多，如图11-31所示。

图11-30

08 “大纲视图”面板中余下的两个组，则可以通过执行“编辑”|“解组”命令将其删除，整理完成后的“大纲视图”面板如图11-32所示。

09 选择场景中被提取的叶片模型。

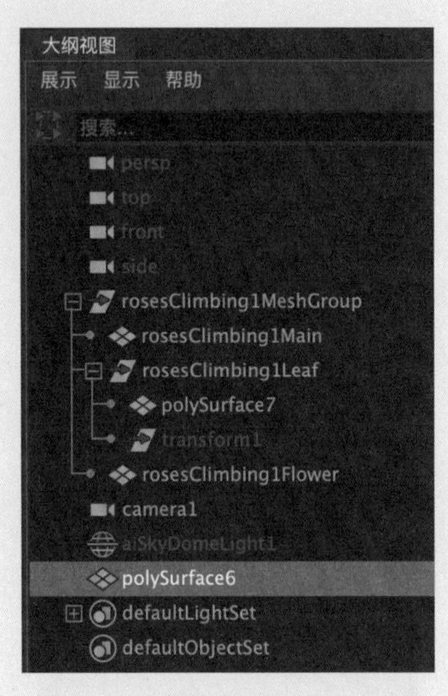

图11-31

图11-32

10 单击FX工具架中的"创建nCloth"按钮，将其设置为nCloth对象，如图11-33所示。

图11-33

11 在"属性编辑器"中找到nucleus选项卡，展开"重力和风"卷展栏，设置"风速"值为25.000，如图11-34所示。

12 在"动力学特性"卷展栏中，设置"刚性"值为10.000，如图11-35所示。

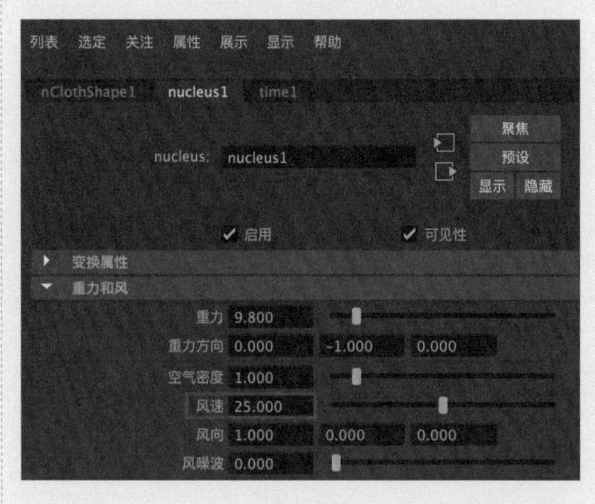

图11-34

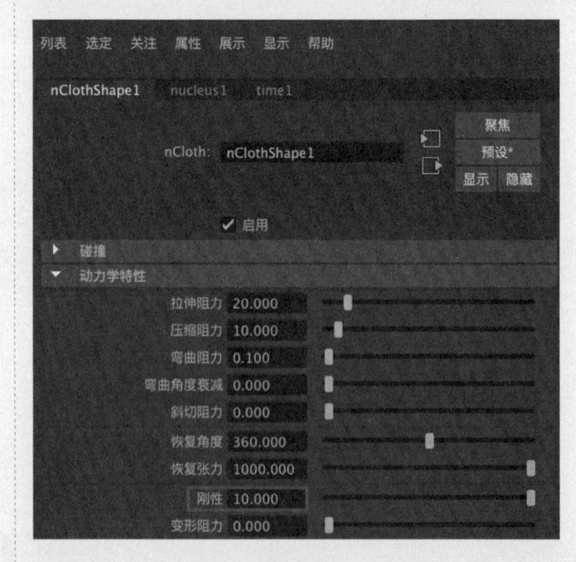

图11-35

13 设置完成后，播放场景动画，可以看到植物模型上被提取的叶片会缓缓飘落下来，本例的场景动画完成效果如图11-36所示。

技巧与提示

在本例中，树叶的材质需要在Hypershade面板中重新指定，才可以得到正确的渲染结果，读者可以参照本小节的教学视频进行学习。

图11-36

11.2.4 实例：制作窗帘打开动画

本例将制作一个可以打开、闭合的可用于设置动画的窗帘装置，如图 11-37 所示为本例的最终完成效果。

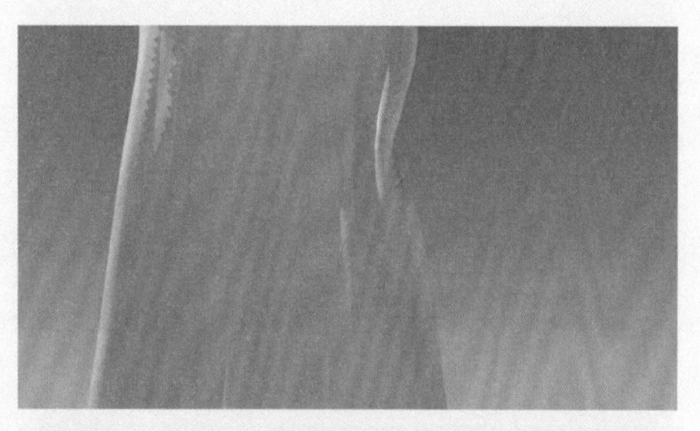

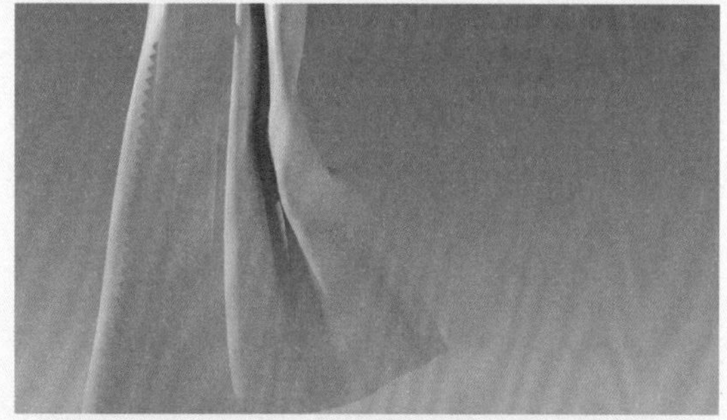

图11-37

01 启动中文版Maya 2024，打开本书配套场景资源中的“线.mb”文件，如图11-38所示。

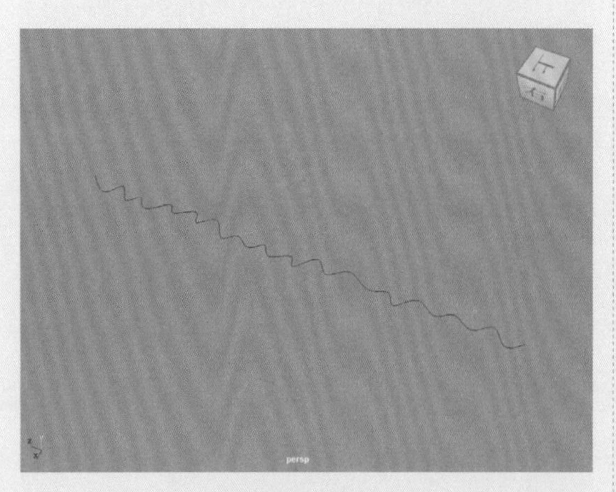

图11-38

02 选择场景中的曲线，在“曲面”工具架中双击“挤出”按钮，如图11-39所示。

图11-39

03 打开“挤出选项”对话框，设置曲线挤出的“样式”为“距离”，“挤出长度”值为35.0000。将“输出几何体”设置为“多边形”，“类型”为“四边形”，“细分方法”为“计数”，“计数”值为1000，如图11-40所示。

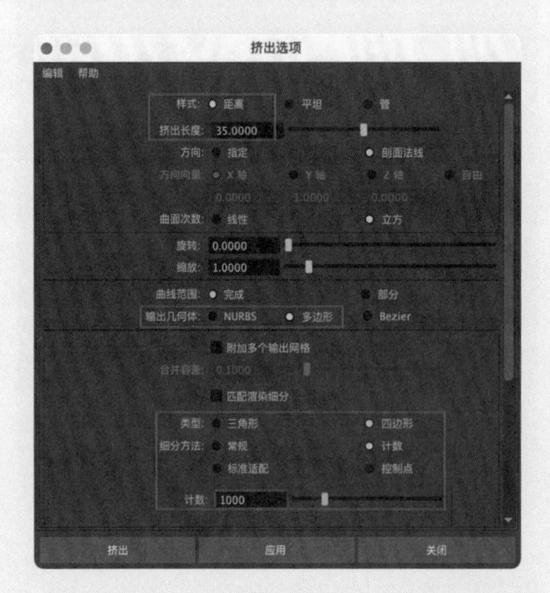

图11-40

04 设置完成后，单击“挤出”按钮，完成对曲线的挤出操作，制作出窗帘模型，如图11-41所示。

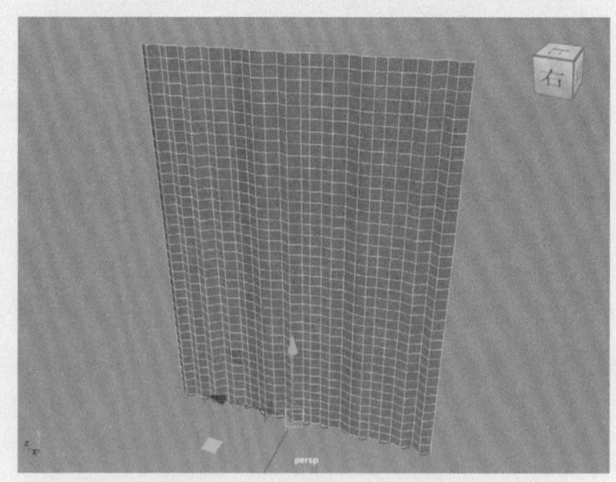

图11-41

05 单击“多边形建模”工具架中的“多边形平面”按钮，如图11-42所示，在场景中创建一个平面模型用来当作固定窗帘的装置。

图11-42

06 在“通道盒/层编辑器”面板中，调整其参数，如图11-43所示。设置完成后，平面模型的大小及位置如图11-44所示。

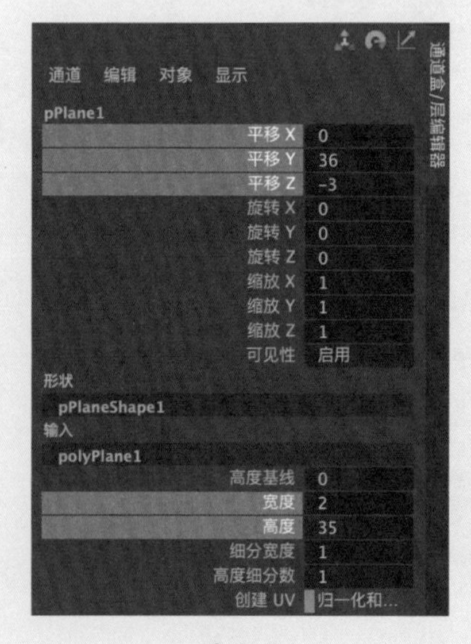

图11-43

图11-44

07 选择场景中的窗帘模型，在FX工具架中单击“从选定网格创建nCloth”按钮，将其设置为布料对象，如图11-45所示。

图11-45

08 选择场景中的平面模型，在FX工具架中单击“创建被动碰撞对象”按钮，如图11-46所示，将其设置为可以与布料对象产生交互影响的对象。

图11-46

09 选中窗帘模型中如图11-47所示的顶点。

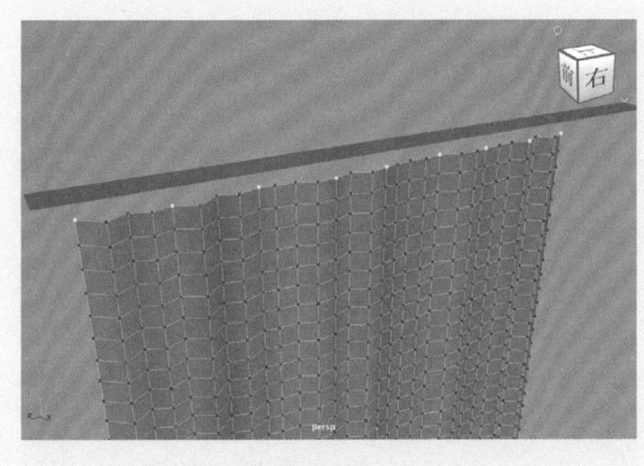

图11-47

10 按住Shift键，加选场景中的平面模型后，执行菜单栏nConstraint|“在曲面上滑动”命令，如图11-48所示，将窗帘模型上选定的顶点与场景中的多边形平面模型连接起来，如图11-49所示。

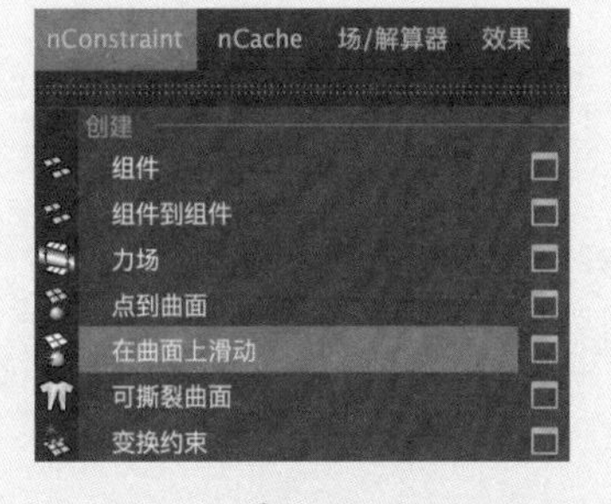

图11-48

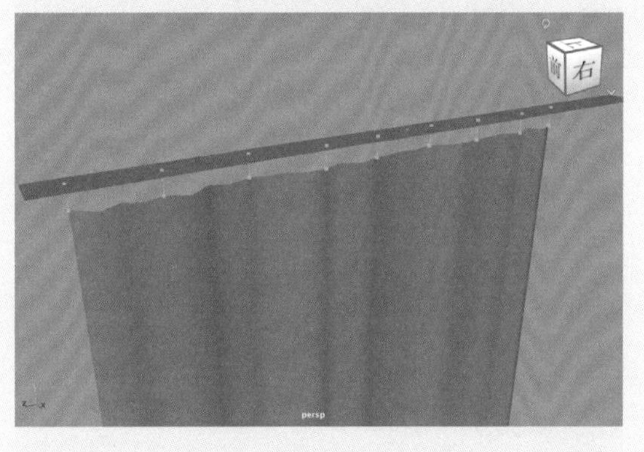

图11-49

11 在自动弹出的“属性编辑器”面板中，展开“动态约束属性”卷展栏，设置“约束方法”为“焊接”，如图11-50所示。

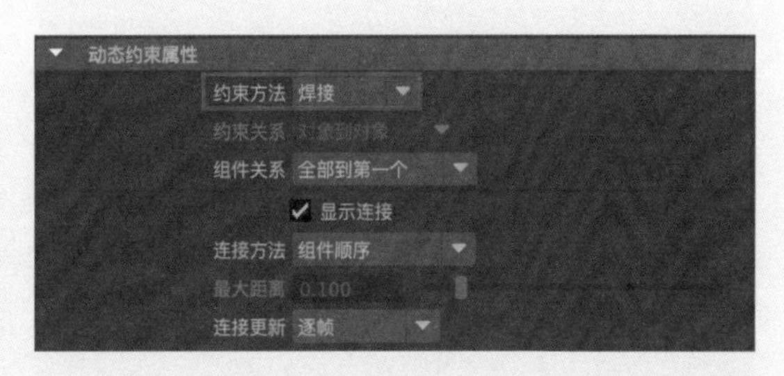

图11-50

12 选择窗帘模型中如图11-51所示的顶点。

13 执行nConstraint|“变换约束”命令，将窗帘的一角固定至场景空间中，如图11-52所示。

14 以同样的操作方式选择窗帘模型中如图11-53

所示的顶点，执行nConstraint|“变换约束”命令，对窗帘的另一边进行变换约束设置。

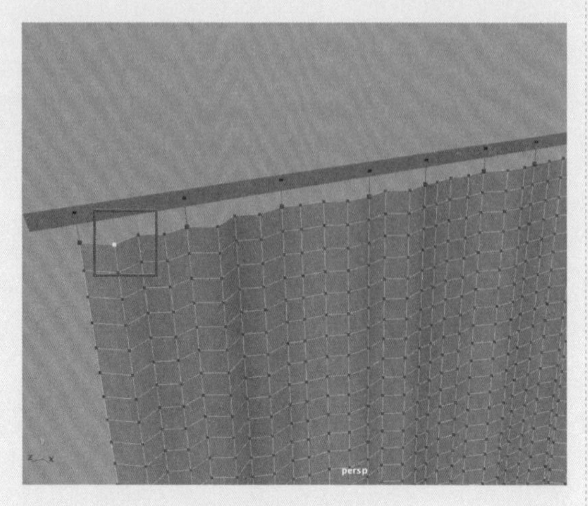

图11-51

图11-52

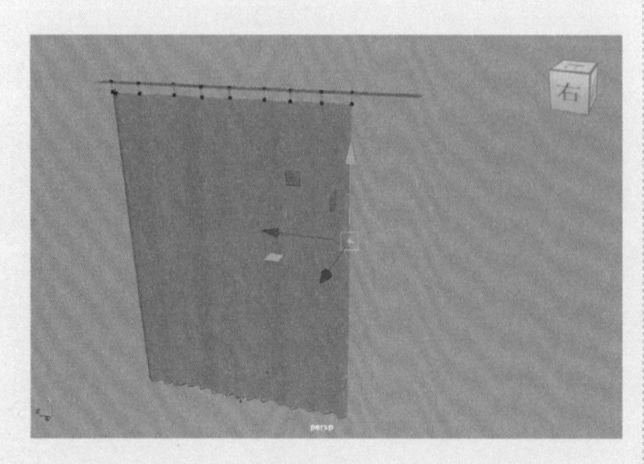

图11-53

15 设置完成后，观察“大纲视图”，可以看到本例中刚刚所创建的三个动力学约束对象名称，如图11-54所示。

图11-54

16 在“大纲视图”面板中选择dynamicConstraint3对象，在第1帧，为其“平移”属性设置关键帧，如图11-55所示。

图11-55

17 在第60帧，移动dynamicConstraint3的位置，如图11-56所示，并为其“平移”属性设置关键帧，如图11-57所示。

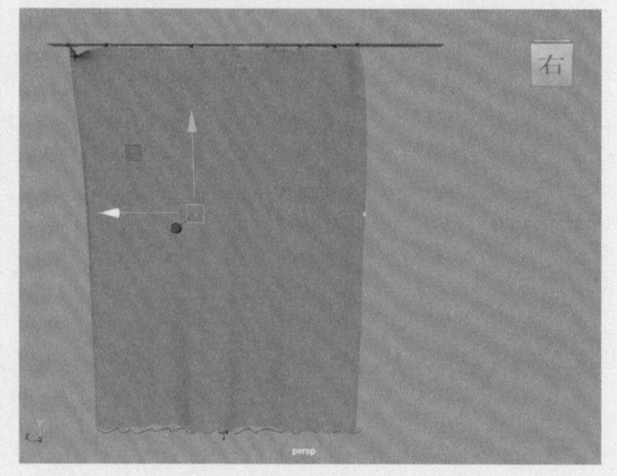

图11-56

图11-57

18 在第100帧，移动dynamicConstraint3的位置，如图11-58所示，并对其“平移”属性设置关键帧，如图11-59所示。

图11-58

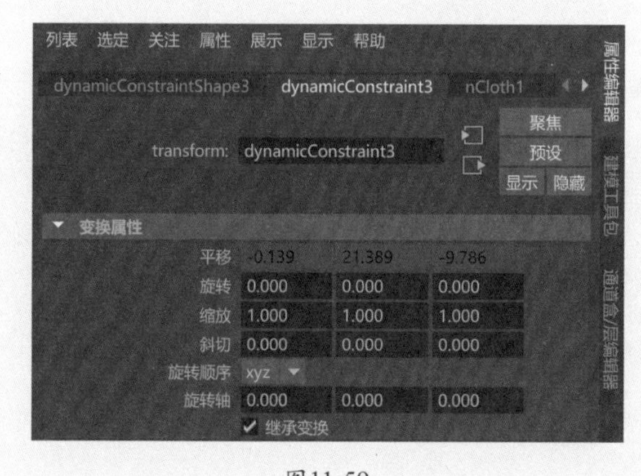

图11-59

19 动画设置完成后，播放场景动画，即可看到窗帘随着dynamicConstraint3的位置改变而产生拉动动画效果，本例的最终动画完成效果如图11-60所示。

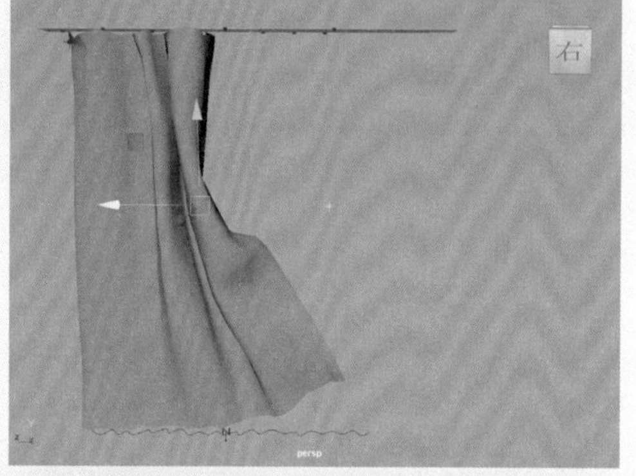

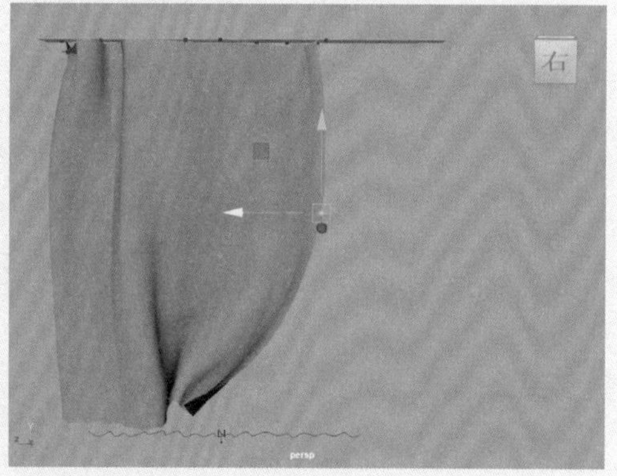

图11-60

第12章

运动图形动画技术

12.1 运动图形概述

运动图形也称为“MASH 程序动画”，该动画技术为动画师提供了一种全新的程序动画制作思路，经常用来模拟动力学动画、粒子动画以及一些特殊的图形变化动画。动画制作流程首先是将场景中需要设置动画的对象转换为 MASH 网络对象，这样就可以使用系统提供的各式各样的 MASH 节点来进行动画设置。如图 12-1 和图 12-2 所示分别为使用运动图形动画技术制作出的创意图像动画效果。

图12-1

图12-2

12.2 MASH 网络对象

制作运动图形动画，首先需要在场景中创建 MASH 网络对象，与其相关的工具按钮大多被集成到 MASH 工具架和“运动图形”工具架中，如图 12-3 和图 12-4 所示。可以看到这两个工具架中有相当一部分工具按钮是重复的。

图12-3

图12-4

工具解析

创建 MASH 网络：将选中的模型设置为 MASH 网络对象。

MASH 编辑器：打开“MASH 编辑器”面板。

将 MASH 连接到类型 /SVG：为类型或 SVG 对象设置 MASH 动画。

切换 MASH 几何体类型：在网格对象与 MASH 实例化器对象之间进行切换。

缓存 MASH 网络：对 MASH 网络对象创建缓存。

向粒子添加轨迹：为粒子对象添加轨迹。

从 MASH 点创建网格：根据 MASH 点来创建网格对象。

创建 MASH 点节点：创建 MASH 点节点。

添加壳动力学：为选中的 MASH 网络对象

添加壳动力学。

12.2.1 创建 MASH 网络对象

本例主要演示创建MASH网络对象的方法。

01 启动中文版Maya 2024，单击“运动图形”工具架中的“多边形球体”按钮，如图12-5所示，在场景中创建一个球体模型。

图12-5

02 在“属性编辑器”面板中，设置球体的“半径”值为1.000，如图12-6所示。

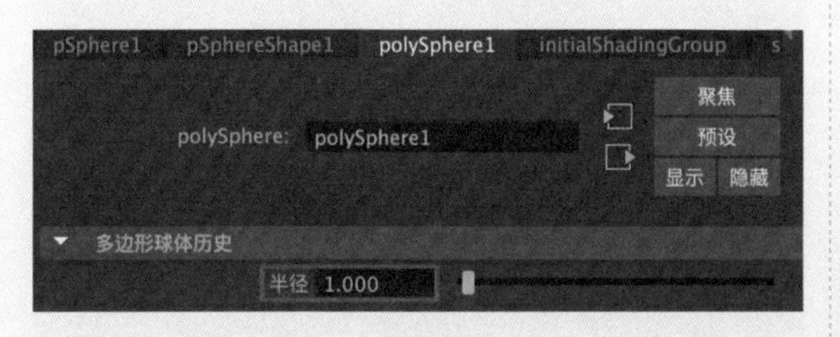

图12-6

03 选择球体模型，单击MASH工具架中的“创建MASH网络”按钮，如图12-7所示，根据选中的球体模型来创建MASH网络对象，如图12-8所示。

图12-7

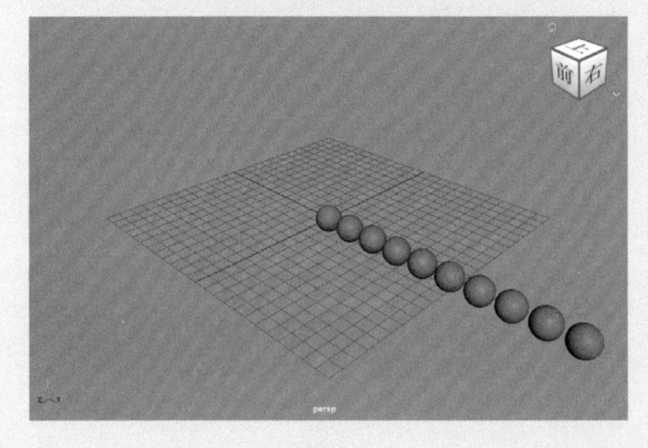

图12-8

04 观察“大纲视图”面板，可以看到原来的球体模型现在处于隐藏的状态，如图12-9所示。

图12-9

05 在“属性编辑器”面板中，设置“点数”值为9，“分布类型”为“线性”，选中“中心分布”复选框，如图12-10所示，即可得到如图12-11所示的模型显示结果。

图12-10

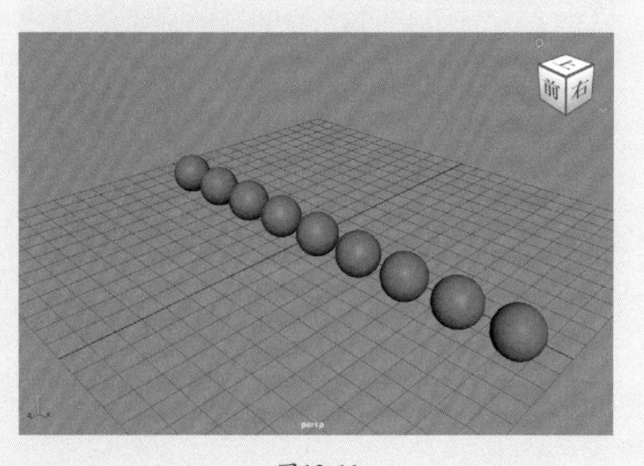

图12-11

06 设置“点数”值为20，“分布类型”为“径向”，如图12-12所示，可以得到如图12-13所示的模型显示结果。

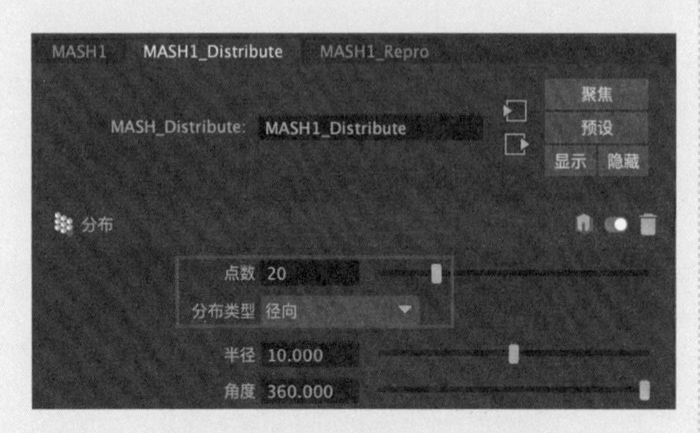

图12-12

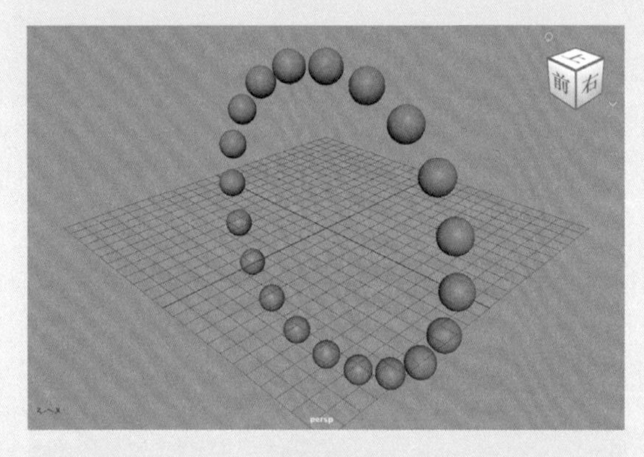

图12-13

07 设置“点数”值为2000，“分布类型”为“球形”，如图12-14所示，可以得到如图12-15所示的模型显示结果。

图12-14

08 设置“分布类型”为“栅格”，“距离X”“距离Y”和“距离Z”值均为5.000，设置“栅格X”“栅格Y”和“栅格Z”值均为3，如图12-16所示，可以得到如图12-17所示的模型显示结果。

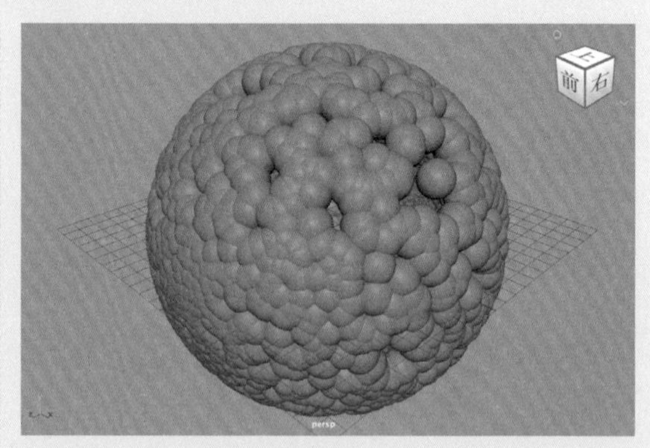

图12-15

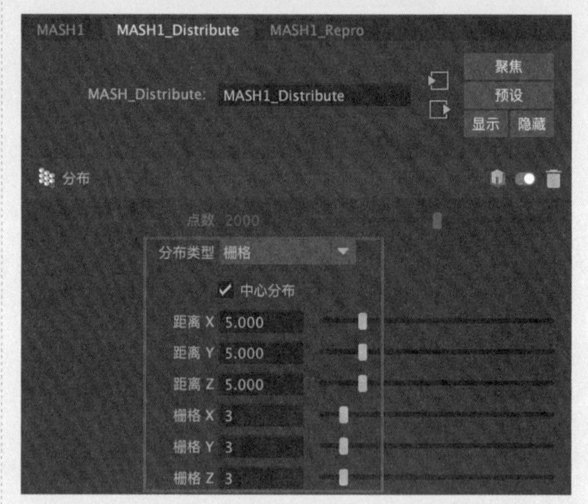

图12-16

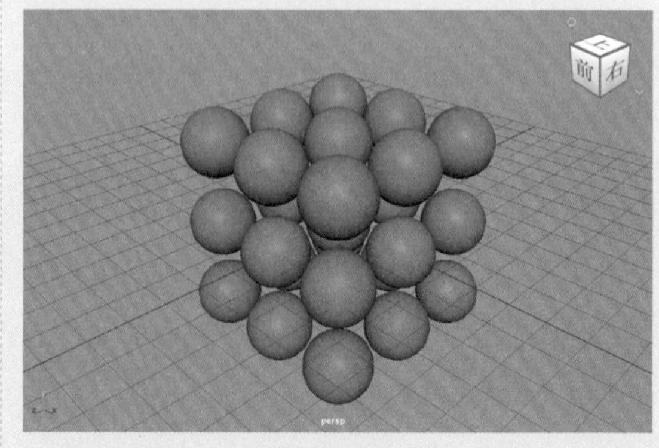

图12-17

09 设置“点数”值为2000，“分布类型”为“体积”，“体积形状”为“立方体”，“体积大小”值为10.000，如图12-18所示，可以得到如图12-19所示的模型显示结果。

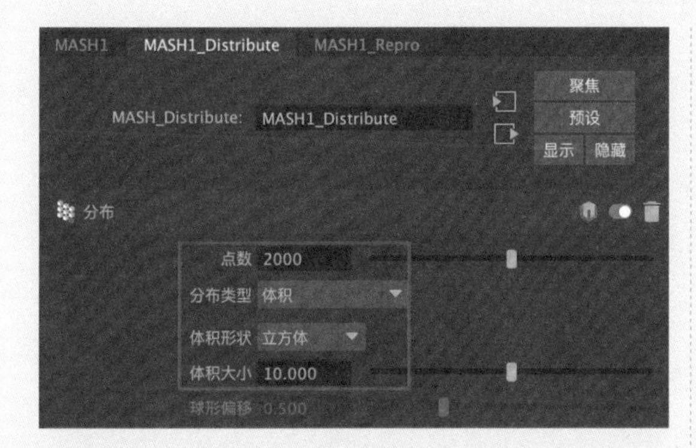

图12-18

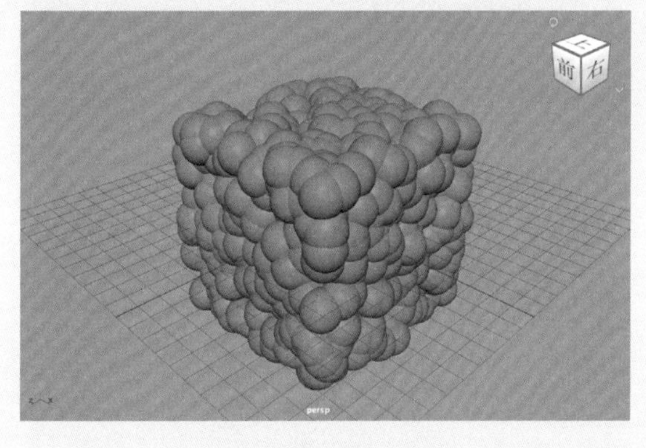

图12-19

12.2.2 制作苹果下落动画

本例主要演示创建物体自由落体运动动画的方法。

01 启动中文版Maya 2024，打开本书配套资源中的“苹果.mb”文件，其中有一个苹果模型，如图12-20所示。

图12-20

02 按住Shift键，配合“移动”工具和“旋转”工具对苹果模型进行复制，并分别调整其位置和旋转角度，如图12-21所示。

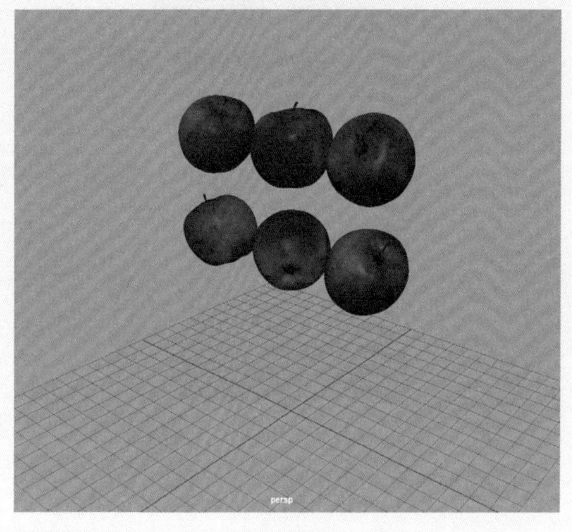

图12-21

03 选中场景中的所有苹果模型，如图12-22所示。

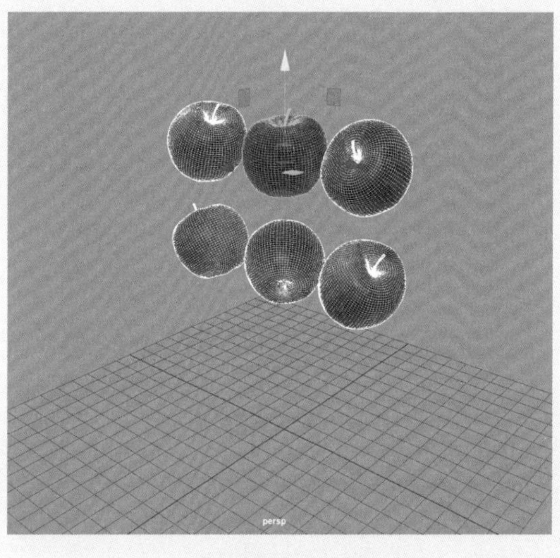

图12-22

04 单击“多边形建模”工具架中的“结合”按钮，如图12-23所示，将所选中的苹果模型合并为一个模型。

图12-23

05 单击“多边形建模”工具架中的“按类型删除：历史”按钮，如图12-24所示。

图12-24

06 选择苹果模型，单击“运动图形”工具架中的“添加壳动力学”按钮，如图12-25所示。即可快速根据选中的苹果模型创建MASH网络对象，并自动添加Dynamics（动力学）节点。

图12-25

07 在“属性编辑器”面板中的“地面”卷展栏中，设置地面“位置”的Y轴值为0.000，如图12-26所示。播放场景动画，一段苹果下落的动画就制作完成了，如图12-27所示。

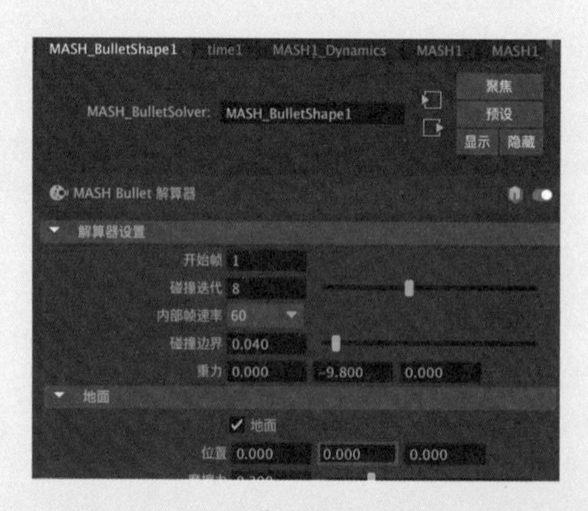

图12-26

图12-27

图12-27（续）

12.3 MASH 节点

读者可以通过为 MASH 网络对象添加大量的 MASH 节点，制作较为复杂的运动图形动画效果，可以在“添加节点”卷展栏中找到这些节点工具按钮，如图 12-28 所示。

图12-28

工具解析

Audio（音频）：使用音频文件制作运动图形动画。

Curve（曲线）：沿着曲线设置MASH网络对象上的点。

Color（颜色）：为MASH网络对象添加颜色节点。

Delay（延迟）：为动画设置延迟偏移效果。

Dynamics（动力学）：为MASH网络对象添加动力学节点。

Flight（飞行）：模拟群组飞行动画效果。

ID：为MASH网络对象设置ID值。

Influence（影响）：使用定位器影响MASH网络对象的位置、角度和比例大小。

Merge（合并）：合并两个MASH网络对象。

Offset（偏移）：偏移MASH网络对象的变换属性。

Orient（方向）：影响MASH网络对象的运动方向。

Placer（放置器）：以绘制的方式放置MASH网络对象的点。

Python：通过Python脚本影响节点。

Random（随机）：制作随机效果。

Replicator（复制）：复制MASH网络对象。

Signal（信号）：使用三角函数为MASH网络对象中的点设置动画。

Spring（弹簧）：为MASH网络对象添加弹簧控制器。

Strength（强度）：控制附加节点的强度。

Symmetry（对称）：对MASH网络对象进行对称操作。

Time（时间）：根据时间设置偏移动画效果。

Transform（变换）：对MASH网络对象进行变换控制。

Visibility（可见性）：改变实例化对象的可见性。

World（世界）：为MASH网络对象添加世界生态系统。

12.3.1 实例：制作文字光影动画

本例为讲解使用运动图形技术制作文字光影动画效果的方法，最终的渲染动画效果如图12-29所示。

01 启动中文版Maya 2024，单击“运动图形”工具架中的“多边形类型”图标，如图12-30所示。在场景中创建一个文字模型，如图12-31所示。

图12-29

图12-29（续）

图12-30

技巧与提示

“多边形类型”工具按钮还可以在“多边形建模”和MASH工具架中找到。

02 在“属性编辑器”面板中，设置文字的显示内容为MAYA，并取消选中“启用挤出”选复选框，如图12-32所示。设置完成后，文字模型的视图显示结果如图12-33所示。

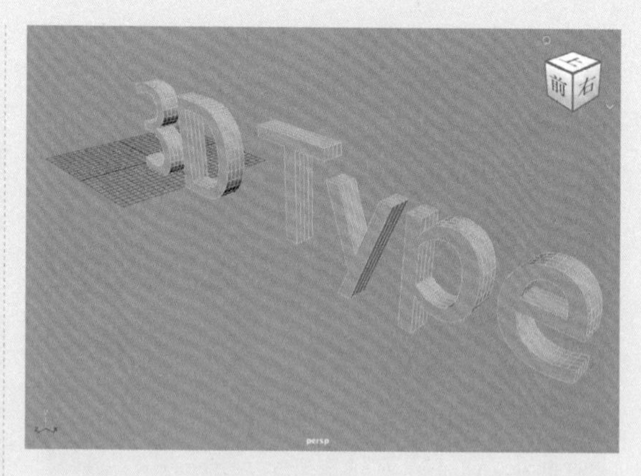

图12-31

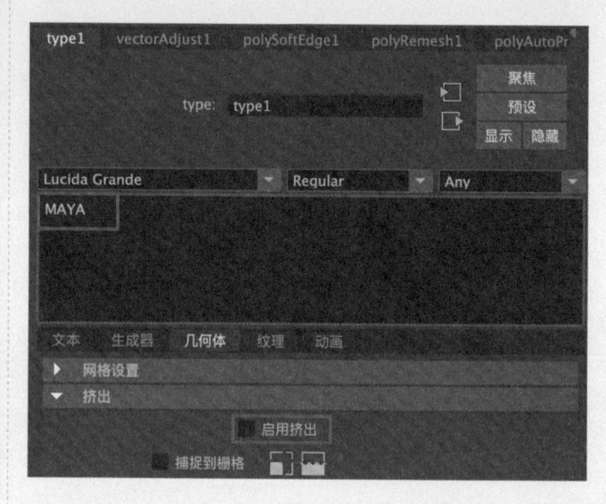

图12-32

03 单击“网络设置”卷展栏中的“根据类型创建曲线”按钮，如图12-34所示。在场景中创建文字模型的轮廓线，创建完成后，在“大纲视图”面板中可以看到这些曲线，如图12-35所示。

图12-33

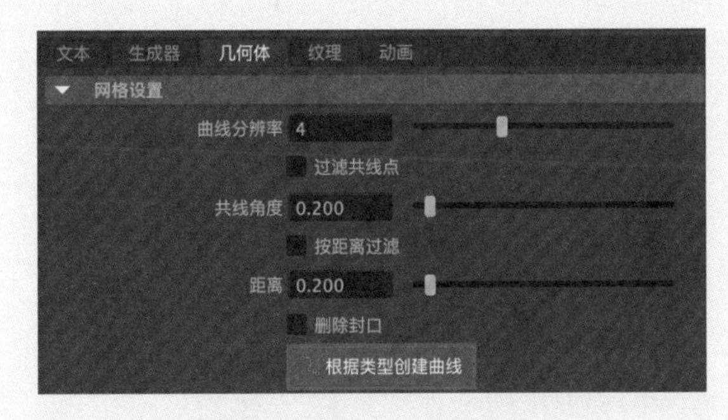

图12-34

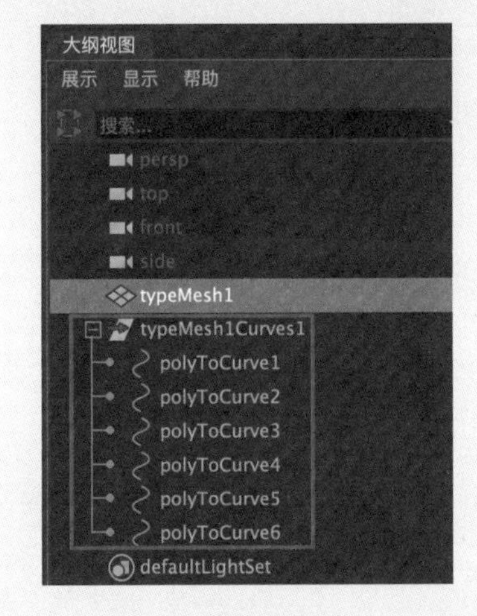

图12-35

04 单击“运动图形”工具架中的“多边形球体”按钮，如图12-36所示，在场景中创建一个球体，如图12-37所示。

图12-36

图12-37

05 在“通道盒/层编辑器”面板中，设置球体的“半径”值为0.5，如图12-38所示。

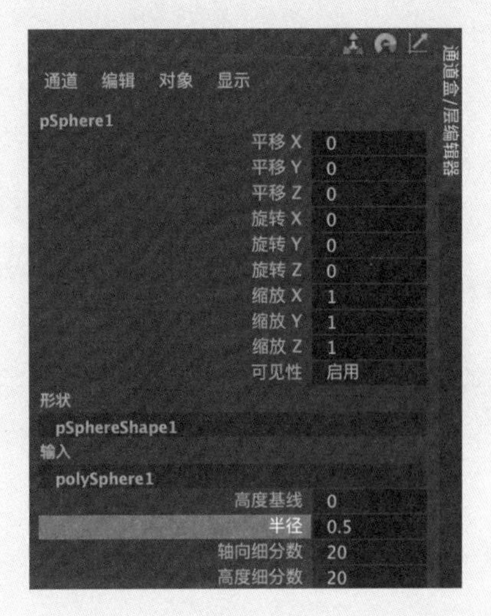

图12-38

06 选择球体模型，单击MASH工具架中的“创建MASH网络”按钮，如图12-39所示。

图12-39

07 在“添加节点”卷展栏中，单击Curve（曲线）按钮，并选择“添加曲线节点”选项，如图12-40所示。

图12-40

08 将场景中的曲线全部设置为MASH网络对象的输入曲线，如图12-41所示。

09 在“分布”卷展栏中，设置“点数”值为7，“距离X”值为0.000，如图12-42所示。

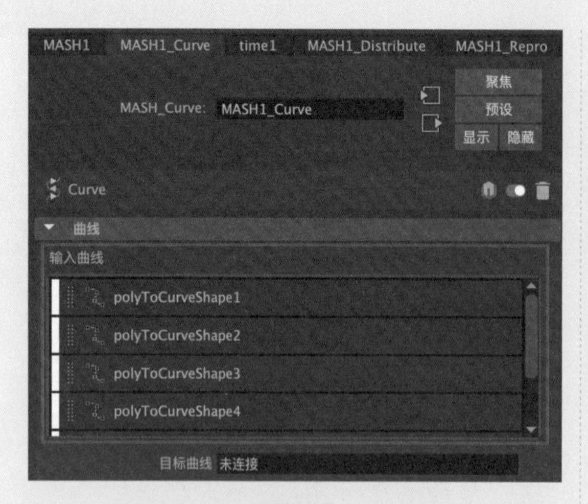

图12-41

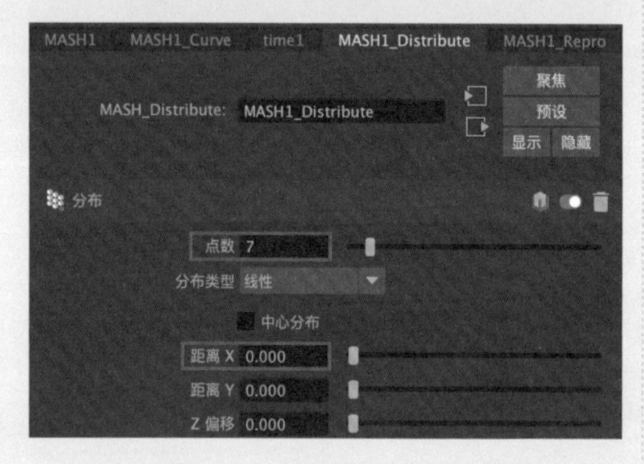

图12-42

10 在“曲线”卷展栏中，取消选中“成比例计数”复选框，如图12-43所示。

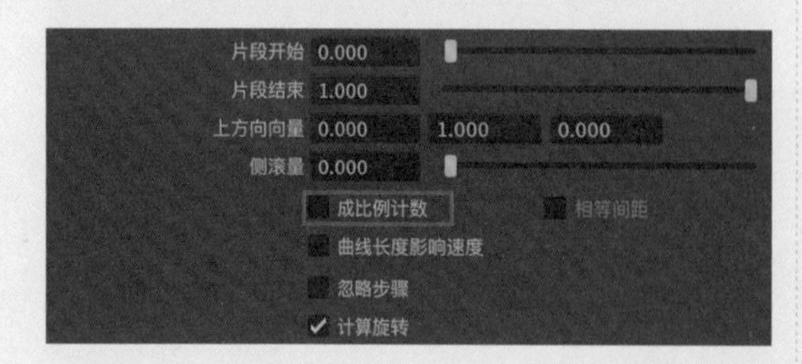

图12-43

11 设置完成后，播放场景动画，可以看到球体模型在文字模型边缘上运动的动画效果如图12-44和图12-45所示。

12 单击“曲线”工具架中的“NURBS圆形”按钮，如图12-46所示，在场景中创建一个圆形曲线，如图12-47所示。

图12-44

图12-45

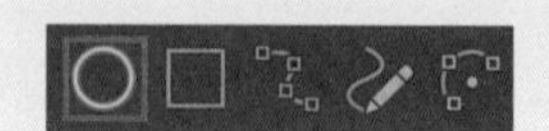

图12-46

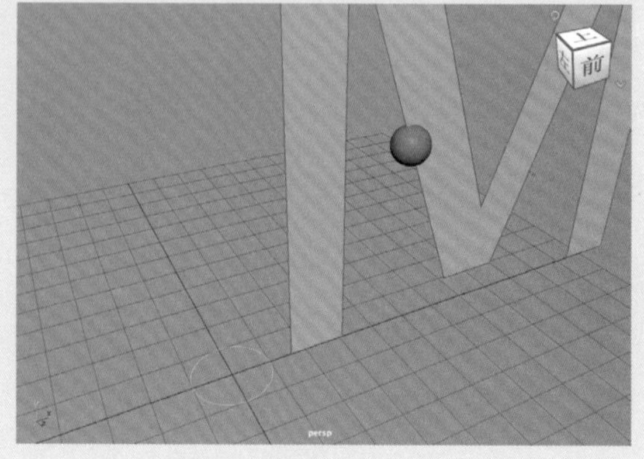

图12-47

13 选择MASH网络对象，在“添加工具”卷展栏中，单击Trails（轨迹）节点按钮，并选择“添加轨迹节点”选项，如图12-48所示。

图12-48

14 在Trails（轨迹）卷展栏中，将刚刚创建出来的圆形曲线设置为MASH网络对象的剖面曲线，设置“轨迹长度”值为50，“轨迹缩放”值为0.200，如图12-49所示。

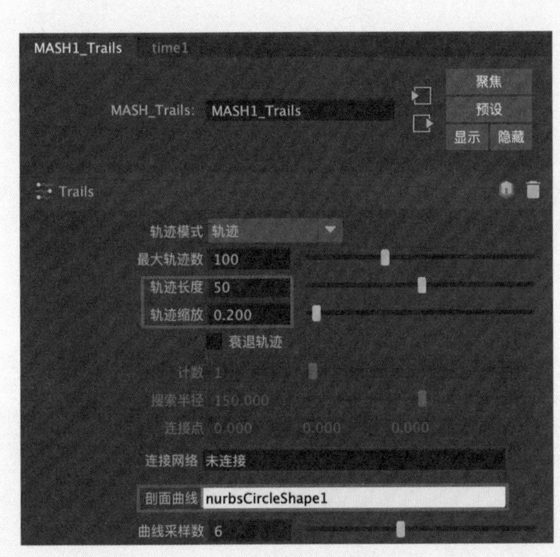

图12-49

15 在“曲线”卷展栏中，选中“自动上方向向量”复选框，如图12-50所示。设置完成后，播放场景动画，球体的尾迹动画效果如图12-51所示。

16 选择文字上的小球模型，单击Arnold工具架中的Create Mesh Light（创建网格灯光）按钮，如图12-52所示，将选中的模型设置为灯光。

图12-50

图12-51

图12-52

17 在Light Attributes（灯光属性）卷展栏中，设置灯光的Color（颜色）为蓝色，Intensity（强度）值为5.000，Exposure（曝光）值为5.000，并选中Light Visible（灯光可见）复选框，如图12-53所示。其中，Color（颜色）的参数设置如图12-54所示。

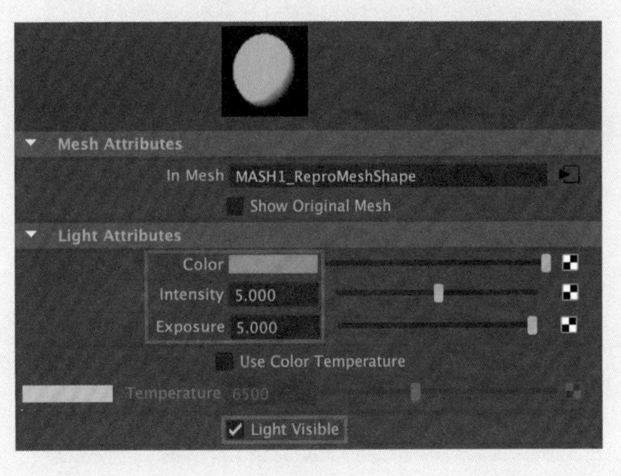

图12-53

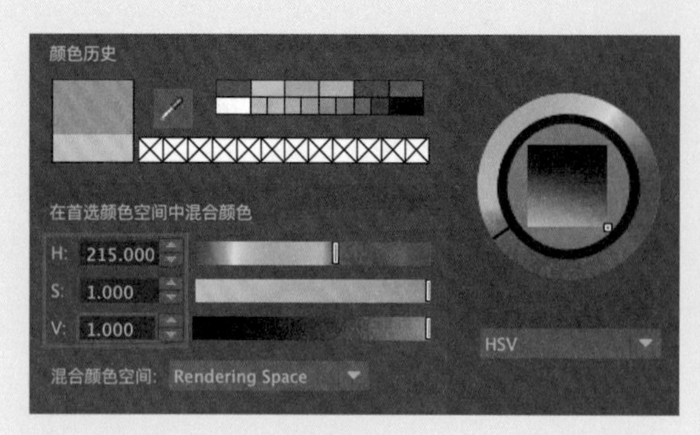

图12-54

18 以同样的方式将轨迹模型设置为网格灯光，效果如图12-55所示。

图12-55

19 在“渲染设置”面板中，展开Environment（环境）卷展栏，为Atmosphere（大气）属性添加aiFog（ai雾）渲染节点，如图12-56所示。

图12-56

20 设置完成后，渲染场景，渲染结果如图12-57所示。

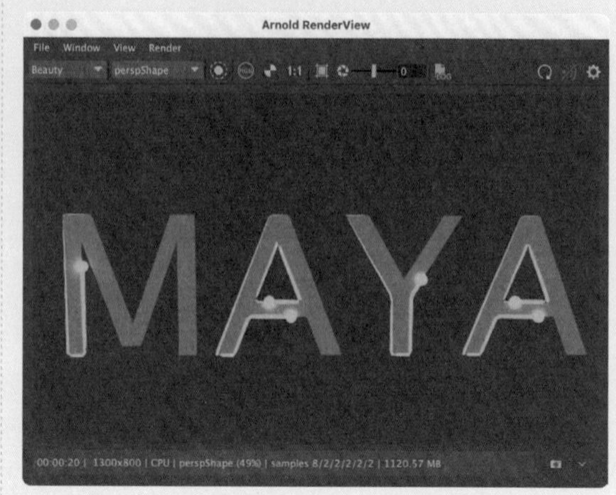

图12-57

12.3.2 实例：制作物体碰撞动画

本例讲解使用运动图形技术制作物体碰撞动画效果的方法，最终的渲染动画效果如图 12-58所示。

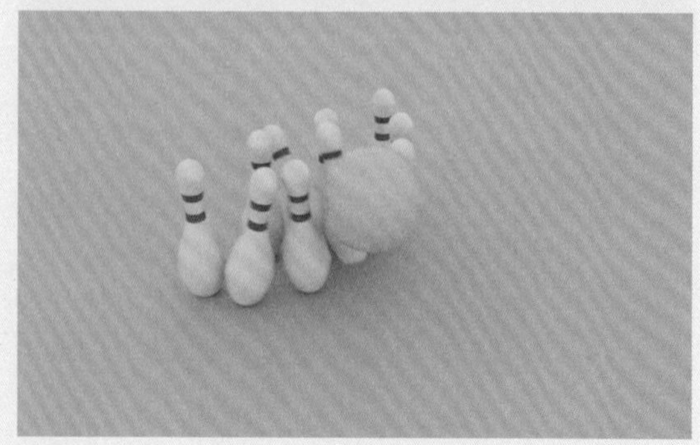

图12-58

图12-58（续）

01 启动中文版Maya 2024，打开本书配套资源中的“物体.mb”文件，如图12-59所示，其中有一组保龄球模型，并且场景中已经设置好了材质、灯光及摄影机。

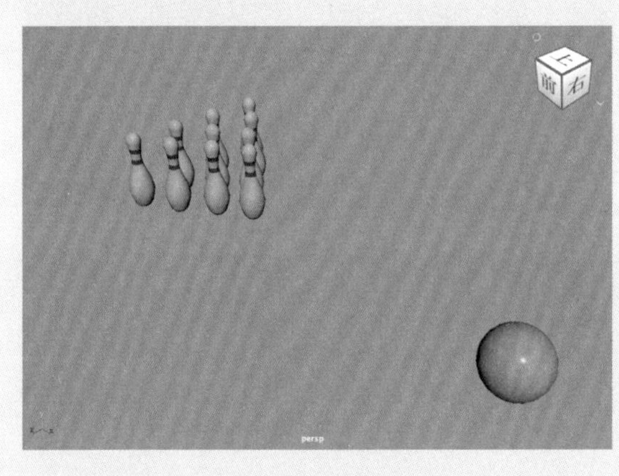

图12-59

技巧与提示

本例中的10个球瓶实际上是一个整体模型，而不是10个球瓶模型。

02 选择场景中的球瓶模型，如图12-60所示。

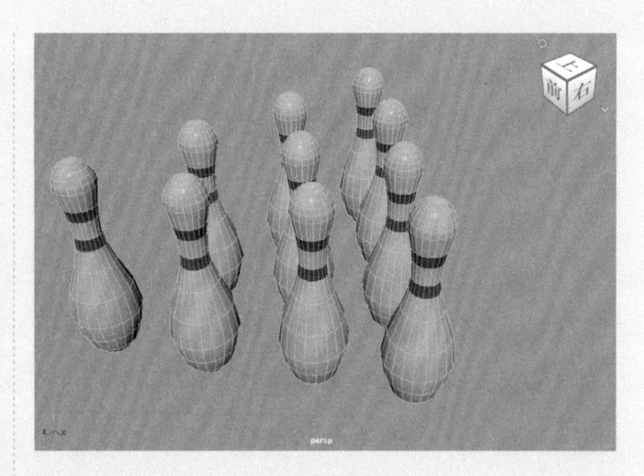

图12-60

03 单击“运动图形”工具架中的“添加壳动力学”按钮，如图12-61所示，即可快速根据选中的球瓶模型创建MASH网络对象，并自动添加Dynamics（动力学）节点。

图12-61

04 在“地面”卷展栏中，设置“位置”Y轴的值为0.000，如图12-62所示。

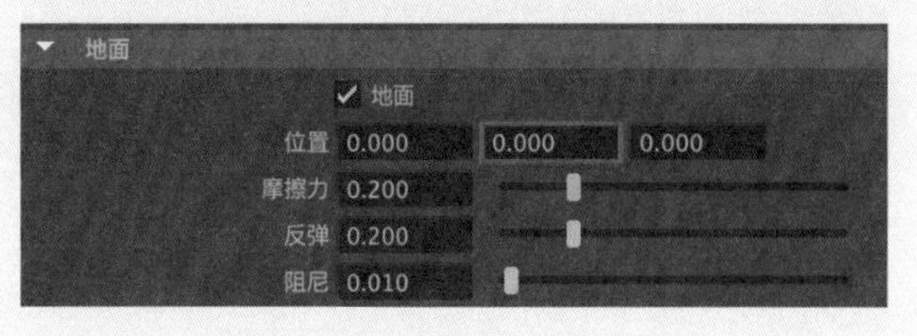

图12-62

05 在“睡眠”卷展栏中，选中“开始时睡眠”复选框，如图12-63所示。

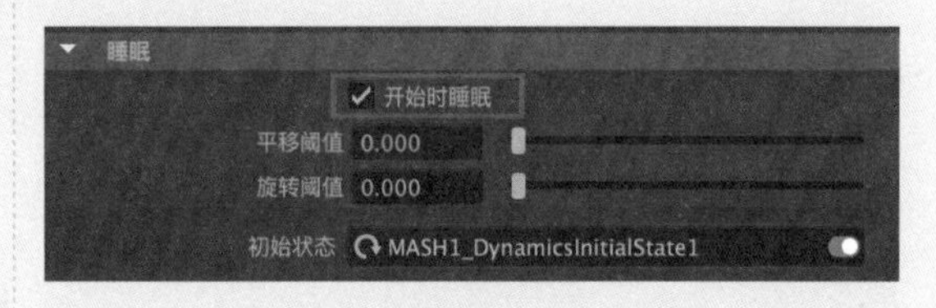

图12-63

06 选择场景中的蓝色球体模型，如图12-64所示。

07 单击MASH工具架中的“创建MASH网络”按

钮，如图12-65所示。

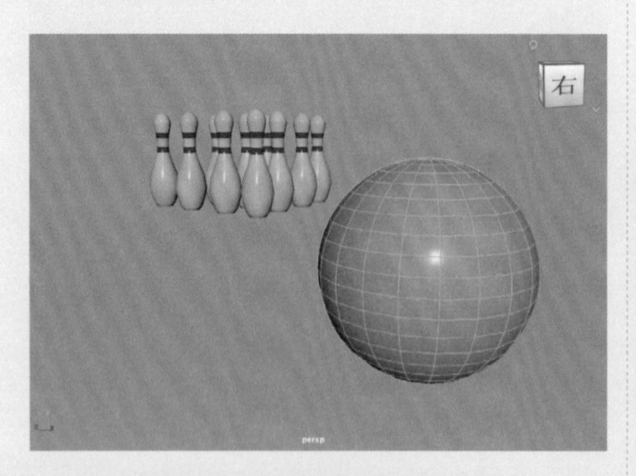

图12-64

图12-65

08 设置完成后，根据蓝色球体创建出来的MASH网络对象的视图显示结果如图12-66所示。

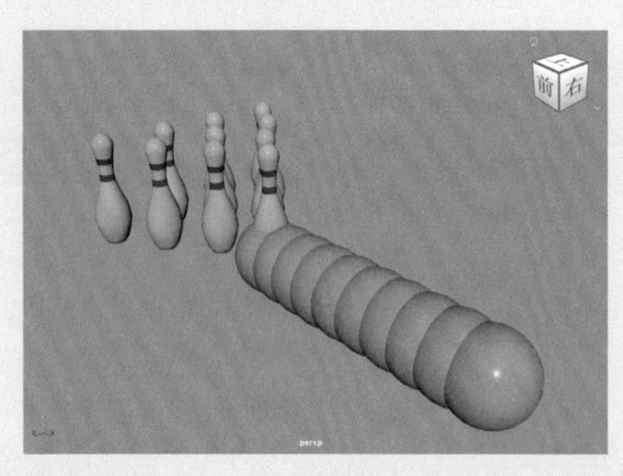

图12-66

09 在“分布”卷展栏中，设置“点数”值为1，如图12-67所示。

图12-67

10 在“添加节点”卷展栏中，单击Dynamics（动力学）按钮，并选择“添加动力学节点”选项，如图12-68所示。

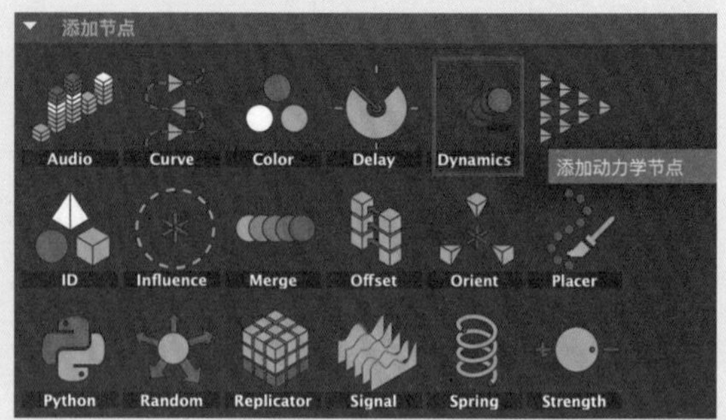

图12-68

11 在“添加节点”卷展栏中，单击Transform（变换）按钮，并选择“添加变换节点”选项，如图12-69所示。

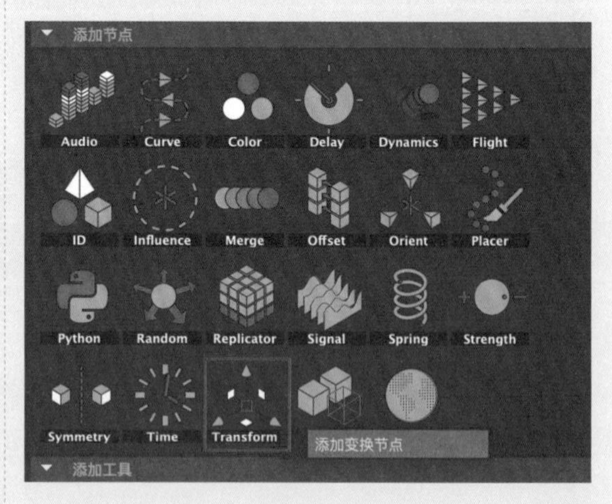

图12-69

12 在Transform（变换）卷展栏中，将鼠标指针放置在“控制器NULL”上，右击并在弹出的快捷菜单中选择“创建”选项，如图12-70所示。

13 设置完成后，可以在“大纲视图”面板中看到场景中多了一个定位器，如图12-71所示。

14 在场景中调整定位器的位置，如图12-72所示。

15 在“速度”卷展栏中，设置“初始平移”的X轴值为-200.000，如图12-73所示。播放动画，可以看到球体与球瓶的碰撞结果如图

12-74所示。

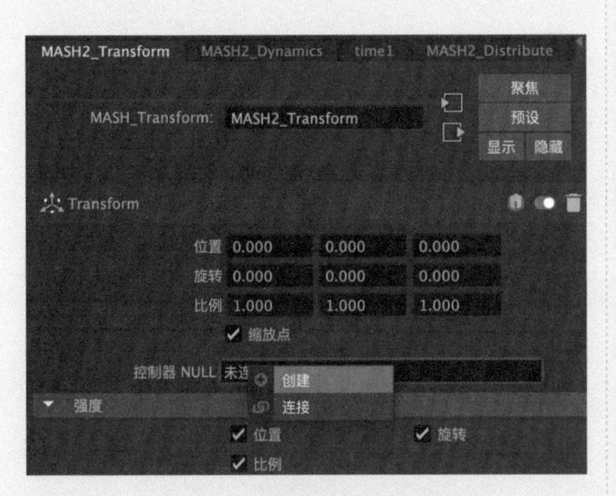

图12-70

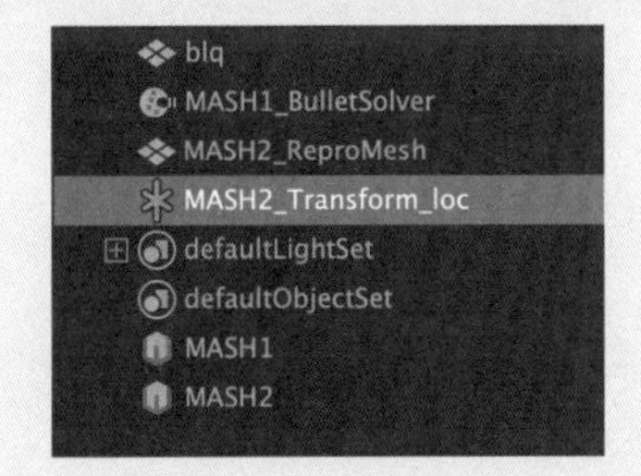

图12-71

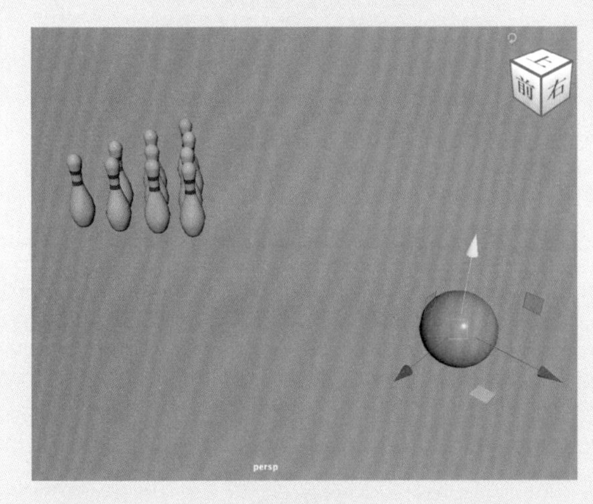

图12-72

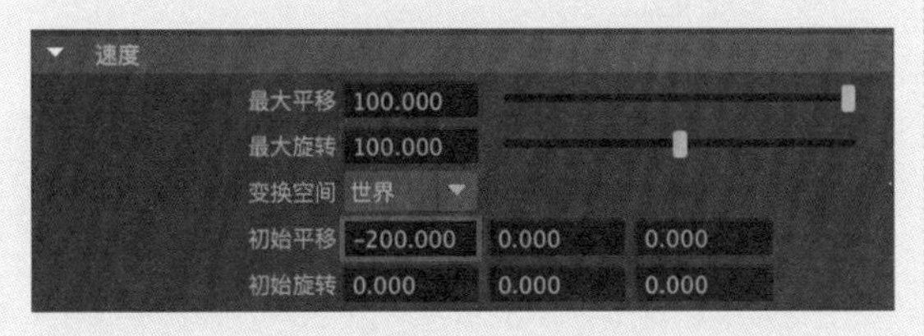

图12-73

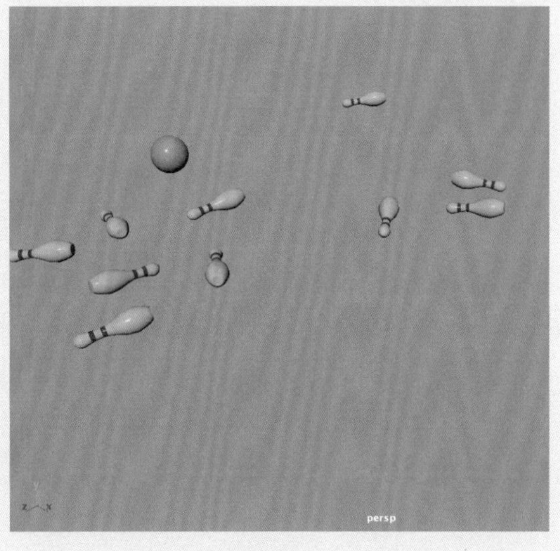

图12-74

16 在"大纲视图"面板中选择MASH1对象，在"物理特性"卷展栏中，设置"摩擦力"值为1.000，"反弹"值为0.500，如图12-75所示。

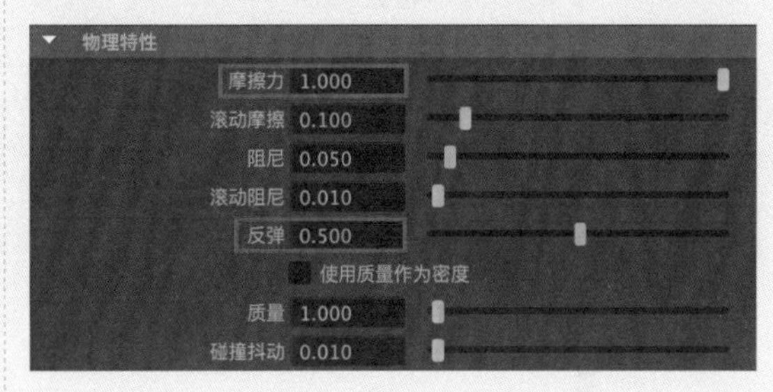

图12-75

17 再次播放动画，本例的物体碰撞动画最终完成效果如图12-76所示。

图12-76

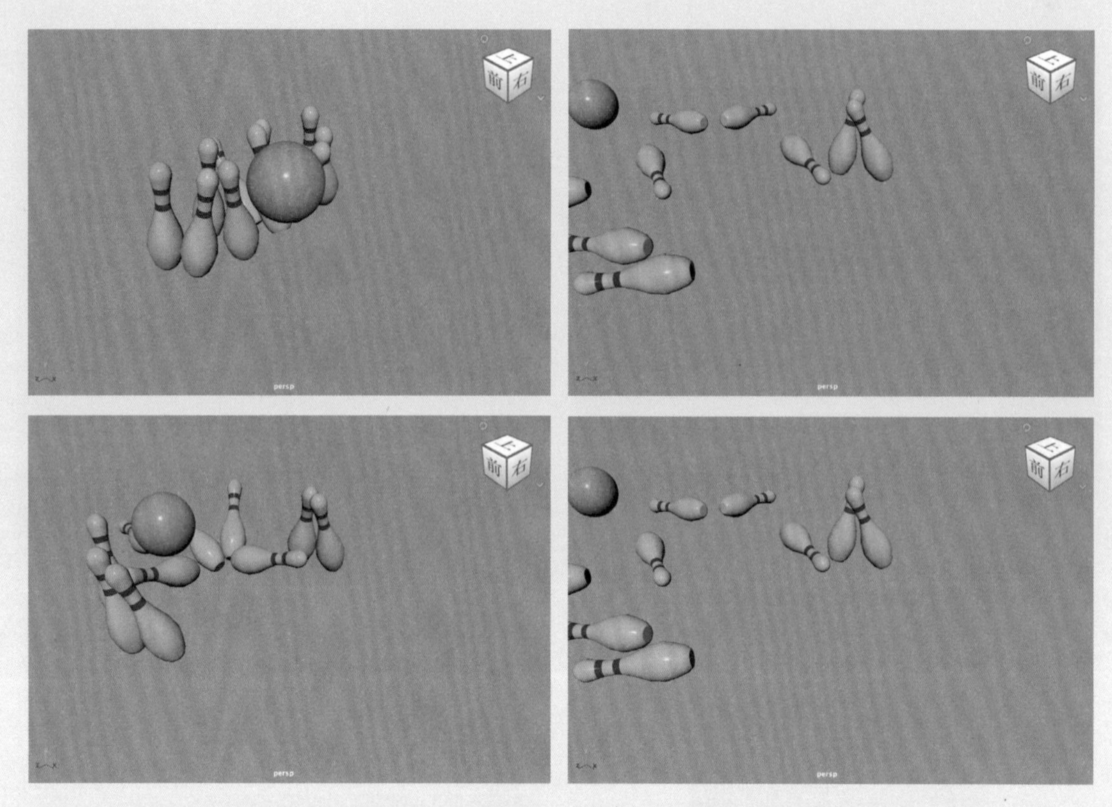

图12-76（续）